SOLIDWORKS® 公司原版系列培训教程
CSWP　　全球专业认证考试培训教程

DS SOLIDWORKS

2016版

TRAINING

SOLIDWORKS®
高级教程简编

[美] DS SOLIDWORKS®公司　著

陈超祥　胡其登　主编

杭州新迪数字工程系统有限公司　编译

机械工业出版社
CHINA MACHINE PRESS

《SOLIDWORKS®高级教程简编》（2016 版）是根据 DS SOLIDWORK-S®公司发布的《SOLIDWORKS® 2016：SOLIDWORKS Advanced Topics》编译而成的，本书汇集了 2016 版高级系列教程的精华内容，着重介绍了使用 SOLIDWORKS 软件进行高级设计的技巧和相关技术。本教程有配套练习文件，方便读者学习和培训，详见"本书使用说明"。

本套教程在保留了英文原版教程精华和风格的基础上，按照中国读者的阅读习惯进行编译，配套教学资料齐全，适于企业工程设计人员和大专院校、职业技术院校相关专业的师生使用。

图书在版编目（CIP）数据

SOLIDWORKS®高级教程简编：2016 版/美国 DS SOLIDWORKS®公司著；陈超祥，胡其登主编. —7 版. —北京：机械工业出版社，2016.8
SOLIDWORKS®公司原版系列培训教程　CSWP 全球专业认证考试培训教程
ISBN 978 – 7 – 111 – 54487 – 6

Ⅰ.①S…　Ⅱ.①美…②陈…③胡…　Ⅲ.①计算机辅助设计 – 应用软件 – 教材　Ⅳ.①TP391.72

中国版本图书馆 CIP 数据核字（2016）第 181290 号

机械工业出版社（北京市百万庄大街22 号　邮政编码100037）
策划编辑：宋亚东　责任编辑：宋亚东　王晓洁
责任印制：常天培　责任校对：胡艳萍　陈秀丽
北京京丰印刷厂印刷
2016 年 8 月第 7 版·第 1 次印刷
210mm×285mm·26.5 印张·795 千字
0 001—5 000 册
标准书号：ISBN 978 – 7 – 111 – 54487 – 6
定价：69.80 元

序

尊敬的中国地区 SOLIDWORKS 用户：

DS SOLIDWORKS®公司很高兴为您提供这套最新的 DS SOLIDWORKS®公司中文原版系列培训教程。我们对中国市场有着长期的承诺，自从 1996 年以来，我们就一直保持与北美地区同步发布 SOLIDWORKS 3D 设计软件的每一个中文版本。

我们感觉到 DS SOLIDWORKS®公司与中国地区用户之间有着一种特殊的关系，因此也有着一份特殊的责任。这种关系是基于我们共同的价值观——创造性、创新性、卓越的技术，以及世界级的竞争能力。这些价值观一部分是由公司的共同创始人之一李向荣（Tommy Li）所建立的。李向荣是一位华裔工程师，他在定义并实施我们公司的关键性突破技术以及在指导我们的组织开发方面起到了很大的作用。

作为一家软件公司，DS SOLIDWORKS®致力于带给用户世界一流水平的 3D 解决方案（包括设计、分析、产品数据管理、文档出版与发布），以帮助设计师和工程师开发出更好的产品。我们很荣幸地看到中国用户的数量在不断增长，大量杰出的工程师每天使用我们的软件来开发高质量、有竞争力的产品。

目前，中国正在经历一个迅猛发展的时期，从制造服务型经济转向创新驱动型经济。为了继续取得成功，中国需要最佳的软件工具。

SOLIDWORKS2016 是我们最新版本的软件，它在产品设计过程自动化及改进产品质量方面又提高了一步。该版本提供了许多新的功能和更多提高生产率的工具，可帮助机械设计师和工程师开发出更好的产品。

现在，我们提供了这套中文原版培训教程，体现出我们对中国用户长期持续的承诺。这些教程可以有效地帮助您把 SOLIDWORKS 2016 软件在驱动设计创新和工程技术应用方面的强大威力全部释放出来。

我们为 SOLIDWORKS 能够帮助提升中国的产品设计和开发水平而感到自豪。现在您拥有了最好的软件工具以及配套教程，我们期待看到您用这些工具开发出创新的产品。

此致

敬礼！

Gian Paolo Bassi
DS SOLIDWORKS®公司首席执行官
2016 年 1 月

陈超祥 先生 现任 DS SOLIDWORKS®公司亚太区资深技术总监

陈超祥先生早年毕业于香港理工学院机械工程系，后获英国华威克大学制造信息工程硕士及香港理工大学工业及系统工程博士学位。多年来，陈超祥先生致力于机械设计和 CAD 技术应用的研究，曾发表技术文章 20 余篇，拥有多个国际专业组织的专业资格，是中国机械工程学会机械设计分会委员。陈超祥先生曾参与欧洲航天局"猎犬 2 号"火星探险项目，是取样器 4 位发明者之一，拥有美国发明专利（US Patent 6，837，312）。

前言

DS SOLIDWORKS®公司是一家专业从事三维机械设计、工程分析、产品数据管理软件研发和销售的国际性公司。SOLID-WORKS 软件以其优异的性能、易用性和创新性，极大地提高了机械设计工程师的设计效率和质量，目前已成为主流 3D CAD 软件市场的标准，在全球拥有超过 210 万的用户。DS SOLID-WORKS®公司的宗旨是：To help customers design better products and be more successful——让您的设计更精彩。

"SOLIDWORKS®公司原版系列培训教程"是根据 DS SOLIDWORKS®公司最新发布的 SOLIDWORKS 2016 软件的配套英文版培训教程编译而成的，也是 CSWP 全球专业认证考试培训教程。本套教程是 DS SOLIDWORKS®公司唯一正式授权在中国大陆出版的原版培训教程，也是迄今为止出版的最为完整的 SOLIDWORKS®公司原版系列培训教程。

本套教程详细介绍了 SOLIDWORKS 2016 软件和 Simulation 软件的功能，以及使用该软件进行三维产品设计、工程分析的方法、思路、技巧和步骤。值得一提的是，SOLIDWORKS 2016 软件不仅在功能上进行了 600 多项改进，更加突出的是它在技术上的巨大进步与创新，从而可以更好地满足工程师的设计需求，带给新老用户更大的实惠！

《SOLIDWORKS® 高级教程简编》（2016 版）是根据 DS SOLIDWORKS® 公司发布的《SOLIDWORKS® 2016：SOLID-WORKS Advanced Topics》编译而成的，着重介绍了使用 SOLID-WORKS 软件进行高级设计的技巧和相关技术。

胡其登 先生 现任 DS SOLIDWORKS®公司大中国区技术总监

胡其登先生毕业于北京航空航天大学，先后获得"计算机辅助设计与制造（CAD/CAM）"专业工学学士、工学硕士学位。毕业后一直从事 3D CAD/CAM/PDM/PLM 技术的研究与实践、软件开发、企业技术培训与支持、制造业企业信息化的深化应用与推广等工作，经验丰富，先后发表技术文章 20 余篇。在引进并消化吸收新技术的同时，注重理论与企业实际相结合。在给数以百计的企业进行技术交流、方案推介和顾问咨询等工作的过程中，对如何将 3D 技术成功应用到中国制造业企业的问题上，形成了自己的独到见解，总结出了推广企业信息化与数字化的最佳实践方法，帮助众多企业从 2D 平滑地过渡到了 3D，并为企业推荐和引进了 PDM/PLM 管理平台。作为系统实施的专家与顾问，在帮助企业成功打造为 3D 数字化企业的实践中，丰富了自身理论与实践的知识体系。

胡其登先生作为中国最早使用 SOLIDWORKS 软件的工程师，酷爱 3D 技术，先后为 SOLIDWORKS 社群培训培养了数以百计的工程师。目前负责 SOLIDWORKS 解决方案在大中国区全渠道的技术培训、支持、实施、服务及推广等全面技术工作。

本套教程在保留了英文原版教程精华和风格的基础上，按照中国读者的阅读习惯进行编译，使其变得直观、通俗，让初学者易上手，让高手的设计效率和质量更上一层楼！

本套教程由 DS SOLIDWORKS®公司亚太区资深技术总监陈超祥先生和大中国区技术总监胡其登先生共同担任主编，由杭州新迪数字工程系统有限公司副总经理陈志杨负责审校。承担编译、校对和录入工作的有蒋成、黄伟、李明浩、熊康、叶伟、张曦、周忠等杭州新迪数字工程系统有限公司的技术人员。杭州新迪数字工程系统有限公司是 DS SOLIDWORKS®公司的密切合作伙伴，拥有一支完整的软件研发队伍和技术支持队伍，长期承担着 SOLIDWORKS 核心软件研发、客户技术支持、培训教程编译等方面的工作。在此，对参与本书编译的工作人员表示诚挚的感谢。

由于时间仓促，书中难免存在不足之处，恳请广大读者批评指正。

陈超祥 胡其登

2016 年 1 月

本书使用说明

关于本书

本书的目的是让读者学习如何使用 SOLIDWORKS 软件的多种高级功能，着重介绍了使用 SOLID-WORKS 软件进行高级设计的技巧和相关技术。

SOLIDWORKS 2016 是一个功能强大的机械设计软件，而书中章节有限，不可能覆盖软件的每一个细节和各个方面，所以只重点给读者讲解应用 SOLIDWORKS 2016 进行工作所必需的基本技能和主要概念。本书作为在线帮助系统的一个有益的补充，不可能完全替代软件自带的在线帮助系统。读者在对 SOLIDWORKS 2016 软件的基本使用技能有了较好的了解之后，就能够参考在线帮助系统获得其他常用命令的信息，进而提高应用水平。

前提条件

读者在学习本书前，应该具备如下经验：

- 机械设计经验。
- 使用 Windows 操作系统的经验。
- 已经学习了《SOLIDWORKS®零件与装配体教程》（2016 版）。

编写原则

本书是基于过程或任务的方法而设计的培训教程，并不专注于介绍单项特征和软件功能。本书强调的是完成一项特定任务所应遵循的过程和步骤。通过一个个应用实例来演示这些过程和步骤，读者将学会为了完成一项特定的设计任务应采取的方法，以及所需要的命令、选项和菜单。

知识卡片

除了每章的研究实例和练习外，书中还提供了可供读者参考的"知识卡片"。这些"知识卡片"提供了软件使用工具的简单介绍和操作方法，可供读者随时查阅。

使用方法

本书的目的是希望读者在有 SOLIDWORKS 使用经验的教师指导下，在培训课中进行学习。希望通过教师现场演示本书所提供的实例，学生跟着练习的这种交互式的学习方法，使读者掌握软件的功能。

读者可以使用练习题来理解和练习书中讲解的或教师演示的内容。本书设计的练习题代表了典型的设计和建模情况，读者完全能够在课堂上完成。应该注意到，学生的学习速度是不同的，因此，书中所列出的练习题比一般读者能在课堂上完成的要多，这确保了学习能力强的读者也有练习可做。

标准、名词术语及单位

SOLIDWORKS 软件支持多种标准，如中国国家标准（GB）、美国国家标准（ANSI）、国际标准（ISO）、德国国家标准（DIN）和日本国家标准（JIS）。本书中的例子和练习基本上采用了中国国家标准（除个别为体现软件多样性的选项外）。为与软件保持一致，本书中一些名词术语和计量单位未与国家标准保持一致，请读者使用时注意。

练习文件

读者可以从网络平台下载本教程的练习文件，具体方法是：扫描封底的"机械工人之家"微信公众号，关注后输入"2016JB"即可获取下载地址。

读者也可以从 SOLIDWORKS 官方网站（www. solidworks. com/trainingfilessolidworks）下载，您将会看到一个专门用于下载练习文件的链接，这些练习文件都是有数字签名并且可以自解压的文件包。

Windows® 7

本书所用的截屏图片是 SOLIDWORKS 2016 运行在 Windows® 7 时制作的。

格式约定

本书使用以下的格式约定：

约　定	含　义	约　定	含　义
【插入】/【凸台】	表示 SOLIDWORKS 软件命令和选项。例如【插入】/【凸台】表示从下拉菜单【插入】中选择【凸台】命令	⚠ 注意	软件使用时应注意的问题
提示 🖐	要点提示	操作步骤 步骤1 步骤2 步骤3	表示课程中实例设计过程的各个步骤
技巧 🔑	软件使用技巧		

色彩问题

SOLIDWORKS 2016 英文原版教程是采用彩色印刷的，而我们出版的中文教程则采用黑白印刷，所以本书对英文原版教程中出现的颜色信息做了一定的调整，尽可能地方便读者理解书中的内容。

更多 SOLIDWORKS 培训资源

my. solidworks. com 提供更多的 SOLIDWORKS 内容和服务，用户可以在任何时间、任何地点，使用任何设备查看。用户也可以访问 my. solidworks. com/training，按照自己的计划和节奏来学习，以提高SOLIDWORKS 技能。

用户组网络

SOLIDWORKS 用户组网络（SWUGN）有很多功能。通过访问 swugn. org，用户可以参加当地的会议，了解 SOLIDWORKS 相关工程技术主题的演讲以及更多的 SOLIDWORKS 产品，或者与其他用户通过网络进行交流。

目　　录

第1章 自顶向下的装配体建模

学习目标

- 在装配体环境下编辑一个零件
- 使用自顶向下的装配体建模技术在装配体的关联环境中建立虚拟零部件
- 通过参考配合零件的几何体在装配体关联环境中建立特征
- 在复制的关联零件中删除外部参考

1.1 概述

SOLIDWORKS 可以使用自底向上和自顶向下两种方式建立装配体。在《SOLIDWORKS®零件与装配体教程》(2016 版)中，装配体使用自底向上的技术，这也表明零件之间的配合关系是分别创建的、独立的部分。独立是指所有实体之间的相互关系和尺寸都属于同一个零件，换句话说，它们都是内部关系。

而在自顶向下的技术中，某些关系和尺寸是和同在一个装配体中其他零部件实体相关联的。可以通过在装配体中建模功能，选择非当前零件的外部实体来完成这些关系。这些外部关系是由装配体中被称为"更新夹"的特征来控制的，这一部分也被称为"关联"。由于可以在装配体内建立外部关系，一个自顶向下建立的装配体可以同时更新多个零件和特征。

1.1.1 处理流程

在自顶向下建模过程中，设计任务从装配体开始。本书将在装配体中通过引用现有组件的几何形状来创建新零件文档。自顶向下的装配体建模主要包括以下处理流程：

1. 在装配体中添加新零件 插入一个新零件将会在装配体中产生一个新的零件模型。默认情况下，新插入的零件在组件中作为一个虚拟的零部件存在，直到它被保存到外部。

2. 定位新零件 在装配体中定位新零件有两种方式：

1）单击图形区域的空白区域将零件固定在装配体原点。正如 ⬚ 的光标反馈，这与插入现有组件时，选择绿色的勾的效果相同。

2）在装配体中选择一个现有的平面或面生成和新零件的前视基准面，关联到选择的【在位】贴合 ⬚ 。这个操作也将自动激活编辑零件模式，并打开新零件的前视基准面的活动草图。

3. 建立关联特征 如果建立的特征需要参考其他零件中的几何体，这个特征就是所谓的关联特征。关联特征只有在装配体打开时才能正常更新，但允许修改一个零部件以更新其他零部件。

> **提示** 👆 用户可以通过设置来避免创建外部参考。可以在【工具】/【选项】/【外部参考】中设置【不生成模型的外部参考】，或在编辑组件时在 CommandManager 中勾选【无外部参考】复选框，这样新的特征或零件中就不会存在任何的外部参考了。在这种情况下，转换的几何体只是简单地复制，没有任何的约束条件。不会增加与其他零部件或者装配体之间的尺寸或者关联关系。

1.1.2　重要提示

在装配体关联环境中对零件进行建模前，应该仔细考虑好零件将用在什么地方以及零件如何使用。关联特征和零件最好是"一对一"的，也就是说，在装配体中建模的零件最好仅用在该装配体中。应用在多个装配体中的零件不适合使用关联特征来建模，因为关联特征引用装配体中的几何体，而这个装配体的更改会将这个零部件更新，并可能在该零件被用到的文件中导致一些不可接受或无法预料的问题。

如果一个关联零部件要被用到其他装配体中，最好预先做一些工作，将此零件复制并删除所有的外部参考。本书将在随后的章节中介绍删除外部参考的方法。如同上面所提到的，也可以通过引用几何体但不创建外部参考的方式建立零件。

1.1.3　重建模型尺寸

在任何零件中改变尺寸的值，在不编辑或打开零件就可以实现。通过双击模型，或者在 FeatureManager 设计树下双击模型特征显示尺寸，修改尺寸后需要重建模型。

提示　最好重建装配体来改变所有的尺寸。

1.2　实例：编辑和建立关联的零件

在这个实例中，将编辑一个关联在装配体中增加一个新的零件。接下来，将在一个名为"Machine_Vise"的装配体（见图1-1）中，创建一个新的名为"Jaw_Plate"的关联零部件。这个新的零件将在装配体环境中创建。

图1-2 所示零件的设计意图如下：

1）该零件的尺寸与"Base1"的装配架法兰面一致。

2）该零件固定不能移动。

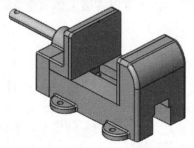

图1-1　"Machine_Vise"装配体

图1-2　"Jaw_Plate"零件

操作步骤

　　步骤1　打开装配体　打开"Lesson01 \ Case Study"文件夹下的装配体"Machine_Vise"，该文件包含了Base1和Base2 两个部件，这两个部件组成了"Vise"的基座，如图1-3 所示。

　　步骤2　更改尺寸　双击每一个圆角特征，将每个值改为"2mm"，如图1-4 所示，单击【重建模型】。

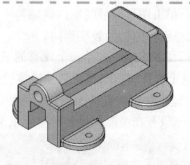

图1-3　"Machine_Vise"装配体

提示　如果弹出警告或错误的方程式文件夹，右键单击【管理方程式】并单击【确定】。

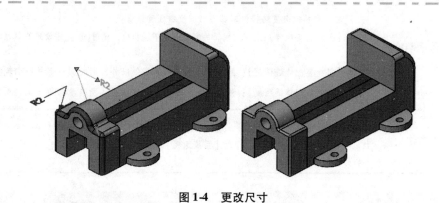

图1-4　更改尺寸

1.2.1　编辑零部件

在装配体中,用户可以在编辑装配体和编辑零部件两种模式下进行切换。在编辑装配体模式下,用户可以进行添加配合关系、插入零部件等操作;在装配体关联环境下编辑零部件时,用户可以利用其他零部件的几何和尺寸信息创建配合关系或关联特征,使用外部零件的几何体将生成【外部参考】和【关联特征】。

使用【编辑零部件】和【编辑装配体】两个命令可以在编辑装配体中的某个零部件和编辑装配体本身之间进行切换。当处于编辑零件模式时,用户可以使用 SOLIDWORKS 零件建模部分的所有命令及功能,也可以利用装配体中的其他几何体。

知识卡片	编辑零部件/编辑装配体	当进入编辑零部件模式时会看到: ● CommandManager 中【编辑零部件】按钮为按下状态。 ● CommandManager 选项卡将更新为零件建模工具栏,而左边区域将一直显示装配体环境的命令。 ● FeatureManager 设计树将根据【选项】中的定义,将正在编辑的零部件以不同的颜色显示。 ● 确认角显示退出编辑零部件模式的图标。 ● 状态栏显示"在编辑零件"。 ● 窗口条显示"零件名-in-装配体名"。
	操作方法	● CommandManager:选中要编辑的零件,单击【装配体】/【编辑零部件】。 ● 快捷菜单:右键快捷菜单,选择【编辑】或【编辑装配体】。

提示　　　　在一个装配体中,零件和子装配体都被认为是零部件。当选择某子装配体时,在鼠标右键菜单中显示的将是【编辑装配体】而不是【编辑零部件】,在这里两者将被交替使用。

1.2.2　编辑零部件时的装配体显示

当在装配体中编辑零部件时,可以利用颜色设置来方便地区分正在被编辑的零件。用户可以在【工具】/【选项】/【系统选项】/【颜色】中定制自己的颜色。假如选择了【当在装配体中编辑零件时使用指定的颜色】,正处于编辑状态零件的颜色可以在【颜色方案设置】的【装配体,编辑零件】中进行设置(默认颜色为品蓝),而非正在编辑的组件的颜色则在【装配体,非编辑零件】中设置(默认颜色为灰色)。其他零部件的显示取决于装配体透明度设置。

知识卡片	装配体透明度	装配体中其他未被编辑的零部件透明度有 3 种设置： ● 【不透明装配体】：未正在编辑的零部件是不透明的，使用【选项】中设置的颜色或组件的外观颜色。 ● 【保持装配体透明度】：除了正在编辑的零部件以外，所有部件保持它们现有的透明度。 ● 【强制装配体透明度】：除了正在编辑的零部件以外，所有零部件变成透明。
	操作方法	● CommandManager：编辑组件时，单击【装配体透明度】。 ● 菜单：单击【选项】✿，在【系统选项】选项卡的【显示/选择】中，选择"关联中编辑的装配体透明度"。

> 提示　　装配体透明度的默认值可以在【选项】中设置，但在编辑零部件时也可以在 Command-Manager 中更改。使用滑杆可以调整【强制装配体透明度】的透明度等级，将滑杆向右移动时，零部件越来越透明。

1.2.3　透明度对几何体的影响

一般来说，光标会选择任何位于前面的几何体。然而，如果装配体中有透明的零部件，则光标将穿过透明的面，选择不透明组件上的几何体。

> 提示　　对于光标选取而言，透明是指透明度超过 10%。少于 10% 透明度的零部件被认为是不透明的。

可以应用如下技术来控制几何休的选择：
● 单击【更改装配体透明度】，设定装配体为【不透明】。这样所有的几何体将被同等对待，光标选择的总是前面的面。
● 如果一个透明零件的后面有不透明的零件，按住 Shift 键可以选择透明零件后的几何体。
● 如果当前编辑零件前有一个不透明的零件，按住 Tab 键可以隐藏这个不透明的零件（按 Shift + Tab 组合键可以让其再次显示）选择被编辑零件的几何体。
● 使用【选择其他】命令选择被其他面遮挡住的面。

　　步骤3　改变设置　单击【选项】✿/【系统选项】/【颜色】，并勾选【当在装配体中编辑零件时使用指定的颜色】复选框。

　　在左边空格中单击【显示/选择】，将【关联中编辑的装配体透明度】改为【不透明装配体】。单击【确定】按钮退出选项卡。

　　步骤4　编辑零件　单击 Base1 组件，然后单击【编辑零部件】，如图 1-5 所示。

　　步骤5　倒圆角　单击【倒圆角】，设置半径为 2mm。选择一个圆形边缘和正确选择 4 个如图 1-6 所示的相似特征，单击【确定】。

图 1-5　编辑零件

> 提示　　列出的新特征是 FeatureManager 设计树（Base1）底部高亮显示的部分，如图 1-7 所示。

　　步骤6　退出　单击右上角的【退出编辑零部件】图标，模型如图 1-8 所示。

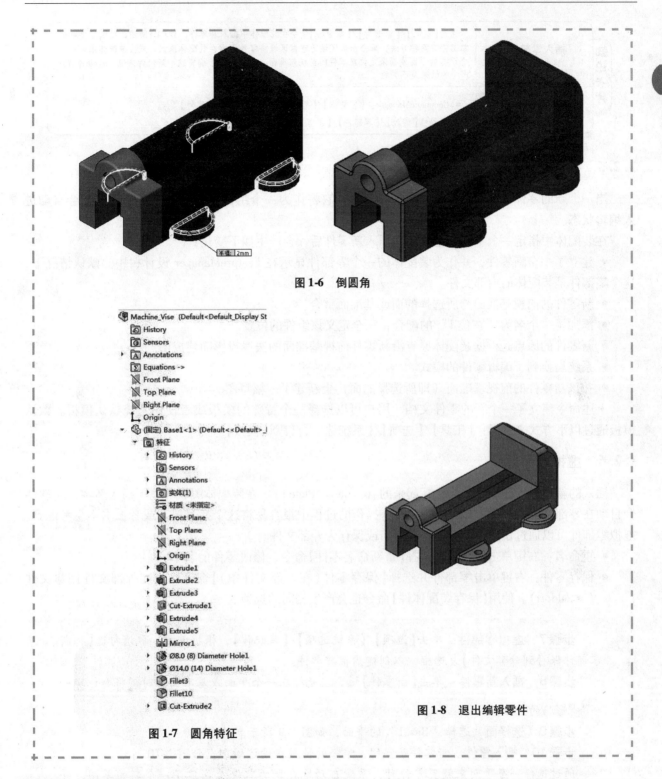

图 1-6　倒圆角

图 1-8　退出编辑零件

图 1-7　圆角特征

1.2.4　在装配体中插入新零件

用户可以基于现有零件的几何体和位置，在装配体关联环境中创建一个新零件新建的零件将作为装配体的一个零部件显示在 FeatureManager 设计树中，并包含其完整的特征列表。在默认情况下，这些零部件将作为虚拟零部件保存在装配体文件内，直到它们被保存到外部。

单击【工具】/【选项】/【系统选项】/【装配体】，并勾选【将新零部件保存到外部文件】复选框，改变保存方式。

知识卡片	**插入零部件**	通过【插入】/【零部件】/【新零件】命令在装配体中插入新零件。如1.1.1所述，定位这个新的零部件有两种方法，单击图形区域的空白区域将零件固定在装配体原点，或在装配体中选择一个现有的平面或面来定位新零件的前视基准面。注意：对于编辑这个新组件来说，这两种方法产生的结果是不同的。
	操作方法	● CommandManager：【装配体】/【插入零部件】 🗂 /【新零件】 📦。 ● 菜单：【插入】/【零部件】/【新零件】。

1.2.5　插入新零件的结果

当一个新的零件放置在装配体的坐标原点后，它将作为一个组件加入到装配体中，但不会自动进入编辑状态。

在装配体中指定一个平面或基准面并插入新零件后，会产生如下变化：

● 建立了一个新零件，并作为装配体的一个零部件显示在 FeatureManager 设计树中。默认情况下，这个零部件是装配体的内部文件。

● 新零件的前视基准面与所选择的面或基准面重合。

● 添加了一个名为"在位1"的配合，完全定义该组件的位置。

● 新零件的原点是根据装配体原点沿新零件前视基准面的法线投影而建成的。

● 系统切换到了编辑零件的模式。

● 在该新零件的前视基准面（即所选择的面）上新建了一幅草图。

上述命令建立了一个新的零件文档，用户可以选择一个特殊的模板或者使用系统默认模板。默认模板通过以下方式来选择：【工具】/【选项】/【系统选项】/【默认模板】。

1.2.6　虚拟零部件

插入的新零件的名字是用括号括起来的（［Jaw_Plate］）。在装配体关联环境下插入新零件，软件会自动在零部件名字外面加上括号。用户在操作的过程中很容易将这个括号遗忘或者根本不会考虑到。虚拟零部件可以通过快捷菜单方便地重命名或保存为外部文件。

● 重命名：右键单击零部件并选择【重新命名零件】命令，修改零件的名字。

● 保存零件：右键单击零部件并选择【保存零件（在外部文件中）】命令，将在外部文件创建文件（*.sldprt）。使用【保存装配体件】命令也会产生相同的选项。

步骤7　虚拟零部件　单击【选项】/【系统选项】/【装配体】，根据需要，取消勾选【将新零部件保存到外部文件】复选框，以创建虚拟零部件。

步骤8　插入新零件　单击【新零件】📦。当光标在一个平面或基准面上时，将会出现一个 形状的光标。

步骤9　选择面　选择"Base1"的平面，如图1-9所示。

步骤10　插入零件　新零件是空的，唯一的特征在设计树中，如图1-10所示。

通过选择一个平面来放置零件时，系统自动地在新的零件上创建了一个新的草图，并进入编辑模式，草图平面就是所选的面。同时，在 FeatureManager 设计树中，该零件的文本颜色的变化显示了该零件正在编辑中。

步骤11　重命名虚拟零部件　右键单击零件并选择【重新命名零件】，修改名字为"Jaw_Plate"。

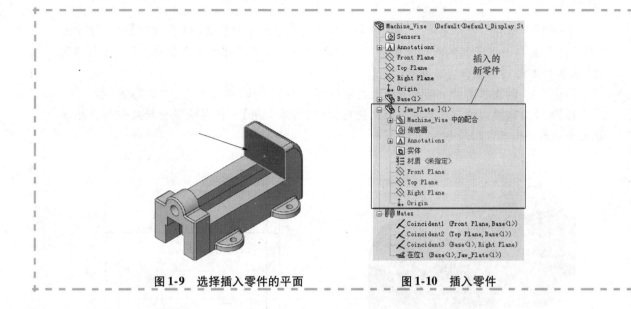

图 1-9　选择插入零件的平面　　　　　　图 1-10　插入零件

1.3　编辑关联特征

在装配体环境中建立零件时，草绘跟在零件模式相似，额外的优点是可以看到和参考周围零件的几何体。用户可以利用其他零件的几何体进行复制、等距实体、添加草图几何关系或者进行简单的测量。在下面的例子中，将利用"Base1"的几何体来创建零件"Jaw_Plate"。

1.3.1　常用工具

可以通过常用工具来利用装配体中已有的几何体。比如使用【转换实体引用】⌷和【等距实体】⅃来创建几何体，以使新零件与原几何体尺寸一样。

> **技巧**　软件对刚创建的几何体添加了关联参考并保存在装配体中。本教程将在随后的章节中介绍关联参考的更多内容。

步骤 12　转换实体引用　选择将要被转换的面，然后单击【转换实体引用】⌷。软件将会转换所选面的所有外部边到正在编辑的草图中，并添加了【在边线上】几何关系，如图 1-11 所示。

步骤 13　拉伸凸台　拉伸凸台，厚度为 5mm，如图 1-12 所示。

步骤 14　退出编辑零部件模式　在 CommandManager 上或确认角单击【编辑零部件】，或在设计树上右键单击"Machine_Vise"，选择【编辑装配体】，关闭编辑零部件，切换到编辑装配体。

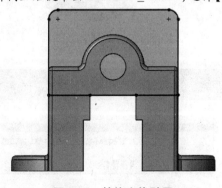

图 1-11　转换实体引用

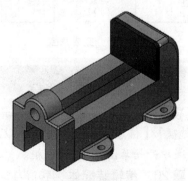

图 1-12　拉伸凸台

步骤15　保存　单击【保存】▤，在【保存修改的文档】中单击【保存所有】，随即弹出"另存为"窗口。该装配体包含未保存的虚拟零部件，这些零部件需要保存。选中【内部保存(在装配体内)】选项保存，然后单击【确定】。

步骤16　新建零部件　插入另一个新零件到"Base2"的端面上，如图1-13 所示。

步骤17　转换边线　在草图平面上使用【转换实体引用】，并移除多余的几何体，拖动未闭合边线，如图1-14所示。

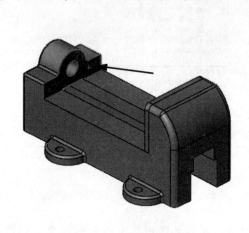

图1-13　新建零部件

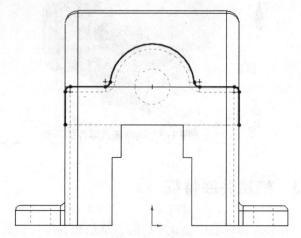

图1-14　转换边线

步骤18　完成草图　通过绘制直线、镜像、标注尺寸和添加几何关系完成草图，如图1-15 所示。

步骤19　拉伸　拉伸凸台，设置厚度为25mm，如图1-16所示。

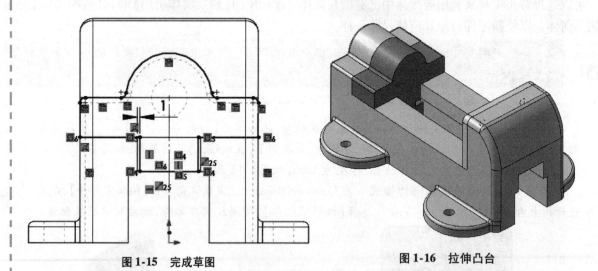

图1-15　完成草图　　　　　　　　　　　　　　　图1-16　拉伸凸台

提示👆　　　　假如一张草图创建在一个装配体上时，可能会出现提醒信息，如图1-17所示。

如果没有看到此信息，单击【工具】/【选项】/【系统选项】/【信息/错误/警告】，然后勾选【在装配体关联中开始草图警告】复选框。

步骤20　编辑装配体　取消勾选【编辑装配体】。

图1-17　警告提醒信息

步骤21 重命名零件 右键单击零件并选择【重命名零件】，重命名新零件为 "Sliding _ Jaw"。

步骤22 保存装配体 保存零部件为 "内部保存"。

步骤23 隐藏零件 "Jaw_Plate" 为了看得更加清楚，隐藏 "Jaw_Plate"。这样做的原因是要用 Base1 的几何体在 Sliding _ Jaw 中创建一个新的特征。

> **提示** 可利用 "Jaw_Plate" 的几何体在 "Sliding_Jaw" 中创建特征的原因在于几何体的形状是正确的，但这不是一个好的方案。更好的方案是关联原始的零部件 Base1。关联原始的零部件比关联其他使用了原始零部件的几何体的部件更好。

步骤24 编辑零部件 右键单击零部件 "Sliding _ Jaw" 并选择【编辑零部件】。在 "Sliding _ Jaw" 外表面所在面上编辑草图。选中与它相对的在 "Base1" 上的面，单击【转换实体引用】，如图1-18 所示。设置拉伸厚度为 10mm。

步骤25 等距实体 在 "Sliding _ Jaw" 的前表面上编辑草图(选中孔的内表面)。基于 Base2 的孔，使用【等距实体】并设置等距为 2mm，创建一个完全贯穿切除，如图 1-19 所示。

步骤26 编辑装配体 单击【编辑装配体】退出编辑零部件状态，返回等轴侧视图。

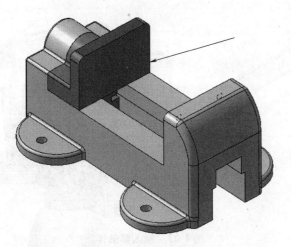

图 1-18 编辑零部件

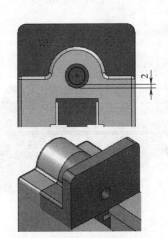

图 1-19 创建孔

1.3.2 在装配体外部建模

很多零件中的特征并不是只有在装配体环境下才能被创建，在零件环境下也能被创建，而且并不需要添加任何关联参考。

步骤27 打开零件 右键单击零部件 "Sliding _ Jaw"，然后选择【打开零件】。在如图1-20 所示的边线上添加 2mm 的圆角。

步骤28 等距 在如图 1-21 所示的平面上创建草图，用圆孔的外部边线，创建等距为 3mm 的等距实体，切除拉伸深度为 5mm，如图 1-21 所示。

步骤29 返回到装配体 保存并关闭零件，返回到装配体。单击【是】重建装配体，并显示零部件 "Jaw_Plate"，如图 1-22 所示。

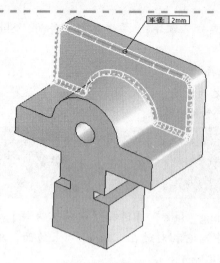

图 1-20　添加圆角

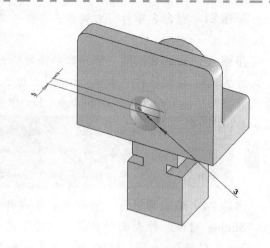

图 1-21　切除拉伸

步骤30　插入零部件　单击【插入零部件】 ，选择"Lesson01 \ Case Study"文件夹下的 Vise_Screw 部件插入装配体。在图 1-23 所示的两个面之间添加重合配合，在 Vise_Screw 部件的圆柱面和 Base2 的孔之间添加同轴配合。在"Vise_Screw0"的圆柱面和"Base2"的孔洞之间添加一个【同心】配合。

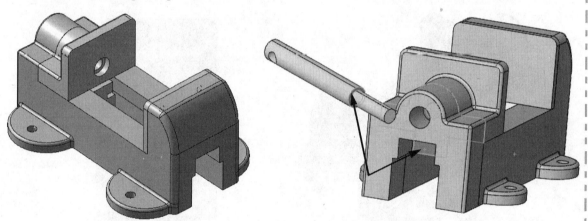

图 1-22　查看装配体

图 1-23　插入零部件

步骤 31　添加实例　在装配体中添加实例"Jaw_Plate"，并与"Sliding_Jaw"添加配合，如图 1-24 所示。

技巧 使用 Ctrl + 拖曳或【复制/粘贴】命令创建该零部件的另一个实例。

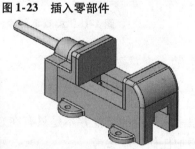

图 1-24　添加实例"Jaw_Plate"

提示 用户可以用这种方式组合"top-down"和"bootom-up"装配体。一旦以这种方式开始创建一个零部件，用户就不需要创建每一个零部件了。

1.4　传递设计修改

自动传递设计修改是关联特征的一大特点。本章节的下面部分将介绍修改零部件"Base1"的大小，将如何影响与它关联的其他零部件的大小。零部件"Base1"的变更会通过更新夹和外部关系传递到"Jaw_Plate"和"Sliding_Jaw"上。

步骤32 修改尺寸 双击零部件"Base1"的特征"Extrude1"，改变尺寸值70mm 为90mm，如图 1-25 所示。注意不要重建模型。然后双击"Base 1"的另一特征"Extrude2"，改变尺寸值45mm 为65mm。

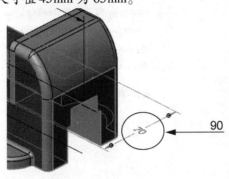
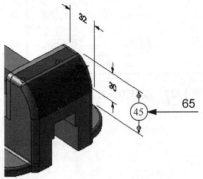

图 1-25 修改尺寸

步骤33 重建 重建模型，"Jaw_Plate"和"Sliding_Jaw"零部件更新后的尺寸与"Base1"一致，如图 1-26 所示。

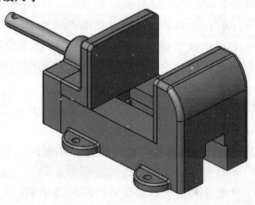

图 1-26 重建

1.5 保存虚拟零件为外部文件

在任何时候，用户都可以将装配体内部的虚拟零部件保存为外部文件。保存在内部是没有单独零件文件的，它们被保存在装配体文件中。

知识卡片	保存虚拟零件为外部文件	● 快捷菜单：右键单击虚拟零部件并选择【保存零件(在外部文件中)】。

步骤34 保存为外部文件 在 FeatureManager 设计树中选择所有的虚拟零部件，然后右键单击并选择【保存零件(在外部文件中)】。在窗口中单击【与装配体相同】，为所选虚拟零部件设置存储路径，如图1-27所示。单击【确定】。

步骤35 标记符号 现在的每一个零部件都保存在装配体外部的零件文件中(*.sldprt)。注意零件名外面的括号([ ])没有了，但是箭头(->)还存在，如图1-28所示。箭头表示该零件存在外部参考，参考零件外部的几何体。

图 1-27　保存为外部文件　　　　　　　　图 1-28　标记符号

1.6　关联特征

关联特征是在装配体环境中创建的并从中建立引用关系。也就是说，实体之间的路径更新是需要通过装配体的，不能从一个零件直接找到另外一个零件。

当一个关联被创建后，一个相应的更新夹会在 FeatureManager 设计树中创建。它是一个把两个零件的几何和位置的参考连接在一起的特征。

在默认情况下，为了节省空间，更新夹是不会出现在 FeatureManager 设计树中的。如果需要显示更新夹，用户可以右键单击 FeatureManager 设计树的顶层图标，再单击【显示更新夹】，如图 1-29 所示。

由于更新夹是装配体文件的一部分，只有当装配体处于打开状态时，关联特征才能更新。如果更新路径得不到（比如装配体文档被关闭），更新过程将在用户下一次打开包含更新路径的装配体时发生。

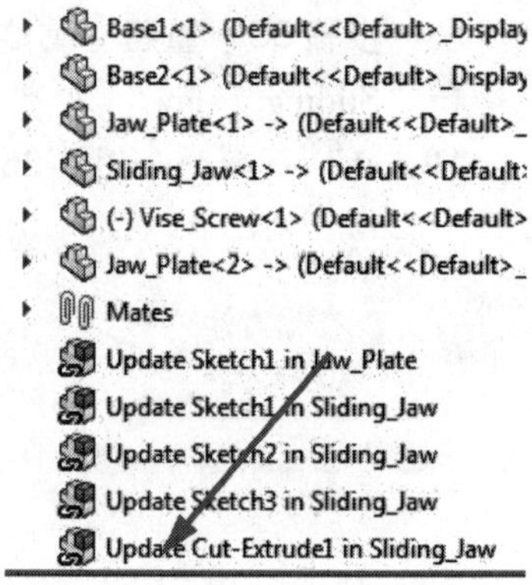

图 1-29　更新夹

1.7　外部参考

【外部参考】标记表明一个特征需要从模型之外获得信息以正确更新。在装配体中创建零件的情况下，特征引用该装配体或其他装配部件的几何来创建外部引用。装配体更新夹提供外部引用更新的链接。外部引用一般都是草图关系，但它们也可以通过特征结束条件、草图平面或其他几何特征创建。

外部参考符号的状态及其含义见表 1-1。

表 1-1　外部参考符号的状态及其含义

符号	状态	含　义
->	正常关联	被引用文件为打开状态,特征能正常更新
->?	未关联	被引用文件没有打开,不确定特征是否更新
->*	引用被锁定	外部引用关系被锁定。被引用的文件将不能改变以更新该特征,直到引用被解锁
->×	引用断开	外部引用已断开。外部文件的变化将不会对该特征有影响。引用不能被恢复

1.7.1　非关联参考

"Jaw_Plate"是一个在关联装配体环境下的零部件。在装配体文件打开的情况下，它会随参考零部件几何特征的改变而改变。下面将介绍这一内容。

步骤36 打开零件"Jaw _ Plate" 选择"Jaw _ Plate"的一个实例并单击菜单【打开】，这将单独在一个窗口中打开这个文件。由于装配体仍处于打开状态，外部引用能正常更新，特征因此显示为正常关联状态（->）。

步骤37 关闭装配体 关闭装配体 Machine _ Vise。

> 提示
>
> 用户可以从【窗口】菜单或 Windows 7 的任务栏关闭一个文档，而不需要激活这个文档窗口。
>
> 由于装配体没有被打开，"Jaw _ Plate"现在为未关联状态（- >?），如图 1-30 所示。因此，零件 Base1 的任何改动都不会影响到"Jaw _ Plate"。只有当装配体为打开状态时，零件 Base1 的改动才会通过装配体影响到"Jaw _ Plate"。

Jaw_Plate (Default<<Default>_Display)
- ▶ History
- Sensors
- ▶ Annotations
- 材质 <未指定>
- Front Plane
- Top Plane
- Right Plane
- Origin
- ▶ Boss-Extrude1->?

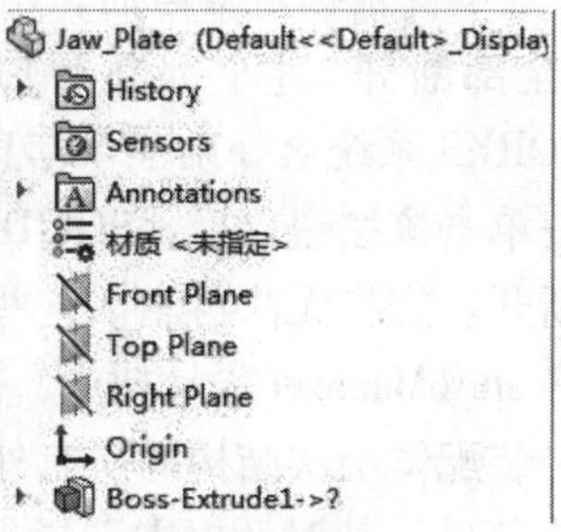

图 1-30 非关联参考特征图标

1.7.2 恢复关联

将一个非关联的零件恢复关联，只要将它所参考的文档打开就可以了。这个操作非常简单。

知识卡片	关联中编辑	【关联中编辑】命令自动打开零件所参考的其他文件。这个命令可以节省操作时间，因为用户不必查找此特征的外部参考文件，然后浏览它的位置并手动打开。
	操作方法	● 快捷菜单：右键单击具有外部参考的特征，从快捷菜单中选择【关联中编辑】。

步骤38 关联中编辑 右键单击"Boss _ Extrude"特征并选择【关联中编辑】。相关联的装配体文件将会被自动打开。参考关联在 FeaurueManager 设计树中用-> 符号表示。

1.8 断开外部参考

由于在关联中建立零件和特征而产生的外部参考会留在零件中，所以对零件的改变会影响到所有用到这个零件的地方——装配体及工程图。同样地，当修改了零件所参考的对象时，该组件也同样会被修改。

上述变化流程可以通过【锁定/解除】和【断开】选项临时性地或者永久性地停止。

> 提示
>
> 假如用户想在另一个装配体中再次使用关联零部件，或者想利用关联零部件作为起点进行相似的设计，或不根据关联的几何体移动零件，在这种情况下，用户需要移除外部参考，可以通过复制并编辑关联零件来建立一个不再和装配体相关联的复制品。

1.8.1 列举外部参考

当用户打开【列举外部参考】对话框时，有两个按钮可以用于外部参考：【全部锁定】或者【全部断开】。这两个命令可以让用户修改关联零件和外部参考文件之间的关系。

1. 全部锁定 【全部锁定】用于锁定或者冻结外部参考，直到用户使用【解除全部锁定】为止。全部锁定操作是可逆的，在用户解除锁定外部参考以前，所有的更改都不会传递到被关联的零件中。

当用户单击该按钮后，SOLIDWORKS 系统会弹出一个信息框："模型'Jaw_Plate'的所有外部参考将会被锁定。在您解除锁定现存的参考之前，您将无法再添加新的外部参考。"

在 FeatureManager 设计树中，被断开参考的符号变成"->＊"，使用【解除所有】命令后符号将变回"->？"。当零件被锁定参考后，用户无法再添加新的外部参考。

2. 全部断开 【全部断开】用于永久性地切断与外部参考文件的联系。用户单击该按钮以后，SOLIDWORKS 系统会弹出一个信息框，警告用户该操作是不可逆转的。

用户单击该按钮以后，SOLIDWORKS 系统会弹出一个信息框："模型'Jaw_Plate'的所有外部参考将会断开。您将无法再激活这些参考。"

在 FeatureManager 设计树中，被断开参考的符号变成为"->×"。参考的改变将不再传递到该零件。

整个装配体层次结构的所有外部参考，可以通过右键单击装配体顶层图标并选择【列举外部参考引用】来打破。从对话框中选择【全部断开】会影响到整个装配体。

> 技巧 如果需要的话，可以在特征树中将"->×"符号隐藏起来：单击【工具】/【选项】/【系统选项】/【外部参考引用】，清除勾选【为断开的外部参考引用在特征树中显示"×"】复选框。
> 一旦断开参考，用户就可以选中【列举断开的参考引用】复选框来列出参考。

> 注意 【全部断开】不会删除外部参考，只是简单地断开外部参考，并且这种断开永远都不可能再恢复。因此，用户最好在所有情况下都使用【全部锁定】。

要查看如何移除外部参考，请参阅本章 1.10 节"删除外部参考"。

步骤39　列举外部参考引用 可以通过列出外部参考的方法来查看某个特征或者草图是否有外部参考。在 FeatureManager 设计树中右键单击零件"Sliding_Jaw"，选择【列举外部参考引用】，弹出图 1-31 所示的对话框。

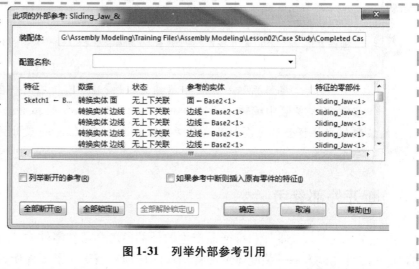

图 1-31　列举外部参考引用

1.8.2　外部参考报告

图 1-31 所示的对话框中包含下列信息。

● 装配体：显示了建立外部参考时用到的装配体。

● 特征：所选零件中含有外部参考的每个特征或草图。

● 数据：建立外部参考时所用到的关联或选择的类型。

● 状态：显示特征是否在关联中。

● 参考的实体：用于生成外部参考的选中的边、表面、基准面或者环的名称。实体名称显示了实体所在的零件，比如"侧影轮廓边线＜-motor＜1＞"表示这是零件"motor"的第一个实例中的一条边。

● 特征的零部件：外部参考所在的零部件。

在本例中，会列出很多外部参考。

步骤40 全部锁定 单击【全部锁定】，再单击【确定】。所有特征的外部参考"状态"都变成"锁定"，如图1-32所示。在 FeatureManager 设计树中的外部参考符号相应地变成了"- > *"。

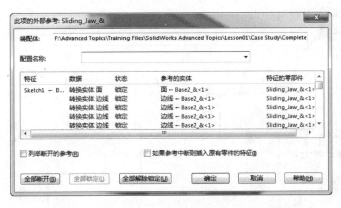

图1-32 全部锁定外部参考

1.8.3 Machine _ Vise 设计意图

Machine _ Vise 的设计意图是让 Sliding _ Jaw 组件在装配体中移动。由于预期的移动是垂直于装配中引用的几何形状，因此用户可以保持外部引用并暂时锁定它们，以防止在使用配合重新定位零件时发生更新。

提示 【列举外部参考引用】和【查找相关文件】命令有所不同。在一个零件窗口中，选择下拉菜单中的【文件】/【查找相关文件】可以显示文件所参考的文件。【查找相关文件】仅列出外部参考文件的名字，而不提供特征、数据、状态或零部件信息。例如，【查找相关文件】命令会告诉用户以下信息：
- 使用【基体零件】或者【镜像零件】方法建立零件的参考零件文件。
- 用于关联特征或关联零件的装配体文件名称。其中包括使用【派生零部件】建立的零件、有型腔或连接特征的零件；或是一个在装配体中关联编辑的、参考其他部件的零件。

1.9 在位配合

为了阻止零件的移动，在创建关联零部件时，将自动添加在位配合。因为这些特征是在装配体环境下与相关联的几何体联系起来的。零部件位置的变化将会引起与它相关的几何体的变化。

1.9.1 替换在位配合关系

删除在位配合关系，使用标准的配合技术重新添加在位配合关系，可以使零件有一定的平移自由度。一般最好先选择好要添加在位配合的面，这个面的垂直方向将被作为零件能够移动的方向，请参考实例"Sliding_Jaw"。

1.9.2 删除在位配合

当删除在位配合时，在出现确认对话框后将会出现一条警告信息："在装配体中用在位配合所放置的零件基本草图包含有对其他实体的参考，此配合方式删除后，因为此零件将不再相对于装配体被放置，因此这些参考可能会以不预期的方式做更新，请问是否现在消除这些参考？（不会删除任何几何体）。"

如果单击【否】，只会删除在位配合关系，不会删除参考（包括外部参考），如图 1-33 所示。

如果单击【是】，在位配合和所有的外部参考将都被删除，如图 1-34 所示。

这些选项对删除外部参考很有帮助。

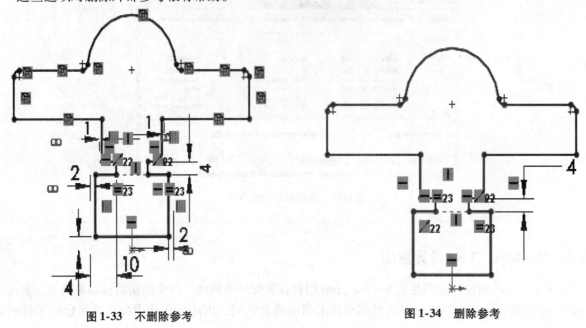

图 1-33 不删除参考　　　　　　　图 1-34 删除参考

步骤41　删除在位配合　选择"Sliding_Jaw"零件，单击右键，在菜单工具栏中选择【查看配合】◎/【删除】在位配合。

由于仍然想保留外部引用，因此在弹出的消息框中单击【否】。关闭零件的【查看配合】对话框。

步骤42　添加配合　现在，可以安全地移动"Sliding_Jaw"并重新应用配合。由于引用当前被锁定，特征就不会因其引用的几何变化产生更新。

添加配合来定位零件"Sliding_Jaw"，同时仍允许其适当自由地移动。一个解决办法是添加同心配合和平行配合，如图 1-35 所示。

步骤43　全部解除锁定　在 FeatureManager 树上右键单击"Sliding_Jaw"，然后选择【列举外部参考】。在外部参考的对话框上单击【全部解除锁定】并单击【确定】。现在零件便可以对引用的几何体做任何更新了。

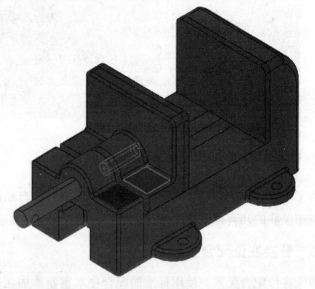

图 1-35 添加同心配合和平行配合

步骤44　螺旋配合　为完成在装配预期的运动，此处将模拟"Vise_Screw"组件的螺旋运动。

　　单击【配合】 ◎ 并展开【机械配合】选项框，然后单击【螺旋】 ▓ ，圈数选择 0.5mm，选择 "Vise_Screw" 的圆柱面并通过【选择其他】工具选择 "Base2" 的圆柱面，然后单击【确定】，如图 1-36 所示。

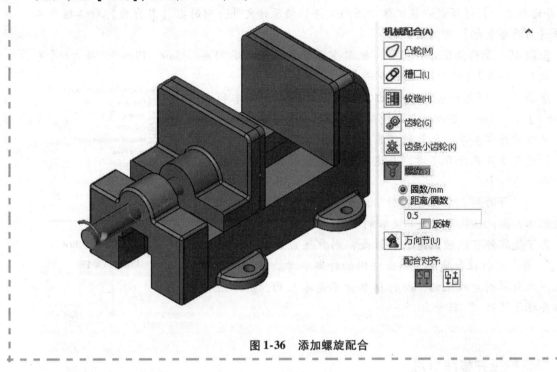

图 1-36　添加螺旋配合

1.10　删除外部参考

　　【全部锁定】命令对于中止关联零件修改传递非常有用，而如果需要永久性地停止修改传递，最好的方法是先使用【另存为】命令将关联零件【另存为一个副本】，然后在复制的零件中删除外部参考关系。

1.10.1　删除外部参考的原因

　　在装配体关联环境下创建零部件，例如 "Jaw_Plate" 和 "Sliding_Jaw"，将跟装配中的几何体创建参考关系。当用户删除配合或者在其他装配体（非关联的）中使用该零件，将会对原来的装配体产生影响。下面将说明几种删除外部参考的原因。

　　● 零部件移动：在位配合会影响零件的移动。用户可以删除在位配合关系，但仍保持特征是关联的。如果零部件的移动与所参考的几何体不一致，当零件重新定位时，关联特征将会失败。

　　● 重复利用数据：一个零部件可以在很多装配体中使用。但是如果一个零件含有关联引用，在使用之前零件必须处于非关联状态，以避免无意的更改。

　　若使 "Jaw_Plate" 零件基于现有的设计标准，便可以在多个装配重新使用它。要做到这一点，零件副本中的外部引用会被删除，使其完全独立于装配体。

技巧　　　　另一种移除引用的方法是将文件保存为其他的格式，如 IGES 或者 STEP 格式。在 SOLIDWORKS 中通过中间文件引进的只是一个没有特征的实体，所以不易更改。

提示　　　　如果有多个关联特征，最好在 FeatureManager 树下的附近开始整理，不同的零件特征错误需要在树的顶端修复。

步骤45　将"Jaw＿Plate"零件另存为备份　右键单击"Jaw＿Plate"零件，选择【打开零件】。打开零件"Jaw＿Plate"，选择【文件】/【另存为】。此时会弹出对话框让用户选择将文件以一个新的名字另存或另存为一个文件副本。对话框中还有每个选项的后果描述。【另存为新名称】选项是在装配体中用新文件替换原始文件，同时在【另存为】对话框中不勾选【另存备份档】复选框。

步骤46　另存为副本并打开　把零件另存为一个副本"Free＿Jaw＿Plate"，并勾选【另存为副本并打开】复选框，单击【保存】。

步骤47　评估特征　当前的零件为刚才另存为副本的文件"Free＿Jaw＿Plate"装配体仍没有变化。从 FeatureManager 设计树检查零件的外部参考，会看到在某些特征和草图后面有个"->?"符号，这表示存在外部参考，且这些参考是非关联的，如图1-37所示。

虽然另存的副本零件也引用了装配体，但它其实并不属于这个装配体，因此这些参考是非关联的。

为了使零件可以独立地进行修改，用户还应该编辑每个标有"->?"符号的特征和草图，删除它们的外部参考。注意：在某些情况下只有草图是派生的，而特征本身不是派生的，但草图和特征都会标记"->?"符号。

图 1-37　"Free_Jaw_
Plate"零件

1.10.2　编辑特征并移除引用

通过【另存备份档】命令，现在零件中的所有外部参考都没有被激活。然而，如果修改了零件"Free＿Jaw＿Plate"中的特征尺寸将会发生什么样的情况呢？例如，由于几何体是直接由装配体中的组件转换而成，故没有定义基体特征的大小和尺寸，该如何改变零件"Free＿Jaw＿Plate"？

为了让一个关联零件独立于它所创建于的装配体，且使特征可修改，所有带有"->"符号的特征都可以进行编辑并修改几何体的约束方式，如图1-38所示。虽然所有的外部参考都已经断开了，但零件依旧是按照参考建立的。通过在零件中编辑影响设计意图的草图和特征，可以删除外部参考。

图 1-38　编辑特征

提示　　零件"Free＿Jaw＿Plate"是一个只有一个特征的简单例子，但如果多个特征存在外部参照，最好的做法是从特征树的底部开始工作直到基体特征。通常的做法是从最后一个特征出发，以防止因在修复父特征之前修复子特征带来重建错误。

1. 编辑特征的策略　不同的特征有不同的编辑方法，下面将介绍几种普通的类型。

● 草图几何关系：在草图中通过【显示/删除几何关系】命令，删除相关联的几何关系和尺寸；然后再手动地或者通过【完全定义草图】命令完全定义草图。

● 派生草图：使用【解除派生】命令解除派生草图与其父草图的链接。

● 草图平面：通过【编辑草图平面】替换存在外部参考的草图平面。

● 拉伸：编辑拉伸特征，将终止条件【给定深度】改为【成形到一面】或【到离指定面指定的距离】，并使用相同的尺寸。

● 装配体特征：只存在于装配体环境中，很难保存为零件文件。一种方法是保存一个副本来代替这个装配体特征，另一种方法是将作用于零部件的特征加载到零件中。

2. 由等距实体引用和转换实体生成的几何体　由【等距实体引用】和【转换实体】创建的几何体，它们的位置和方向都严格地位于被参考的边上。当【等距】或【在边线上】等几何关系被删除后，几何体不再含有任何其他的关联，如相切、水平、垂直或共线。为重新定义这类草图几何关系，比较好的选择是使用【完全定义草图】来添加必要的关系和尺寸。

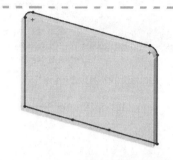

步骤48　**编辑草图**　草图是外部参考的主要根源。如果一个特征中的任何一个草图存在外部参考，那么这个特征的名字会有"->"后缀。编辑特征凸台拉伸的草图，如图1-39所示。

步骤49　**显示/删除几何关系**　单击【显示/删除几何关系】，在下拉框中选择【在关联中定义】来过滤。单击【删除所有】，单击【确定】。

图1-39　编辑特征凸台拉伸的草图

注意　当删除草图中的这些约束后，它仍保持原来的位置和尺寸不变。

步骤50　**完全定义草图**　单击【完全定义草图】，确保【几何关系】和【尺寸】选项均已勾选，如图1-40所示。更改尺寸的原点为轮廓的左下角。

在【要完全定义的实体】选项框中，选择【所选实体】，并选择轮廓中除底部的3段直线段外的所有几何线段。单击【计算】来预览生成的约束。单击【确定】接受这些定义。

步骤51　**清理轮廓图**　删除轮廓底部的3条线段，并画一条新的【水平】直线，如图1-41所示。为这条直线和原点添加一条【中点】的几何关系，以完全定义草图。

步骤52　**查看结果**　退出草图。该零件现在已经独立于外部引用，并能安全地用于其他装配体中。

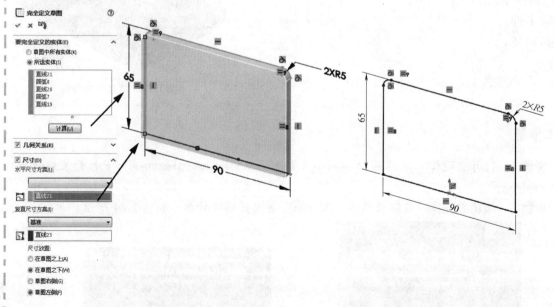

图1-40　完全定义草图（1）　　　　　　图1-41　清理轮廓图

除了可以看到在特征树上不再存在外部引用的标志外，还可以通过其他方式来验证外部引用是否被移除。如通过【文件】/【查找相关文件】，或右键单击FeatureManager设计树的顶端，单击【列举外部参考】并确认是否有参考列出，如图1-42所示。

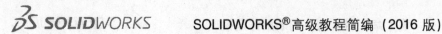
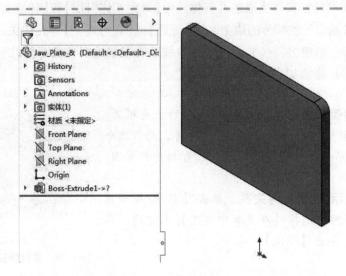

图 1-42　完全定义草图（2）

练习 1-1　建立关联特征

装配体"Oil Pan"中已经正确安装了油管零件"Pipe"，但是收油盘并没有建立相应的凸缘，本练习的任务就是用关联特征设计这个凸缘，如图 1-43 所示。

本练习将应用以下技术：

- 编辑零件。
- 关联特征。

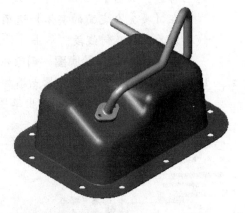

图 1-43　建立关联特征

操作步骤

步骤 1　**打开装配体**　从路径"Lesson01 \ Exercises \ InContextFeatures"下打开装配体"Oil Pan Assy"。

步骤 2　**编辑装配体**　编辑零部件"Oil Pan"并新建凸缘特征，如图 1-44 所示。

图 1-44　关联设计

装配体及其零件的设计意图如下：

1）收油盘的凸缘与油管的凸缘应拥有相同的轮廓形状。

2）收油盘凸缘要有 3°的拔模角度。

3）收油盘的螺纹孔和油孔的直径、位置应与油管相应的特征相同以满足配合要求。

4）圆角半径为 2mm。

步骤 3　保存并关闭所有文件

练习 1-2　自顶向下的装配体建模

本练习的任务是在装配体中创建组件 Cover Plate，利用现有的周围零件的几何体创建特征，如图 1-45 所示。

本练习将应用以下技术：

- 自顶向下的装配体建模。
- 定位零部件。
- 常用工具。
- 保存虚拟零件为外部文件。

图 1-45　自顶向下装配体建模

操作步骤

步骤 1　打开装配体　从路径"Lesson01 \ Exercises \ Top Down Assy"下打开装配体 TOP DOWN ASSY。

步骤 2　插入一个新的零部件　插入一个新的零部件，如图 1-46 所示，定位其前视基准面。

步骤 3　关联特征　零件"Cover Plate"的设计意图如下：

1）必须随主体零件"Main Body"的内径更新。

2）必须和零件"Ratchet"的外径相关联。

3）必须和零件"Wheel"的外径相关联。

使用如图 1-47 所示图例，结合设计意图确定零件的形状和关系。间隙尺寸为：Cover Plate 到 Main Body 的距离：0.20mm。

图 1-46　插入零部件

Cover Plate 到 Ratchet 的距离：0.10mm。

Cover Plate 到 Wheel 的距离：0.10mm。

步骤 4　保存为外部文件　将零部件"Cover Plate"保存为外部文件到装配体文件所在的文件夹。

步骤 5　更改（可选步骤）　通过修改装配体中关联特征所引用的组件，来测试 Cover Plate 的关联特征。重建装配体并查看更新。

步骤 6　保存并关闭文件

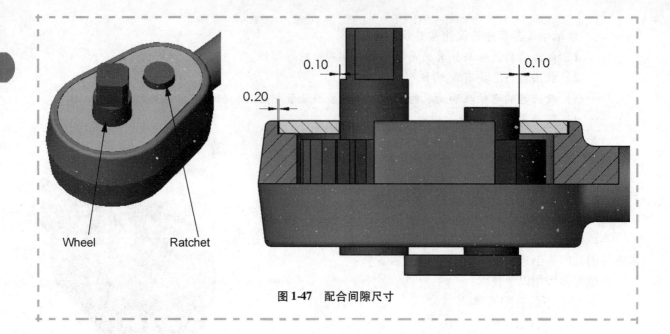

图 1-47   配合间隙尺寸

第 2 章　装配体特征、智能扣件和智能零部件

学习目标 
- 在装配体中创建特征
- 创建装配体特征
- 通过智能扣件插入扣件
- 创建并使用智能零部件

2.1　概述

装配体特征操作大多在零部件组装后进行。大部分装配体的去除材料操作在零部件组装完毕后进行，唯一例外的是添加焊缝。图 2-1 所示为自顶向下的装配体建模。

2.2　装配体特征

装配体特征是只存在于装配体中的特征，它可以是孔、切除、圆角、倒角、焊缝，或者是传动带/链，装配体特征可以被阵列。零部件在装配体中安装好以后，可以使用装配体切除特征从装配体中切除所选择的零部件。装配体特征常用来代表装配后的加工工序，通过切除选中的单个零部件或全部零部件，可以建立装配体的剖视图。

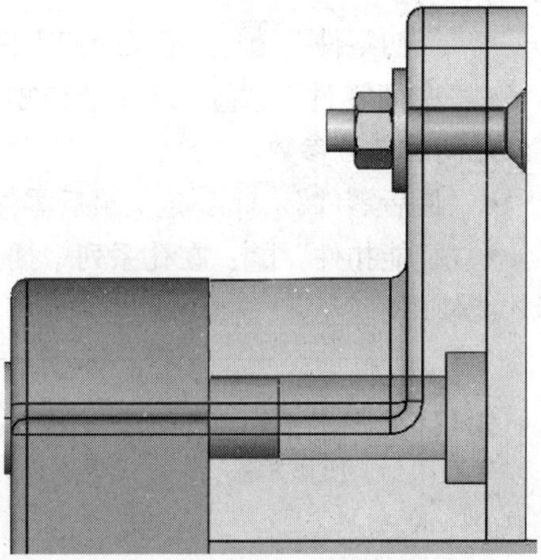

关于装配体特征的几点说明：
- 除孔系列外，装配体特征只存在于装配体中，它们不会向

图 2-1　自顶向下的装配体建模

下传递到零件中。另外，通过在装配体 PropertyManager 设计树中单击零件后添加的特征也属于例外。
- 装配体的显示状态可以通过配置来控制。
- 可以利用装配体中的任何基准面或模型表面作为装配体特征的草图平面。
- 草图可以包含多个封闭的轮廓。
- 装配体特征阵列可以用来阵列零部件。

知识卡片	装配体特征	• CommandManager：单击【装配体特征】。 • 快捷菜单：【插入】/【装配体特征】。

提示　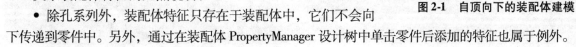

本章以孔系列装配体特征为例，其他类型的装配特征将贯穿在本书中。

2.2.1 孔系列

【孔系列】是一种特殊的装配体特征，利用它可以在装配体的零件上建立孔特征，所建立的孔特征贯穿于孔轴线相交的所有未被压缩的零件（这些零件可以不接触）。与其他装配体特征不同的是，孔系列可以在独立的零件中作为外部参考特征而存在。如果在装配体中编辑孔系列，那么孔系列所作用的零件同样会进行相应的修改。关于孔系列的几点说明如下：

- 【孔系列】可以存在于装配体级和零件级中（这点与其他装配体特征不同）。
- 可以利用装配体中的任何基准面或模型表面作为"孔系列"的草图平面。
- 【孔系列】可使用【完全贯穿】【到下一面】【成形到一面】和【到离指定面指定的距离】终止限定条件。
- 【孔系列】不能通过标准的【异形孔向导】来建立。
- 可以使用【编辑特征】命令编辑成形的孔，但只能在装配体中进行编辑。
- 由【异形孔向导】生成的孔特征可作为【孔系列】特征中的开孔源特征。
- 【孔系列】作用中的最初零件、最后零件和中间零件可以使用不同的孔径尺寸。可以通过一个复选框自动执行这种不同尺寸的设置，如图 2-2 所示。

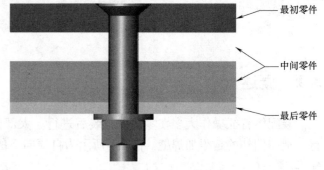

最初零件

中间零件

最后零件

图 2-2 孔系列选项

2.2.2 孔系列向导

孔系列向导由四个选项卡组成，用来定义孔的位置和规格。

- "孔位置" ⬚：确定草图点作为孔中心位置。
- "最初零件" ⬚：定义最初零件的参数。
- "中间零件" ⬚：定义最初零件与最后零件之间的部分参数。
- "最后零件" ⬚：定义最后零件的参数。
- "智能扣件" ⬚：在孔系列中插入智能扣件。只有安装并激活 SOLIDWORKS 工具箱后，该选项卡才能使用。

	孔系列 操作方法	• CommandManager：单击【孔系列】⬚。 • 快捷菜单：【插入】/【装配体特征】/【孔】/【孔系列】。
知识 卡片		

提示 👆 孔系列特征可通过二维或三维草图来定位。三维草图在多个面或非平面定位孔时最有用。使用二维草图点，一定要预先选择一个平面来放置草图。

2.3 实例：装配体特征

本章从一个类似第 1 章创建的装配体开始（见图2-3），对于这个装配体，将增加新的功能和扣件，将"Jaw_Plate"部件固定在装配体的其他部件上。

创建装配体特征主要包括以下处理流程：

1. 创建孔系列装配体特征 创建一个孔，其锥孔始于"Jaw_Plate"部件，底部螺纹孔止于"Base1"部件。

2. 利用已有的孔系列特征创建新孔 利用"Jaw_Plate"部件的孔尺

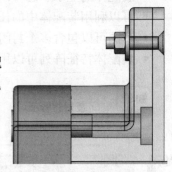

图 2-3 装配体

寸和位置在"Sliding_Jaw"部件上创建通孔。

3. 在孔内插入扣件 使用智能扣件在装配体中插入螺钉、垫圈和螺母。智能扣件能基于孔的类型和尺寸自动选取最佳的扣件。

操作步骤

步骤1 打开装配体文件 打开"Lesson02 \ Case Study"文件夹下的"Machine_Vise"装配体，如图2-4所示。

步骤2 孔系列 选择"Jaw_Plate <1 >"的表面，预选择该面以创建二维而非三维的草图，如图2-4所示。单击【孔系列】。

步骤3 孔位置 在【孔位置】选项卡里，选择【生成新的孔】，为第二个孔创建草图点。添加尺寸标注和对称约束以完全定义草图，如图2-5所示。

步骤4 定义扣件 单击【最初零件】选项卡并进行如下设置(见图2-6)。

- 孔类型：锥孔。
- 标准：ANSI Metric。
- 螺钉类型：平头螺钉-ANSI B18.6.7M。
- 孔大小：M5。

步骤5 中间零件 单击【中间零件】选项卡，勾选【根据开始孔自动调整大小】复选框。在本例中，只有最初零件和最后零件。

步骤6 最后零件 单击【最后零件】选项卡（见图2-7）并进行如下设置。

- 孔类型：直螺纹孔。
- 螺钉类型：底部螺纹孔。

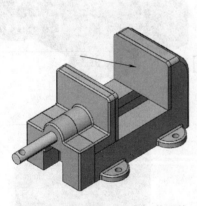

图2-4 "Machine_Vise"装配体

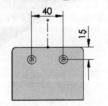

图2-5 创建草图点

图2-6 定义扣件

图2-7 零件选项

26

● 孔大小：M5×0.8。

● 不通孔深度：10.0000mm。

按图 2-7 所示完成其他设置，然后单击【确定】。

步骤7 查看剖面视图 使用【剖面视图】 ![] 工具，查看生成的孔系列，如图 2-8 所示。

步骤8 FeatureManager 设计树 完成孔系列后，在装配体中有一个特征，这个特征是用来控制每一个零部件中的孔，如图 2-9 所示。

步骤9 检查零部件 右键单击零件 "Jaw_Plate〈1〉"，选择【打开零件】。注意到孔在零件中出现，并且 "CSK for M5 Flat Head Machine Screw1" 特征显示在 FeatureManager 设计树中，如图 2-10 所示。

保存并关闭 "Jaw_Plate" 零件，返回到装配体环境。

步骤10 检查另一零部件 旋转装配体查看此零件的另一实例 "Jaw_Plate〈2〉"。孔特征已被添加到这个实例上，这是因为孔被添加到零件中，如图 2-11 所示。

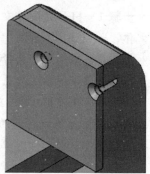

图 2-8 查看剖面视图

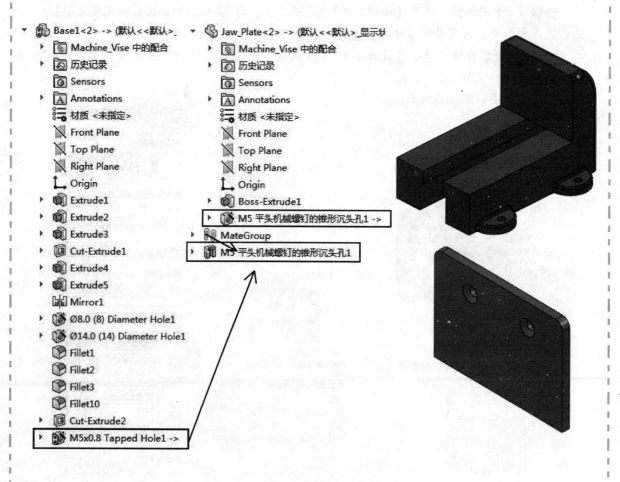

图 2-9 孔特征

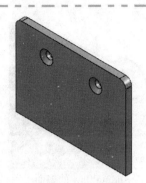
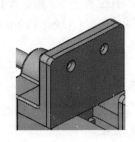

图 2-10　检查零部件　　　　　　　　　　图 2-11　查看零件实例

2.3.1　时间相关特征

装配体特征是 SOLIDWORKS 中很多时间相关特征中的一种。它随着装配体中零部件的更新而更新。

1. 时间相关特征的类型　这里列出了一些时间相关特征：

- 装配体特征（装配体切除、孔或焊缝）。
- 关联特征和关联零部件。
- 装配体中的参考几何体（参考平面或基准轴）。
- 装配体中的草图几何体。
- 零部件阵列。

2. 时间相关特征的配合　当零部件与时间相关特征建立配合关系时，只有在时间相关特征更新后才能定位零部件。

3. 最佳做法　尽量不要与时间相关特征建立配合关系，除非这是实现设计意图唯一的方法。在不使用时间相关特征时，用户可以利用其他更加灵活的方法定义零部件的位置，这时零部件的顺序不会影响到配合关系。

4. 父/子关系　与零件中的特征类似，零部件同样有父/子关系。最简单的自底向上的零部件只将配合组作为"子"，其他的装配体特征所依赖的零部件则以那些特征为"子"。

5. 查找参考　【查找参考】用于查找零部件及装配体文件的精确位置。列表中提供了每一个使用的参考的全路径名称。使用打包工具中的【复制文件】可以复制文件到另一个目录。

6. 调整顺序和回退　与零部件特征一样，用户可以在装配体 FeatureManager 设计树中为许多特征调整顺序。诸如装配体基准面、轴线、草图和配合组中的配合等项目都可以调整顺序，而默认的基准面、装配体原点和默认的配合组不能调整顺序。用户还可以调整零部件在 FeatureManager 设计树中的顺序，从而控制工程图材料明细表中的顺序。

【回退】可以用来在时间相关特征（如装配体特征和基于装配体的特征）之间移动。注意，如果回退到配合组前，将压缩由这个配合组控制的所有配合和零部件。

2.3.2　使用现有孔的孔系列

【孔系列】是一种很实用的工具，它可用于创建与现有孔相一致的孔。选中【使用现有孔】选项，在最初零件中就会创建与现有孔一样的孔。

在第一个实例中，零部件"Jaw_Plate"上已经创建了一些孔。本例将在"Jaw_Plate"上创建与"Sliding_Jaw"的孔相配的孔，而不是创建很多孔。

> **步骤 11　创建孔系列**　选择"Sliding_Jaw"上的平面，单击【孔系列】，可使用【选择其他】或穿过"Jaw_Plate〈2〉"选择该平面，如图 2-12 所示。

步骤12 孔位置 在【孔位置】选项卡里，选择【使用现有孔】选择"Jaw_Plate〈2〉"上的一个锥孔面，如图 2-13 所示。

步骤13 最初零件和中间零件 最初零件和中间零件选项卡中的设置与现有孔一致。

步骤14 设置最后零件 单击【最后零件】选项卡，作如下设置。

- 孔类型：孔。
- 根据开始孔自动调整大小。
- 终止条件：完全贯穿。

单击【确定】，如图 2-14 所示。

步骤15 检查零部件 右键单击零件"Sliding_Jaw"，选择【打开零件】。注意到孔在零件中出现，并且"M5 Clearance Hole"特征显示在 FeatureManager 设计树中，如图 2-15 所示。

保存和关闭"Sliding_Jaw"零件，返回到装配体环境。

步骤16 保存 但不关闭装配体文件。

Sliding_Jaw 的表面
（为了便于描述，Jaw_Plate<2> 被隐藏）

图 2-12 选择使用现有孔

图 2-13 【孔位置】选项卡

图 2-14 设置最后零件

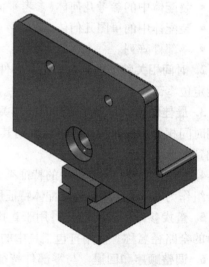

图 2-15 查看零件模型

2.4 智能扣件

如果装配体中包含有特定规格的孔、孔系列或孔阵列，利用智能扣件可以自动添加扣件（螺栓和螺钉）。智能扣件使用 SOLIDWORKS Toolbox 标准件库，此库中包含大量 GB、ANSI Inch、ANSI Metric 等多种标准件。用户还可以向 Toolbox 数据库添加自定义的设计，并作为智能扣件来使用。

> 提示　SOLIDWORKS 工具箱是 SOLIDWORKS Professional 和 SOLIDWORKS Premium 中的一个附加功能。SOLIDWORKS 的标准授权将不包括此功能，将无法使用智能扣件。

2.4.1 扣件默认设置

向装配体中添加新扣件时，扣件的默认长度根据装配体中的孔而定：如果孔是不通孔，扣件的长度采用标准长度系列中相邻的比孔深度小的长度；如果孔是通孔，扣件的长度采用标准长度系列中相邻的比孔深度大的长度。如果孔的深度比最长扣件的长度还要大，则采用最长的扣件。

　　使用【异形孔向导】或【孔系列】建立孔特征，可以最大限度地利用智能扣件的优势。向导中给定的标准尺寸能够与螺钉或螺栓匹配。对于其他类型的孔，用户可以自定义【智能扣件】，添加任何类型的螺钉或螺栓并作为默认扣件使用。在装配体中添加扣件时，扣件可以自动与孔建立重合和同轴心配合关系。

知识卡片	智能扣件	智能扣件自动地给装配体中所有可用的孔特征添加扣件，这些孔特征可以是装配体特征，也可以是零件中的特征。用户可以给指定的孔或阵列，指定的面或零部件（所选面或零部件中的所有孔）及所有合适的孔添加扣件。
	操作方法	● CommandManager：【装配体】/【智能扣件】。 ● 菜单：【插入】/【智能扣件】。

　　步骤17　工具箱插件　【智能扣件】需要 SOLIDWORKS 工具箱插件。用户可以从菜单【工具】/【插件】打开插件列表，并勾选【SOLIDWORKS Toolbox Library】复选框，这样就可以激活 SOLIDWORKS 工具箱了。

　　步骤18　添加智能扣件　从下拉菜单中选择【插入】/【智能扣件】。

　　步骤19　添加　选择 "Jaw_Plate〈1〉" 的面，单击【添加】。智能扣件识别出两个孔为 "M5 平头机械螺钉的锥形沉头孔"，并把它们组装上去，如图 2-16 所示。

　　步骤20　定义大小　在 PropertyManager 中，扣件的结果列表组中列出了所要添加的扣件，可以在孔中预览选中的扣件，在标签中会显示当前扣件的大小，并可以修改，如图 2-17 所示。

　　步骤21　设置　勾选【自动调整到孔直径大小】复选框，其他设置都为默认设置，如图 2-18 所示，单击【确定】。

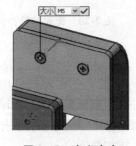

图 2-16　添加智能扣件　　　　图 2-17　定义大小　　　　图 2-18　设置系列零部件

　　步骤22　查看结果　两种螺钉被插入孔中，在 FeatureManager 设计树中出现一个 "SmartFastener1" 文件夹及两个螺钉，如图 2-19 所示。

▾ 🔩 Smart Fastener1
　▸ 🔩 (-) flat head screw_am<1> (B18.6.7M - M5 x 0.8 x 13 Type I Cross Recessed FHMS
　▸ 🔩 (-) flat head screw_am<2> (B18.6.7M - M5 x 0.8 x 13 Type I Cross Recessed FHMS

图 2-19　设计树

2.4.2　智能扣件配置

　　【异形孔向导/Toolbox】用来设置智能扣件，包括默认扣件和自动扣件更改，如图 2-20 所示。如果

孔是由异形孔向导或者孔系列创建的，扣件类型可以通过相关对话框中的孔标准、类型和扣件来确定。如果孔是由其他方法创建的，如凸台的内部轮廓、拉伸切除或者旋转切除，智能扣件将根据孔的物理尺寸选择一个合理的扣件直径。

知识卡片	添加孔系列扣件	●菜单：单击【工具】/【选项】🔧/【系统选项】/【异形孔向导/Toolbox】，然后再单击【配置】/【配置智能扣件】。

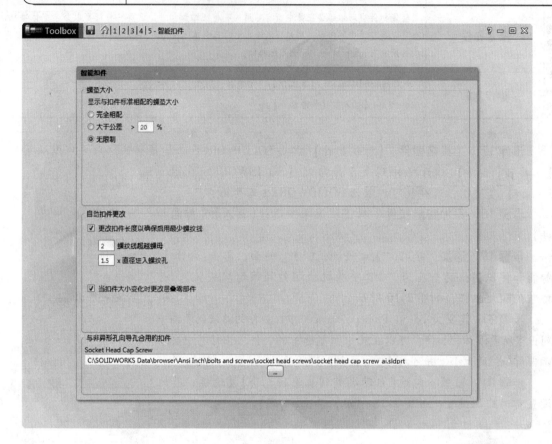

图 2-20 配置智能扣件

2.4.3 孔系列零部件

孔系列零部件允许用户改变扣件的类型。在创建扣件时，用户可以添加顶部或底部层叠零部件。右键单击扣件列表，允许用户更改扣件类型或恢复为默认扣件类型。
- 扣件：右键单击【扣件】并选择【更改扣件类型】来更改扣件，或选择【使用默认扣件】以返回到默认。
- 顶部层叠：允许用户在扣件头下添加垫圈。
- 底部层叠：允许用户在扣件尾部和孔系列尾部的下面添加螺母和垫圈。

> 提示 在前面所用到的智能扣件中不包括层叠，因为孔的类型是锥孔；也不包含底部层叠，因为孔的类型是螺纹孔。

2.4.4 修改现有扣件

在添加了扣件以后，可以通过很多方法来修改扣件，如图 2-21 所示。
- 孔系列特征：右键单击孔系列特征并选择【编辑特征】。由这个特征创建的所有孔以及由这些孔生成的扣件都将会被编辑。
- 智能扣件特征：右键单击智能扣件特征并选择【编辑智能扣件】。所有由这个特征创建的扣件将会被编辑。

- 单一的扣件特征：右键单击扣件并选择【编辑 Toolbox 定义】。这将只对扣件进行编辑。

⚠️ **注意**　　　不要使用【编辑草图】或者【编辑特征】来编辑 Toolbox 零件的参数，这种修改不会更新 Toolbox 数据库。

1. 分离孔系列　只有当对齐孔使用智能扣件的时候才需要用到分离孔系列。在这种情况下，需要两个或者更多扣件的地方可能只能添加一个扣件，而扣件的长度可能会造成该扣件穿越多个孔，如图 2-22 所示。

为了解决这种情况，用户可以分离孔系列，将单一的扣件分为多个扣件。在【智能扣件】对话框中单击【编辑分组】，根据界面上的提示消息拖曳分离系列，可以分离智能扣件组。用户需要在分离孔系列后翻转扣件。右键单击"系列"并选择【反转】。

▸ 🔩 Smart Fastener1
▾ 🔩 Smart Fastener2
　▸ 🔩 (-) socket head cap screw_am<1> (B18.3.1M - 6 x 1.0 x 2
　▸ 🔩 (-) socket head cap screw_am<2> (B18.3.1M - 6 x 1.0 x 2
　▸ 🔩 (-) socket head cap screw_am<3> (B18.3.1M - 6 x 1.0 x 2
　▸ 🔩 (-) socket head cap screw_am<4> (B18.3.1M - 6 x 1.0 x 2
　▸ 🔩 (-) flat washer regular_am<5> (B18.22M - Plain washer,
　▸ 🔩 (-) flat washer regular_am<6> (B18.22M - Plain washer,
　▸ 🔩 (-) flat washer regular_am<7> (B18.22M - Plain washer,
　▸ 🔩 (-) flat washer regular_am<8> (B18.22M - Plain washer,
　▸ 🔩 (-) hex flange nut_am<1> (B18.2.2.4M - Hex flange nut,
　▸ 🔩 (-) hex flange nut_am<2> (B18.2.2.4M - Hex flange nut,
　▸ 🔩 (-) hex flange nut_am<3> (B18.2.2.4M - Hex flange nut,
　▸ 🔩 (-) hex flange nut_am<4> (B18.2.2.4M - Hex flange nut,
　▸ 🔩 (-) flat washer narrow_am<1> (B18.22M - Plain washer,
　▸ 🔩 (-) flat washer narrow_am<2> (B18.22M - Plain washer,
　▸ 🔩 (-) flat washer narrow_am<3> (B18.22M - Plain washer,
　▸ 🔩 (-) flat washer narrow_am<4> (B18.22M - Plain washer,

图 2-21　修改现有扣件

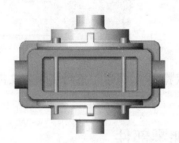

图 2-22　分离孔系列

2. 智能扣件和配置　在实际应用中，使用配置压缩所有扣件的情况是比较常见的。在装配体中添加智能扣件的操作非常简单，因为它们全部显示于 FeatureManager 设计树的底部。用户也可以使用【选择 Toolbox】来选择。

步骤23　**添加智能扣件**　单击【智能扣件】🔩。

步骤24　**添加扣件**　选择"Jaw_Plate〈2〉"的面，单击【添加】。智能扣件识别出两个孔为 CSK "M5 平头机械螺钉的锥形沉头孔"，并把它们组装上去，如图 2-23 所示。

步骤25　**底部层叠**　单击【添加到底层叠】，并选择型号及尺寸为 "Regular Flat Washers- ANSI B18. 22M" 的垫圈。

单击【添加到底层叠】，并选择型号及尺寸为 "Hex Nuts-Style1-ANSI B18. 2. 4. 1M" 的螺母，如图 2-24 所示。单击【确定】。

图 2-23　添加智能扣件

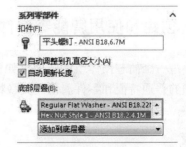

图 2-24　添加扣件

系列零部件
扣件(F)
🔩　平头螺钉 - ANSI B18.6.7M
☑ 自动调整到孔直径大小(A)
☑ 自动更新长度
底部层叠(B)
　Regular Flat Washer - ANSI B18.22M
　Hex Nut Style 1 - ANSI B18.2.4.1M
　添加到底层叠

提示　　　埋头孔只有【底层叠】选项，但有些孔类型只有【顶层叠】选项。

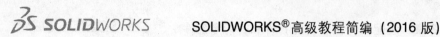
32

步骤26　结果　如图 2-25 所示，两根螺栓被插入孔中，一个垫圈和螺母被添加到"Sliding_Jaw"部件的另一侧。"智能扣件2"文件夹显示在 FeatureManager 设计树中。

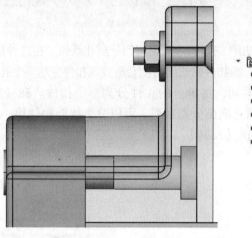

图 2-25　最终结果

步骤27　保存并关闭装配体文件

2.5　智能零部件

智能零部件即含有关系零件及特征信息的零件。智能零部件在插入到装配体时，可以方便地一步添加相关的零部件和特征。智能零部件可以用在任意数量的不同的装配体中，并且不需要额外的步骤就可以很容易地插入与之关联的零部件和特征，如图2-26所示。

智能零部件的使用需要两个条件。首先，被制作出的智能零部件必须可以被装配到一个完全定义的、带有合适零部件和关联特征的装配体中。其次是这个智能零部件可以从装配体中"分离"，带走所有关于智能特征（或者零部件）参考的信息，没有残余的外部参考用来定义装配体或者其他零部件。

图 2-26　智能零部件

 技巧 　　定义装配体与创建用于库特征的基本特征相类似。

2.6　实例：创建和使用智能零部件

本实例将通过一个插芯锁体组件来展示如何创建和使用智能零部件。使用一个现有的装配体来捕获关联门闩和锁的普通特征和零件。使用关联特征来创建与智能零部件相关联的特征。

操作步骤

步骤1　打开装配体文件　打开"Lesson02 \ Case Study \ Smart Components"文件夹下的装配体"Box Assembly"，如图 2-27所示。该装配体用来定义装配智能零部件。

步骤2 添加智能扣件 将两个智能扣件"Flat Head Screw_AM"添加到门闩上已有的孔中, 如图2-28所示。

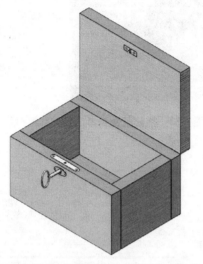

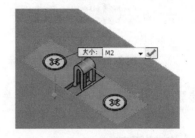

图 2-27 打开装配体"Box Assembly"

图 2-28 添加智能扣件

2.6.1 制作智能零部件

为了创建一个智能零部件, 必须使用【制作智能零部件】功能在装配体中选择相关的零部件和特征。

制作智能零部件	● 菜单: 选择【工具】/【制作智能零部件】。

步骤3 选择零部件 单击【制作智能零部件】并选择"Latch-1"和两个"flat head screw"作为相关联的零部件, 如图2-29所示。

步骤4 创建智能特征 在【特征】中, 选择关联切除特征来制作门闩盖, 同时之前选择的零部件会自动隐藏。它们可以通过单击【显示零部件】来显示, 如图2-30所示。

图 2-29 选择零部件

图 2-30 显示零部件

单击【确定】, 系统就会创建智能特征。

步骤5 查看智能零部件 通过一个闪电符号表明"Latch"是一个智能零部件, 如图2-31所示。

步骤6 捕获配合参考 为了帮助自动完成闩锁所需的配合, 将捕捉【配合参考】, 如图2-32所示。选择零件"Latch", 然后单击【编辑】🖉, 单击【配合参考】⬜。捕获"Latch"的前表面的引用, 单击【确认】, 退出【编辑零部件】。

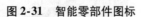

图 2-31   智能零部件图标   图 2-32   捕获配合参考

步骤 7   保存文件   保存但不要关闭装配体文件。

2.6.2   插入智能零部件

智能零部件可以像其他零部件一样插入到装配体中。

步骤 8   打开装配体文件   从文件夹"Lesson02 \ Case Study \ Smart Components"中打开装配体"Test"，如图 2-33 所示。我们将配合闩锁和打开面板的内侧，使用名为"2"的视图来定向模型，使该面易于操作。

步骤 9   插入智能零部件   插入智能零部件"Latch"。【配合参考】选择打开门的内表面，如果有必要，在配合弹出的工具栏上单击【反转配合对齐】。

如图 2-34 所示，添加【距离】配合，并使用【宽度】配合从另一个方向上居中放置闩锁。

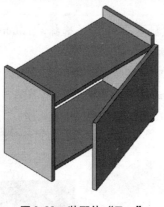

图 2-33   装配体"Test"   图 2-34   插入
智能零部件

2.6.3   插入智能特征

在插入智能零部件并完成装配配合后，就可以添加智能特征和相关联的零部件了。这一步骤可以通过在原始装配体中使用参考和选择来完成。

知识卡片	智能特征	● 菜单方式:选择智能零部件并单击【插入】/【智能特征】。 ● 快捷方式:右键单击智能零部件并单击【插入】/【智能特征】。 ● 图形区域:选择零部件,单击【智能特征】图标。

步骤 10　插入智能特征　在图形区域单击【插入智能特征】⚡，并在【参考】列表中，选择门的内部面作为要求的参考面，如图 2-35 所示。单击【确定】，如图 2-36 所示。

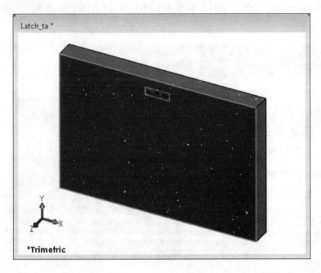

图 2-35　选择平面

图 2-36　智能特征对话框

> **提示** 👉　所有【特征】和【零部件】列表中被选中的选项都是在智能零部件创建时自动被选中的。用户可以通过清除勾选阻止相应的特征或零部件的添加。

步骤 11　查看结果　相关特征和零部件已经被添加到了装配体中。如果爆炸显示该零件，用户可以看到零件和切割特征已经被应用到了该零部件中，如图 2-37 所示。

步骤 12　查看 FeatureManager 设计树　FeatureManager 设计树中列出了文件夹"Latch-1"，里面包含"Latch""Features"文件夹和 Toolbox 零部件，如图 2-38 所示。

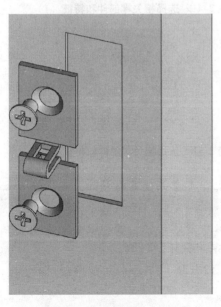

图 2-37　智能零部件爆炸图

图 2-38　FeatureManager 设计树

> 提示　智能零部件储存了模型中装配定义的所有信息。智能组件的 FeatureManager 设计树显示智能特征文件夹，用户可以看到所有关联特征、零组件和必要的引用列表。

2.6.4　使用多重特征

之前的例子包含了一个典型智能零部件的所有元素。在接下来的例子中将用到多重特征和多重零部件。

> 提示　本例中所用到的关联特征已经创建。

步骤13　添加智能扣件　返回到"Box Assembly"并放大"Lock"，然后添加智能扣件，如图 2-39 所示。

步骤14　制作智能零部件　单击【制作智能零部件】并选择零件"Lock"作为智能零部件，选择钥匙、钥匙面板及螺钉作为相关的"零部件"，如图 2-40 ~图 2-42 所示。选择全部三个切除特征 0.75×18×6 作为零部件包含的"特征"，单击【确定】。

图 2-39　添加智能扣件

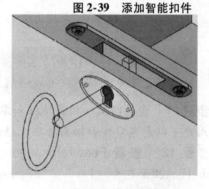

图 2-41　选择相关零部件和特征（1）

图 2-40　制作智能零部件

图 2-42　选择相关零部件和特征（2）

步骤15　添加配合参考（可选步骤）　可以捕获配合参考来使其与锁的上表面自动配合。

步骤16　插入配合　返回到装配体"Test"并插入智能零部件，增加配合关系使其在两个方向上都位于 Test. 12×18 面的中间并与该表面平齐，如图 2-43 所示。

步骤17　添加智能特征　使用选择功能从"Test. 12×18"中添加智能特征"Lock"，如图 2-44 所示。

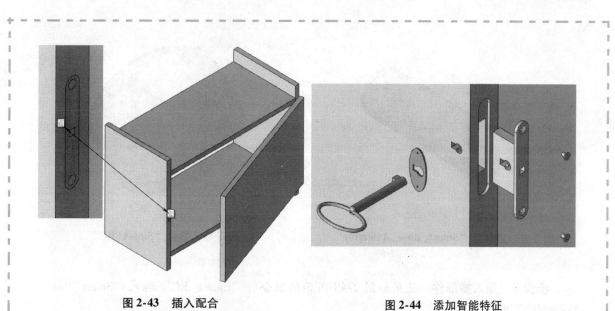

图 2-43 插入配合   图 2-44 添加智能特征

步骤 18 保存并关闭所有文件

2.6.5 使用自动尺寸

【制作智能零部件】🖪的【自动调整大小】选项可以放置一个智能零部件并调整其大小。通过选择一个圆柱面作为配合参考，智能零部件可以读出其直径，基于这个直径可以得到一个直径范围，由此可以选出一个合适的配置。

由于它是基于圆柱面参考，只有圆柱形部件可以利用该选项。本例将通过图 2-45 所示的管道的端盖（Smart_EC）来演示这个选项。

图 2-45 管道的端盖

提示 本例的重点是清楚【自动调整大小】的工作原理。其他的零部件和特征可以伴随智能零部件一起创建，但为了突出重点，在这里不创建附件部分。

操作步骤

步骤 1 打开装配体文件 从文件夹 "Lesson02 \ Case Study \ Autosize" 中打开装配体 "Smart_Base_Assembly"，如图 2-46 所示。这个装配体包含了零部件 "Smart_Drain_Pipe"。

技巧 圆柱体代表了一段管道，而 "Smart_EC" 将会盖住它。要注意，因为盖的设计是要适应外径，所以管道模型是实体。

步骤 2 打开一个零件文件 打开零件 "Smart_EC"，它是通过内径的直径尺寸和旋转特征建立的，如图 2-47 所示。

该零件还包含了内径的驱动配置。尺寸代表了标准管的直径分别为 3/8in⊖、1/2in、3/4in 和 1in，如图 2-48 所示。关闭零件。

⊖ in 为非法定计量单位英寸，1in = 25.4mm。——编者注

图 2-46 装配体 "Smart_Base_Assembly"

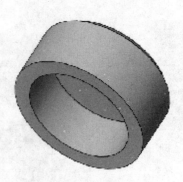

图 2-47 零件 "Smart_EC"

步骤3 插入零部件 使用如图 2-49 所示的配合将 "Smart_EC" 拖入 "Smart_Base_Assembly" 中。

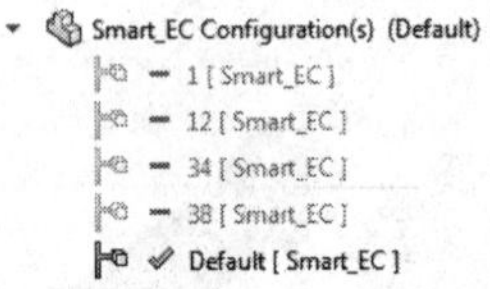

图 2-48 "Smart_EC" 的配置

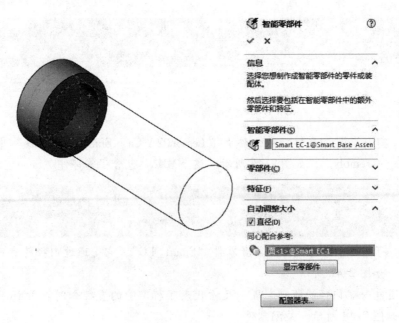

图 2-49 插入零部件

步骤4 制作智能零部件 选择零部件 "Smart_EC" 并单击【智能零部件】。勾选【直径】复选框并选择装配体的内表面，如图 2-50 所示。

这里创建了一个配合参考，它包含了一个决定连接面直径的感应器。

图 2-50 制作智能零部件

2.6.6　配置器表

　　配置器表通过智能特征控制着匹配配置、特征及零部件。配置器表数据可以通过配置下拉框和输入数值的方法填充。

　　例如，一个直径介于 0.8in 和 0.9in 的管道可以选择配置"12"。选择这个范围是因为一个标准的 1/2in 管道外径为 0.84。

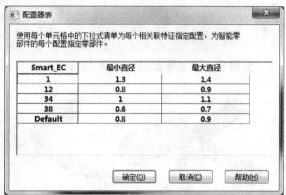

　　步骤 5　配置器表　单击【配置器表】并填写表格，如图 2-51 所示。这些范围可以作为选择标准管外径的依据。单击两次【确定】。

提示👆　如果智能零部件包含了相关联的部件和特征，如之前的实例，那么将会在表中增加新的列。

　　步骤 6　保存并关闭文件

图 2-51　配置器表

2.6.7　智能零部件的特征

　　如图 2-52 所示，FeatureManager 设计树中展示的智能零部件中包含了两个新特征：文件夹"智能特征"和"SmartPartSensor- < 1 > "配合参考。

　　新的配合参考替代了原始的配合参考。

图 2-52　智能零部件特征

　　步骤 7　打开装配体文件　从文件夹"Lesson02 \ Case Study \ Autosize"中打开装配体"Test"，如图 2-53 所示。这个装配体包含了几个在不同角度、不同标准尺寸的"test. pipe"零部件。

步骤8　插入零部件　从 Windows 资源管理器中拖动"Smart_EC"到装配体中，并放置于"test. pipe"的圆柱面上，如图 2-54 所示。感应器读取了该零部件的直径（0.675in），并判断在配置中是否有一个相应的范围。可以发现，适用的范围是 0.6in 到 0.7in，因此，配置 38（3/8in）被选中并使用。释放该零部件，如有需要，可以使用【反转配合对齐】功能。

图 2-53　装配体"Test"

提示 🖐　为了使用 SmartPartSensor 配合参考，用户需要将其拖放到管道的圆柱面。拖放到一个圆形的边上将会使用现有的零件中那些不包含自动调整大小信息的其他配合参考。

步骤9　添加零部件　使用相同的智能零部件添加剩余的零部件，如图 2-55 所示。

图 2-54　插入零部件　　　　　　　　图 2-55　添加零部件

提示 🖐　当 test. pipe. B 被拖动时，为何会出现【配置选择】对话框？这是因为在配置器表中，有两个配置（"Default"和"12"）含有相同的范围值。

步骤10　保存并关闭文件

练习 2-1　异形孔向导和智能扣件

本练习的任务是在装配体内使用【孔系列】在装配体组件上创建孔，如图 2-56 所示。并使用【智能扣件】在装配体中添加配合零件。

本练习将应用以下技术：

- 装配体特征。
- 孔系列。
- 智能扣件。

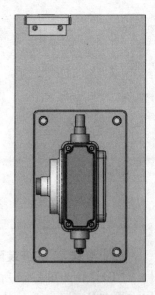

图 2-56　异形孔向导和
智能扣件

操作步骤

　　步骤 1　打开现有装配体文件　打开"Lesson02 \ Exercises \ SmFastenerLab"文件夹下的装配体"TBassy"。

　　步骤 2　智能扣件　使用【智能扣件】在零部件"TBroundcover"和"TBrearcover"的现有孔中添加零件，如图 2-57 所示。

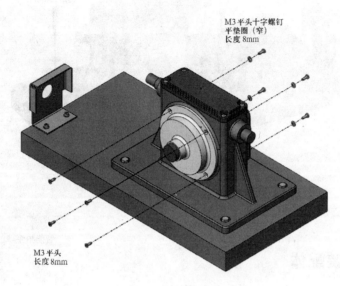

M3 平头十字螺钉
平垫圈（窄）
长度 8mm

M3 平头
长度 8mm

图 2-57　添加零件

　　步骤 3　孔系列　使用【孔系列】添加如图 2-58 所示的孔。

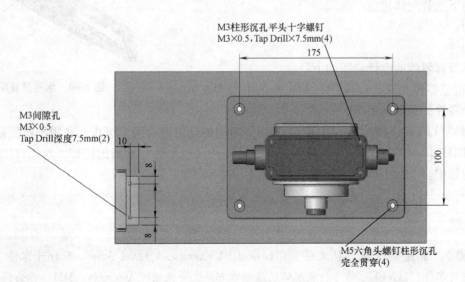

M3 柱形沉孔平头十字螺钉
M3×0.5, Tap Drill×7.5mm(4)

175

M3 间隙孔
M3×0.5
Tap Drill 深度 7.5mm(2)

10

100

M5 六角头螺钉柱形沉孔
完全贯穿(4)

图 2-58　添加孔

　　步骤 4　添加智能扣件　使用【智能扣件】添加如图 2-59 所示的零件。

　　步骤 5　保存并关闭所有文件

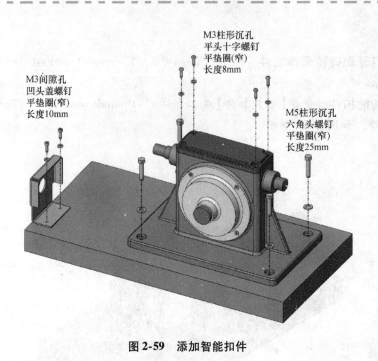

M3间隙孔
凹头盖螺钉
平垫圈(窄)
长度10mm

M3柱形沉孔
平头十字螺钉
平垫圈(窄)
长度8mm

M5柱形沉孔
六角头螺钉
平垫圈(窄)
长度25mm

图 2-59　添加智能扣件

练习 2-2　水平尺装配体

利用本节提供的信息和尺寸建立装配体。采用自底向上和自顶向下的方式创建零部件，如图 2-60 所示。本练习应用以下技术：

- 自顶向下的装配体建模。
- 孔系列。
- 智能扣件。

本装配体及其零件的设计意图如下：

1）顶部覆盖零件"TOP COVER"与较矩的末端有 0.10mm 的间隙，两个零件的顶平面平齐。

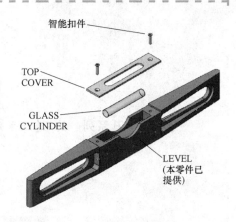

智能扣件

TOP
COVER

GLASS
CYLINDER

LEVEL
(本零件已
提供)

图 2-60　水平尺装配体

2）在零件"LEVEL"和零件"TOP COVER"对应的地方建立两个沉头孔。用于安装紧固螺钉。

3）玻璃圆柱体零件"GLASS CYLINDER"放在零件"LEVEL"切口的内部，与切口的底面相切并在纵向和横向居中。

操作步骤

步骤 1　新建装配体　从文件夹"Lesson02 \ Exercises \ Level Assy"下打开零件"LEV-EL"。使用零件"LEVEL"作为新装配体的基础零部件，并使用"Assembly_MM"作为模板。

保存装配体到相同文件夹并命名为"Level Assy"。

步骤 2　零部件"TOP COVER"　在装配体环境下设计零部件"TOP COVER"，如图 2-61 所示。

步骤 3　创建孔　使用【孔系列】创建孔，如图 2-62 所示。

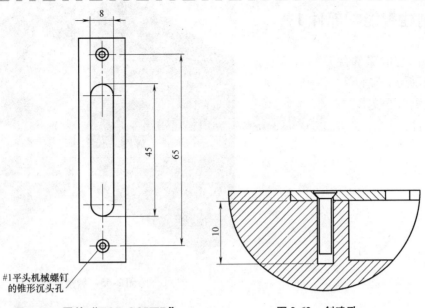

8
45
65
#1平头机械螺钉
的锥形沉头孔

图 2-61　零件“TOP COVER”

10

图 2-62　创建孔

步骤 4　零部件“GLASS CYLINDER”　玻璃圆柱体零件“GLASS CYLINDER”是一个简单的圆柱体零件（见图 2-63），可以在装配体外建立，然后拖放到装配体中。

45
ϕ7

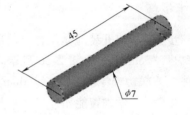

图 2-63　零件“GLASS CYLINDER”

步骤 5　智能扣件　给装配体中的孔添加智能扣件，如图 2-64 所示。

4
2
3
1

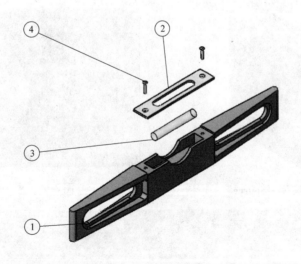

项目号	零　件　号	数量
①	LEVEL	1
②	TOP COVER	1
③	CLASS CYLINDER	1
④	B18. 6. 7M-M2 ×0. 4 ×10 Type 1 Cross Recessed FHMS-10N	2

图 2-64　零件设计

步骤 6　保存并关闭所有文件

练习2-3　创建智能零部件1

创建一个新的智能零部件并插入到装配体中，如图2-65所示。

本练习将应用以下技术：

- 智能零部件。
- 插入智能零部件。

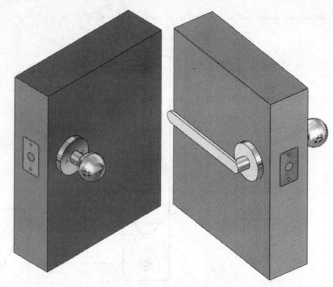

图2-65　智能零部件1

操作步骤

步骤1　打开装配体　打开"Lesson02 \ Exercises \ Smart_Component_lab"文件夹下的装配体"Source"，如图2-66所示。这个装配体中包含的特征和零部件将被用来创建智能零部件。关联切除特征已经在"Mount"中完成。

步骤2　添加智能扣件　增加智能扣件到零部件"Smart_Knob"和"Strike"中，结果如图2-67所示。

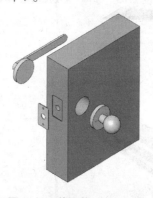

图2-66　装配体"Source"

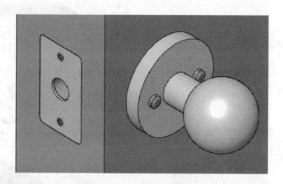

图2-67　添加智能扣件

提示　在创建过程中将自动将创建的"Smart_Knob"扣件更换为"Pan HeadCross"（机械螺钉）。

步骤3　制作智能零部件　选择"Smart_Knob"作为【智能零部件】，所有的扣件、"Strike"和"Long Handle"作为包含的【零部件】，"Mount"中所有的切除作为包含的【特征】，完成智能零部件的制作。

步骤4　插入智能零部件　打开装配体"Place_Smart_Component"，并使用配合参考插入"Smart_Knob"。使用距离配合放置零部件到基准面上，结果如图2-68所示。

步骤5　添加智能零部件　使用选择功能添加"Smart_Knob"到"Mount"中，如图2-69所示。

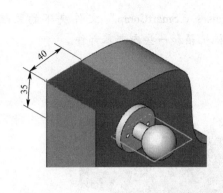

图 2-68 插入智能零部件

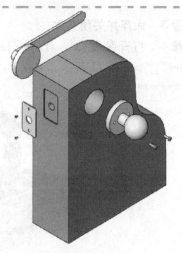

图 2-69 添加 "Smart_ Knob"

步骤6 保存并关闭所有文件

练习2-4 创建智能零部件2

创建一个新的智能零部件并插入到装配体中,如图2-70所示。

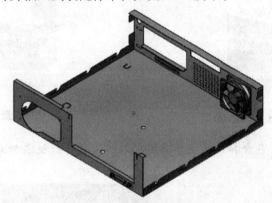

图 2-70 智能零部件2

本练习将应用以下技术:
- 智能零部件。
- 插入智能零部件。

操作步骤

步骤1 打开装配体 打开 "Lesson02 \ Exercises \ SmartComp" 文件夹下的装配体 "defining_ assembly",如图2-71所示。这个装配体中包含的特征和零部件将成为智能零部件的一部分。

步骤2 制作智能零部件 "d_ connector" 选择 "the hex_ nuts" 和 "screws as" 作为包含的零部件,"smetal_ part" 中所有的 "cutout" 特征作为包含的特征,制作智能零部件。

图 2-71 装配体 "defining_ assembly"

步骤3　保存并关闭文件

步骤4　打开装配体　打开"Lesson02 \ Exercises \ SmartComp"文件夹下的装配体"computer"，如图 2-72 所示。装配体中包含了计算机机箱和一些内部零部件。

图 2-72　装配体"computer"

步骤5　添加"d_connector"到装配体　充分利用现有的配合参考将连接器配合到钣金面上，如图 2-73 所示。如有需要，手动移动连接器并定位到平面上。

步骤6　激活智能特征　右键单击"d_connector"并单击【插入智能特征】。选择隐藏的（外部的）计算机机箱的面作为位置参考。单击【确定】，如图 2-74 所示。

图 2-73　添加"d_connector"

图 2-74　激活智能特征

步骤7　查看结果　包含扣件的连接器被插入，切槽特征被添加到机箱上，结果如图 2-75 所示。

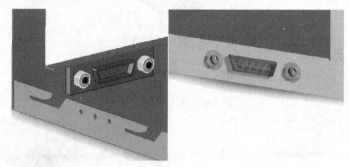

图 2-75　最终结果

步骤8　保存并关闭所有文件

第3章 编辑装配体

学习目标

- 在装配体中替换和修改零部件
- 在装配体中建立镜像零部件
- 查找并修复装配体中存在的错误
- 零部件阵列

3.1 概述

和编辑零件一样，编辑装配体时也有特殊的工具来辅助用户修改错误并解决问题。其中一些工具对零件和装配体都是通用的，在《SOLIDWORKS®零件与装配体教程》(2016 版)中已经对这些通用工具作了介绍。本章将着重介绍与装配体相关的独特编辑技术。

本章讲述的内容如下：

1. 编辑装配体特征 装配体特征只存在于装配体中，它可以是切除、孔、圆角、倒角等，装配体特征往往是装配后的加工操作。

2. 修改和替换零部件 打开装配体后，用户可以使用多种方法替换和修改零部件，包括【文件】/【另存为】、【替换】和【重载】。

3. 修复装配体错误 在装配体中，FeatureManager 设计树中的配合关系可以被认为是一种特征，并通过【编辑特征】进行编辑。和其他特征一样，配合可能存在多种错误，但主要的配合错误是丢失参考（如丢失面、边线或平面）和过定义。

可以把装配体中过定义的零部件想象成一个三维的过定义草图。使用同样的符号，加号(+)表示了零部件或配合与其他的配合相冲突。

4. 装配体信息 如果用户不能确定装配体中所有零部件的位置，可以使用【查找参考】来定位这些文件，并提供复制这些文件的选项。

5. 在装配体中控制尺寸 为了满足设计意图的需要，可以通过关联特征、链接数值或方程式来控制尺寸。

6. 镜像零部件 许多装配体具有不同程度的左右对称性，可以通过镜像零部件的方法翻转零部件方向，也可以通过这个方法建立"反手"零部件。

3.2 编辑任务

装配体编辑包括从修改错误到收集信息和设计更改等诸多方面的内容。本章将探讨如何在 SOLID-WORKS 软件中实现这些操作。

3.2.1　设计更改

装配体的设计更改包括修改一个距离配合的数值，以及利用其他零件替换原有零件等。用户可以方便地修改某个零部件的尺寸，利用装配体关联进行建模，或者创建代表装配后加工工序的装配体特征。

3.2.2　查找和修复问题

在装配体中查找和修改错误是使用 SOLIDWORKS 软件的一个关键技能。在装配体中，错误可能出现在配合、装配体特征或被装配体参考的零部件中。一些常见的错误，比如一个零部件的过定义会引发更多其他错误信息，并导致装配体停止解析配合关系。本章将介绍几种常见的错误及其解决方法。

3.2.3　装配体中的信息

装配评估工具可以得到诸如装配体是如何建立的及其构成等重要信息，评估装配设计来发现一些潜在的错误（如干涉以及决定哪些地方需要修改设计）也非常重要。

3.3　实例：编辑装配体

本例将从一个简单的机械装配中添加和修改异形孔向导特征开始，探讨如何在装配体中寻找配合错误、替换或者镜像零部件。

操作步骤

步骤 1　打开装配体文件　打开"Lesson03 \ Case Study \ Editing"文件夹下的"Edit _ Assembly"装配体，如图3-1所示。

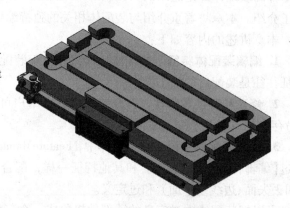

图 3-1　"Edit _ Assembly"装配体

1. 异形孔向导　【异形孔向导】可在装配体中用作装配体特征。它具有很大的灵活性，既可以只存在于装配体层级来表示装配体的加工操作，也可以同时存在于装配体和零件层级。它和【孔系列】不同，在特征所影响的零件中，孔的类型是恒定的。此外，【孔系列】只在零件中创建特征。

知识卡片	异形孔向导	● CommandManager：【装配体】/【装配体特征】/【异形孔向导】。 ● 菜单：【插入】/【装配体特征】/【孔】/【向导】。

技巧　这里的步骤与第 2 章创建的孔系列不同。只有在装配体中的装配体环境下才能创建异形孔向导。

步骤2　设置孔规格　选择如图 3-2 所示的面，单击【异形孔向导】。

如图 3-3 所示，设置【孔规格】如下：

- 孔类型：暗销孔。
- 标准：ANSI Metric。
- 配合：标称。
- 大小：φ6.0。
- 孔标称：H7，轴标称：h6。
- 终止条件：给定深度，15.00mm。

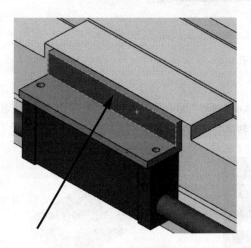

图 3-2　选中面

图 3-3　设置孔规格

2. 特征范围　在创建装配体特征时，如果用户没有指定特征范围，SOLIDWORKS 会依据零部件与定位点的相关位置，选择装配体中适当的零部件。生成特征时不可见的零部件将会被忽略。

知识卡片	特征范围	● 利用【特征范围】可以控制装配体特征所影响的零部件。用户可以在创建装配体特征之前或之后设置【特征范围】。

步骤3　设置特征范围　展开【特征范围】对话框（见图 3-4），包括【所有零部件】【所选零部件】【将特征传播到零件】以及【自动选择】选项。默认选项为【所选零部件】和【自动选择】。这里不需要做任何更改。

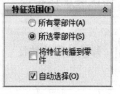

图 3-4　特征范围

步骤4　定位孔中心　单击【位置】选项卡，按照图 3-5 所示定位孔中心，单击【确定】。

 提示　在本例中，"bracket"和"table"零部件会通过特征范围被选中。

步骤5　查看结果　两个螺纹孔已经被添加，并在 FeatureManager 设计树的最后位置上建立了一个名为"M6×1.0 螺纹孔1"的特征，如图 3-6 所示。

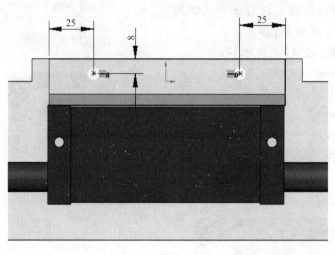

图 3-5　定位孔中心

步骤 6　查看零部件　分别打开零件"bracket"和"table"，零件中没有出现螺纹孔，如图 3-7 所示。本技术适用于在装配的零部件上钻孔，让这两个零件文件处于打开状态。

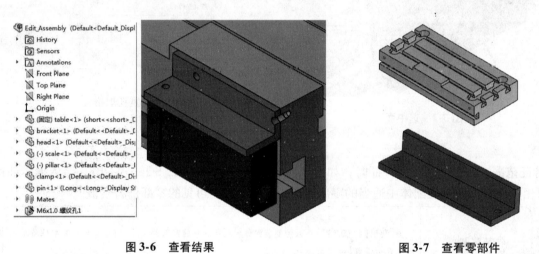

图 3-6　查看结果　　　　　　　　　　图 3-7　查看零部件

3. 修改装配体特征

知识卡片	修改装配体特征	对装配体特征的修改可以分为两种情况：一种是修改装配体特征本身（如草图或终止条件），另一种是修改装配体特征的特征范围。用户可以将装配体特征修改为在两个零件中的关联特征，比如孔系列特征。
	操作方法	● 快捷菜单：右键单击装配体特征，然后选择【编辑特征】🔧。

步骤 7　编辑特征范围　在【特征范围】对话框中勾选【将特征传播到零件】复选框后，单击【确定】。两个零件将共享一个孔特征，返回打开的零件可以看到改变，如图 3-8 所示。

步骤 8　保存文件

图 3-8　编辑特征范围

3.4　转换零件和装配体

在 SOLIDWORKS 中，可以使用多种方法将零件转换为装配体或将装配体转换为单个零件。这些方法可以用于完成一些特殊的设计任务。

1. 零件转换为装配体　利用零件建模方法建立装配体是一种更加简单的建模方法，这样就不需要建立配合和插入零件。这种建模方法常用于工业设计。

利用【分割零件】可以将一个单实体零件分成多实体零件，并利用分割的零件建立装配体，如图 3-9 所示。

2. 装配体转换为零件　使用一个零件来代替装配体有着性能上的优势。比如，如果要求一个特殊的子装配体不能被改变，可以在装配体中用一个零件来代替它。一个焊接件可能是由多个零件焊接而成的，但在材料明细表中要求作为一个单独零件来显示。

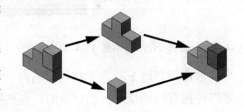

图 3-9　分割零件

1）连接重组零部件。利用【连接重组零部件】可以将同一装配体中的多个零件组合成一个零件，生成的零件参考装配体以及多个零件，如图 3-10 所示。

2）另存为零件。【另存为零件】可以用于将一个装配体组合成一个单独的零件，当将装配体另存成一种零件类型时，允许用户保存装配体外部面、外部零部件或所有零部件。

3. 零件转换为零件　另一种建立焊接零件或有限元分析模型的方法是利用多实体将多个零件进行组合。

利用【插入零件】【移动/复制实体】和【组合】将多个零部件的实体合并成一个单实体零件，生成的零件将参考多个零件，如图 3-11 所示。

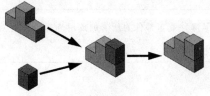

图 3-10　连接重组零部件

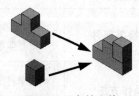

图 3-11　合并实体

51

4. 装配体替换为零件　利用【替换零部件】可以使用装配体来替换零部件（更多信息请参阅 3.5.2 节"替换单个实例"），也可以用一个零件替换装配体，或用另一个装配体替换原有装配体等。

3.5　修改和替换零部件

用户可以通过三种方法在一个打开的装配体中替换零部件，分别是【替换零部件】【重装】和【另存为】，其描述见表 3-1。

表3-1　【替换零部件】【重装】和【另存为】的描述

方　法	描　述
【替换零部件】	【替换零部件】命令是以一个不同的模型来替换装配体零部件的所有实例，也可以只更新或替换选中的部分实例。当用户在装配体中替换零部件时，系统会尝试保持原有的配合。如果配合所引用的几何形状非常相似，则配合将被保留，否则可以使用相关的【配合的实体】对话框中重新关联配合。零部件不能被具有相同名称的文件替换
【另存为】	● 如果用户正在装配体关联环境中编辑零件，或者同时打开一个装配体和其中的零件，使用【另存为】重命名零件将会用新版本替代装配体中的原有零件。如果装配体中有此零件的多个实例，那么所有的实例都将被替换。系统将会弹出信息警告用户要做的修改。如果用户不想替换零部件而仅仅希望把零件另存为一个备份，勾选【另存备份档】复选框即可 ● 请参阅 3.7 节"使用另存为替换零部件"
【重装】	使用【重装】可以用之前保存的版本来作为当前的内容。这在多用户环境下或想要丢弃无意的更改时非常有用。【重装】也可以用来控制零部件的读与权限
【使之独立】	当在装配体里使用【使之独立】将所选的零部件实例保存为一个新文件时，其余情况保持不变，可以使用多个实例。当使用实体模式时，解散之前的模式让它们独立起来

3.5.1　在多用户环境下工作

在多用户环境下，为了其他人能对一个用户正在编辑的装配体中的零部件进行修改，就必须对这些零部件拥有写的权限；相对应的，有些用户对该零部件只拥有读的权限。

当装配体打开后，其所包含的零部件是最新保存的版本。在装配体打开的情况下，如果用户在其独立的窗口中对零部件进行修改，一旦切换到装配体窗口，系统将询问是否重建装配体。这样做的目的就是可以使用户能够及时更新装配体的显示。

然而，如果其他人修改了某人正在操作的装配体中的零件，这种修改将不会自动显示在装配体中，在多用户环境下工作时，必须重点考虑这一问题。

如果用户的装配体中有只读文件，【检查只读文件】命令 会检查文件是否拥有存档权限，或上次重装后文件是否被修改过。如果文件没被修改，则显示一条提示信息，否则将显示【重装】对话框。

关于多用户环境和协同文件共享的更多信息，请参考《SOLIDWORKS®零件与装配体教程》（2016 版）附录的文件管理章节。

知识卡片	替换零部件	替换零部件用于在装配体中删除一个零部件或零部件的所有的或所选择的实例,并用另一个零部件替换它。
	操作方法	●菜单:【文件】/【替换】 。 ●快捷菜单:【替换零部件】。

在【替换零部件】对话框中，被选中的零部件出现在【替换这些零部件】列表中，其他零部件也可以添加到该列表中，有必要的话也可以勾选【所有实例】复选框。单击【浏览】查找或从【使用此项替换】选择用于替换的零件文件。【替换零部件】会影响到装配体中该零件的所选实例或所有实例。为了最好地保持配合关系，用于替换的零件应该在拓扑和形状上与被替换的零件保持相似。如果配合参考的实体名称保持相同，零部件被替换后仍能够保持原来的配合关系。替换零部件后，用户可以用弹出的【配合的实体】对话框修复操作带来的配合错误。

如果用户需要将一个零部件替换为此零部件修改后的版本，建议使用3.7节"使用另存为替换零部件"技术。

3.5.2 替换单个实例

若只替换零部件的一个实例，必须使用【替换零部件】。使用【另存为】或【重装】将替换所有实例。

【替换零部件】在右键单击零部件弹出的快捷菜单中，但默认情况下不是直接可见的。

SOLIDWORKS 中通过限定要显示的菜单项来限制下拉菜单的长度。单击菜单底部的 V 形按钮可以展开整个菜单。

如果想要在默认情况下显示这些选项，单击【自定义菜单】，选择这些选项左边的复选框，如图3-12所示。

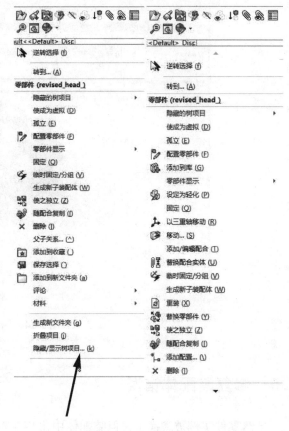

图 3-12 显示隐藏的菜单选项

步骤9 **替换零部件** 在 FeatureManager 中右键单击零部件 "Pin"，并选择【替换零部件】。被选中的实例将列于【替换这些零部件】中。取消勾选【所有实例】复选框，并勾选【重新附加配合】复选框，如图3-13所示。

步骤10 **浏览零件** 单击【浏览】并选择零件 "T_Pin"，单击【打开】。单击【确定】，弹出配合窗口。

出现几个需要修复的【什么错】对话框。修复这个装配体才能讨论接下来的内容，如图3-14所示。

关闭【什么错】对话框。

图 3-13 替换零部件

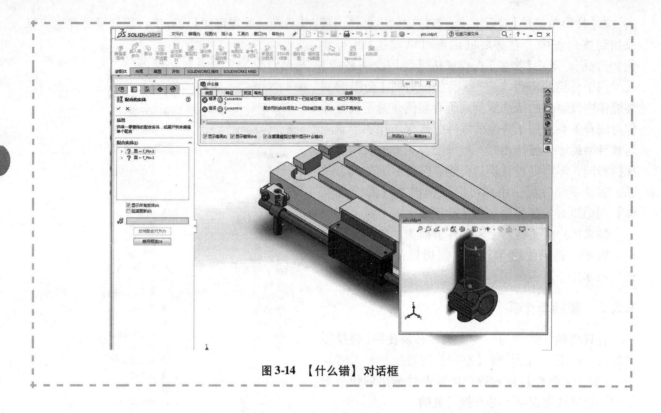

图 3-14 【什么错】对话框

3.6 修复装配体错误

虽然零件实例被替换了，但装配体中出现了配合错误。原因是替换和被替换的零件几何体的内部 ID 号不同。

3.6.1 配合错误

配合错误也会显示在装配体的配合文件夹中，前面的列表经过排序只显示与该零部件关联的配合。出现错误的原因有多种，在 FeatureManager 设计树中展开配合组，可发现配合错误的显示是不同的。本例中，配合错误为丢失参考。几种不同类型的配合错误见表 3-2。

表 3-2　几种不同类型的配合错误

条　件	说　明	解　决　方　法
丢失参考 ⊢⊣⊗	配合找不到它的一个或两个参考。意思是被参考的零件可能被压缩、删除或修改，致使配合无解。这与草图中的悬空尺寸类似	通常通过选择一个替代的参考来解决
过定义 ⦨⊗	配合同时有错误标志和（+）前缀（表示过定义），错误提示为：Coincident74："零部件不能移动到满足该配合的位置。平面不平行。角度为 90°" 与过定义配合直接相关的零部件也有错误标志（+）	删除或编辑导致问题的配合。最好是当过定义配合刚出现时就解决掉
警告 ⦨⚠	对于那些满足装配体但是过定义的配合，系统将给出警告。错误提示为："Distance1：警告：此配合过定义装配体"	删除或编辑过定义配合
压缩 ╲	压缩配合并不是错误，但是当它们被忽略时可能引起错误。当配合被压缩后，它在 FeatureManager 设计树中呈现为灰色，压缩的配合无解	将压缩的配合解除压缩

当一个配合被更改时，其他的配合也会受到影响。常见的问题是需要反转配合对齐以阻止更多错误。本例中，SOLIDWORKS 会自动反转配合对齐并显示一个提示对话框："下列的配合对齐将被反转以

54

阻止更多错误"。

3.6.2　配合的实体

利用【配合的实体】工具,用户可以替换一个配合中的所有参考。该工具同时提供了一个过滤器,用户可以只显示需要修复的悬空配合。这可以与【替换零部件】在选择【重新附加配合】时和【替换配合实体】命令一起使用。

　　单击配合,配合中涉及的参考实体会高亮显示在图形区域。对于包含尺寸的配合(距离和角度),双击配合可同时显示尺寸以便于用户修改。

知识卡片	替换配合实体	● 快捷菜单:右键单击配合或配合组,选择【替换配合实体】。 ● 在【替换零部件】中选中【重新附加配合】 。

提示 【编辑特征】可以用于编辑配合的参考。编辑配合的用户界面和【插入】/【配合】的用户界面相同。在错误的配合中,其中一个参考显示为"＊＊Invalid＊＊"。修复配合之后,还可以修改配合的类型,例如平面之间的配合可以由【重合】改为【平行】【垂直】【距离】或【角度】。

步骤11　**添加配合关系**　关闭错误对话框后,在【配合的实体】对话框中列出了重新附加的错误配合。展开配合并选择要替换的面,如图3-15所示。完成后会显示绿色复合标记,单击【下一个引用】。

步骤12　**完成替换**　选择第二个配合的替换面,并单击【确定】。完成替换后,没有出现配合错误,并与原有模型相似,如图3-16所示。

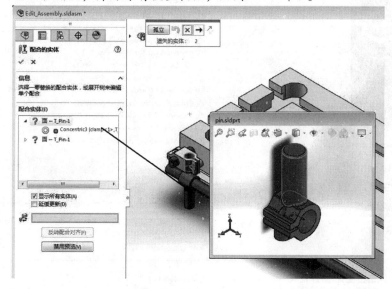

图3-15　添加配合关系

图3-16　零件更改后的装配体

3.6.3　过定义配合和零部件

要找到造成装配体过定义的原因并不简单,因为常常会出现两个或多个过定义的配合。所有过定义的配合都显示错误的标志和前缀(＋),这可以帮助用户缩小查找的范围。当配合出现过定义时,一个捷径是每次压缩一个过定义的配合,直到装配体不再有过定义为止,这样做可以帮助用户找到过定义的原因。一旦找到原因,就可以删除多余的配合,或者用不同的参考重新定义这个配合。

1. 几何精度非常重要 在几何模型中，精度方面的错误也是造成过定义配合的原因。例如，假设在一个装配体中，将一个简单盒子的边与 3 个默认的基准面进行配合，利用 3 个重合配合就可以完全定义这个盒子。然而，如果盒子的侧面间不是正好为 90°，即使它们之间只偏离零点几度，装配体都将过定义。除非彻底检查模型的几何精度，否则很难找到解决问题的方案。

2. 查找过定义的配合 在一个有很多配合的大型装配体中查找造成过定义配合的原因是非常困难的，一种方法是查看按零部件列出的配合，另一种办法是用【查看配合及从属关系】。在 FeatureManager 设计树中，是按配合而不是特征来反映零部件间的从属关系的。

3. 压缩的配合 以免不清楚的配合关系导致错误。【压缩】有疑问的配合并测试装配体，如果该配合没有问题，可以使用【解压缩】功能。被压缩的配合是可以被删除的。

> **步骤 13 添加配合关系** 为了演示产生过定义配合的过程，在图 3-17 所示的零件表面间添加一个 10mm 的距离配合。
>
> **步骤 14 迫使配合解除** 当【距离】配合类型被选中后，SOLIDWORKS 弹出提示信息："所选配合不能成功添加。你想迫使该配合解除吗？"（其他配合将断开，并以红色显示错误）
>
> 通过单击【配合】对话框中的【确定】和警告提示框中的【是】添加配合。
>
> **步骤 15 查看错误标记** 在"Mates"中，由于所选的两个零件均已经完全定义，继续添加配合会造成冲突。
>
> 不满足的配合会用一个红色的叉号 ✗ 标记（本例中，只有新增的配合有这个标记）；一些配合虽然满足，但由于在装配体中过定义，也会用一个黄色的感叹号标记 ⚠；一些零部件现在已经过定义，它们会用一个加号（＋）来标记，如图 3-18 所示。
>
>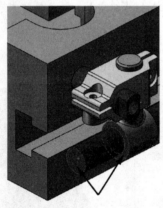
>
> 图 3-17 添加配合关系 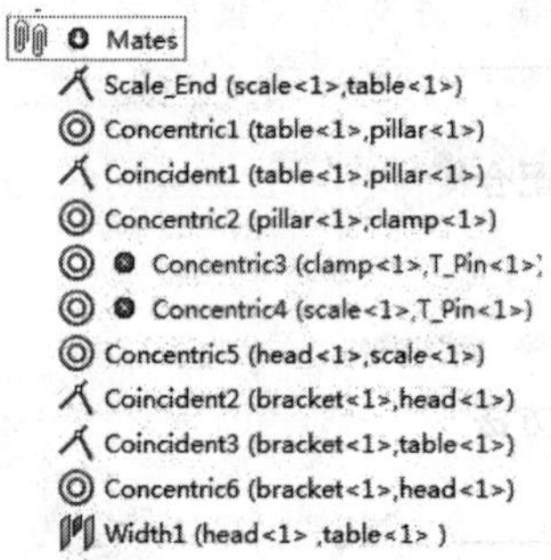
>
> ```
> ▸ ⓞ Mates
>   ⚞ Scale_End (scale<1>,table<1>)
>   ◎ Concentric1 (table<1>,pillar<1>)
>   ⚞ Coincident1 (table<1>,pillar<1>)
>   ◎ Concentric2 (pillar<1>,clamp<1>)
>   ◎ ✗ Concentric3 (clamp<1>,T_Pin<1>)
>   ◎ ✗ Concentric4 (scale<1>,T_Pin<1>)
>   ◎ Concentric5 (head<1>,scale<1>)
>   ⚞ Coincident2 (bracket<1>,head<1>)
>   ⚞ Coincident3 (bracket<1>,table<1>)
>   ◎ Concentric6 (bracket<1>,head<1>)
>   ▥ Width1 (head<1>,table<1>)
> ```
>
> 图 3-18 配合错误

3.6.4 MateXpert

知识卡片	MateXpert	在装配体中出现配合错误时，用户可以利用【MateXpert】工具来辨别装配体的配合错误。用户可以检查没有满足的配合的详细情况，并找出过定义装配体的配合组。
	操作方法	● 菜单：【工具】/【MateXpert】。 ● 快捷菜单：右键单击装配体、配合组或配合组中的配合，从快捷菜单中选择【MateXpert】。

> 技巧 总而言之，当诊断配合问题的时候，最好是从配合文件夹的底层而且是最低的标记开始操作，并根据需要逐步进行诊断。

步骤 16　分析配合文件夹 "Mates"　右键单击配合文件夹 "Mates"，并选择【MateXpert】命令，出现 MateXpert PropertyManager（见图 3-19）。在【分析问题】选项框中单击【诊断】。

图 3-19 中清楚地显示了对装配体配合关系的强制求解。Clamp 和 T_Pin不再排成一行。

步骤 17　显示结果　系统分析了整个装配体的配合后，MateXpert PropertyManager 中列出了整个装配体的过定义配合，其中不满足的配合用粗体字显示。

步骤 18　更多分析信息　在【没满足的配合】选项框中单击同心配合，信息显示两个圆没有同心。此外，配合的参考实体将高亮显示在图形区域中。单击【确定】，关闭 MateXpert。

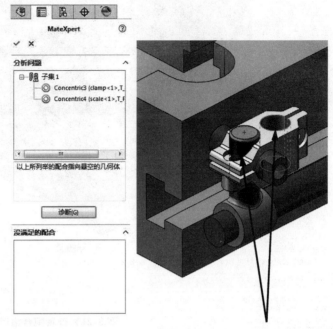

图 3-19　分析配合文件夹

知识卡片	查看配合错误	使用【查看配合错误】功能后，FeatureManager 设计树选项卡下方列出零部件之间的过定义和错误的配合清单。同时，图形区域中每个配合错误都有选项对应。这些选项包括交互式菜单按钮，通过它们可以修复配合。
	操作方法	快捷菜单：右键单击零部件或零部件的一个面，并选择【查看配合错误】。

当装配体出现配合错误时，用户还可以在状态栏中单击【无法找到解】，在弹出的对话框中只显示配合错误。

步骤 19　查看配合错误　在状态栏单击【无法找到解】，如图 3-20 所示。在弹出的对话框中，单击配合 "Scale _ End"，查看提示标注，如图 3-21 所示。

图 3-20　无法找到解

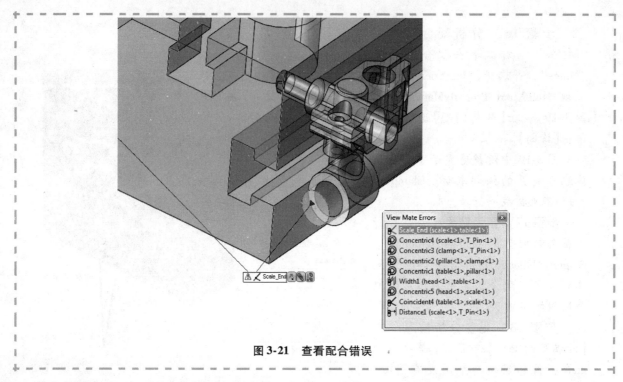

图 3-21 查看配合错误

配合错误标签用来直观地显示配合信息和提供一些常用的配合功能，如图 3-22 所示。

 提示 　通过单击一个零部件展开【Selection Breadcrumbs】可以处理零件的配合关系，如图 3-23 所示。

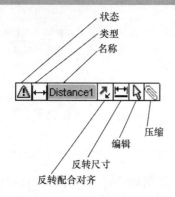

图 3-22　配合错误标签的功能

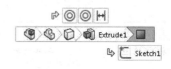

图 3-23　Selection Breadcrumbs

步骤 20　删除压缩配合　错误被移除，配合返回已解决状态。选择被压缩的配合"Scale_End"，单击【删除压缩】，如图 3-24 所示。保持该装配体文件处于打开状态。

选择零部件"head"并单击【打开零件】 ，这里要使用这个零件创建另一个不同名字的类似的零件。

图 3-24　查看配合错误

3.7　使用另存为替换零部件

使用【另存为】可以用新名称或文件位置改动过的零件替换零部件的所有实例。包含要替换零部件的装配体必须处于打开状态，以便更新引用。使用这种技术的流程如下：

1）打开装配体。

2）打开准备替换的零部件。

3）单击【文件】/【另存为】，并确认要另存并更新引用。

4）根据需要，在【另存为】对话框中指定零部件新的保存路径或文件名。

5）激活装配体文档并保存文件，这样新引用的零部件就保存在装配中了。

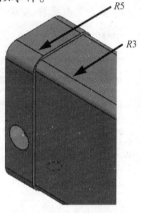

> 步骤21　**打开零件**　打开"Lesson03 \ Case Study \ Editing"文件夹下的"head"零件，并单击【打开零件】。这里要使用该零件创建另一个不同名字的类似零件。
>
> 步骤22　**另存为零件**　单击【文件】/【另存为】，弹出信息提示用户零件"head"已被其他打开的文档所参考，用户可以选择【另存为】或【另存为副本】。使用【另存为副本】将以新名称的零件替换这些参考关系。
>
> 步骤23　**继续保存零件**　单击【另存为】保存修改后的零件为"revised_head"。
>
> 步骤24　**添加圆角**　按照图3-25所示添加半径为3mm和5mm的圆角。
>
> 步骤25　**完成替换操作**　切换到装配体层级，被修改的零件"revised_head"替换了零件"head"，替换后并没有发生配合错误，如图3-26所示。

图 3-25　添加圆角

提示 👆　如果在【另存为】对话框中勾选了【另存备份档】复选框，替换将不会发生。

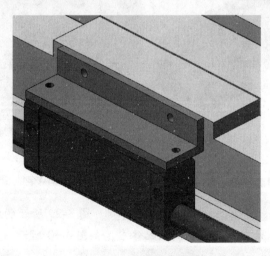

图 3-26　替换后的效果

在【重装】对话框中可以选择重装指定的零部件在磁盘上的最新版本，或者将读写权限改为只读，将只读权限改为读写。

知识卡片	重装	【重装】被用于： ●忽略所选零件或整个装配体的最新修改，并再次打开最后一次保存的文件。 ●管理读/写权限的修改。 ●更新装配体，显示其他用户对零部件做的修改。
	操作方法	●快捷菜单：右击零部件，选择【重装】。这将允许用户只重装所选的零件。 ●菜单：单击【文件】/【重装】，这将允许用户重装装配体中的部分或所有零部件。

步骤26　修改零件　在装配体中零件"bracket"📂打开，创建一个矩形切除，如图3-27 所示。不保存修改。

步骤27　关闭但不保存　关闭零件，在询问是否保存该零件时，单击【否】。这时弹出提示信息："您选择不在此文档中保存更改。该文档在装配体中已处于打开状态 Edit Assembly. sldasm。"

用户现在可以选择保留已经做出的改变，让它们在装配体中出现或者丢弃。

⚠️**注意**　即使用户关闭了零件的窗口，它依然在内存中打开着。由于它被装配体引用，而装配体仍然打开着，因此，该零件依然在内存中处于打开状态。

单击【在装配体中保留】，单击【是】将更新装配体。即使更改没有被保存，零部件"bracket"也会显示改变，如图3-28 所示。

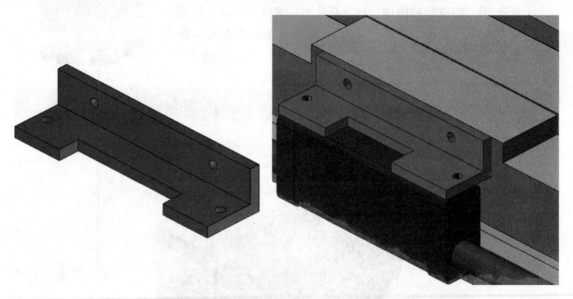

图3-27　修改零件　　　　　　　　　图3-28　更改后的效果

步骤28　重装　右击"bracket"选择【重装】。图3-29 所示的对话框指出将被重装的文件，单击【确定】。原始零件被重装到装配体中，如图3-30 所示。

👉**提示**　可能需要展开菜单才能找到【重装】命令。

步骤29　保存　保存但不关闭这个装配体。

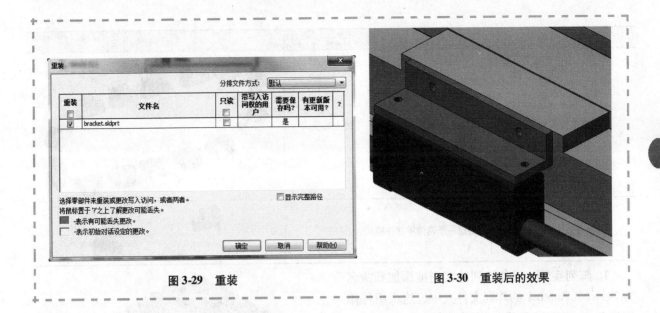

图 3-29   重装   图 3-30   重装后的效果

61

3.8 零部件阵列

创建零件和子装配体零部件实例零部件阵列。在装配体内，使用一种特定的阵列类型。可用的阵列类型见表3-3。

表 3-3   可用的阵列类型

阵 列 类 型	说 明	示 例
线性零部件阵列	创建一个零部件在一个或两个矢量方向中的模式	
圆周零部件阵列	创建一个零部件在一个轴周围的模式	
阵列驱动零部件阵列	创建一个零部件使用现有的阵列模式	
草图驱动零部件阵列	创建一个零部件使用现有的草图模式	
曲线零部件阵列	创建一个零部件使用现有的曲线模式	

（续）

阵列类型	说　明	示　例
链零部件阵列	创建一个零部件链接在一个链上的模式	
镜像零部件	创建一个镜像零部件模式	

1. 阵列实例　组件阵列的实例被添加到命名为 DerivedLPattern1 的阵列文件夹中，这个组件添加到 FeatureManager 设计树下被完全定义，图 3-31 所示为阵列实例。

2. 解散阵列　右键单击阵列特征，然后单击【解散阵列】，这个组件就可以从阵列中解散。这个在阵列中解散的实例，离开组件下的定义，如图 3-32 所示。

图 3-31　阵列实例

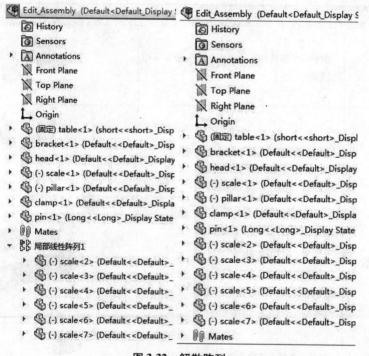

图 3-32　解散阵列

3.9　镜像零部件

很多装配体中有不同程度的左右对称关系。零部件和子装配体能够通过镜像来反转它们的方向，这样就能产生"反手"零件。

在装配体中建立镜像时，系统将镜像分为两种情况：

- 零件在装配体中的位置是镜像的，并且零件中几何体也存在镜像——具有左右对称关系。
- 零件在装配体中的位置是镜像的，但是零件中几何体不存在镜像关系(如五金件)。

知识卡片	镜像零部件	镜像零部件允许用户通过一个平面或平的面来镜像零部件。有两种控制镜像零部件原点位置的镜像类型： 1) 包围盒中心。所选零部件将以包围盒中心按镜像平面来计算镜像位置。这是默认选择。 2) 重心。所选零部件将以重心按镜像平面来计算镜像位置。如果必要，还可以使用生成"相反方位"零部件或子装配体选项。"相反方位"版本可以另存成一个新的文档，或存为原文档的配置中。
	操作方法	● CommandManager:【装配体】/【线性零部件阵列】 /【镜像零部件】 。 ● 菜单:【插入】/【镜像零部件】 。

镜像装配体的功能能够创建出许多新的文件，一个是装配体，另一个是每个镜像(而非复制)的零部件。我们推荐用户使用【工具】/【选项】/【系统选项】/【默认模板】，这样就能在查找路径中指定使用默认模板。不然，用户将被提示为每个新文件选择模板，那将会非常麻烦。

操作步骤

步骤1　选择镜像零部件　单击【镜像零部件】 ，Property-Manager 中是一个包含几个页面的向导。单击装配体的右视基准面作为【镜像基准面】，如图3-33所示。

在【要镜像的零部件】中选择"pillar""T ＿ Pin"和"clamp"，单击【下一步】 。

图3-33　镜像零部件

用户可以通过勾选【镜像/复制】复选框，指定哪些零部件需要建立镜像零件，哪些零部件只是在镜像的位置上进行复制。被镜像的零件几何发生改变，只是产生一个新的镜像零件。比如由一个零件的右手版本改为其左手版本，零件几何形状没有改变，只是零件的方向不同了。

步骤2　设置方向　选择零件"clamp"，单击【生成相反方位版本】。选择零件"pillar"和"T ＿ Pin"预览效果。如果需要，可以通过选择<<或者>>来定位零件副本的方向，如图3-34所示。

单击【下一步】 。

技巧　在【要镜像的零部件】列表中右键单击零部件，在弹出的快捷菜单中可以选择一些附加选项。这些选项允许用户按照特定条件快捷地选择多个零部件。

步骤3　修改文件名　创建夹具的左手版本作为一个新的文件。首先为镜像的子装配体键入名称，使用【后缀】"-Mirror"。

如图3-35所示，单击下一步按钮进入文件名界面，确保镜像后的夹具保存至"Lesson03＼CaseStudy＼Editing"。如果想将该步骤中生成的所有新文件保存到一个指定的文件夹中，则可以勾选【将文件放置在一个文件夹内】。单击【下一步】

步骤4　导入特征　如果选择保留与原来零件的连接，可以创建一个有外部参考的新文件。这个对话框允许选择在夹具镜像文件中直接获取原夹具文件中的那些信息。选择【实体】和【装饰螺纹线】，如图 3-36 所示。如果勾选【断开与原有零件的连接】复选框，则原零件中的所有信息都将转到新的文档中。单击【确定】。

步骤5　查看镜像副本　镜像副本零件如图 3-37 所示，进行复查。

步骤6　保存　保存并关闭所有文件

图 3-34　镜像选项　　图 3-35　镜像选项

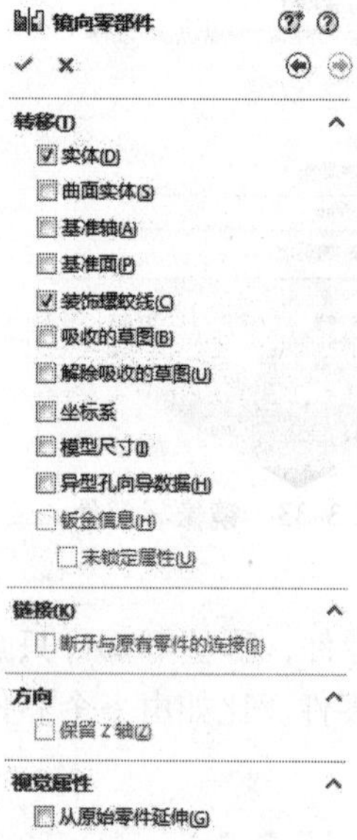

图 3-36　镜像零部件　　　　图 3-37　查看镜像副本

练习 3-1　装配体错误功能练习

本练习使用的装配体存在一些错误。本任务是捕获并保持设计意图，并修复装配体文件，最终形成如图 3-38 所示的装配体。

本练习将应用以下技术：

- 激活编辑。
- 查找和修复错误。
- 替换和修改零部件。
- 配合错误。

图 3-38　装配体文件

本装配体的设计意图如下：

1）零件"Brace_New"和零件"End Connect"的孔居中对齐。

2）零件"End Connect"的一条边和零件"Rect Base"前面的边对齐。

操作步骤

步骤1 打开装配体 打开"Lesson03 \ Exercises \ Assy Errors"文件夹下的"assy_errors_lab"装配体，如图3-39所示。

步骤2 显示配合错误 展开配合文件夹，显示其中的配合错误。这里有两个相冲突的配合，使得"EndConnect <2>"零件和"Brace_New <2>"零件过定义。

根据设计意图，考虑应该删除哪一个配合来纠正过定义错误。

步骤3 干涉检查 选择整个装配体进行干涉检查，"EndConnect <1>"和"Brace_New <1>"存在干涉，如图3-40所示。

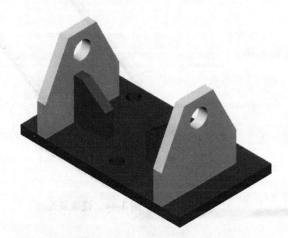
图3-39 "assy_errors_lab"装配体

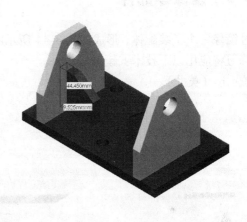
图3-40 检查干涉

步骤4 编辑配合 编辑错误的配合(Coincident17)，修复配合并同时消除干涉，如图3-41所示。

> **技巧⚷** 编辑该配合的定义时，要注意对齐条件，在应用之前先【预览】一下。

装配体应该如图3-41所示，在上视图中没有错误。

步骤5 查找并编辑配合 单击【树显示】，使用【查看配合及从属关系】，选择零部件"Brace_New <1>"，如图3-42所示。使用该信息可以验证不在中心的配合关系。

步骤6 编辑配合 编辑这个配合，使零部件"Brace_New <1>"满足设计意图。

步骤7 替换零部件 使用零部件"new_end"替换装配体中的两个零部件"End Connect"，如图3-43所示。

步骤8 保存并关闭所有文件

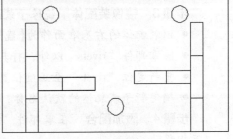
图3-41 编辑配合

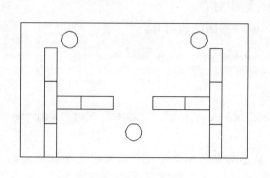

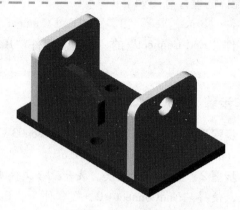

图 3-42 查找并编辑配合　　　　　　　图 3-43 替换零部件

练习 3-2　镜像零部件

通过镜像一个子装配体，形成如图 3-44 所示的装配体。

本练习将应用以下技术：镜像零部件。

单位：in（英寸）。

图 3-44 镜像装配体

操作步骤

步骤1　打开装配体　打开"Lesson03 \ Exercises \ MirrorComp"文件夹下的"Folding Platform"装配体。

步骤2　柔性子装配体　选择"Left Side Sub"，单击【使子装配为柔性】。该选项允许一般刚性的子装配零部件变为独立的。

步骤3　镜像装配体　镜像子装配体"LeftSide"。

- 以装配体的右基准面作为【镜像基准面】。
- 除零部件"rivets"以外，将其余所有子装配体零部件都设为相反方向版本。
- 重新定位"rivets"至正确位置。
- 确定新子装配体的默认名称，对新生成的零件添加前缀"Mirror"。

步骤4　添加配合　在零部件"Left Brace"的顶面上添加一个重合配合关系，两侧可以互相移动。

步骤5　保存并关闭文件

第4章 大型装配体

学习目标
- 配置大型装配体模式的有关选项
- 利用轻化零部件
- 使用高级选择技术使大型装配体更加高效
- 创建 SpeedPak 配置
- 利用大型设计审阅模式

4.1 概述

在大型装配体中需要一种能够减少加载和编辑零部件时间的方法。系统已经提供了几种不同的方法:轻化、隐藏和压缩零部件。想要更深入的了解大型装配体的内容,可以参考《solidworks®大型装配设计指南》(2012 版)。

本章主要讲述以下内容,其中每一项对应本章中的一节内容。

1. 轻化零部件 轻化零部件是通过减小打开文件的大小来提高文件装入的速度。一些操作只有在完全装入（还原）时才能执行。

2. 大型装配体模式 大型装配体模式通过一组系统设置实现零部件的最小化。零部件数量的阈值是用户自定义的。

3. SpeedPak SpeedPak 配置是通过减少装配体选中的面来减小子装配体文件的大小。

4. 简化配置 Simplified Configurations 使用装配体配置,用户可以创建零件、子装配体和顶层装配体的简化的配置。在打开或编辑装配体时,简化的几何体可以减少大型文件的加载时间。

5. Defeature 有了 Defeature 工具,用户可以通过将零件或者装配体中的细节移除来简化图形,以提高性能。

6. 修改装配体的结构 装配体的结构对装配体是否容易被编辑有一定的影响。用户可以通过很多工具对装配体原先的结构进行管理和修改。用户将一些零部件拖放到一个子装配体中或从子装配体中移除而形成一个新的子装配体。

7. 大型设计审阅 大型设计审阅能让用户快速地打开非常大的装配体,同时仍保留在进行装配体设计审阅时有用的各项功能。

4.2 轻化零部件

使用零部件的轻化状态是提高大型装配体性能的主要因素。因为轻化后,系统只装入零部件的有限数据到内存里,如主要的图形信息,默认的引用几何体。轻化的零部件能够进行以下操作:

1）加速装配体的工作。
2）保持完整的配合关系。
3）保证零部件的位置。

4）保持零部件的方向。

5）移动和旋转。

6）上色、隐藏线或线架模式显示。

7）选择轻化零部件的边、面或顶点或用于配合。

8）可以执行【质量特性】或【干涉检查】。

轻化的零部件不能够进行以下操作：

1）被编辑。

2）在 FeatureManager 设计树中显示轻化零部件的特征。

零部件【轻化】的反操作是【还原】。一个还原的零部件是被完全加载到内存中并且是可编辑的。

4.2.1 建立轻化的零部件

有两种方式可以以轻化状态打开装配体：

1）在【打开】对话框中的【模式】选项中选择【轻化】。

2）通过选择【工具】/【选项】/【系统选项】，改变在【性能】标签中的【自动以轻化状态装入零部件】选项的设置。

【检查过时的轻化零部件】可以设置为 3 种不同的值：【不检查】/【提示】或【总是还原】。这些选项控制在装配体保存后，如何处理被修改零件的轻化状态。

【还原轻化零部件】可以设置为：【总是】或【提示】。该设置决定了当装配体中进行诸如质量特性计算等操作时，系统如何处理轻化零部件的还原，如图 4-1 所示。

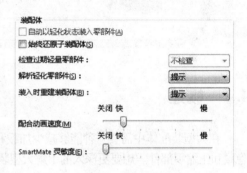

图 4-1　性能选项

4.2.2 打开装配体后的零部件处理

装配体打开后，用户可以还原零部件，同样，还原的零部件也可以设置为轻化状态。用户可以通过下列的方法改变零部件的轻化或还原状态（见表 4-1）。

表 4-1　设置零部件的轻化或还原状态

设置轻化为还原	设置还原为轻化
在图形区域双击零部件，将自动设定为还原	
右键单击零部件，并选择【设定为还原】	右键单击零部件，并选择【设定为轻化】
右键单击装配体的顶层零部件，选择【设定轻化为还原】。这将还原所有轻化零部件，包括其内部子装配体的零件	右键单击装配体的顶层零部件，并选择【设定还原为轻化】。这将轻化所有还原的零部件，包括其内部子装配体的零件

4.2.3 轻化状态标志

当装配体是以轻化状态打开时，所有子装配体及所有零部件都会标记上特殊标志。在 FeatureManager 设计树中，每个零部件都会有轻化标志，如图 4-2 所示。

展开轻化零件的设计树只会显示加载的引用几何体，而特征将不会显示。

提示　　　【过期】的轻化零件按照【系统选项】/【性能】中的设定将标有标志。

图 4-2　设计树

4.2.4 最佳打开方法

用户在处理装配体时，最好使用轻化装配体。将系统选项默认设置为打开装配体时自动轻化零部件，这样用户可以体会到轻化零部件的优点。在少数情况下，用户也可能需要以还原方式打开装配体，

这时只要在打开装配体时不勾选【轻化】复选框即可。

4.2.5　零部件状态的比较

装配体中的零部件可以具有 4 种状态（还原、轻化、压缩和隐藏）中的任何一种。每一种不同状态都能影响到系统的性能，也影响用户可能进行的操作。

> 另一种配置设定请参阅"使用 SpeedPak"。

4.3　大型装配体模式

当使用大型装配体模式打开装配体时，系统会检查该装配体并验证该装配体是否具备"大型"装配体的条件，如果具备，软件将采用适当的设置来提高大型装配体的加载速度，如图 4-3 所示。

有多种方式设置大型装配体模式：

- 在【打开】对话框中的【模式】选项中选择【轻化】。
- 打开大于阈值的零件时，更改【工具】/【系统选项】/【装配体】中的设置。
- 在装配体模式下，从菜单【工具】中激活【大型装配体模式】。该设置不会将还原的零部件自动设为轻量化，但会启用大型装配体模式下的其他相关选项。

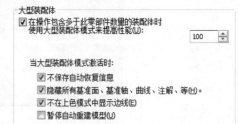

图 4-3　大型装配体选项

在【工具】/【系统选项】/【装配体】中，用户可以设定使用大型装配体模式的零部件数量和在大型装配体模式下的选项，如图 4-3 所示。这些选项包括：

1）不保存自动恢复信息。禁用自动保存用户的模型。

2）隐藏所有基准面、基准轴、曲线和注解等。在【视图】菜单选择【隐藏所有类型】。

3）不在上色模式中显示边线。在上色模式中关闭边线。如果装配体的显示模式为【带边线上色】，将更改为【上色】。

4）暂停自动重建模型。延缓装配体更新，这样用户可以进行多次修改，然后一次性重建装配体。

> 使用【大型装配体模式】是比使用【轻化】更好的选择。【大型装配体模式】中为打开大型装配体时提高装入速度而添加了额外的选项，可以设定零部件阈值来定义用户的个人系统中什么是大型装配体。

4.4　实例：运行大型装配体

本实例有助于我们探讨 SOLIDWORKS 运行大装配体时速度性能的各种主题。

操作步骤

步骤1　修改选项设置　设置【大型装配体阈值】为 100，如图 4-4 所示。单击【确定】。

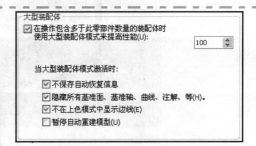

> 本节所使用的装配体文件对于显示大型装配体方法来说已足够大了，同时对于课堂练习来说也是足够小的。

图 4-4　大型装配体阈值

步骤2　打开装配体　打开"Lesson 04 \ Case Study"文件夹下的"Full _ Grill _ Assembly"装配体。使用Default配置（默认配置），选择【大型装配体模式】，单击【打开】，如图4-5所示。

图 4-5　打开装配体文件

步骤3　显示状态　右键单击 ConfigurationManager 选择【添加显示状态】，重命名为"NoHardware"。

提示　如果在【打开】对话框中选择【不装载隐藏的零部件】，可以通过添加显示状态来隐藏零部件从而提高显示性能和打开速度。

步骤4　高级选择　单击【选择】下拉选项并选择【选取 Toolbox】，如图4-6所示。

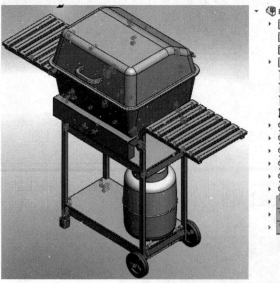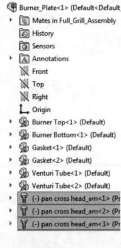

图 4-6　高级选择

步骤 5　隐藏零部件　在显示状态 No Hardware 下，单击右键选择【隐藏零部件】，隐藏所选择的扣件零部件。原先的显示状态 "Default_Display State-1"（默认显示状态）包含所有的扣件，如图 4-7 所示。

步骤 6　新显示状态　在相同的默认配置下添加一个新的显示状态，并重命名为 "Support"。新的显示状态是当前显示状态，"No Hardware" 的副本，因此所有的 Toolbox 零件都处于隐藏状态。

步骤 7　拖动选择零部件　激活显示状态 "Support"，切换到前视图，从左到右选择所有完全位于框内的零部件，如图 4-8 所示。

默认显示
状态-1　　　　新的显示
　　　　　状态-1

图 4-7　显示状态比较

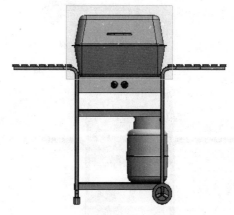

图 4-8　拖动选择零部件

步骤 8　隐藏被选择的零部件　隐藏被选择的零部件，如图 4-9 所示。

步骤 9　激活显示状态　激活显示状态 "No Hardware"，添加新的显示状态并重命名为 "Cooking Area"，如图 4-10 所示。激活显示状态 "Cooking Area"。

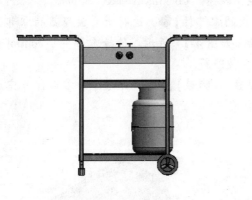

图 4-9　隐藏被选择的零部件

图 4-10　激活显示状态

步骤 10　卷选零部件　单击【选择】并选择【卷选】。切换到前视图。使用标准的从左到右拖动选择。使用图 4-11 所示的箭头调整所要选择的部分，卷内的零部件都会变成选择后的颜色。

步骤 11　逆转选择零部件　在图形窗口中右键单击并选择【逆转选择】。隐藏选择的图标，如图 4-12 所示。

步骤 12　隐藏零部件　隐藏任何其他可以被遗失的零部件，如图 4-13 所示。

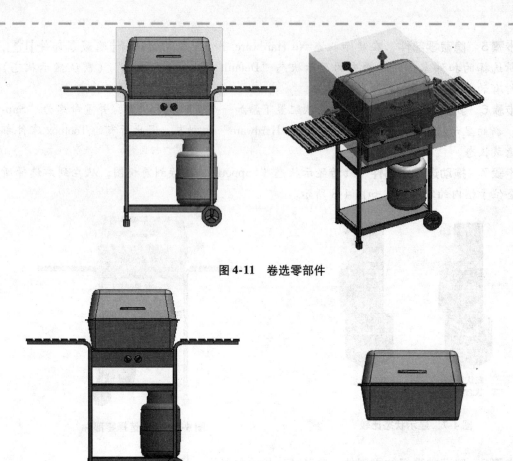

图 4-11　卷选零部件

图 4-12　逆转选择零部件　　　　　　　　　　图 4-13　隐藏零部件

步骤 13　添加显示状态　创建一个新的显示状态"Cooking Area&Controls"。

步骤 14　显示隐藏零部件　单击【显示隐藏的零部件】，这时所有被隐藏的零部件将被临时显示，同样，原本显示的零部件被隐藏，如图 4-14 所示。选择零部件"control panel"和其他零部件。当被选中时，这些零部件会被隐藏。

步骤 15　退出显示隐藏状态　单击【退出显示-隐藏】，显示所选择的零部件并完成操作，如图 4-15 所示。

图 4-14　显示隐藏零部件　　　　　　　　　　图 4-15　退出显示隐藏状态

步骤16　切换配置　返回到 ConfigurationManager，激活配置"Full"。因为【将显示状态连接到配置】选项被选中，与它相关联的显示状态"Display State-1"也被激活，如图4-16所示。它是唯一当前可用的显示状态。

图4-16　切换配置

4.4.1　卸装隐藏的零部件

知识卡片	卸装隐藏的零部件	通过卸装隐藏零部件来释放系统资源，当前显示状态下的所有隐藏零部件被移出内存。
	操作方法	● 快捷菜单：右键单击顶层零部件并选择【卸装隐藏的零部件】。

步骤17　不连接显示状态　取消勾选【将显示状态连接到配置】复选框，并激活显示状态"Support"，显示"Support_ Frame_ End \ side _ table_ shelf_ &_ burners"子装配体，如图4-17所示。根据上面的隐藏或显示其他的零部件。

步骤18　卸装隐藏的零部件　无论状态是隐藏还是显示它们都会

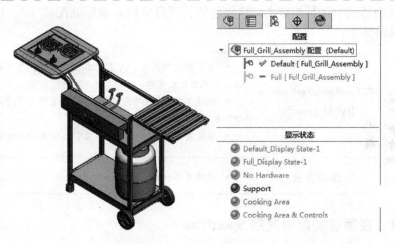

图4-17　不连接显示状态

在装配体打开时被加载到内存中。右键单击顶层装配体并选择【卸装隐藏的零部件】。保存装配体。

4.4.2　滚动显示所选项目

知识卡片	滚动显示所选项目	在大型零部件中，用户很难在图形中定位零部件。其中一个方法就是使用【滚动显示所选项目】。当该选项被选中时，用户在图形区域中选中一小部分几何体，在 FeatureManager 设计树中会高亮显示所选择的特征。
	操作方法	● 菜单：单击【选项】/【系统选项】/【FeatureManager】/【滚动显示所选项目】。

步骤 19　滚动选择项　检查【滚动显示所选项目】并单击。

步骤 20　选取子装配体　在图形区域右键单击零部件"range _ burner _ insert"，从设计树中选择"double _ range _ burner-1"，如图 4-18 所示。可以注意到 FeatureManager 设计树会滚动到该零部件并使其高亮显示。

图 4-18　选取子装配体

74

4.5　使用 SpeedPak

为了简化子装配"double_range_burner"，我们将在这个烤架装配体中用 SpeedPak 配置来表示它。SpeedPak 配置只加载顶层装配体中用来保证引用所要求的信息。创建 SpeedPak 有两种方法：从子装配体的 ConfigurationManager 中添加，或在顶层装配体中使用。

4.5.1　在 ConfigurationManager 中使用 SpeedPak

可以在配置管理中为一个打开的文档添加 SpeedPak，通过使用在装配体中选择的【要包括的面】和【要包括的实体】来定义。这些包括的项目应该是顶层装配体中配合所需的信息。该命令中可用的选项总结如下：

| 知识卡片 | 在 ConfigurationManager 中使用 SpeedPak | • 包括的面和实体。为了最小化装配体，尽可能少地选择装配体中配合一个零部件所需的面或实体。
• 快速包括。【启用快速包括】按钮允许用户可以使用一个滑块来定义要包括的细节数量。
• 移除虚影。移除所有的"虚影"以使 SpeedPak 只显示包括的面和实体。 |
| | 操作方法 | • 快捷菜单：在 ConfigurationManager 中右键单击配置，选择【添加 SpeedPak】。 |

4.5.2　在顶层装配中使用 SpeedPak

一旦子装配在顶层装配中配合到位，SpeedPak 选项可以被用来创建【配合 SpeedPak】或【图形 SpeedPak】。创建 SpeedPak 后，菜单中将出现【使用 SpeedPak】选项。

| 知识卡片 | 在顶层装配中使用 SpeedPak | • 配合 SpeedPak。自动获取配合的面并将其包括在 SpeedPak 中。
• 图形 SpeedPak。创建一个纯粹的图形表示，而不包含可选的还原的几何或配合参考。 |
| | 操作方法 | • 菜单：右键单击子装配并选择【SpeedPak 选项】。 |

提示 　SpeedPak 配置用 🖼 图标标记

步骤 21　添加 SpeedPak　右键单击子装配"double_range_burner"，选择【SpeedPak 选项】/【创建配合 SpeedPak】。如果提示需要重建，单击【重建】。

步骤 22　使用 SpeedPak　再次选择该子装配，右键单击并选择并选择【SpeedPak 选项】/【使用 SpeedPak】。该子装配仅显示这个配置中配合所需的面的信息，如图 4-19 所示。

 提示　用户可以使用快捷键【Alt + S】打开或关闭 SpeedPak 中虚影的圆，也可以取消勾选【选项】/【系统选项】/【显示/选择】项下的【显示 SpeedPak 图形圆】复选框来关闭。

步骤 23　外观　当将光标移到该子装配的模型上时，会发现其几何不能选择，即鼠标移过时产生"虚影"。仅可选在 "Full_Grill_Assembly" 中用作配合参考的面，如图 4-20 所示。

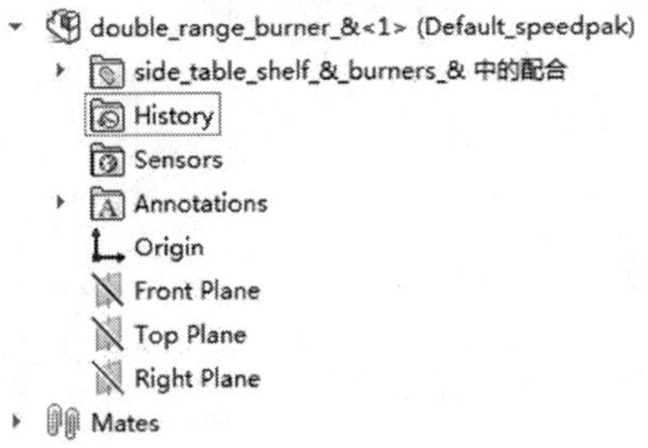

图 4-19　使用 SpeedPak

图 4-20　评估 SpeedPak 配置

步骤 24　保存文件

4.6　在大型装配体中使用配置

简化零部件、子装配体和顶层装配体的配置可以提高大型装配体的性能。移除零部件的其中一个方法是压缩零部件，还可以通过零部件的简化版本来代替零部件的完整版本。

4.6.1　压缩零部件

这个方法是通过压缩零部件将零部件从子装配体和顶层装配体中"移除"，以当它们已不存在。因为不加载压缩的零部件，所以提高了装配体性能。压缩一个零部件，同时也会压缩与之相关联的配合。

 提示　更多关于零部件压缩、轻化和隐藏零部件的信息请参阅 4.2.5 节"零部件状态的比较"。

4.6.2　简化的配置

大型装配体的简化配置方法是为装配体中的零部件创建简化配置。简化零件配置是压缩那些在装配体中不使用的所有细节特征。通常压缩特征为圆角、倒角或一些小的细节特征，下面用装配体来说明这一过程，如图 4-21 所示。

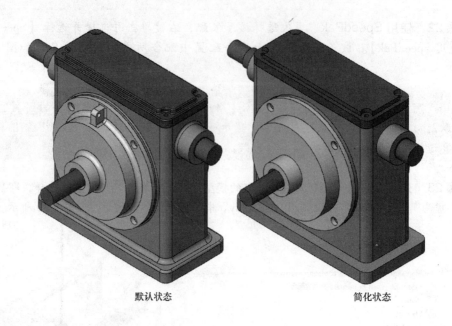

默认状态　　　　　　　　　简化状态

图 4-21　简化的配置

4.6.3　高级打开

在打开已存在的装配体时有很多可以使用的高级选项。在【打开】对话框中，从配置菜单中选择【高级】并单击【确定】。如果装配体中的零部件已经被简化，那么可以使用这个方法来创建装配体的简化配置，如图 4-22 所示。

配置文件对话框包括以下选项：

1）打开当前所选的配置。

2）显示所有参考模型的新配置。打开装配体并还原所有零部件，并使用新配置名称保存配置。

3）只显示装配体结构的新配置。打开装配体并压缩所有零部件，并使用新配置名称保存配置。

图 4-22　配置文件

4）可能时对零部件参考使用指定的配置。选取与配置名称相对应的零部件配置（"Simplified"或用户键入的）并激活。

4.7　大型设计审阅

大型设计审阅能快速地打开非常大的装配体，同时仍保留在进行装配体设计审阅时有用的各项功能。使用大型设计审阅模式打开装配体时，用户可以：

- 导览 FeatureManager 设计树。
- 测量距离。
- 生成横断面。
- 隐藏和显示零部件。
- 生成、编辑和播放走查。
- 生成带有评论的快照。
- 选择性打开零部件。

知识卡片	大型设计审阅	大型设计审阅主要用于快速设计审阅的环境。除装配体结构以外，FeatureManager 设计树中不会存在很多细节特征。比如，在快速审阅环境中无法编辑零部件和配合。如果需要修改装配体的细节，必须打开装配体零部件。
	操作方法	• 在打开的对话框中选择【大型设计审阅】。 • CommandManager：在【大型设计审阅】选项卡上有很多大型设计审阅相关功能。

步骤25 打开装配体文件 单击【打开】，选择装配体"Full _ Grill _ Assembly"，但暂时不要打开。在【模式】一栏中选择【大型设计审阅】，单击【打开】。

例如弹出一个提醒，在大型设计审阅中的可用的功能信息，单击【确定】。在大型审阅模式中，显示零件最后一次保存时的配置。如果零件使用了不同于最后一次保存时的配置，可能还会收到一条提示图形数据已过时的信息。

步骤26 预览环境 简化的 FeatureMannager 设计树和 Command Manager 可用于预览装配，如图 4-23 所示。

步骤27 测量 单击【测量】，会弹出信息框，提示大型设计审阅中所报告的测量是近似值。为确保测量精确，必须将零部件还原。单击【确定】。测量如图 4-24 所示的两面之间的距离，按 Esc 键关闭【测量】对话框。

步骤28 剖面视图 单击【剖面视图】，更改为 YZ 平面，单击【确定】。通过剖面视图可以看到烧烤架的内部，如图 4-25 所示。

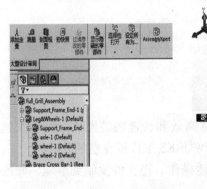 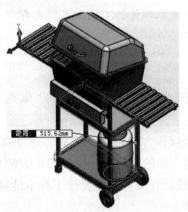 

图 4-23 预览环境   图 4-24 测量   图 4-25 剖面视图

步骤29 截图 单击【拍快照】，命名为"Section"，单击【确定】。由于配置和显示状态在大型设计审阅中不可用，所以才需要截图功能。

步骤30 DisplayManager 切换到 DisplayManager 选项卡，展开快照，如图 4-26 所示。双击【首页】显示快照。剖视图状态被关闭，图像窗口会显示整个装配体。【首页】快照是无法更改的，它是用于还原显示状态的。

步骤31 评论 右键单击"Section"快照，选择【评论】。输入"这是烤架内部快照"，单击【保存并关闭】。光标移动至快照处可以看到评论。

步骤32 孤立 切换选项卡至 FeatureManager 设计树。右键单击"Grill _ Top&Bottom"，选择【孤立】，如图 4-27 所示。【拍快照】，命名为"TopBottom"，单击【确定】。单击【退出孤立】，显示完整的装配体。

77

图 4-26　DisplayManager

图 4-27　孤立

步骤33　选择性打开　切换至"DisplayManager"选项卡，双击快照"TopBottom"。全选整个装配体，单击【选择性打开】，在弹出的对话框中单击【选择性打开】，然后单击【所选零部件】，再单击【确定】。

注意到改变：

- 装配体不再处于大型设计审阅模式。
- CommandManager 选项卡变为和其他装配体相同的状态。
- 所选择的零件被加载到内存中。用户可以在 FeatureManager 设计树中看到它们的特征和配合关系。
- 弹出提示，提醒用户隐藏零部件将不被加载到内存中。

步骤34　保存并关闭文件

4.8　创建快速装配体的技巧

无论装配体多大，总有一些最佳操作方法可使用户能够建立高效和快速的装配体。所谓快速，是指文件的打开速度和编辑速度，这两方面的因素都会影响 SOLIDWORKS 工作所花费的总时间。

1）在本地工作。通过网络打开或保存文件肯定要慢于在本地操作。把文件复制到本地，修改之后再复制回网络，这样肯定会提高效率。

2）使用大型装配体模式和轻量化模式。使用这些选项在一起或单独打开时，可以缩短重建和关闭的时间。

3）使用大型设计审阅。大型设计审阅是一个十分高效的方法，因为它只加载显示数据。

4）使用 Speedpak。创建 Speedpak 配置只加载所需的信息来维护引用顶部装配水平。它们与购买的组件都特别有用。

5）关联特征。限制关联特征的使用。当装配体发生改变时，关联特征和它们的子特征必须重建。它们比自底向上的零部件需要更多资源。使用【暂停自动重建模型】。开启这个选项后，关联零件将不会自动更新。

6）子装配体细分。在装配体中，应该使用子装配体代替多个零件，如图 4-28 所示。它们具有以下几个优势：

- 适合多用户设计环境。设计团队的成员可在同一时间操作不同的子装配体。
- 子装配体便于编辑。子装配体可在独立的窗口中打开，与主装配体相比更小、更简单。
- 简化顶层装配体的配合关系。把多数的配合置于子装配体中可以加快顶层装配体的计算速度。

- 子装配体便于重复使用。由零件组成的子装配体更易用于其他装配体。
- 柔性子装配体需要更多的求解和使用更多的资源，需要限制它们的使用。

7）使用零部件阵列。在零件和装配体环境下使用阵列能够节省编辑时间，如图 4-29 所示。

图 4-28　子装配体细分

图 4-29　使用零部件阵列

8）使用配置。在装配体和子装配体中使用配置，可以建立产品的不同版本。不同的版本之间，可能零部件的数量不同，也可能零部件的显示状态不同，也可以允许某个零部件使用不同的配置，装配体可以包含零部件简化的配置，选择某个配置将选择该配置中包含的所有零部件的配置，如图4-30所示。

9）显示状态。当仅仅是零部件的外观发生改变时，可以使用显示状态代替配置。

10）轻化零部件。轻化零部件会提高装配体的性能。这是因为对于轻化的零部件，只有一部分模型数据被装入内存，其他的模型数据将在需要的时候装入。需要说明的一点是，装配体越大，轻化零部件对性能提升的效果越明显。

11）保存文件为最新版本。确保在 SOLIDWORKS 的最新版本中保存所有零件。打开和重建软件早期版本的保存文件时较慢。

12）减少图形外观功能的使用。许多功能可以提高装配体的外观：RealView 图形、阴影、纹理和透明度等。在创建和编辑装配体时，请考虑减少对这些功能的使用，而仅在创建布景和最终输入设计时才打开这些功能。

13）压缩不必要的细节。如果零部件的细节特征在装配体中并不重要，用户可以建立一个配置并压缩这些细节特征以代表零部件的简化状态，如图 4-31 所示。

图 4-30　使用配置

图 4-31　压缩不必要的细节

通过比较得知，一个含有完整螺纹的螺栓文件比没有完整螺纹的文件大 100 倍，一个含有旋转螺纹的文件比含非旋转螺纹的文件大 30 倍，如图 4-32 所示。

图 4-32　文件比较

圆角和倒角都是一种很容易识别的特征，通常设为压缩状态，如图 4-33 所示。不要对配合和查看干涉必需的特征进行压缩。

14）系统选项和文档属性选项。以下选项影响装配体的性能：

- 【文档属性】/【图像品质】。这些设置会影响装配体的性能。模型的图像品质越低，性能越高。

- 【系统选项】/【性能】/【细节层次】。拖动滑块至"关（无细节）"，或者从"更多（较慢）"拖至"更少（较快）"来指定装配体、多实体零件以及草稿视图中的动态视图操作过程（缩放、平移及旋转）的细节层次。

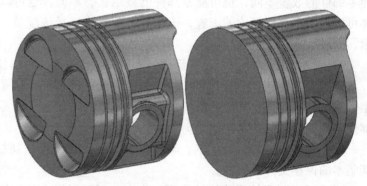

- 【系统选项】/【显示/选择】/【在带边线上色模式下显示边线】。选择"线架图"替换"消除隐藏线"。

图 4-33　压缩圆角和倒角

- 【系统选项】/【性能】/【重建模型检查】。打开此选项时，在创建和编辑特征过程中，软件会执行更多的错误检查。当需要提高性能时请关闭此选项。

4.8.1　配合方面的考虑

所有的装配体中都需要配合关系来限制零部件的运动。下面说明在建立配合时应该考虑的几个问题。

1. 最小化顶层配合关系　避免有太多的配合在顶层的装配体中，看"子装配体细分"。

2. 避免多余的配合　可以添加配合到没有被定义的组件中，应避免多余的冲突和增加更多的计算。如图 4-34 所示，例子中有两个垂直的配合是多余的。

3. 考虑压缩的零部件　应避免选择有可能在其他配置中压缩的实体，使用零件的简化配置建立配合关系。

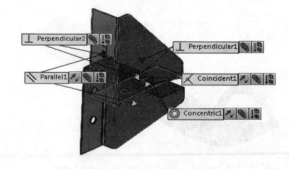

图 4-34　配合实体的选择

技巧🔑　同心配合提供了一个选项【锁定旋转】，可以用来防止零部件旋转。

例如，选择图 4-35 中高亮的圆柱面建立配合。在简化配置中压缩该特征将导致装配体配合错误，如图 4-36 所示。

图 4-35　配合实体的选择　　　　　　　　　**图 4-36　简化配置与配合错误**

4.8.2　绘制工程图方面的考虑

大型装配体的工程图处理更具挑战性。在工程图中，打开和装入装配体的零部件有着同样的问题。最佳的解决方案是使用【轻化工程图】。轻化工程图无需将隐藏的模型装入内存，这就意味着减少了装入的时间。另外，某些操作，例如手动标注尺寸和添加注解等也可在不装入模型的情况下进行，如图 4-37 所示。

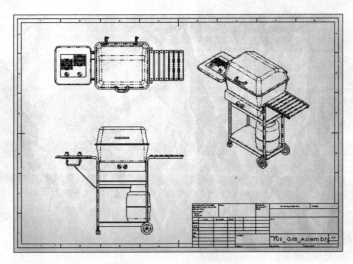

图 4-37　轻化工程图

关于轻化工程图更详细的内容，请参阅《SOLIDWORKS®工程图教程》（2016 版）。

练习 4-1　有显示状态和 SpeedPak 的大型装配体

本练习的任务是为如图 4-38 所示的装配体创建一些显示状态和 SpeedPak 配置。

本练习将应用以下技术：
- 轻量化零部件。
- 大型装配体模式。
- 使用 SpeedPak。

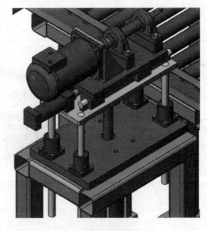

图 4-38　装配体

操作步骤

  步骤1　打开装配体　使用【快速查看】/【选择性打开】打开"Lesson04 \ Exercises \ Large _ Assembly"文件夹下的"Large"装配体。

  步骤2　添加显示状态　创建以下的显示状态，使用【选取 Toolbox】【直接选择】【孤立】【逆转选择】【显示隐藏零部件】和其他选择技术来隐藏和显示零部件。

  1）创建显示状态"No _ Fastener"。创建一个显示状态并隐藏装配体中的所有扣件零部件，如图 4-39 所示。

技巧　所有显示状态都将隐藏扣件。

  2）创建显示状态"Center"。创建一个显示状态用来显示如图 4-40 所示的零部件。

  3）创建显示状态"Press"。创建一个显示状态，用来只显示如图 4-41 所示的零部件。

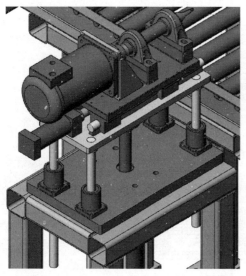

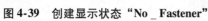

图 4-39　创建显示状态"No _ Fastener"

图 4-40　创建显示状态"Center"

  4）创建显示状态"Upper"。创建显示状态显示如图 4-42 所示的零部件。

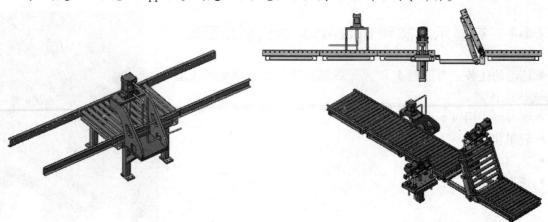

图 4-41　创建显示状态"Press"　　　　　　图 4-42　创建显示状态"Upper"

5）创建显示状态"Lower"。创建新的显示状态，显示如图4-43所示的零部件。

步骤3 为"conveyor"添加 SpeedPak 为"conveyor"的实体创建【图形 SpeedPak】配置，如图4-44所示。

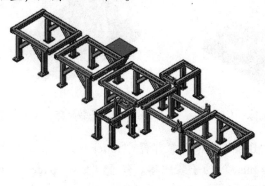

图4-43 创建显示状态"Lower"

图4-44 创建显示状态"conveyor"

步骤4 保存并关闭所有文件

步骤5 打开选项 在【大型装配体模式】和 No_Fastener 显示状态下打开装配体"Large"。

步骤6 解决 设置所有的轻量级组件来解决，测试所有的显示状态。

步骤7 保存并关闭所有文件

练习4-2 简化配置

本练习的任务是建立零件、子装配体和主装配体的简化配置。另外，建立新的子装配体并修改主装配体结构。

本练习将应用以下技术：简化配置。

● 单位：in。

操作步骤

步骤1 打开现有的装配体 打开"Lesson 04\Exercises\Simplified Configurations"文件夹下的"Compound_Vise"装配体(见图4-45)。

步骤2 创建子装配体 使用零部件"Compound_Vise"，创建3个子装配体。

● 子装配体"Base"(见图4-46)。
● 子装配体"Center"（见图4-47）。
● 子装配体"Vise"（见图4-48）。

步骤3 修复零部件"Base" 修复"Compound_Vise"中的装配"Base"。

步骤4 修改子装配体 打开子装配体"Vise"，修复"upper compound member"。使用【零部件阵列】添加另一个"cap screw"实例，如图4-49所示。

图4-45 "Compound_Vise"装配体

图 4-46　子装配体"Base"　　　图 4-47　子装配体"Center"　　　图 4-48　子装配体"Vise"

步骤5　新建子装配体　打开子装配体"Base"，利用零部件"lower plate <1 >"和"cap screw <1 >"建立另一个名为"base swing plate"的子装配体。修复"lower plate"，并建立"cap screw"的零部件阵列，如图 4-50 所示。

图 4-49　修改子装配体　　　　　　　　图 4-50　新建子装配体

步骤6　使用子装配体　在"Base"的两侧使用子装配体"base swing plate"，删除多余的零件。对子装配体"Center"做相似的操作，在两侧分别添加子装配体"center swing plate"，如图 4-51 所示。

步骤7　拖放零部件　拖放所有的 4 个零部件"locking handle"，使它们从子装配体移动到上层的装配体，如图 4-52 所示。

center
swing
plate

图 4-51　使用子装配体

▶　(f) [Base^Compound Vise
▶　(-) [Center^Compound Vise
▶　(-) [Vise^Compound Vise
▶　(-) locking handle<1>
▶　(-) locking handle<2>
▶　(-) locking handle<3>
▶　(-) locking handle <4>
▶　MateGroup1

图 4-52　拖放零部件

84

为下列零件创建简化的配置，压缩所列的特征。

步骤8　简化的配置　为每个零件建立"simplified"配置，并压缩其所列的特征项(见表4-2)。

表4-2　简化的配置

零部件	压缩的特征	图形
cap screw	threads 和 extend 特征	
lower plate 和 upper plate	所有圆角特征，notch、limit _ text 和 Chamfer1 特征	
saddle	所有圆角特征	
handle shaft	Chamfer1 特征(注意需要进行一些修改)	
compound center member	Fillet2 和 Fillet3 特征	
tool holder	Chamfer1 和 Chamfer2 特征	
upper compound member	Fillet1、Fillet2、Fillet3 和 Chamfer1 特征	
locking handle	Fillet6、Fillet7 和 Fillet12 特征	

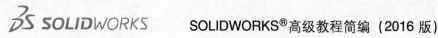
为下列子装配体建立简化配置。建立一个装配体配置，命名为"simplified"，并使用所有简化的零部件配置。

步骤9　**为底层子装配体建立配置**　为最底层的子装配体建立配置"base swing plate"和"center swing plate"。

步骤10　**子装配体**　移到子装配体的下一层，使用上面完成的工作。

- 子装配体"Base"。
- 子装配体"Center"。
- 子装配体"Vise"。

步骤11　**顶层装配体**　使用零部件及子装配体的配置，在顶层装配体中建立名为"simplified"的简化配置。

步骤12　**保存并关闭文件**　保存并关闭装配体"Simplified"的简化配置。

步骤13　**打开简化配置**　利用【打开】对话框中的【配置】列表打开装配体的简化配置，如图4-53所示。

步骤14　**隐藏和显示**　使用【隐藏】和【显示零部件】分别建立两个新配置，命名为"Base&Center"和"Center&Vise"，并将它们连接到配置"simplified"如图4-54所示。

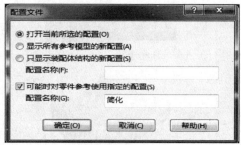

图4-53　打开简化配置

图4-54　建立新配置

步骤15　**保存并关闭装配体文件**

第5章 参考引用文件

学习目标

- 理解 SOLIDWORKS 搜索参考文件的顺序
- 理解递归搜索
- 学会如何替换参考文件
- 学会使用打包方式复制文件
- 理解更改参考引用文件的几种方式
- 用上下文关联特征创建装配体的复制
- 使用 SOLIDWORKS Explorer 来重命名和替换文件

5.1 外部参考引用的搜索顺序

在父文件打开的同时，所有的参考引用文件也会同时被加载到内存中。就装配体而言，零部件将按照最近一次保存装配体时其压缩/解压缩状态加载到内存中。

SOLIDWORKS 软件按照以下顺序搜索参考引用文件：

1. 随机读取内存 如果一个拥有正确文件名的文件已经存在于内存中，SOLIDWORKS 将使用该文件。

2.【工具】/【选项】/【系统选项】/【文件位置】，指定参考文件路径 用户可以建立一个 SOLID-WORKS 优先搜索的目录列表。一般而言，这些目录为项目保存的网络共享位置。列表的设置是可选的，因而可以被忽略。

3. 用户最近一次打开文件时定义的路径 打开父文件时，SOLIDWORKS 将在父文件所在路径下搜索参考文件。

4. 系统最近一次打开文件时的路径 该条原则适用于系统曾打开过参考引用文件的前提下。

5. 父文件最近保存时，参考引用文件所在路径 除驱动器路径为"C:\""D:\"等的当前驱动器外，这些路径信息将被保存在父文件中。

6. 父文件新近保存时，参考引用文件所在指定原始驱动器路径 指以绝对路径名的形式保存在父文件中。

7. 如果仍然没有找到参考引用文件，SOLIDWORKS 会请求用户指定路径 通过以上 6 种方式仍然没有找到对应文件的情况下，SOLIDWORKS 会请求用户手动指定路径。

> 提示 在保存父文件的同时，所有的相关文件路径也将被保存。

文件名应当是独一无二的，以避免错误的参考。如果用户有两个名为"bracket. sldprt"的不同零件，父文件打开时将按照以上顺序进行搜索。

5.2 实例分析：搜索参考引用文件

该实例将探讨 SOLIDWORKS 搜索定位参考引用文件的方法。在 Windows Explorer 中移动或者重命

名文件会迫使 SOLIDWORKS 搜索该文件。

操作步骤

步骤1　打开装配体文件　打开"Lesson05 \ Case Study \ Tool Holder" 文件夹下的装配体"tool vise"，如图 5-1 所示。

步骤2　查找相关文件　单击【文件】/【查找相关文件】，所有的参考文件和父文件都保存在同一目录下，如图 5-2 所示。单击【关闭】。

步骤3　关闭装配体文件　单击【窗口】/【关闭所有】。

步骤4　打开文件夹"Tool Holder"　打开目录"Lesson05 \ Case Study \ Tool Holder" 下的零部件"tool holder"，如图 5-3 所示。

图 5-1　装配体"tool vise"

名称	在文件夹中
⊟ tool vise.SLDASM	C:\SolidWorks Training Files\File Management\Lesson03\Case Study\Tool Holder
lower plate.SLDPRT	C:\SolidWorks Training Files\File Management\Lesson03\Case Study\Tool Holder
upper compound member.	C:\SolidWorks Training Files\File Management\Lesson03\Case Study\Tool Holder
compound center member.	C:\SolidWorks Training Files\File Management\Lesson03\Case Study\Tool Holder
tool holder.SLDPRT	C:\SolidWorks Training Files\File Management\Lesson03\Case Study\Tool Holder
upper plate.SLDPRT	C:\SolidWorks Training Files\File Management\Lesson03\Case Study\Tool Holder
eccentric.SLDPRT	C:\SolidWorks Training Files\File Management\Lesson03\Case Study\Tool Holder
locking handle.SLDPRT	C:\SolidWorks Training Files\File Management\Lesson03\Case Study\Tool Holder
saddle.SLDPRT	C:\SolidWorks Training Files\File Management\Lesson03\Case Study\Tool Holder
cap screw.SLDPRT	C:\SolidWorks Training Files\File Management\Lesson03\Case Study\Tool Holder

包括断开的参考(B)　◉嵌套视图(N)　○平坦视图(F)

打印(P)...　复制列表(L)　复制文件(F)...　关闭(C)　帮助(H)

图 5-2　查找相关文件

步骤5　打开一个装配体文件　打开"Tool Holder" 文件夹下的装配体"tool vise"。

步骤6　错误的零部件　弹出警告 SOLIDWORKS 在已经打开的文档目录下找到的同名文件"tool holder" 的内部 ID 与参考文档所保存的内部 ID 不匹配。

已经打开的文档 C：\ SOLIDWORKS Training Files\SOLIDWORKS Advanced Topics\Lesson05\Case Study\Tool Holder\tool holder. SLDPRT 的内部 ID 与参考文档所保存的内部 ID 并不匹配，选择"是" 接受此文件。

单击【是】接受 SOLIDWORKS 所找到的零部件。

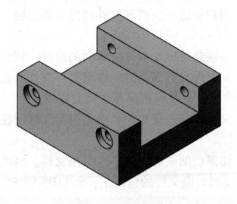

图 5-3　零部件

5.2.1　内部 ID

SOLIDWORKS 文件会有一个外部 ID 和内部 ID。外部 ID 指的就是文件名。内部名字是在文件创建时自动生成的，它们用于区分拥有相同外部 ID 的文件。内部 ID 对用户是不可见的。

步骤 7 重建装配体 在重建对话框中单击【重建】按钮，重建装配体如图 5-4 所示。

步骤 8 重建错误提示 错误的零部件引起了配合文件夹中一系列的错误，重建错误提示如图 5-5 所示。

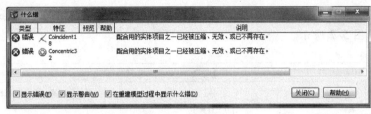

图 5-4 重建装配体   图 5-5 重建错误提示

步骤 9 关闭所有当前文件 不要保存任何文件。

5.2.2 搜索引用文件路径

打开父文件时，首先会在 RAM 中搜索相关引用文件，其次在"为外部参考引用查找文件位置"功能开启的情况下，SOLIDWORKS 会按照【系统设置】中列出的搜索目录查找。该选项的首要作用是定位，例如使用"Windows Explorer"移动位置后的文件。除非特殊需要，该功能在一般情况下是关闭的，因为这个功能的开启会延长开启时间。

步骤 10 新建一个文件夹 使用 Windows Explorer 新建文件夹"D：\ Fasteners。"

 提示   新建文件夹所在位置不一定是 D 盘，但要确保和培训教程文件不在同一目录下。

步骤 11 设置选项 单击【工具】/【选项】，选择【系统选项】/【文件位置】，从下拉菜单中选择【参考的文件】，单击【添加】，选择文件夹"Fasteners"，单击【确定】，如图 5-6 所示。

步骤 12 启用搜索列表 在【参考的文件】中添加路径之后还需要启用搜索功能才可以使用搜索列表。选择【系统选项】中的【外部参考引用】，勾选【为外部参考引用查找文件位置】复选框，单击【确定】。

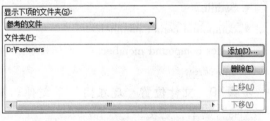

图 5-6 设置选项

步骤 13 复制文件夹"Fastener" 使用 Windows Explorer 复制零件"cap screw"到"D：\ Fasteners"目录下。"cap screw"被同时保存在"C：\ …\Lesson 05\Case Study\Tool Holder"和"D：\Fasteners"两个目录下。

步骤14　打开装配体　打开"tool vise. sldasm"。

步骤15　单击【查找】/【参考文件】　SOLIDWORKS 将首先在 RAM 中搜索装配体所参考的文件，然后在参考文件列表（D：\Fasteners）中搜索零件"cap screw"。在没有找到任何其他文件的情况下，软件将按照其他条件在"C：\ …\Lesson05\Case Study\Tool Holder"目录下搜索其他文件。

由于"cap screw"已经被找到，软件将不会在"Tool Holder"所在路径下搜索该文件，如图5-7所示。

图5-7　查找相关文件

步骤16　关闭对话框及文件　关闭【查找参考引用】对话框和所有当前文件。

步骤17　新建文件夹　使用 Windows Explorer 新建文件夹：

- C：\ Project Parts。
- C：\ In Work。

步骤18　复制文件　文件有时会被复制、移动和重命名，用户不希望由于做了这些操作导致在打开父文件时出现一些问题。将以下6个文件复制到"Project Parts"目录下：

- tool vise。
- tool holder。
- Saddle。
- compound center member。
- upper compound member。
- cap screw。

步骤19　文件位置　现在同一个文件已有多个副本，打开"Project Parts"目录下的"tool vise"副本，见表5-1。

表5-1　文件、路径及文件副本（一）

路　　径		
… \ Case Study \ Tool Holder	D：\ Fasteners	C：\ Project Parts
• tool vise		• tool vise（副本）

（续）

路　径		
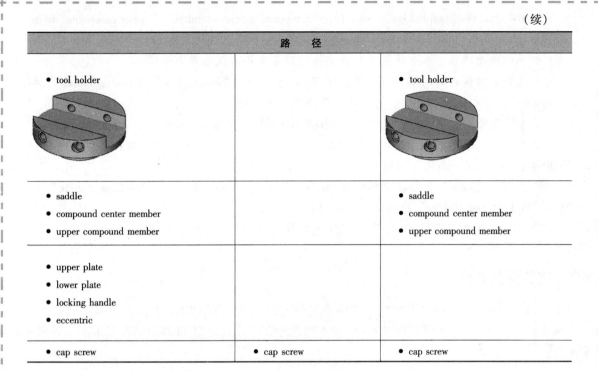 ● tool holder		● tool holder
● saddle ● compound center member ● upper compound member		● saddle ● compound center member ● upper compound member
● upper plate ● lower plate ● locking handle ● eccentric		
● cap screw	● cap screw	● cap screw

步骤 20　打开装配体　从"Project Parts"中打开装配体"tool vise. sldasm"。

步骤 21　查找相关文件　单击【文件】/【查找相关文件】，在 3 个不同的路径下找到了相关文件，如图 5-8 所示。

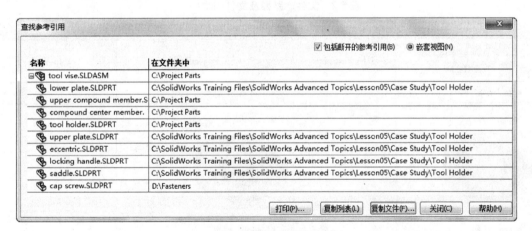

图 5-8　查找相关文件

在打开"Project Files"目录下装配体时，SOLIDWORKS 按照以下搜索顺序对参考引用文件进行查找：

● 计算机内存。RAM 中没有打开过文件。

●【选项】中的搜索目录。"D：\ Fasteners"已被添加到搜索目录中。"cap screw"被保存在这里，同时也被保存在另外两个路径中。SOLIDWORKS 按搜索列表找到了"cap screw"，因此忽略其他副本。

● 打开装配体时使用的路径。被打开的装配体副本被保存在 C：\ Project Parts。5 个零件位于这里和原始路径下（Lesson05\Case Study\Tool Holder）。

找到4个文件"tool holder""saddle""compound center member""upper compound member"。

- 系统使用路径。在系统最近打开文件的目录下找不到参考文件。
- 文件最后保存时的路径。对于零件"upper plate""lower plate""locking handle"和"eccentric"，它们从未被复制，并始终只保存在原先的路径下。

因为所有文件已经被找到，所以SOLIDWORKS结束了搜索。

步骤22 关闭所有当前文件 不要保存装配体文件。如果保存了，相关引用文件指针将指向这个新路径，而现在不需要这样做。

步骤23 移动和重命名文件 使用Windows Explorer，把文件"locking handle"从"Case Study \ Tool Holder"中移动到"In Work"目录下。

将"Case Study \ Tool Holder"目录下的零件"eccentric"更名为"Reveccentric"。

5.2.3 定位更名文件

对于通过Windows Explorer重命名或者移动过的文件，SOLIDWORKS文件参考引用信息不会被更新。当再次打开父文件时，SOLIDWORKS就找不到参考文件，因为SOLIDWORKS只根据文件名和位置搜索文件。

步骤24 文件位置 零件"locking handle"已被移出SOLIDWORKS搜索范围。由于是通过Windows Explorer对零件"eccentric"进行重命名的，SOLIDWORKS参考关系没有得到更新，见表5-2。

表5-2 文件、路径及文件副本(二)

路 径			
... \ Case Study \ Tool Holder	D：\ Fasteners	C：\ Project Parts	C：\ In Work
• tool vise		• tool vise(副本)	
• tool holder		• tool holder(副本)	
• saddle • compound center member • upper compound member		• saddle(副本) • compound center member(副本) • upper compound member (副本)	
• upper plate • lower plate			
• cap screw	• cap screw (副本)	• cap screw(副本)	
• locking handle			• locking handle (移动)
• Reveccentric(重命名)			

步骤25　打开装配体文件　从"Project Parts"中打开装配体"tool vise. sldasm"。

得到以下信息："无法找到文件 C：\ SOLIDWORKS Training Files \ Advanced Topics \ Lesson 05 \ Case Study \ Tool Holder \ eccentric. SLDPRT，您是否要自己来查找它？"

当搜索参考文件时，SOLIDWORKS 会搜索搜索列表中的所有位置。由于"eccentric"已被重命名，所以无法找到。单击【确定】。

步骤26　替换更名零件　弹出【打开】对话框："在'Tool Holder'目录中选中零件'Rev-eccentric'这个过程将参考文件由'eccentric'更改为'Reveccentric'。"单击【打开】。

步骤27　查找移动文件　SOLIDWORKS 搜遍所有路径仍然没有找到"locking handle"，因为它放置在一个并没有列入搜索清单的文件目录下面。单击【确定】，弹出【打开】对话框。

浏览文件夹"C：\ In Work"，选择零件"locking handle"，单击【打开】。

步骤28　查找相关文件　单击【文件】/【查找相关文件】，SOLIDWORKS 按照搜索顺序在不同的路径下面找到了相关引用文件，如图5-9所示。

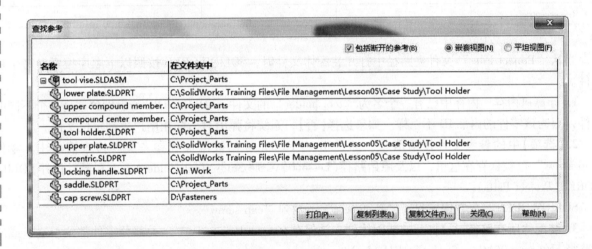

图5-9　查找相关文件

最初，所有的装配体和零件都保存在路径 C：\ SOLIDWORKS Training Files \ SOLIDWORKS Advanced Topics \ Lesson 05 \ Case Study \ Tool Holder 中。

通过几个例子，发生了如下改变：

- 一个与参考文件同名的文件在内存中已被打开。
- 将文件复制到不同的位置。
- 移动文件到搜索列表定义路径范围外。
- 重命名文件。

文件位置见表5-3。

表5-3　文 件 位 置

路　径				
. . . \ Case Study \ Tool Holder	D：\ Fasteners	C：\ Project Parts	C：\ In Work	RAM
● tool vise		● tool vise		

（续）

路　径				
• tool holder		• tool holder		• tool holder
• saddle • compound center member • upper compound member		• saddle • compound center member • upper compound member		
• upper plate • lower plate				
• cap screw	• cap screw	• cap screw		
				• locking handle
• Rev-eccentric				

当从"Project Files"文件夹路径中打开装配体文件时，SOLIDWORKS按照以下顺序搜索参考引用文件。

1. 计算机内存　内存中已有一个名为"tool holder"的文件。SOLIDWORKS识别到这是一个不同的文件，因为该零件的内部ID不一样。如果选择【否】，系统将弹出对话框让用户手动定位文件。

2.【选项】中的参考文件搜索清单　路径D：\ Fasteners已被添加到参考文件搜索清单中。零件"cap screw"已被保存在这里，以及原始路径（Lesson05\Case Study\Tool Holder）下面和最后打开SOLID-WORKS（Project Parts）。

SOLIDWORKS最先在搜索目录"Fasteners"下找到"cap screw"。

3. 装配体所在路径　被打开的装配体副本被保存在C：\ Project Parts。大部分零件都位于这里或原始路径下（Lesson05\Case Study\Tool Holder）。

被找到的文件有"upper compound member""compound center member""saddle"。

4. 系统使用路径　在系统最近打开的文件路径下没有任何参考引用文件。

5. 文件最近保存时的路径　零件"upper plate"和"lower plate"未被移动或复制到其他路径，所以在原始路径下找到它们。

6. 最近保存的文件所在的原始驱动盘　在这个实例中，所有文件都保存在和原始文件相同的驱动盘中，所以没有找到任何新文件。

7. 请求用户指定路径　由于以下原因，SOLIDWORKS搜遍所有路径仍然没有找到"eccentric"和"locking handle"。

- eccentric虽然在原始路径下，但是被重命名了。
- "locking handle"已被移至一个超出搜索路径范围的位置。

表5-4是对搜索结果的总结。搜索过程是自左向右进行的。下划线字体表示按照查找顺序搜索到的结果，**加粗字体**表示手动搜索到的结果。

表5-4　搜索结果总结

路　径				
RAM	D：\ Fasteners	C：\ Project Parts	…\ Case Study	C：\ In Work
		• tool vise	• tool vise	

（续）

路　径				
• tool holder		• tool holder	• tool holder	
		• saddle • compound center member • upper compound member	• saddle • compound center member • upper compound member	
			• upper plate • lower plate	
	• cap screw	• cap screw	• cap screw	
				• **locking handle**
			• **Rev-eccentric**	

搜索方向

──────────────────────────────────────►

> **步骤29　保存文件**　保存但不关闭文件，在下一个实例中将继续使用该文件。保存装配体的同时，所有参考文件对应的路径也将得到保存。

5.3　递归搜索

在查找相关文件的过程中，SOLIDWORKS 实际上采用递归搜索的方式多次对搜索条件中的路径进行搜索。

例如之前的实例，原始装配体和所有零件是保存在 "C：\ SOLIDWORKS Training Files \ Files Management\Lesson05 \ Case Study \ Tool Holder" 目录下的。把参考的文件路径 "D：\ Fasteners" 添加到 SOLIDWORKS 系统选项中。

以零件 "saddle" 为例，搜索过程如下：

SOLIDWORKS 首先搜索 RAM 未果，然后搜索目录 "D：\ Fasteners"，仍然没有找到。接下来，将原始路径附加到 D：\ Fasteners 后，继续搜索：

D：\Fasteners\Tool Holder\saddle. sldprt

D：\Fasteners\Case Study\Tool Holder\saddle. sldprt

D：\Fasteners\Lesson05\Case Study\Tool Holder\saddle. sldprt

D：\Fasteners\SOLIDWORKS Advanced Topics\Lesson05\Case Study\Tool Holder\saddle. sldprt

D：\Fasteners\SOLIDWORKS Training Files\SOLIDWORKS Advanced Topics\Lesson05\Case Study\Tool Holder\saddle. sldprt

原始路径搜索结束后仍然没有找的情况下，SOLIDWORKS 会将搜索路径提高一级进行查找：

D：\Tool Holder\saddle. sldprt

D：\Case Study\Tool Holder\saddle. sldprt

D：\Lesson05\Case Study\Tool Holder\saddle. sldprt

D：\SOLIDWORKS Advanced Topics\Lesson 05\Case Study\Tool Holder\saddle. sldprt

D：\SOLIDWORKS Training Files\SOLIDWORKS Advanced Topics\Lesson 05\Case Study\Tool Holder\saddle. sldprt

如果原始路径还存在下一层，SOLIDWORKS 将继续进入下一层，一直搜索到根目录。

5.3.1 复制参考文件

或是为了文件控制，或是为了文件归档，或是为了把文件保存到 U 盘、CD 或者 DVD 中提供给客户，在很多情况下用户需要把所有参考文件保存到同一路径下。

【查找相关文件】命令把所有相关文件路径都列出。【复制文件】命令从【查找相关文件】中提取包括父文件在内的所有相关文件清单，打开【打包】工具。

知识卡片	打包	【打包】提取【查找相关文件】中得到的包括父文件在内的所有相关文件清单，并将这些文件复制到目标路径下，同时还可以给所有文件添加前缀或后缀并打包成 Zip 文件。
	操作方法	• 单击【文件】/【查找相关文件】，然后单击【复制文件】。 • 单击【文件】/【打包】。 • 在 Windows Explorer 中可以右键单击【SOLIDWORKS】选择【打包】命令。

步骤30 查找相关文件 单击【文件】/【查找相关文件】，装配体文件中的文件指针记录了每个相关文件的不同位置，如图5-10所示。

图5-10 查找相关文件

步骤31 复制文件 把装配体和所有参考文件都复制到一个目录下，以便复制到移动存储设备，如 CD。单击【复制文件】，然后选择【保存到文件夹】选项。为方便找到复制出来的文件，新建一个名为"Transfer"的文件夹，单击【浏览】。选择 C 盘根目录，单击【新建文件夹】。文件夹命名为"Transfer"，单击【确定】，如图5-11所示。

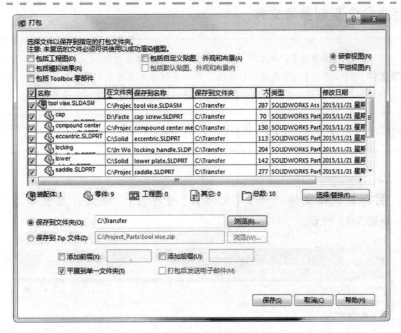

图 5-11　复制文件

步骤 32　平展到单一文件夹　勾选【平展到单一文件夹】复选框以单一文件夹的形式保存这些文件。用户打算发送这个文件到不同的计算机和网络，因此不需要相同的文件目录结构。单击【保存】以关闭【打包】窗口，并单击【关闭】以关闭【查找相关文件】窗口。所有的文件保存到 "C：\ Transfer" 目录中。

> **提示**　用户可以使用【保存到 Zip 文件】和【打包后发送电子邮件】选项新建一个 Zip 文件，并以电子邮箱方式把压缩包发送给客户。

步骤 33　关闭所有文件　单击【窗口】/【关闭所有】。

步骤 34　单击【工具】/【选项】/【系统选项】　确保所有文件存放在同一个位置，不希望 SOLIDWORKS 按参考列表搜索文件。取消勾选【为外部参考引用查找文件位置】复选框，单击【确定】。

步骤 35　打开一个新的副本　单击【文件】/【打开】，打开目录 "C：\ Transfer"。选择装配体 "tool vise"，然后单击【打开】。

步骤 36　查找相关文件　单击【文件】/【查找相关文件】，所有文件都保存到了 Transfer 目录下，如图 5-12 所示。单击【关闭】。

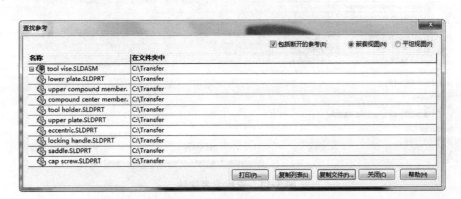

图 5-12　查找相关文件

5.3.2 使用另存为命令复制参考文件

知识卡片	另存为参考文件	【另存为】命令同样可以用来保存所有或部分包括父文件在内的参考文件，不同的是，【另存为】这个选项可以把父文件和其他参考文件以不同的文件名保存到不同的路径下。当保存文件时，单击【参考】按钮定义每一个单个文件的保存路径。
	操作方法	• 菜单：单击【文件】/【另存为】/【参考】。

步骤37　另存装配体文件　单击【文件】/【另存为】，将文件名重命名为"tool vise-rev. sldasm"，如图 5-13 所示。

图 5-13　另存装配体文件

步骤38　单击【参考】　可以保存部分或全部参考文件到一个新的目录下，这个方式将新建这些文件，如图 5-14 所示。单击【文件夹】列名，选中所有文件。

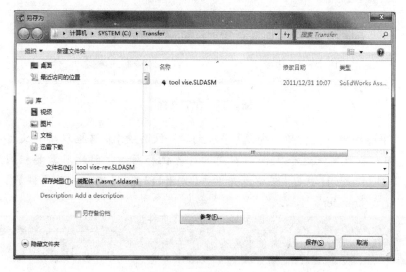

图 5-14　查找参考文件

步骤 39　定义新的路径　单击【浏览】，选择 C 盘根目录，单击【新建文件夹】，把新文件命名为 Transfer2，如图 5-15 所示，单击【确定】。新的【文件夹】列中列出的所有文件将保存在"C：\ Transfer2"目录下，如图 5-16 所示，单击【确定】。

提示　用户也可以直接把新的路径输入到文件夹列中。

步骤 40　选项　单击列名可以全选整列，单击【更多选项】，选择【添加后缀】，在文本框中输入"-rev"，如图 5-17 所示。单击【应用】，单击【保存所有】。

图 5-15　定义新的路径

图 5-16　另存参考文件

步骤 41　核对结果　单击【文件】/【查找相关文件】来核对结果，确定所有文件都复制到了"Transfer2"目录下，如图 5-18 所示。

图 5-17　添加后缀

图 5-18　核对结果

步骤 42　关闭所有文件

5.4　改变参考文件

在很多情况下用户需要交换装配体中的零部件或者子装配体。在 SOLIDWORKS 中有 5 种方法来改变参考引用文件。在之前的实例中已经学习了其中的 2 种。

- 【文件】/【另存为】。【另存为】可以改变所有父文件中的已打开的参考文件。对于没有打开的参考文件，【另存为】是影响不到的。
- 【文件】/【替换】。使用【替换】命令不仅可以替换父文件中的单个或多个零部件还可以替换文件中的子装配体。
- 【文件】/【打开】/【参考】。打开过程中的改变会使参考文件彻底改变为新的文件。重定向工程图时应用的就是这种形式的改变。
- 【文件】/【另存为】/【参考】。参考引用文件会随着父文件的保存而改变保存，这种方式会产生新的参考文件。
- SOLIDWORKS Explorer。SOLIDWORKS Explorer 可用于管理 SOLIDWORKS 文件，因为 SOLIDWORKS Explorer 可在未安装 SOLIDWORKS 的计算机上使用，所以既可作为 SOLIDWORKS 内嵌程序，也可当做独立应用程序使用。在改变未打开的文件的参考关系方面，它具有独特的优势。

对于存在上下关联关系的装配体文件，为确保零件保持这种在装配体内外文件之间的关联关系，SOLIDWORKS 会在用户选择【另存为】的时候弹出提示窗口，提醒用户上下关系文件不会在新的装配体中得到更新。出现这样的提示是由于更新文件夹不会被复制到新的装配体中。

为什么无法复制更新文件夹?

如果更新可以复制到新的装配体文件中，那么关系特征会被多个装配体文件驱动。随着装配体文件的改变，关系特征也将产生变化，很可能造成不同装配体内部关联的冲突。

为避免这种情况的出现，可以通过【参考】选项对相关文件重命名。

5.5 实例：关联特征

复制存在关联特征的装配体文件副本，如图 5-19 所示。

操作步骤

步骤 1 打开装配体 "U-Joint" 打开 "Lesson05 \ Case Study \ U-Joint" 文件夹下的装配体 "U-Joint. sldasm"，如图5-20所示。该装配体中就存着 bracket 上孔大小和 Yoke _ female 上孔大小的关联特征，如图 5-21 所示。

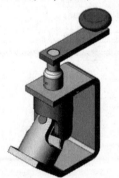

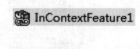

图 5-19 复制装配体文件副本   图 5-20 装配体 "U-Joint"   图 5-21 关联特征

提示 如果 FeatureManager 设计树末端没有显示更新文件夹，可以通过右键单击总装配体，选择【显示更新文件夹】。

步骤 2 修改零件 "Yoke _ female" 双击零件 Yoke _ female 特征 Cut-Extrude7，将尺寸改为 0.375in（9.525mm）。

步骤3　复制装配体　单击【文件】/【另存为】，重命名装配体为"U-Joint-rev. sldasm"，单击【保存】。

步骤4　关联特征　弹出的警告对话框提示装配体中存在关联特征，这些特征将不会在新装配体中更新。警告同样提出了避免该问题的推荐保存方法："有些零件的特征是在相关装配体 C:\ SOLIDWORKS Training Files \ SOLIDWORKS Advanced Topics \ Lesson05 \ Case Study \ U-Joint. sldasm 中定义的。如果选择'确定'继续其操作，这些特征将不会在新保存的相关装配体中更新。极力推荐用户保存这些零件的新版本，这些零件将会根据新保存的装配体更新。想要完成此步，请选择'取消'，并从'另存为'对话框中选择'参考文件'，然后在新的装配体中要更新的零件输入新的名称。"单击【确定】并【保存】。

步骤5　非关联特征　重建装配体。零件"bracket"边上"->?"表示零件不存在关联关系，更新文件夹并没有复制到新的装配体中，此时设计树如图5-22所示。

步骤6　编辑零件 Yoke_female.　编辑 Yoke_female 上的孔，将其改为20mm。重建装配体，在没有更新文件夹的情况下，bracket 上的孔尺寸不会随之改变，如图5-23所示。

步骤7　关闭但不保存装配体文件

步骤8　打开原始装配体文件　打开原始装配体文件 U-Joint. sldasm，如图5-24所示。零件 Yoke_female 和 racket 上的孔均为9.5mm。

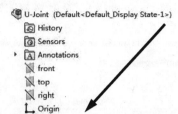

图 5-22　设计树

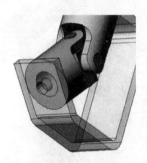

图 5-23　装配体

图 5-24　打开原始装配体文件

步骤9　编辑零部件 Yoke_female.　双击 Cut-Extrude7，将尺寸改为20mm，重建装配体。

步骤10　保存一个新的装配体文件　单击【文件】/【另存为】，单击【参考】。

步骤11　新生成的装配体　双击【名称】列下的装配体文件名，将其改为 U-Joint-rev2. sldasm。

步骤12　新建一个零件　在新建一个装配体文件的同时创建了零件"Yoke_female"和"bracket"。选择零件"Yoke_female"和"bracket"，如图 5-25 所示。单击【更多选项】，选择【添加后缀】，在文本框中输入"-1"，单击【应用】。单击【保存全部】。

 提示　　　由于把新文件保存到原先的目录下，系统会弹出提示，选择"不再提示"，单击【确定】。

图 5-25　选择零件

步骤 13　打开装配体文件 U-Joint　纵向平铺窗体。这两个装配体有各自的零件"Yoke_female"和"bracket"。改变"Yoke_female"的孔尺寸时仅"bracket"的孔尺寸会随之改变，而改变"Yoke_Female-1"的孔尺寸时仅"bracket-1"的孔尺寸会随之改变，如图 5-26 所示。

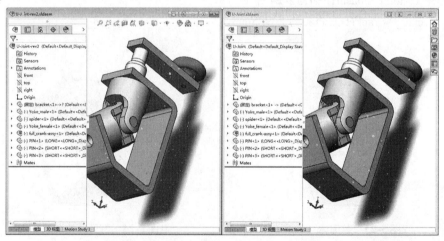

图 5-26　平铺窗口对比

步骤 14　关闭所有当前文件并保存
步骤 15　退出 SOLIDWORKS

5.6　断开和锁定参考引用

外部参考可以被锁定或者断开，以防止由于源文件改变而引起目标文件的变更。

知识卡片	断开/锁定参考引用	锁定外部参考是可逆的，该功能可以用于暂时停止更新引用，对于锁定后的外部参考可以通过解锁来恢复更新引用。"->*"是文件被锁定的标志。断开外部参考文件是不可逆的，该功能是用来停止更新引用的，断开的关联是无法恢复的。"->x"是断开后外部参考文件的标志。
	操作方法	●右键单击不参考引用关联的零件，选择【列举外部参考引用】，单击【全部断开】或【全部锁定】。

5.7　SOLIDWORKS Explorer

SOLIDWORKS Explorer 是 SOLIDWORKS 软件包中的一个引用程序。通过它，用户可以不用打开零件、装配体或工程图进行修改。

5.7.1　窗体布局

图 5-27 所示为 SOLIDWORKS Explorer 的主界面。

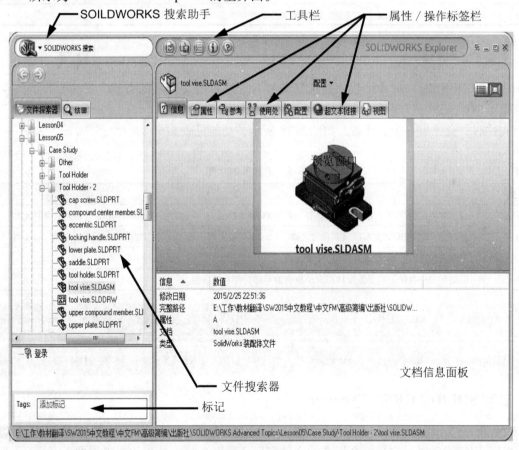

图 5-27　SOLIDWORKS Explorer 主界面

1. 文件搜索　面板展示了计算机的所有驱动器，浏览操作类似于 Windows Explorer。

2. 结果　搜索结果展示在面板中。

3. 文档信息　该面板罗列了选中文件的基本信息，通过切换标签栏浏览对应信息，如属性，与其他文件的关联关系和 eDrawings® 预览图。

通过单击文件搜索器中的文件来切换文档。

4. 预览 当切换到除【视图】以外的其他标签时，预览窗口会有文件的预览图。

5. SOLIDWORKS 搜索助手 SOLIDWORKS 查找助手既可以在本机系统，也可以在 3D Content-Central 中搜索文件。SOLIDWORKS 查找助手是依托于 Microsoft 桌面搜索工具的。

6. 添加标记 在标记文本框中输入一个标记给所选文件。

5.7.2 操作

在 SOLIDWORKS Explorer 的【操作】工具条中有很多功能见表 5-5。

表 5-5 操作工具条中的功能

功　能	说　明
信息	罗列了包括修改日期、完整路径、类型等在内的文档基本信息
属性	罗列了文件概述、自定义属性或者文件配置属性
参考	罗列了文件相关参考引用（包括派生或镜像零件，装配体或工程图）
使用处	汇总零件或装配体使用情况，包括所有派生和镜像零件
配置	通过重命名或者删除来编辑文件配置，但是配置中的具体规则信息无法改变
超文本链接	编辑文件的超文本链接关系
视图	eDrawings 界面下浏览所选零件、装配体或工程图

5.7.3 文件管理选项

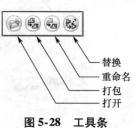

图 5-28 工具条

在 SOLIDWORKS Explorer 中可以通过选择文件名或者单击文件名的方式在文件搜索器中对其进行管理。

选择文件时，会弹出一个工具条，如图 5-28 所示，功能见表 5-6。

表 5-6 工具条的功能

功　能	说　明
打开	使用对应的程序打开文件。如果只有 SOLIDWORKS Explorer 在运行，SOLIDWORKS 会将对应文件类型打开
打包	复制 SOLIDWORKS 文本以及其参考文件，同时还可以给每个参考文件添加前缀和后缀，创建 Zip 文件
重命名	重命名 SOLIDWORKS 文件更新其【使用处】
替换	同类型文件替换。对于装配体而言，所有的零部件都将被替换

 单独的 SOLIDWORKS Explorer 不提供与 PDM（产品数据管理）一样的真正的版本修订控制功能。比如：SOLIDWORKS Explorer 不提供库、检出/检入或者读/写控制功能，然而，SOLIDWORKS Workgroup PDM 插件可以为 SOLIDWORKS Explorer 提供 PDM 功能。

5.7.4 启动 SOLIDWORKS Explorer

SOLIDWORKS Explorer 既可以从 SOLIDWORKS 内部启动，也可以作为独立的程序启动。当从 SOLIDWORKS 内部启动时，它是一个标准的文件窗口，可以平铺、最小化或者层叠。

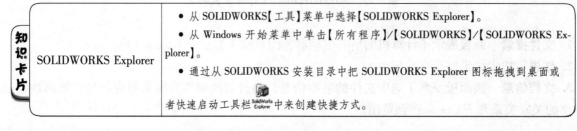

5.8 实例：使用 SOLIDWORKS Explorer

首先从在 SOLIDWORKS Explorer 中查找装配体文件，使用 SOLIDWORKS Explorer 来重命名和替换装配体中的零部件。SOLIDWORKS Explorer 界面如图 5-29 所示。

E:\工作\教材翻译\SW2015中文教程\中文FM\高级简编\出版社\SOLIDWORKS Advanced Topics\Lesson05\Case Study\Tool Holder - 2

图 5-29 SOLIDWORKS Explorer 界面

操作步骤

步骤 1 打开 SOLIDWORKS Explorer 单击【开始】/【所有程序】/【SOLIDWORKS】/
【SOLIDWORKS Explorer】。首次打开 SOLIDWORKS Explorer 时，只会弹出搜索助手窗口，如图 5-30 所示。单击【扩展】，文件搜索器/结果显示面板将会被展开，如图 5-31 所示。在文件搜索器中，单击任何文件或者文件夹会打开文档信息/预览面板，如图 5-32 所示。

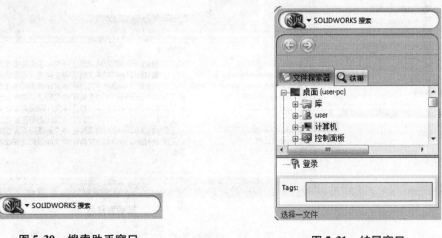

图 5-30 搜索助手窗口   **图 5-31 扩展窗口**

图 5-32 预览面板

步骤 2 打开一个装配体文件 从文件搜索器中浏览"Lesson05 \ Case Study \ Tool Holder-2"目录下的装配体"tool vise"。

单击【参考】标签。文档信息面板中列出了包括装配体零件在内的所有零部件信息。对于如"screw"这种由于移动、重命名或删除而无法找到的零部件会显示为红色，参考标签栏如图 5-33 所示。

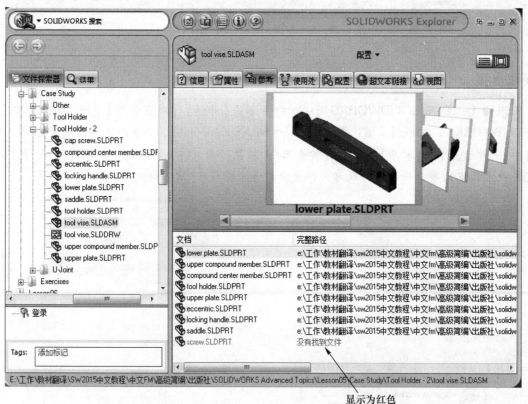

图 5-33 参考标签栏

5.8.1　视图选项

SOLIDWORKS Explorer 支持 eDrawing 数据。SOLIDWORKS Explorer 可以预览任何 SOLIDWORKS 97Plus 及以后版本的文件，就像 eDrawing 那样。通过 eDrawings 可以得到更高品质的预览效果，并可以在视图窗口中右键单击并旋转视图或者动态显示视图。

如果装配体被保存为 eDrawing 格式，则可以将零部件设置为透明，无论零部件是否被保存为 eDrawing 格式。对于工程图，还可以使用 3D 指针工具。

> **步骤3　检查模型**　切换到【视图】选项卡，用户可以像在 SOLIDWORKS 中一样用鼠标对模型进行旋转、移动或者缩放。
>
> **步骤4　将零部件设置为透明**　右键单击主窗口，勾选【选择】复选框，光标会变成箭头形状。右键单击零部件 Holder，并选择【使透明】。选择零部件 "upper compound member" 和 "compound center member" 重复以上操作，如图 5-34 所示。
>
>
>
> 图 5-34　将零部件设置为透明
>
> **步骤5　选择主页**　右键单击主窗口，选择【视图】/【主页】，将视图恢复为没有任何隐藏和透明的状态。

5.8.2　替换零部件

使用 SOLIDWORKS Explorer，用户可以替换零部件文件，或被移动、删除和重命名的文件。在没有特别定义的情况下，【替换】会替换装配体中所有对应参考文件。

- 在文件信息面板中，右键单击零件，选择【替换】。
- 或者可以在文件搜索器中弹出的工具条中选择【SOLIDWORKS 替换】。
- 在 SOLIDWORKS Explorer 中右键单击文件，选择【SOLIDWORKS】/【替换】。

步骤6　替换零件　从"File Explorer"中打开装配体"Tool Vise"，选择【参考】选项卡，右键单击零部件"screw"选择【替换】，弹出【替换】选项菜单，如图 5-35 所示。

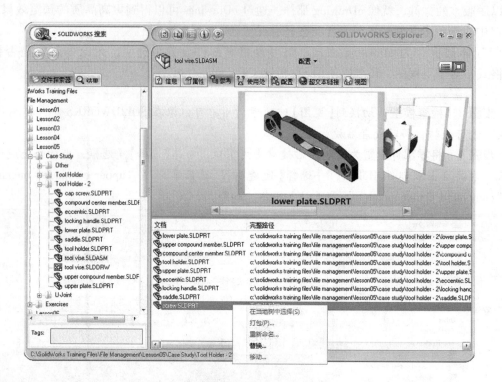

图 5-35　替换操作

步骤7　更新"使用处"　勾选【更新所使用之处】复选框以显示零件使用情况。在替换或者重命名零件之前，应该执行【更新所使用之处】进行查找，如图 5-36 所示。复选框中展示了将要被更新的文件。如果不勾选，则确认框将阻止该实例文件被替换。

在这个实例中"screw"只被一个文件使用，复选框必须勾选。

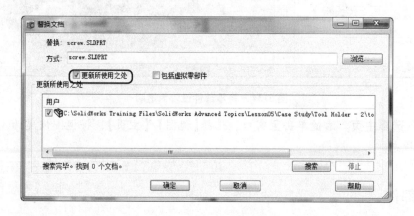

图 5-36　替换文档界面

步骤8　查找替换文件　单击【浏览】找到替换文件"cap screw"，单击【打开】执行替换，如图 5-37 所示。

图 5-37　查找替换文件

步骤 9　执行替换命令　在【替换文件窗口】，单击【确定】把所有"screw"替换为"cap screw"。

步骤 10　查看结果　装配体"Tool Vise"中所有的"screw"被替换为"cap screw"。

5.8.3　重命名文件

使用 SOLIDWORKS Explorer 重命名文件。在更新参考方面其结果与 SOLIDWORKS 中的【文件】/【另存为】命令类似，不同的是，使用 SOLIDWORKS Explorer 不会创建额外的文件。

知识卡片	重命名	• 在文件信息面板中，右键单击零部件，选择【重命名】。 • 或者从文件搜索器中单击零件在弹出工具栏中选择【SOLIDWORKS 重新命名】。 • 在 Windows Explorer 右键单击文件，选择【SOLIDWORKS】/【重命名】。

步骤 11　重命名零件 Saddle　选择零件"Saddle"，单击【SOLIDWORKS 重新命名】，输入新文件名"Base Plate"。

步骤 12　更新所使用之处　勾选【更新所使用之处】复选框以显示零件使用情况，如图 5-38 所示，单击【确定】。

步骤 13　查看结果　在装配体"Tool Vise"中将零件"Saddle"更名为"Base Plate"。

步骤 14　从 SOLIDWORKS 中打开装配体文件　从文件管理器中单击"Tool Vise"，从弹出的工具栏中选择【打开文件】。SOLIDWORKS Explorer 窗口在装配体窗口后台仍然为保持打开状态，如图 5-39 所示。

观察设计树注意到参考文件在关闭状态中仍然被替换和重命名了，如图 5-40 所示。

步骤 15　关闭所有当前文件

步骤 16　退出 SOLIDWORKS Explorer

110

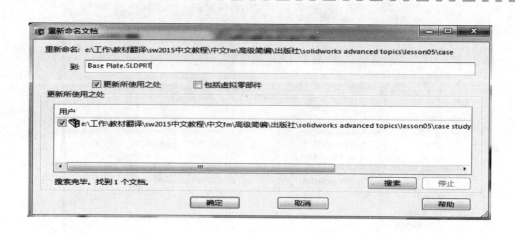

图5-38　更新所使用之处

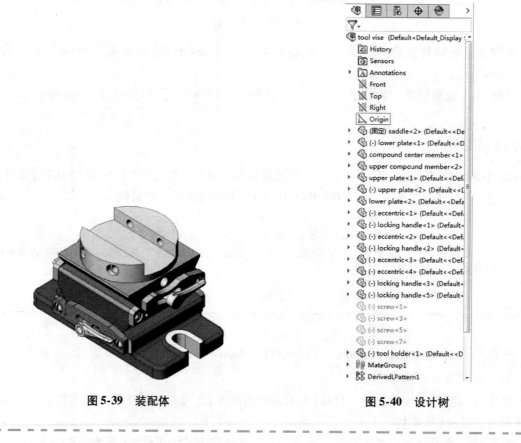

图5-39　装配体　　　　　　　　　　　图5-40　设计树

练习5-1　更改文件名

　　通常情况下，SOLIDWORKS零件和装配体文件在产品开发过程中会赋予一个通用的描述性名称，而之后会被改为零件编号或装配体编号。此练习将使用【另存为】命令来修改文件名并更新装配体参考关系。

　　本练习应用以下技术：重命名文件。

操作步骤

步骤 1　打开装配体文件　打开 "Lesson05 \ Exercises \ Ratchet" 文件夹下的装配体 "Ratchet"，如图 5-41 所示。

该装配体及其子零件是按照其功能命名的。为了便于预览每个单个的零部件和装配体都必须用 part numbers 重命名。

步骤 2　打开一个零部件　右键单击零件 "Main Body"，选择【打开零件】。

步骤 3　添加属性 "Description"　单击【文件】/【属性】，切换至【自定义】选项卡。

图 5-41　装配体

在【属性名称】选择 "Description"（描述）。在【数值/文字表达式】下单元格中输入 "ratchet handle"，单击【评估的值】对应的单元格来确认输入值。

步骤 4　添加属性 "Number"　按照上述步骤添加另一属性 "Number"（零件号），其值为 408P10500，如图 5-42 所示。单击【确定】并关闭对话框。

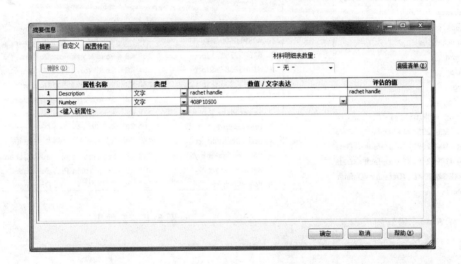

图 5-42　添加自定义属性

步骤 5　保存为一个新的文件名　单击【文件】/【另存为】，对于弹出的警告信息单击【确定】。当装配体处于打开状态时，属性的改变会更新到新文件的参考引用中。更名为 "408P10500"，单击【保存】。

步骤 6　关闭零件窗口　关闭零件窗口使装配体窗口被激活，在 FeatureManager 设计树中零件 "Main Body" 被另一个名为 408P10500 的零件所替代，如图 5-43 所示。

步骤 7　添加 "Part Number" 和 "Description"　按照表 5-7 给零件添加属性 "Part Number" 和 "Description"，先按照表 5-7 对装配体文件进行添加，之后是零部件文件。

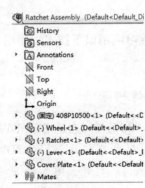

图 5-43　设计树

表 5-7　装配体文件

文 件 名	Part Number	Description
Main Body	408P10500	ratchet handle
Ratchet	410P52687	ratchet
Wheel	410P52953	wheel
Lever	410P52561	ratchet lever
Cover Plate	400P32639	ratchet cover plate
Ratchet Assembly	900A20300	main ratchet assembly

步骤8　FeatureManager 设计树　当装配体中的所有零件更名为其 part numbers 时，FeatureManager 设计树会变成如图5-44所示。

步骤9　关闭所有当前文件

步骤10　删除旧零件　启动 Windows Explorer，打开文件夹 Ratchet，如图 5-45 所示。使用【文件】/【另存为】命令来创建源文件的副本文件。根据企业规定，用户可以通过删除或者移动源文件来避免打开时遇到不必要的麻烦。【删除】原始文件，【关闭】Windows Explorer。

900A20300 (Default<Default_Display
- History
- Sensors
- Annotations
- Front
- Top
- Right
- Origin
- (固定) 408P10500<1> (Default<<C
- (-) 410P52953<1> (Default<<Defa
- (-) 410P52687<1> (Default<<Defa
- (-) 410P52561<1> (Default<<Defa
- 400P32639<1> (Default<<Default
- Mates

图 5-44　设计树

名称	大小	类型
400P32639.SLDPRT	158 KB	SolidWorks Part Document
408P10500.SLDPRT	353 KB	SolidWorks Part Document
410P52561.sldprt	159 KB	SolidWorks Part Document
410P52687.sldprt	354 KB	SolidWorks Part Document
410P52953.sldprt	280 KB	SolidWorks Part Document
900A20300.sldasm	258 KB	SolidWorks Assembly Document
Cover Plate.SLDPRT	158 KB	SolidWorks Part Document
Lever.sldprt	159 KB	SolidWorks Part Document
Main Body.sldprt	354 KB	SolidWorks Part Document
Ratchet Assembly.sl...	258 KB	SolidWorks Assembly Document
Ratchet.sldprt	202 KB	SolidWorks Part Document
Wheel.sldprt	280 KB	SolidWorks Part Document

图 5-45　文件夹

练习 5-2　SOLIDWORKS Explorer

与练习 5-1 类似，本练习是通过 SOLIDWORKS Explorer 重命名零件。

本练习应用以下技术：使用 SOLIDWORKS Explorer。

操作步骤

步骤1　启动 SOLIDWORKS Explorer　单击【开始】/【所有程序】/【SOLIDWORKS】/【SOLIDWORKS Explorer】。打开如图 5-46 所示的装配体。

打开 "Lesson05 \ Exercises \ Level Assembly" 文件夹下的装配体 "Level Assembly"，如图 5-47 所示。

图 5-46　装配体

该装配体有 3 个零部件，其中"Top Cover"有外部参考。

步骤2　选择外部参考　从文件搜索器中选中零部件"Top Cover"，在文档信息面板中切换至【参考】选项卡，如图 5-48 所示。参考关系存于装配体文件的更新文件夹中。

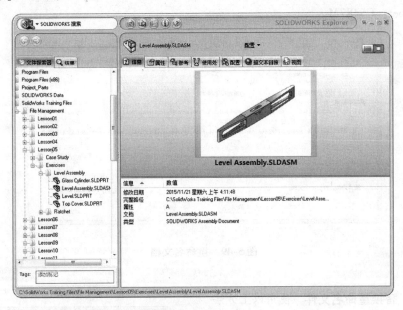

图 5-47　文件信息

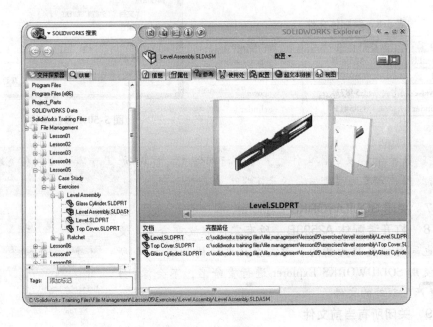

图 5-48　文件参考

步骤3　重命名零件"Top Cover"　从文件搜索器中单击"Top Cover"，在弹出的工具栏中选择【SOLIDWORKS 重新命名】，如图 5-49 所示。

步骤4　变更应用　将"Top Cover"重命名为"C5487M"，确保【更新所使用之处】的复选框已被勾选，单击【确定】。

步骤5　添加属性　切换至【属性】选项卡，双击 < 添加新的 > 来添加属性，如图 5-50 所示。添加以下属性：

- Description：cover。
- Number：C5487M。

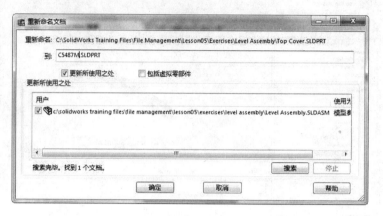

图 5-49　重命名文档

步骤6　替换重命名文件　使用以上方法按照表 5-8 对余下的装配体文件添加相应的属性。

表 5-8　装配体文件

文　件　名	Part Number	Description
Level Assembly	A2598B	level top assembly
Level	C6952R	level body
Top Cover	C5487M	cover
Glass Cylinder	G8541P	cylinder

图 5-50　添加属性

提示　　在重命名装配体文件时，由于与零件 C5487M（原 Top Cover）存在关联特征，因此用户需要通过搜索目录来定义。

步骤7　关闭 SOLIDWORKS Explorer

步骤8　打开装配体 A2598B　所有零件都被重命名，更新文件夹也同时被更改为新的参考关系，设计树如图 5-51 所示。通过使用 SOLIDWORKS Explorer 进行重命名，不会像【另存为】一样产生额外的文件。

步骤9　关闭所有当前文件

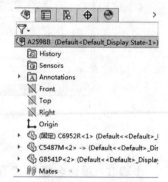

图 5-51　设计树

第6章 多 实 体

学习目标

- 使用不同的技术创建多实体
- 镜像/阵列实体
- 使用特征域选项
- 使用插入零件命令
- 使用添加、删减和共同方式等组合多个实体
- 使用求交命令
- 使用压凹工具改变实体形状
- 删除实体

6.1 概述

多实体出现时有多个连续的实体在一个单独的实体文件夹中。多实体零件有两个主要用途：一个多实体零件可以是一个多实体通过中间步骤形成的单个实体设计或者可以选择一个装配体作为一个多实体零件。

本章将介绍一些多实体设计技术能产生哪些单个实体零件。

6.2 隐藏/显示设计树节点

FeatureManager 设计树顶部的某些节点如果不被用到，会自动隐藏。对于这节来说，实体文件夹一直显示是很有帮助的。可以遵循以下步骤来显示该文件夹。

知识卡片	隐藏/显示 FeatureManager	• 单击【选项】✿/【系统选项】/【FeatureManager】。 • "隐藏"/"显示"树下的节点,设置实体文件夹的显示。

6.3 多实体设计技术

有很多种使用多实体的建模技术和特征，其中最常用的多实体技术是桥接，在《SOLIDWORKS® 零件与装配体教程》（2016 版）中已有介绍，如图 6-1 所示。这种技术可以让用户专注于与用户的设计最相关的特征，即使它们隔开一定的距离。然后，通过"桥接"将几何体连接在一起形成一个单个实体。

本章将介绍几种多实体，见表 6-1。

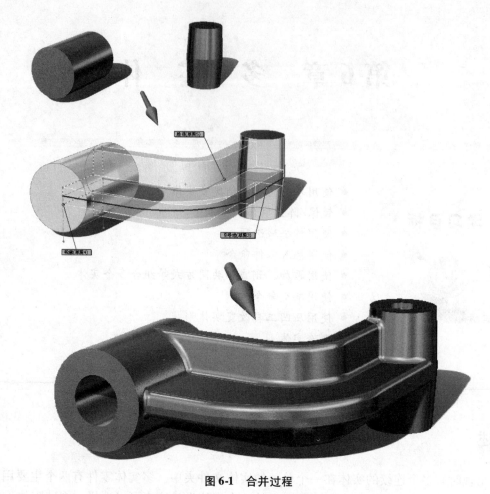

图 6-1　合并过程

表 6-1　多实体类型

类型	图　示
桥接	
本地操作	
布尔操作	

（续）

类型	图　示
工具实体	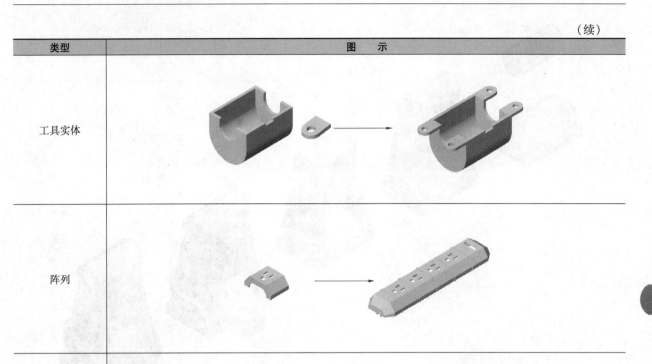
阵列	
焊接 （手动焊接）	

6.3.1　创建多实体的方法

有多种创建多实体的方法，例如：

- 用多个不连续的轮廓创建凸台。
- 将单个实体切除分成多个。
- 创建一个被零件的其他几何体隔开一定距离的凸台特征。
- 创建一个与零件其他几何体相交的凸台特征并清空【合并结果】选项。

6.3.2　合并结果

【合并结果】选项将使多个特征连接在一起形成一个单一的实体。该选项的复选框会在凸台和阵列特征的界面中显示，清除这个选项将阻止特征与现有的几何体合并。清除该选项后创建的特征将产生一个单独的实体，即使它与现有特征相交。

 提示 当零件只有一个特征时，【合并结果】选项将不会显示。

6.4　实例：多实体技术

本案例会使用几种多实体技术创建一个零件，如图 6-2 所示。实现模型中所需几何体的方法往往不止一种。以下这些技术仅仅是一个解决方案，可以让用户检查多实体零件的环境。本案例研究也将审查所选轮廓的概念，在《SOLIDWORKS®零件与装配体教程》（2016 版）中已有介绍。

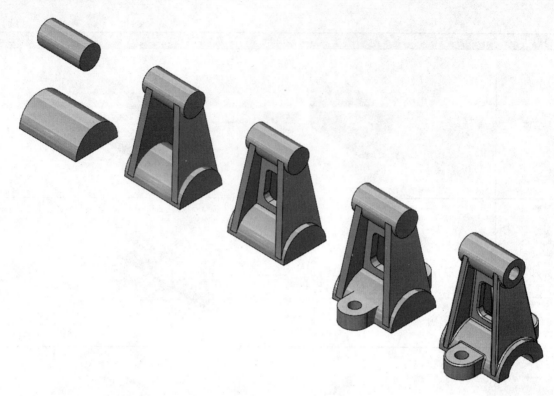

图 6-2　多实体设计

操作步骤

步骤1　打开零件　从 "Lesson06 \ Case Study" 中打开现有的零件 "Multibody Design"，如图 6-3 所示。这个零件包含两个草图和多个轮廓。将使用【所选轮廓】技巧创建多个特征和实体。

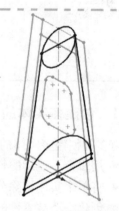

图 6-3　打开零件

轮廓选择　若一个草图包含不止一个轮廓，在一个预期的草图特征中选择轮廓的方法有多种，见表 6-2。轮廓选择可以用来选择任何一个轮廓，这是一个封闭的草图实体选择，既可以选择一个区域、轮廓和区域，也可以进行结合来实现想要的结果。

表 6-2　轮廓选择

选择类型	说　　明	图　　示
轮廓	选择一个属于草图实体的轮廓，会形成一个封闭的区域，将使用这个区域实现特征	

（续）

选择类型	说　明	图　示
区域	选择一个被环绕的区域形成几何特征	
所选轮廓组合	选择任何轮廓和区域的组合	

在一个特征草图中有几种方法可以选择特定的轮廓和区域。

● 从 Feature PropertyManager 中，激活【所选轮廓】，如图 6-4 所示。

● 预选的一个草图实体相关联的轮廓是之前激活的一个特征。

● 预选的区域、轮廓或组合，从快捷菜单中使用【轮廓选择工具】。

我们将使用这些技术在下面步骤中创建零件特征。

图 6-4　激活所选轮廓

119

　　　步骤2　选择草图特征　在 FeatureManager 设计树中选择 Right Contours 草图，表示这是第一个使用的草图特征。单击【拉伸凸台/基体】📦。因为相交轮廓使用的默认设置，整个草图是无效的，必须在一张草图中进行选择来确定拉伸区域。

　　　步骤3　选择轮廓　清除【所选轮廓】选择框中所有的草图名，选择半圆轮廓，如图 6-5 所示。

　　　步骤4　拉伸轮廓　使用以下设置拉伸凸台，如图 6-6 所示。

终止条件：两侧对称。

距离：76mm。

单击【确定】。

图 6-5　选择轮廓

图 6-6　拉伸轮廓

> 提示 👆 Front Contours 草图一直隐藏在透明的插图中。

步骤5　预选一个轮廓　单击一个圆轮廓，如图 6-7 所示。单击【拉伸凸台/基体】🗐。

终止条件：两侧对称。

距离：57mm。

单击【确定】。

步骤6　查看结果　现在有两个单独的实体在此特征中，如图 6-8 所示。

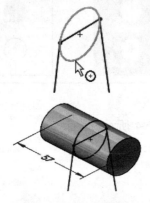

图6-7　预选一个轮廓　　　　　　　图6-8　查看结果

> 提示 👆 如果零件中创建的凸台特征没有和零件的其他几何相交，就会创建成一个单独的实体。【合并结果】复选框默认为勾选，如果随后进行的操作使实体相交，实体将合并。

知识卡片	"实体"文件夹	"实体"文件夹组织零件的实体，并可以选择、隐藏或显示模型内的实体。默认情况下，此文件夹只有当模型拥有一个以上的实体时才可见，不过这可以通过在系统选项中调整 FeatureManager 选项修改其显示条件。"实体"文件夹旁边显示的数字表示在模型中有多少实体。该文件夹可展开以便访问每个实体，这些实体用一个金色立方体图标🔲表示。每个实体的默认名称反映了最后应用到该实体的特征。
	操作方法	在 FeatureManager 设计树中，展开⊞ 🔲 **实体(2)** "实体"文件夹。

步骤7　展开"实体"文件夹　第二个半圆柱体产生了零件的另一个实体，在 FeatureManager 设计树中，展开"实体(2)"文件夹，查看其中包含的特征，如图 6-9 所示。

白─🔲 实体(2)
　　├─🔲 凸台-拉伸1
　　└─🔲 凸台-拉伸2

图6-9　"实体(2)"文件夹

> 提示 👆 如果零件只包含一个实体，"实体"文件夹中就只包含一个特征。

步骤8　创建第三个实体　利用如图 6-10 所示的绿色的 Front Contours 草图创建【拉伸凸台/基体】🗐，如图 6-11 所示。

拉伸该草图，拉伸方向1、方向2，终止条件为【完全贯穿】，并取消勾选【合并结果】复选框，效果如图 6-11 所示。

将该特征保留为一个单独的实体，使其能够独立于零件的其他实体修改。

提示 🖐 有一些草图一直隐藏在透明的插图中。

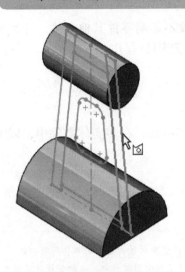

图 6-10 创建草图

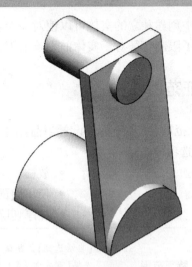

图 6-11 创建多实体

技巧 🔑 通常实体的边线都会为便于查看显示为黑色,注意第三个实体与前两个圆柱实体相交部分并没有显示黑色边线,这表示实体之间没有合并。

步骤9 创建拉伸切除特征 如图 6-12 所示,用图示 Right Contours 草图创建【拉伸切除】📦,单击【反向】↗,并设置终止条件为【完全贯穿】,并勾选【反侧切除】复选框。

步骤10 预览细节 单击【细节预览】图标👁,在【选项】中,取消选中【高亮显示新的和修改的面】复选框,并勾选【只显示新的和修改的实体】复选框。

查看预览结果,特征切除了第三个实体,但同时也影响了两个圆柱实体部分,如图 6-13 所示。

⚠️ 注意 不要单击【确定】按钮,这个特征选项将找到需要修改的结果。

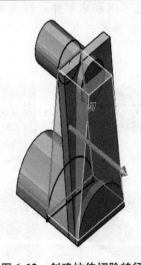

图 6-12 创建拉伸切除特征

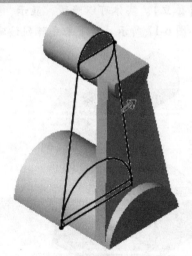

图 6-13 预览细节

步骤11 关闭细节预览对话框 再次单击【细节预览】图标👁,关闭细节预览对话框。

6.5 局部操作

在模型中创建独立的实体可以使对一个实体单独的修改不影响零件其他实体，这种技术即局部操作技术。为了限制特征对于实体的影响范围，可使用【特征范围】操作。

6.6 特征范围

在【特征范围】选项中可以设置当前操作影响到哪些实体特征，在多实体零件中，以下特征存在于【特征范围】选项中：

- 拉伸。
- 旋转。
- 扫描。
- 放样。
- 使用曲面切除。
- 加厚切除。

知识卡片	特征范围	【自动选择】是默认选项,将自动影响到图形显示区内显示的零件所有实体。 选择【所有实体】选项,可以让创建的特征影响到零件中所有的包括隐藏的实体。 本例中将使用【所选实体】来手动选择那些被特征影响的实体。
	操作方法	特征 PropertyManager：选择【特征范围】组框。

步骤 12　设置特征范围　展开【特征范围】选项框，取消勾选【自动选择】复选框，如图 6-14 所示。

步骤 13　选择实体　选择步骤 4 创建的实体凸台-拉伸 3，单击【确定】，如图 6-15 所示。

步骤 14　查看结果　切除后的结果只影响了第三个实体，如图 6-16 所示。注意到切除特征并没有合并 3 个实体。

图 6-14　设置特征范围

步骤 15　孤立实体　在"实体"文件夹或图形区域中右键单击实体"切除-拉伸 1"，选择【孤立】。实体可以隐藏、显示、孤立，在装配体中也可以和零部件一样用显示状态控制，如图 6-17 所示。接下来先阵列该实体，再将多个实体合并成一个。

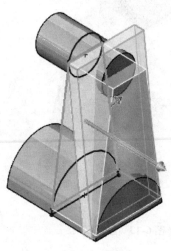

图 6-15　选择实体

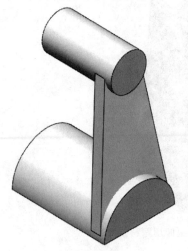

图 6-16　查看结果

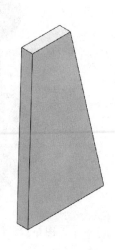

图 6-17　孤立实体

步骤16　退出孤立　如图6-18所示，选择【退出孤立】，还
原隐藏的实体。

孤立

退出孤立

图6-18　退出孤立

6.7　镜像/阵列实体

每个类型的阵列特征都可以被用来创建实体模型的实例。使用【镜像实体】/【阵列实体】的建模方法
创建与原实体相同的实体。

知识卡片	镜像/阵列实体	镜像/阵列特征的 PropertyManager,选择【要镜像的实体】组框。

步骤17　镜像实体　使用右基准面作为参考平面插入【镜像】特征。

在【要镜像的实体】选项中选择实体"切除-拉伸1"，并取消勾选【合并实体】复选框，
如图6-19所示。

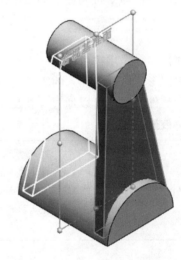

图 6-19　镜像实体

> 提示　在这次镜像中，【合并实体】选项没有实用意义，因为合并实体运算只能在要
> 镜像的实体和镜像结果实体两者相接触的情况下才能成功。如图6-11所示，镜像
> 实体和结果实体没有相互接触。

步骤18　创建桥接　用 Front Contours 作为草图平面，创建【拉伸凸台/基体】，如图
6-20所示。拉伸该草图，拉伸方向1的终止条件为【两侧对称】，深度为8mm，并勾选【合
并结果】复选框。

实体"凸台-拉伸4"与跟它相接触的实体合并成了一个实体（见图6-21），现在"实
体（1）"文件夹中的特征变成了一个，名称为"凸台-拉伸4"，如图6-22所示。

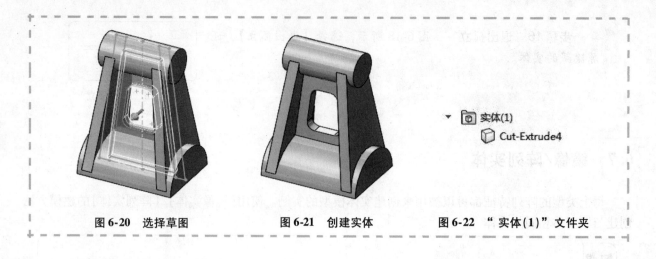

图 6-20　选择草图　　　　　图 6-21　创建实体　　　　　图 6-22　"实体（1）"文件夹

6.8　工具实体

工具实体建模技术是利用专门的"工具"零件添加或删除模型的一部分。这种技术可以用来规范共同特征或通过保存"工具"零件到库，把它们作为实体插入到正在设计的模型来自动创建共同特征。

接下来在本例的模型中添加两个固定凸片。之前已经将固定凸片的特征存成了一个单独的零件，接下来将使用【插入零件】命令将其插入到这个模型中去。

6.8.1　插入零件

利用【插入零件】命令，用户可以将一个已有的零件作为一个或多个实体插入到在当前激活的零件中。可以通过单击图形区域确定插入的零件位置，或单击 PropertyManager 中的【确定】按钮使其在当前零件的原点插入零件。用户可以通过【找出零件】选项来打开一个额外的对话框，通过使用配合或特定的移动来定位被插入零件。

知识卡片	插入零件	• 菜单:【插入】/【零件】。 • 文件探索器或 Windows 资源管理器:拖曳一个零件文件到打开的零件文档,单击【插入】创建一个派生的零件。

6.8.2　外部参考

当用户将一个零件插入另一个零件中时，可以使用选项来创建一个外部参考。当引用的模型发生变化时，使用该零件作为外部引用的插入零件特征也会更新。用户也可以在插入零件时勾选【断开与原有零件的连接】复选框来避免外部参考。

想要知道更多的关于外部参考的信息，可以参考第 1 章"自顶向下的装配体建模"。

6.8.3　实体转移

如果使用断开连接选项，插入零件的所有信息将被复制到当前零件中。如果使用外部参考到一个零件，则可以设定下面的任何组合为转移选项。

- 实体。
- 曲面实体。
- 基准轴。
- 基准面。
- 装饰螺纹线。
- 吸收的草图。
- 解除吸收的草图。
- 自定义属性。

- 坐标系。　　　　　　　- 模型尺寸。
- 孔向导数据。

步骤19　插入零件　单击菜单【插入】/【零件】，选择零件"Mounting Lug"。勾选【以移动/复制特征找出零件】复选框，在绘图区域单击放置零件，如图6-23所示。被插入的零件仅仅是一个标准文件。注意不要单击【确定】。

步骤20　实体转移　在【转移】选项组中，至少应勾选【实体】复选框，如图6-24所示。在本例中，还选择了【基准面】和【模型尺寸】。基准面将用来定位插入的零件。

步骤21　插入零件　单击图形区域，插入零件。

提示　单击图形区域定义了零件的初始位置，当单击【确定】✔时把零件定位在原点。

步骤22　找出零件　显示【找出零件】选项卡，同时零件"Mounting Lug"的实例插入到当前零件中，如图6-25所示。可以通过类似装配体环境下零部件之间的配合(约束)方式来定位零件，也可以通过沿X、Y、Z轴移动、旋转的方式定位零件。

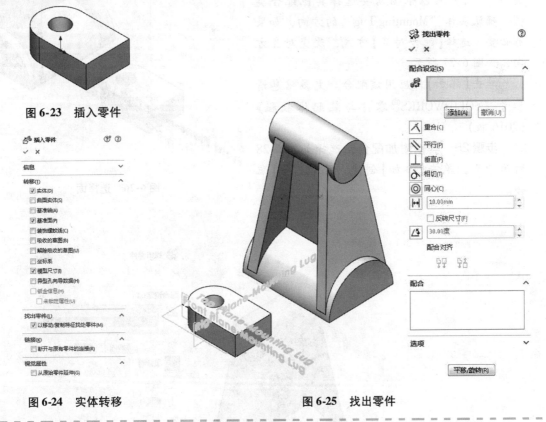

图6-23　插入零件

图6-24　实体转移　　　　　　　图6-25　找出零件

6.8.4　移动/复制实体

　　【移动/复制实体】对话框和【找出零件】对话框相似。【找出零件】在插入零件时使用，而【移动/复制实体】命令则用于重新定位模型中已经存在的实体。【移动/复制实体】对话框有一个选项来选择要移动的实体，同时也提供了一个确定是否复制的选项。

　　用户可以通过【找出零件】和【移动/复制实体】命令在零件中定位实体的位置。通过以下两种方法移动实体。

1）配合：类似于装配体中配合零部件的方法。

2）指定移动的距离或绕X、Y、Z轴的旋转角度。

本例使用配合定位实体的位置。

知识卡片	移动/复制	菜单：【插入】/【特征】/【移动/复制】 。

对话框底部的【平移/旋转】按钮可以用来在平移/ 旋转和配合两种方法之间切换。用户可以在移动/复制特征里创建多个配合，但每个平移或旋转则需要单独创建。

步骤23 选择面 在【配合设定】页面上，选择当前零件的右视基准面和插入实体"Mounting Lug"的前视基准面（FrontPlane-Mounting Lug），如图 6-26 所示。

步骤24 配合实体 系统自动选择【重合】作为默认的配合类型（这正是本例需要的类型），用户可以根据需要选择其他配合类型。确认实体"Mounting Lug"的方向，如果有必要，选择【配合对齐】方式，改变对齐方向，如图 6-27 所示。

单击【添加】，应用该配合。更多信息请参考《SOLIDWORKS® 零件与装配体教程》（2016 版）

步骤25 其他附加配合 选择如图 6-28 所示的面，单击【添加】创建一个【重合】配合。

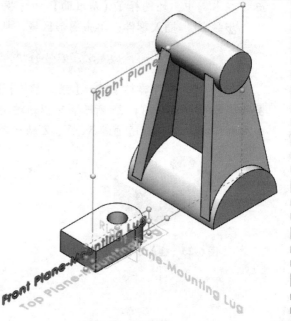

图 6-26 选择面

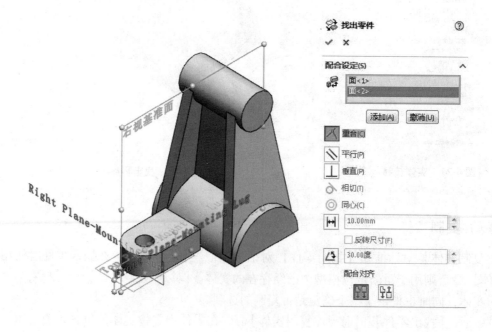

图 6-27 配合实体

步骤26　添加【距离】配合　再添加一个【距离】配合，选择当前零件的前视基准面和插入零件"Mounting Lug"的右视基准面(Right Plane-MountingLug)，如图6-29所示。

设置【距离】为38mm，并单击【确定】完成配合。这样就完成了"MountingLug"零件的定位。

图 6-28　配合实体

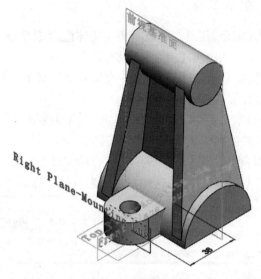

图 6-29　其他配合

步骤27　检查特征　"Mounting Lug"作为一个零件特征呈现在 FeatureManager 设计树中，如图6-30所示。符号"->"表明该特征有一个外部参考。这就意味着该特征依赖于一个独立外部文件的某些信息，即本例中的"Mounting Lug"零件。

展开零件"Mounting Lug"的特征列表。零件的转移实体和定位零件时采用的配合一起被作为子特征在列表中列出。

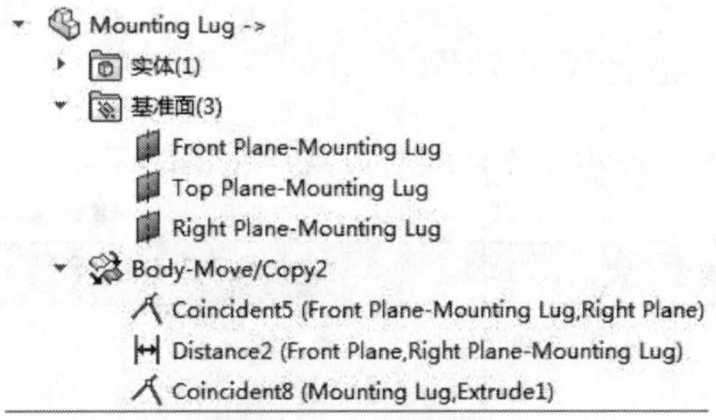

步骤28　查看"实体"文件夹　展开"实体"文件夹，可以看到添加了一个新的实体，如图6-31所示。

步骤29　镜像实体　使用前基准面作为参考平面插入【镜像】特征。【要镜像的实体】选择"<Mounting Lug>-<Cut-Extrude1>"实体，并取消勾选【合并实体】复选框。单击【确定】完成镜像，结果如图6-32所示。

- 🔻 🐢 Mounting Lug ->
  - ▸ 📦 实体(1)
  - 🔻 📐 基准面(3)
    - 📄 Front Plane-Mounting Lug
    - 📄 Top Plane-Mounting Lug
    - 📄 Right Plane-Mounting Lug
  - 🔻 🦴 Body-Move/Copy2
    - 📐 Coincident5 (Front Plane-Mounting Lug,Right Plane)
    - 📐 Distance2 (Front Plane,Right Plane-Mounting Lug)
    - 📐 Coincident8 (Mounting Lug,Extrude1)

图 6-30　检查特征

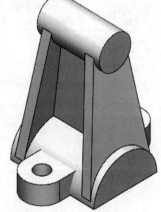

图 6-32　镜像实体

- 🔻 📦 实体(2)
  - 📦 Extrude5
  - 📦 <Mounting Lug>-<Cut-Extrude1>

图 6-31　查看"实体"文件夹

127

6.9　组合实体

通过【组合】实体特征，用户可以在零件中利用添加、删减或共同多个实体来创建单一实体。

6.9.1　组合工具

利用【组合】工具，可以将多个实体组合成单一实体。通过不同的操作方式，可以在多个实体间进行不同形式的组合。【组合】工具有以下 3 种。

1. 添加　【添加】选项通过【要组合的实体】列表合并多个实体，形成单一实体。在其他的 CAD 软件中，这种方式称为"合并"。

2. 删减　【删减】选项通过指定一个【主要实体】和若干个【减除的实体】，其他实体和主要实体重叠的部分将被删除，从而形成单一实体。

3. 共同　【共同】选项通过【组合的实体】列表，保留所有实体中的重叠部分，从而形成单一实体。在其他的 CAD 软件中，这种方式称为布尔运算的"求交"。

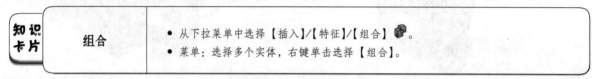

| 知识卡片 | 组合 | ● 从下拉菜单中选择【插入】/【特征】/【组合】。
● 菜单：选择多个实体，右键单击选择【组合】。 |

技巧 🔑　选择实体的另一种方式是使用"实体过滤器"。

6.9.2　组合实体示例

表 6-3 显示了不同组合方式产生的结果。

表 6-3　组合实体示例

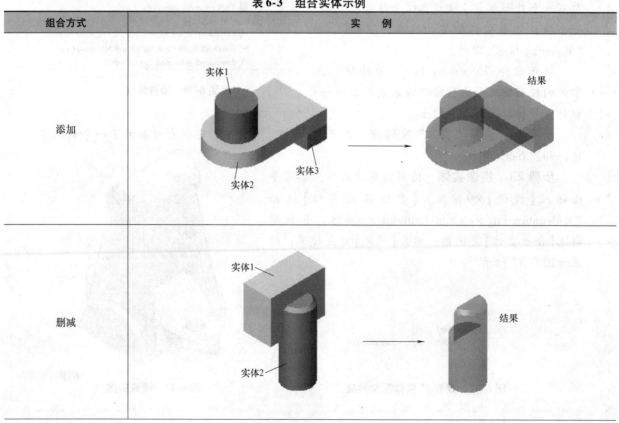

组合方式	实　　例
添加	实体1 实体2 实体3 → 结果
删减	实体1 实体2 → 结果

（续）

组合方式	实 例
共同——2个实体求交	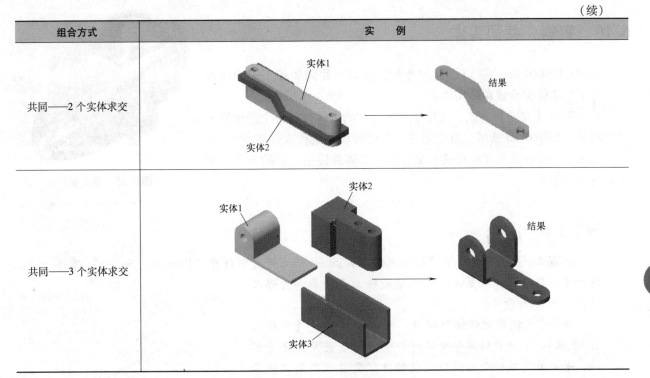
共同——3个实体求交	

步骤30　组合实体　在特征工具栏中单击【组合】特征。如图6-33所示，在PropertyManager中的【操作类型】选项框中选中【添加】选项。选择"实体"文件夹中的3个实体作为【要组合的实体】。单击【确定】完成组合。

步骤31　添加特征　将前视、右视基准面作为草图平面，创建两个拉伸切除特征。

创建特征半径为1.5mm的圆角，如图6-34所示。

步骤32　保存并关闭零件

图6-33　组合实体

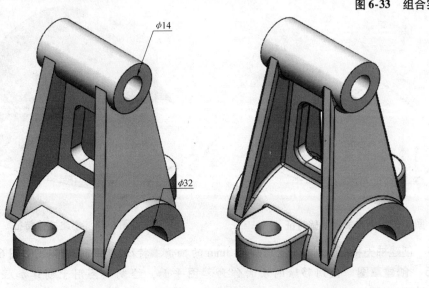

图6-34　添加特征

6.10　实例：共同实体

在 SOLIDWORKS 中，可以通过添加、删减、共同 3 种不同的操作方式将多个实体组合成单一实体。

本例采用【共同】方式，使用一个零件中的实体创建一个潜水器的保护网板，如图 6-35 所示。首先创建一个旋转而成的代表面板的实体，再使其和一组线性阵列特征相交，最后组合实体并使用共同的方式来实现最终的结果。

图 6-35　潜水器

操作步骤

步骤 1　打开零件　从 "Lesson06/Case Study" 文件夹中打开 "Protective Screen" 零件。这个零件包含两个配置文件，表示旋转曲面轮廓和外部尺寸，如图 6-36 所示。

步骤 2　创建旋转薄壁特征　使用草图创建【旋转凸台/基体】。创建旋转薄壁特征时会提示 "当前草图是开环的，若是要完成一个非薄壁的旋转特征需要一个闭环的草图，请问是否要自动将此草图封闭"。单击【否】，创建一个薄壁特征。设置旋转类型为【两侧对称】，旋转角度为【90度】。设置薄壁类型为【单向】，方向为草图外侧，薄壁厚度为【1.00mm】，效果如图 6-37 所示。

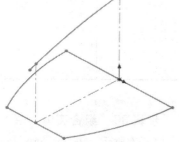

图 6-36　打开零件

步骤 3　创建拉伸特征　单击【拉伸凸台/基体】。草图拉伸使用【完全贯穿】终止条件，如图 6-38 所示。接下来将对实体进行抽壳，并使用筋创建网板。

注意　创建拉伸特征时取消勾选【合并结果】复选框。

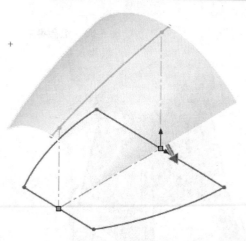

图 6-37　创建旋转薄壁特征

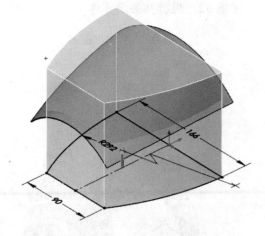

图 6-38　创建拉伸特征

步骤 4　创建抽壳特征　创建一个壁厚为 3mm 的抽壳特征，并将顶面移除，如图 6-39 所示。

步骤 5　创建草图　使用移除的顶面作为草图平面，绘制一条用于创建加强筋的直线，如图 6-40 所示。

步骤6　创建筋特征　在特征工具栏中单击【筋】，设置筋类型为【两侧】，厚度为【1.00mm】，拉伸方向为【垂直于草图】。【所选实体】选择抽壳实体作为生成筋特征的实体。单击【确定】，结果如图6-41所示。

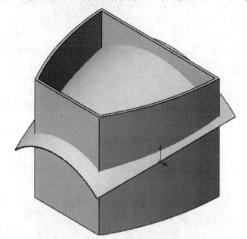

图6-39　创建抽壳特征

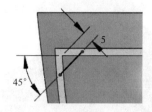

图6-40　绘制用于创建加强筋的直线

步骤7　创建阵列筋特征　单击【线性阵列】。创建一个阵列筋特征，【阵列方向】选择加强筋草图尺寸中的尺寸5mm，【到参考】选择如图6-42所示的顶点。【间距】为12.75mm。在【特征范围】下，取消选择【自动选择】复选框，选择实体"筋1"，单击【确定】，如图6-43所示。

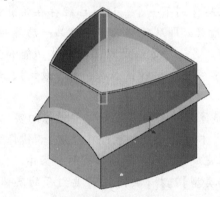

图6-41　创建筋特征

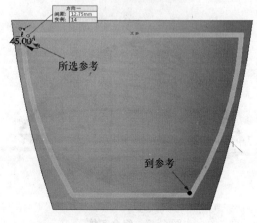

图6-42　参考

图6-43　阵列筋特征

131

提示 👆 　筋特征在各个方向上会自动延伸至下一个，以使每个阵列实例在整个零件中延伸，如图 6-44 所示。

步骤 8　选择镜像特征　希望在反方向上阵列筋特征。如果以右视基准面作为基准面来镜像该线性阵列特征，结果会是什么？如图 6-45 所示，为什么会这样？

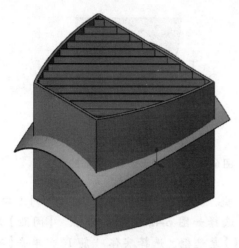

图 6-44　创建阵列特征

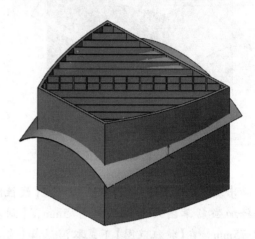

图 6-45　镜像特征

这是由筋特征的计算方式所致，即在所有方向上延伸到下一个，这样已经存在的筋就限制了第二个阵列的延伸。有一种方法可以避免这种情况，即从顶部偏移创建第一筋阵列，然后在顶面创建第二个筋阵列，让它们在零件内延伸。另一种方法是利用多实体功能和镜像壳体。由于本例的实体形状是对称的，因此它本身非常适合这种技术。单击【撤销】，删除特征阵列。

步骤 9　镜像实体　选择右视基准面，并激活【镜像】🕮特征。展开【要镜像的实体】选项组并选择实体"阵列（线性）1"，勾选【合并实体】复选框，单击【确定】。镜像完成后，模型中应该有两个实体，如图 6-46 所示。镜像完成后，模型中应该有两个实体。

步骤 10　组合实体　单击【组合】🎲命令。【操作类型】选择【共同】，【要组合的实体】选择薄壁和阵列实体。单击【确定】，结果如图 6-47 所示。

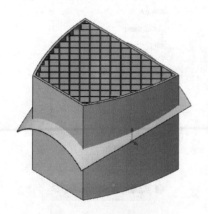

图 6-46　镜像实体

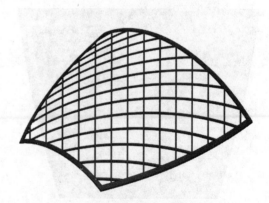

图 6-47　组合实体

步骤 11　保存并关闭零件

132

6.11 实体相交

另一种操作实体的工具是【相交】，与【组合】命令每次操作只能做相加或相减不同，【相交】命令可以在一次简单的操作中同时做相加和相减。同样，【合并结果】选项可以使相交的实体合并在一起或不合并，而在零件中产生额外的实体。这个工具在曲面建模技术中最常用，除曲面外，该工具还可以应用在实体或平面相交上。

6.11.1 相交

知识卡片	相交	【相交】工具允许选择实体、曲面或平面，计算出所选对象相交后可能影响的区域。用户也可以从结果中选择排除掉不想要的区域。该特征产生的结果区域也可以合并起来，或以各自单独的实体存在。
	操作方法	菜单：【插入】/【特征】/【相交】

操作步骤

步骤1　打开名为"Bowl_Intersect"的零件　该模型含有两个实体，一个代表碗体部分，另一个代表碗沿部分。在"Lesson06/case study"文件夹下打开零件"Bowl_Intersect"，如图6-48所示。为了得到想要的结果，将从这两个部分添加一些区域并排除其他区域。

步骤2　相交　单击【相交】，从图形区域选择两个实体，在相交的 PropertyManager 界面上单击【相交】按钮计算实体相交产生的区域。一共有 3 个【要排除的区域】：碗体的顶部区域、碗沿的中间部分以及碗体的内部区域。勾选【合并结果】复选框，单击【确认】，如图6-49所示。

图6-48　打开零件
"Bowl_Intersect"

图6-49　相交

步骤3　**查看结果**　相交特征包括的区域将合并为一个实体，如图 6-50 所示。

步骤4　**保存并关闭零件**

图 6-50　查看结果

6.11.2　压凹特征

SOLIDWORKS 的一些特征，如【压凹】和【组合】要求零件中有多个实体。创建一个【压凹】特征需要有一个【工具实体】，并且与接受压凹的单独的【目标实体】相交。

下面将利用【压凹】特征生成一个孔的薄壁特征，以及工具的扣件和间隙，如图 6-51 所示。

图 6-51　压凹特征

知识卡片	压凹	【压凹】特征可以在【目标实体】上产生一个与其相交的【工具实体】的形状薄壁特征。压凹的厚度和可选的间隙大小可由数值控制。如果压凹时不需要用额外的材料来填补形成需要的形状，则可以生成一个切除特征。 ●目标实体。【目标实体】即为被压凹的实体。 ●工具实体区域。【工具实体区域】选择的是产生压凹形状（工具）的实体和产生压凹区域的实体。在【压凹】的 PropertyManager 中，有选项选择从压凹特征保留压或移除工具实体区域。
	操作方法	菜单：【插入】/【特征】/【压凹】。

操作步骤

步骤1　**打开零件**　打开 "Lesson06 \ Case Study" 文件夹下的 "Indent" 零件，该零件包含了两个相交的实体，如图 6-52 所示。

图 6-52　"Indent" 零件

步骤2　添加圆周阵列　添加工具实体的【圆周阵列】，如图6-53所示。

步骤3　添加压凹特征　在特征工具栏上单击【压凹】，选择旋转薄壁大实体为【目标实体】，【保留选择】为【工具实体区域】的默认选项，如图6-54所示。选择3个旋转实体的底部，以"保留"所选区域周围的压凹特征。在【参数】选项组中设置压凹参数，厚度为6mm，间隙为1.25mm。预览显示生成的压凹特征，单击【确定】。

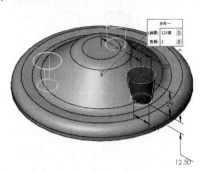
图6-53　添加阵列特征

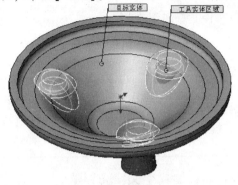
图6-54　添加压凹特征

> ⚠ **注意**　可以使用【移除选择】选项，所选择的工具实体区域将被从压凹生成的薄壁特征中移除。

步骤4　创建剖面视图　以前视基准平面为参考剖面，用【剖面视图】工具创建剖面视图，如图6-55所示。请注意【间隙】是如何应用的，如果必要，可以单击【反转】⤾改变方向。

步骤5　孤立实体　孤立目标实体，如图6-56所示。

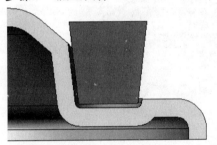
图6-55　创建剖面视图

图6-56　孤立实体

步骤6　添加圆角特征　对3个凹腔边线添加半径为2mm的圆角，如图6-57所示。

步骤7　退出孤立

图6-57　添加圆角

6.12　删除实体

在一些情况下，使用多实体技术之后可能会在模型中留下不属于成品的实体。删除不属于成品零件部分是很好的做法，但要确保质量属性计算正确，以避免模型导出时产生歧义。由于可视属性不会被转换到其他格式的文件中，因此所有实体在文件的导入时都将显示。此时，不需要的实体可以使用【删除/保留实体】特征来删除。

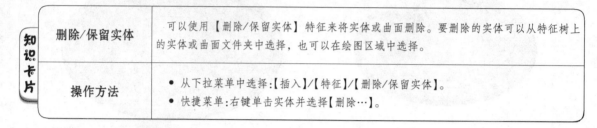

知识卡片	删除/保留实体	可以使用【删除/保留实体】特征来将实体或曲面删除。要删除的实体可以从特征树上的实体或曲面文件夹中选择，也可以在绘图区域中选择。
	操作方法	• 从下拉菜单中选择：【插入】/【特征】/【删除/保留实体】。 • 快捷菜单：右键单击实体并选择【删除…】。

由于【压凹】特征不会消化掉工具实体，因此可以添加一个【删除/保留实体】特征将其删除。

步骤8　删除实体　单击【删除/保留实体】，从模型中选择3个工具实体，单击【确认】。一个"实体-删除"特征将被添加到FeatureManager设计树中，以标记实体被删除的历史痕迹，如图6-58所示。

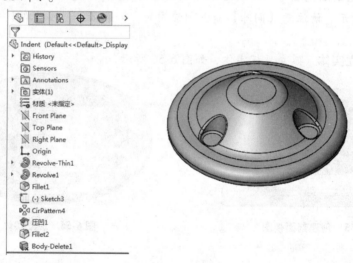

图6-58　删除实体

步骤9　保存并关闭零件

练习6-1　局部操作

在模型中创建独立的实体可以实现对一个实体做单独的修改而不影响零件的其他实体，这种技术即局部操作技术。该技术常用于对零件进行抽壳处理。默认情况下，抽壳操作影响实体抽壳前的所有特征。本例将通过【合并结果】和【组合】解决一个抽壳问题。

本练习将应用以下技术：

• 多实体零件。

- 合并结果。
- 组合实体。

操作步骤

步骤1　打开零件　打开"Lesson06 \ Case Study"文件夹下的"Local Operations"零件，如图 6-59 所示。

步骤2　创建抽壳特征　创建一个厚度为 4mm，移除了底平面的抽壳特征。

步骤3　浏览结果　单击【剖面视图】🗇，放置剖面在离前视基准面 -42mm 的位置，如图 6-60 所示。

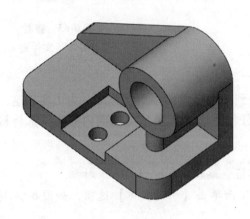

图 6-59　"Local Operations"零件

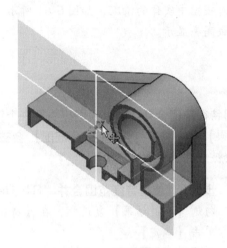

图 6-60　创建剖面视图

 注意　抽壳影响了整个零件，此处仅需要对零件的底面抽壳。

为了限制零件底面的抽壳，将修改特征来保持零件上的区域作为一个独立的实体。单击【确定】，保存剖面视图。

提示👆　在类似的其他实例中，记录特征可以解决问题。但对于更多复杂的模型来说，记录可能并不是一个好的选择。多实体工具能提供一个可替代的选择。

步骤4　编辑特征　修改和底面相关的特征防止它们合并。使用【编辑特征】编辑如下两个凸台：

- Vertical _ Plate。
- Rib _ Under。

取消勾选【合并结果】复选框，单击【确定】，如图 6-61 所示。

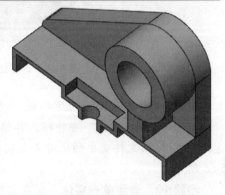

图 6-61　编辑特征

137

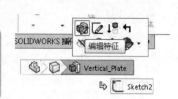

技巧🔑
　　通过选择特征的一个面，或者使用快速导航，FeatureManager 设计树上的特征可以被选中并编辑。使用键盘"D"键可以快速移动快速导航到光标位置，如图 6-62 所示。

图 6-62　快速导航

　　步骤 5　查看"实体"文件夹　对每个凸台特征取消勾选【合并结果】复选框后，模型被分成了 4 个实体。然后展开"实体"文件夹，查看模型中实体的情况，如图 6-63 所示。单击实体，该实体会在绘图区域高亮显示。

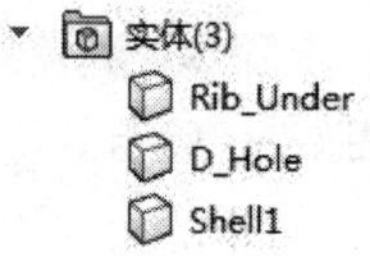

▼ 🗁 实体(3)
　🔲 Rib_Under
　🔲 D_Hole
　🔲 Shell1

图 6-63　查看"实体"文件夹

　　使用特征范围合并　如果我们想要将一个特征合并到一个零件的多个实体上。为了实现这一目的，【合并结果】选项将被打开，【特征范围】会被限制。任何存在的不是特征范围内的实体都将被忽略，并且不会被合并。

　　步骤 6　使用特征范围合并"Rib_Under"特征　编辑"Rib_ Under"特征。
　　勾选【合并结果】复选框，在【特征范围】下面单击【所选实体】选项，如图 6-64 所示。单击【确定】✔。
　　步骤 7　查看结果　"Rib_Under"特征与所选的实体合并后，零件中还有两个独立的实体，如图 6-65 所示。

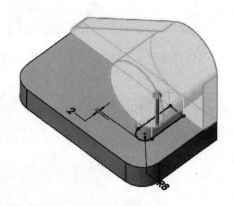

▼ 🗁 实体(2)
　🔲 D_Hole
　🔲 Shell1

图 6-64　合并结果 　　　　**图 6-65　"实体"文件夹**

　　步骤 8　查看实体（可选步骤）　使用【孤立】查看两个独立的实体。
　　步骤 9　组合实体　在特征工具栏中单击【组合】🔲，设置【操作类型】为【添加】。选择"实体"文件夹中的所有 4 个实体，作为【要组合的实体】。单击【确定】✔，如图 6-66 所示。
　　步骤 10　查看单一实体　现在零件作为单一的实体"组合 1"存在。实体以最后添加的特征命名，如图 6-67 所示。

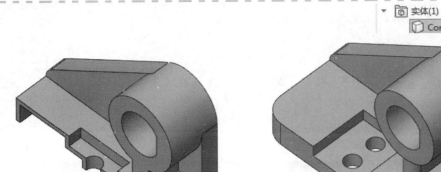

图 6-66　组合实体　　　　　　　图 6-67　组合结果

步骤11　关闭剖面视图

步骤12　保存并关闭零件

练习 6-2　阵列实体

按下面的步骤，创建如图 6-68 所示的零件。

本练习将应用以下技术：

- 插入零件。
- 移动/复制实体。
- 阵列实体。

图 6-68　复制实体

操作步骤

　　步骤1　新建零件　使用模板 "Part_MM" 新建名为 "Patterning Bodies" 的零件。

　　步骤2　插入零件2B　单击【插入】/【零件】🗂，在 Lesson06 \ Exercises 文件夹下选择 "2B" 零件。

　　在【转移】界面勾选【实体】复选框，清除【以移动/复制特征找出零件】复选框。

　　单击【确定】✔将零件放在原点位置。

　　步骤3　插入零件1B　在 Lesson06 \ Exercises 文件夹下插入 "1B" 零件。

　　在【转移】界面中只勾选【实体】复选框，并勾选【以移动/复制特征找出零件】复选框。

　　单击【确定】✔将零件放在最初的原点。

利用【平移】选项定位这个零件，如图6-69所示。

Delta X $\Delta X = -38mm$

Delta Z $\Delta Z = -25mm$

步骤4　插入零件2A和1A　使用步骤3的工作流程插入零件"2A"和"1A"，如图6-70所示。

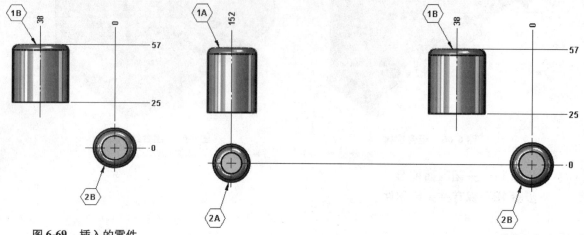

图6-69　插入的零件

图6-70　插入零件

步骤5　添加阵列特征　如图6-71所示，阵列实体。

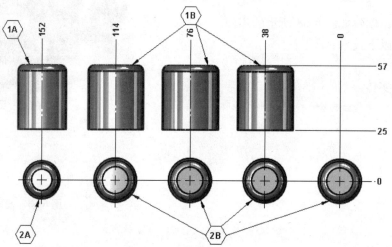

图6-71　添加阵列

步骤6　连接实体　在实体中创建一个桥接。拉伸特征时，清除【合并结果】复选框。

然后阵列3个桥接实体，如图6-72所示。

步骤7　创建平板　在上视基准面上绘制草图，创建平板特征。

以【给定深度】为终止条件，拉伸草图，【深度】为6mm，并勾选【合并结果】复选框，如图6-73所示。

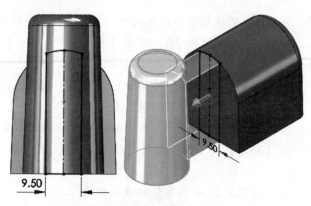

图6-72　桥接

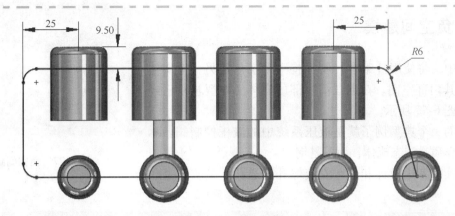

图 6-73 创建平板

步骤 8 添加圆角 添加半径为 3mm 的圆角，完成零件，如图 6-74 所示。
步骤 9 修改参考零件 右键单击实体 "2B"，从快捷菜单中选择【关联中编辑】，将拉伸的深度修改为 58mm，如图 6-75 所示。

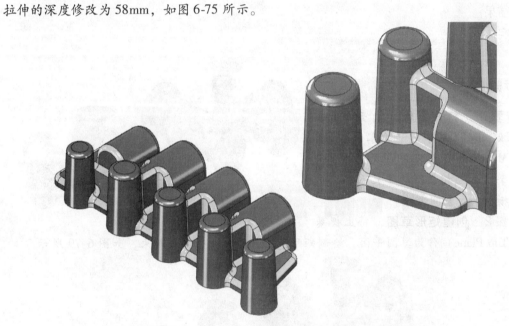

图 6-74 添加圆角

步骤 10 更新零件 返回到主零件，如图 6-76 所示。
步骤 11 保存并关闭零件

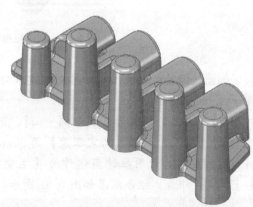

图 6-75 修改参考零件   图 6-76 更新后的零件

练习6-3　负空间建模

在本练习中，将使用【组合】特征将一个实体从另一个实体上切除以移除其内部空间。在删减前内部的实体（即型芯）已经建模成功，如图6-77所示。

这类模型的一个典型例子就是液压系统中的液压控制阀。本设计中的工作介质是液态流体，而不是钢。

在产品设计中考虑设计和分布安装螺孔、通孔、型腔等是非常重要的。

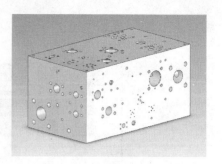

图6-77　负空间建模

提示　　本例将使用非常简单的模型演示负空间建模。这个例子虽然不是很实际，但能清晰地说明负空间建模的概念。

142

本练习将应用以下技术：
- 合并结果。
- 组合实体。

操作步骤

步骤1　打开零件　打开"Lesson06/Exerclse"文件夹中的零件"Hydraulic Manifold"。该零件（见图6-78）包含两个实体互相贯穿的管孔系统，这是最终模型的负空间部分。

步骤2　创建矩形草图　将上视基

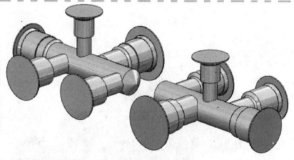

图6-78　管孔系统

准面（Top Plane）作为草图平面，绘制矩形草图并添加4个共线约束，如图6-79所示。

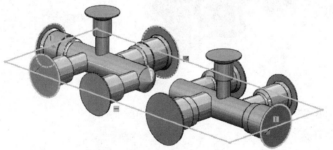

图6-79　创建矩形草图

步骤3　创建拉伸特征　使用矩形草图创建双向拉伸特征，并取消勾选【合并结果】复选框，结果如图6-80所示。
- 【方向1】（向上）设置为【成形到一面】，选择管空实体顶面。
- 【方向2】（向下）设置【给定深度】为30mm。

步骤4　组合实体　使用拉伸实体作为【主要实体】，其他两个实体作为【减除的实体】，创建【删减】组合。组合结果如图6-81所示。

提示　　将拉伸实体块设置为透明，可以方便地查看组合结果和内部结构。

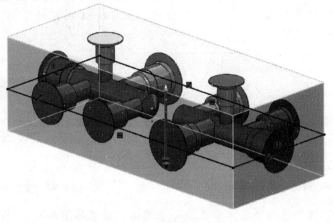

图 6-80   创建拉伸特征

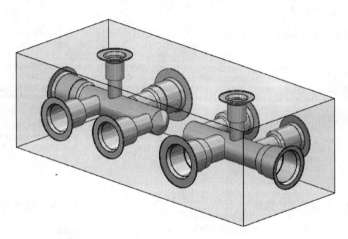

图 6-81   组合实体

步骤 5   保存并关闭零件

练习 6-4   组合多实体零件

本练习的任务是创建如图 6-82 所示的零件。

本练习将应用以下技术：

- 合并结果。
- 组合实体。

图 6-82   零件

操作步骤

步骤 1   新建零件   使用模板 "Part_ MM" 新建一个零件，命名为 "Combine"。

步骤 2   拉伸薄壁特征   在前视基准面上创建草图。使用线段和圆角建立一个开放的薄壁特征的轮廓，如图6-83所示。拉伸该轮廓 57mm，使用中基准面作为结束条件，【厚度】为 9.5mm。

步骤3　绘制第二个实体　在上视基准面创建如图 6-84 所示的草图。根据要求拉伸第二个实体，如图 6-85 所示。

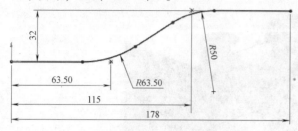

图 6-83　第一个草图轮廓

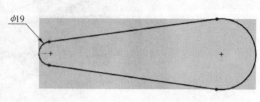

图 6-84　第二个草图轮廓

步骤4　组合实体　将两个实体合并为一个实体，结果如图 6-86 所示。

步骤5　添加特征　添加凸台、切除、异形孔向导和圆角特征，添加半径为 1.5mm 的圆角，完成零件，如图 6-87 所示。

步骤6　保存并关闭零件

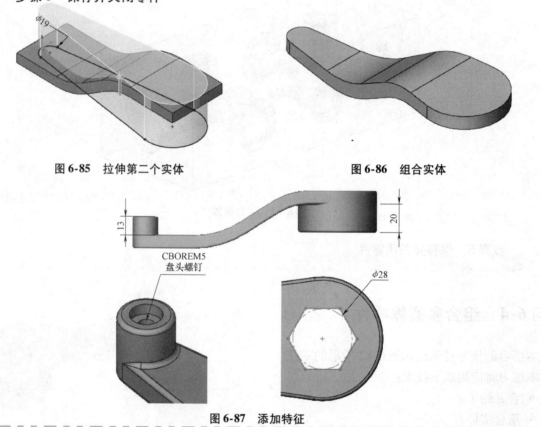

图 6-85　拉伸第二个实体

图 6-86　组合实体

CBOREM5
盘头螺钉

图 6-87　添加特征

练习 6-5　压凹

在本例中，将使用压凹特征重塑零件，创建保护网板，如图 6-88 所示。

本练习将应用以下技术：

* 多实体。
* 压凹特征。

图 6-88　保护网板

操作步骤

步骤 1　打开零件　打开 "Lesson06/Exercises" 文件夹下的零件 "Protect Screen-Indent"。

步骤 2　退回特征　如图 6-89 所示，退回至抽壳特征之前。

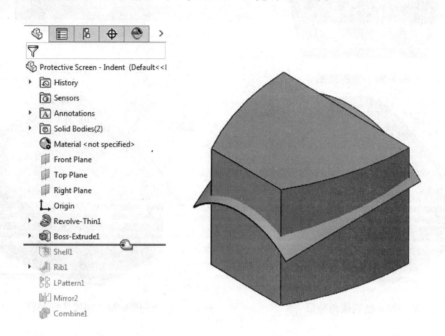

图 6-89　退回特征

步骤 3　隐藏实体　隐藏拉伸实体。

　用户可以在实体文件夹或图形区域来隐藏实体，或者通过在设计树上隐藏实体关联的特征对实体进行隐藏。

步骤 4　绘制草图　将上视基准面作为草图平面，绘制草图。然后在 FeatureManager 设计树中选择草图 2，使用【等距实体】命令，在草图 2 的轮廓内部创建一个等距距离为 2mm 的等距轮廓线，如图 6-90 所示。

步骤 5　创建拉伸特征　拉伸步骤 4 绘制的草图，终止条件设置为【到指定面指定距离】，并选择旋转薄壁特征的上表面作为指定面。

设置【等距距离】为 1mm，并选择【反向等距】选项确保生成的特征在旋转薄壁特征上，如图 6-91 所示。

⚠️ **注意**　取消勾选【合并结果】复选框。

步骤 6　创建圆角特征　在新创建的拉伸实体的上表面和 4 条直边线添加半径为 0.5mm 的圆角，如图 6-92 所示。

步骤 7　创建压凹特征　单击【压凹】命令，【目标实体】选择旋转薄壁实体，【工具实体区域】选择拉伸实体顶部曲面。在【参数】选项中，设置【厚度】为 1mm，设置【间隙】为 0mm。单击【确定】，如图 6-93 所示。

145

图 6-90　绘制草图

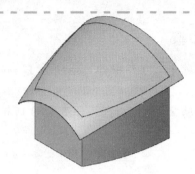

图 6-91　创建拉伸特征

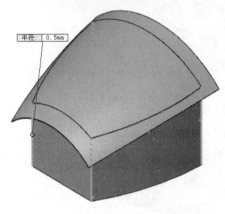

图 6-92　创建圆角特征

图 6-93　创建压凹特征

步骤 8　隐藏实体　隐藏实体，如图 6-94 所示。

步骤 9　添加圆角　在压凹实体区域的凹变上创建半径为 0.5mm 圆角。在压凹实体区域的凸变上创建半径为 1.5mm 圆角，如图 6-95 所示。

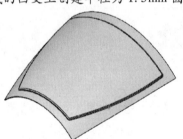

图 6-94　隐藏实体

图 6-95　添加圆角

步骤 10　还原特征　系统会重建并整合所做的更改部分，如图 6-96 所示。

步骤 11　删除实体　展开【实体】文件夹，右键单击工具实体"圆角 1"，并选择【删除实体】，单击【确认】。特征树上会生成一个"实体-删除 1"的特征，而"圆角 1"则会从【实体】文件夹中移除。

步骤 12　保存并关闭零件

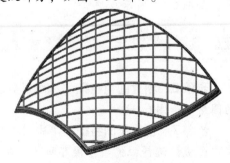

图 6-96　还原特征

第7章 样条曲线

学习目标

- 识别不同类型的草图曲线
- 使用样条曲线和样式曲线绘制草图
- 使用样条曲线工具控制曲率
- 评估草图和实体几何的曲率
- 插入草图图片

7.1 草图中的曲线

SOLIDWORKS 中包括几种草图命令，可以创建所谓的"草绘曲线"。这些命令产生的草图实体，在大多数情况下不能与由直线和圆弧通过解析几何生成。曲线几何适合于创建平滑的有机体形状和一些表现非常不同于目前为止了解的草图几何。几种不同的草图曲线将概述如下。本章将主要侧重于几种不同的【样条曲线】命令，见表7-1。【插入】/【曲线】下的曲线特征将在第9章中介绍。

表7-1 【样条曲线】命令

名称及图标	定义、几何关系和尺寸
样条曲线 〜	定义:样条曲线有不断变化的曲率,它们是通过将该曲线内形状的插值点创建的 几何关系和尺寸:相切和等曲率几何关系可以被添加到样条曲线。样条曲线手柄可以用于矢量相关关系,例如水平和垂直。可以给已存在的样条曲线添加尺寸以控制大小或方向,长度尺寸可以包括以固定样条曲线的整个长度。样条曲线点也可以用于标准的草图几何关系和尺寸中
样式曲线 〜	定义:该曲线的曲率不断变化,并通过定位该曲线范围内的控制多边形的点来创建 几何关系和尺寸:可以在绘制草图时捕获相切和等曲率几何关系,也可以之后添加。控制多边形的线条和点也可以在标准的草图几何关系和尺寸中使用
曲面上的样条曲线 〜	定义:在使用3D草图时,此命令将创建约束到模型的二维或三维曲面的样条曲线 几何关系和尺寸:与样条曲线相同
套合样条曲线 ∟	定义:使用一条连续的样条曲线追踪现有的草图实体。经常用于平滑草图实体之间的过渡,或将单独的草图实体组合成一个单一的平滑的样条曲线 几何关系和尺寸:套合样条曲线可以约束至追踪、无约束或固定的几何形状上
圆锥曲线 ∩	定义:圆锥曲线由一个平面与圆锥的相交产生的曲线的一部分。圆锥曲线没有曲折变化,它的曲率方向始终相同。它是通过定位曲线的两个端点,设置第3个作为顶点,以及一个最终点作为该 Rho 值,以控制该曲线的陡度来定义的 几何关系和尺寸:相切几何关系可以捕捉或自动添加。还可以添加定义 Rho 值的尺寸。产生该曲线的点也可用于标准草图的几何关系和尺寸
方程式驱动的曲线 ƒx	定义:该曲线通过用户定义的方程式来产生 几何关系和尺寸:由方程式的结果值完全定义

（续）

名称及图标	定义、几何关系和尺寸
交叉曲线	定义：通过模型的曲面相交创建 3D 的 2D 草图曲线。可以联合使用面、基准面、曲面和体产生交叉曲线
	几何关系和尺寸：由相交的实体完全定义，自动添加"两个面相交"几何关系
面部曲线	定义：产生穿过指定面的三维曲线网格。可以调节网格密度，也可以通过修改选项限制哪些曲线将被转换为 3D 草图。可以使用顶点从特定的位置生成曲线
	几何关系和尺寸：可以使用选项将面部曲线约束至模型或未定义状态

7.2 样条曲线概述

样条曲线是草图元素的一种，通过插值点控制形状。在自由形态的建模时，样条曲线非常有用，它可以使模型足够平滑和光顺。"光顺"这一术语常用于造船业。"光顺曲线"是一种光滑到足以贴合船体外壳的曲线，它可以使船免于外部隆起物或凹陷的伤害。

直线和圆弧对于部分几何形体是适用的，但不适用于光滑和混合形体。样条曲线拥有连续可变的曲率，无法用直线和圆弧取代。尽管样条曲线可以约束，但草图中留下未定义样条曲线也很常见。

SOLIDWORKS 具有多个可用于生成样条曲线的命令。下面将首先讨论基本的样条曲线命令。

7.2.1 样条曲线的操作

知识卡片	样条曲线	样条曲线由一系列点定义，SOLIDWORKS 在点与点之间通过方程插入几何曲线。用户可以通过添加、删除、移动点，使用控制多边形，在每个点操纵手柄，或使用曲线元素的几何关系和尺寸编辑样条曲线，如图 7-1 所示。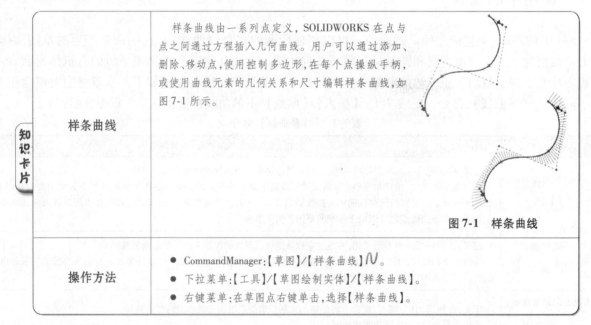 图 7-1　样条曲线
	操作方法	● CommandManager：【草图】/【样条曲线】N。 ● 下拉菜单：【工具】/【草图绘制实体】/【样条曲线】。 ● 右键菜单：在草图点右键单击，选择【样条曲线】。

7.2.2 创建样条曲线

创建样条曲线时，在实现所需结果的基础上，所需要的点应最少，以保持曲线尽可能简单。一般来说，在需要曲率方向变化或需要幅度的地方放置点，即在形状的"峰"和"谷"的地方。

用户还可以使用几种样条曲线工具协助修改完成的样条曲线。在接下来的案例研究中，将通过创建一个简单的草图，介绍样条曲线的解析方法以及可用的工具来练习使用样条曲线。

操作步骤

步骤 1　打开零件　在"Lesson07/Case Study"文件夹下打开"Spline_Practice. sldpr"，如图 7-2所示。这个零件保存在一个草图未激活状态下，将用样条曲线连接现有的线和圆弧。

步骤2　绘制样条曲线　单击【样条曲线】$\mathcal{N}$,参考图7-3创建一条4个点的样条曲线。

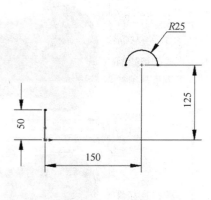

图7-2　打开零件

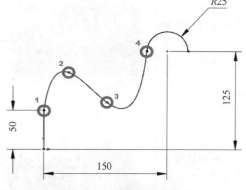

图7-3　绘制样条曲线

提示　　　当放置好最后一个点时,如果希望样条曲线命令继续保持可用状态,可以双击鼠标;如果希望完成绘制样条曲线,则可以单击鼠标右键,回到【选择】工具。

7.2.3　样条曲线解析

样条曲线可以是一个开环或闭环。图7-4所示为样条曲线解析的关键元素。其中样条曲线控标和控制多边形是用来操纵样条曲线的样条曲线工具。

SOLIDWORKS软件中的样条曲线由端点、控标、控制多边形等部分组成。理解控制和解析工具有利用于创建想要的样条曲线。一些样条曲线工具用来操纵样条曲线,而另一些用来分析曲线,下面将在本章中一一进行介绍。

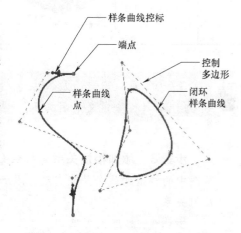

图7-4　样条曲线解析的关键元素

知识卡片	样条曲线工具	● 下拉菜单:【工具】/【样条曲线工具】。 ● 右键菜单:右键单击样条曲线,从菜单中选择想要使用的工具。

7.2.4　控制样条曲线

下面将使用一些可用的工具对创建的样条曲线进行修改和分析。为了使曲线保持简单和平滑,推荐以下创建和控制曲线的步骤,见表7-2。

表 7-2　创建和控制曲线的步骤

操作步骤	说　明	图　示	操作步骤	说　明	图　示
步骤 1	如果必要，可以创建任何对改变曲线大小和定位曲线所用的构造几何体	510	步骤 4	必要时可以通过直接拖曳点或使用控制多边形移动样条曲线点	510
步骤 2	使用尽可能简单的样条曲线，通常是指保持最小数量的样条曲线插值点	510	步骤 5	使用控标修改曲线方向或相切大小	510
步骤 3	对样条曲线或控标添加所需的几何关系和尺寸	510	步骤 6	重复步骤 4 和步骤 5 直到实现想要的形状	510

提示　由于难以用尺寸完全描述，样条曲线通常为未定义状态。然而，为了防止被更改，建议使用【完全定义草图工具】，或给曲线添加一个【固定】关系。

　　步骤3　添加相切关系　按住 Ctrl 键并选择草图中的样条曲线和竖直直线，添加【相切】几何关系。

　　步骤4　添加相等曲率　多选样条曲线和圆弧。对实体间最平滑的连接方式而言，样条曲线支持一种草图关系，称为【相等曲率】，它意味着相邻实体在接触的地方保持相同的曲率。添加【相等曲率】关系，如图7-5所示。

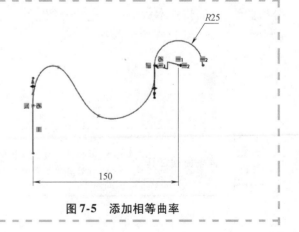

图 7-5　添加相等曲率

7.2.5　曲率

　　在二维实体中，曲率表示一个物体偏离平直的程度。从数学角度理解，曲率为半径的倒数。因此，半径为 4 的圆弧，其曲率为 1/4（或 0.25）。由于这种反比例关系的，较大的半径意味着较低的曲率，而较小的半径则对应的曲率较高。

　　草图实体如直线和圆弧具有恒定的曲率。尺寸可以被用来定义一个圆弧的半径，也就是它的曲率，而直线的曲率为 0（在数学上，直线的半径无限大）。直线和圆弧可以相切，这在技术上提供了一个"平滑"过渡。但由于曲率的突然变化，相切后它们相连接的地方可以看到和感觉到有边缘存在。

　　但是样条曲线和其他曲线可以有变化的曲率。这意味着曲线的每个点可以有不同的半径值。通过使用相同曲率的关系，可以调整样条曲线的曲率来匹配相邻实体，以实现两者之间的平滑过渡。

7.2.6　样条曲线评估工具

　　图 7-6 所示为评估样条曲线及其曲率的工具。当改变已经创建的曲线时，将使用这些工具来进行评估，见表 7-3。

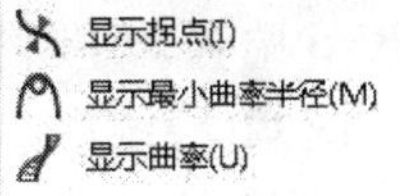

🦴 显示拐点(I)
🦴 显示最小曲率半径(M)
🖊 显示曲率(U)

图 7-6　评估样条曲线及其曲率的工具

表 7-3　样条曲线评估工具

名称及图	作　　用	图　　示
显示拐点 🦴	一个"蝴蝶结"图标将在样条曲线的曲率凹凸切换处显示。这在曲线不希望有拐点时非常有用	
显示最小半径 🦴	显示样条曲线最小半径的值和其位置。这在草图进一步用于等距、抽壳和其他相似的操作时十分有用	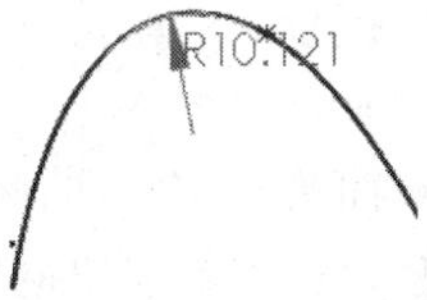 R10.121
显示曲率检查 🖊	显示一系列线条或梳齿，其中每个梳齿代表样条曲线在所在点的曲率。可以使用曲率比例选项进行调整所显示的梳齿的比例和密度 该工具放大了样条曲线沿线的曲率，以帮助识别它的平滑程度以及如何与相邻的几何形状相融合	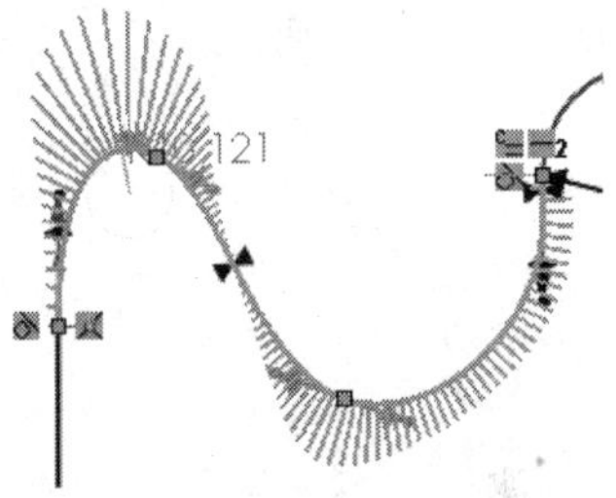 R10.121

提示 🖐　曲率检查可以显示任何草图实体，它们不是独有的样条曲线。

　　步骤 5　打开曲率检查　在样条曲线工具中打开【显示曲率检查】🖊，在 PropertyManager 中使用【曲率比例】调整梳齿的长度和密度，如图 7-7 所示。

提示 🖐　当激活曲率检查时，【曲率比例】就会自动显示。设置后，用户也可以在右键菜单中通过【修改曲率比例】对其进行修改。

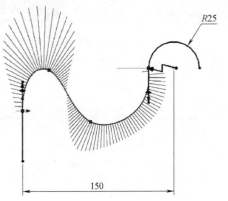

图 7-7　显示曲率检查

151

7.2.7 评估曲率梳形图

曲率梳形图中有容易识别曲线差异的直线段，可帮助用户确定草绘曲线的平滑程度。

曲率梳形图（见图 7-8）可以用于识别实体之间的连续性。连续性描述了曲线或曲面如何彼此相关。在 SOLIDWORKS 中有 3 种连续性：

- 接触，或 C0 连续性。
- 正切，或 C1 连续性。
- 曲率连续，或 C2 连续性。

提示　如果元件不接触，就不存在连续性——它们是不连续的。关于连续性条件的详细信息，请参阅"曲面建模"。

曲率梳形图表示以下几种不同的连续性条件。

（1）接触　曲率梳形图在连接点呈现不同的方向，如图 7-9 所示。

（2）曲率连续　曲率梳形在共同的端点处共线（表示相切），但具有不同的长度（不同的曲率值），如图 7-10 所示。

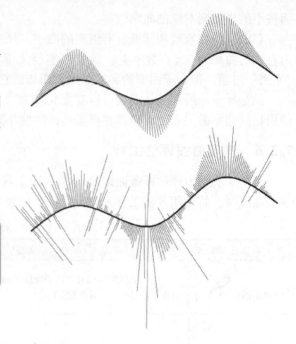

图 7-8　评估曲率梳形图

（3）相切　曲率梳形在共同的端点处共线且长度相等，如图 7-11 所示。

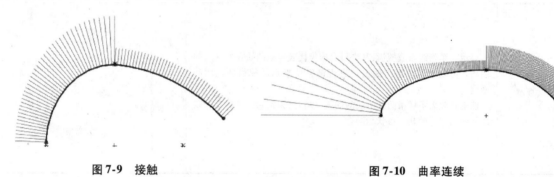

图 7-9　接触

图 7-10　曲率连续

提示　曲率梳形图可以显示整个梳形图顶部的边界曲线，以帮助识别连续性条件和曲率的微小变化，如图 7-12 所示。用户可以在【选项】/【系统选项】/【草图】中检查并打开【显示曲率梳形图边界曲线】。

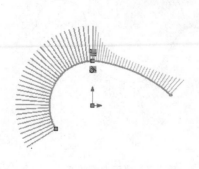

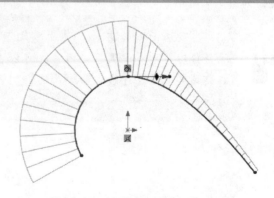

图 7-11　相切

图 7-12　显示曲率梳形图边界曲线

步骤6　评估曲率梳形图　注意样条曲线与圆弧连接处的曲率。选择圆弧并单击【显示曲率检查】 ✐ 。在两个实体的公共端点处的梳形图有相同的长度和方向，说明有相等的曲率几何关系。在另一端，样条曲线和直线相切，曲率梳形图有一个明显的突变，如图 7-13 所示。

步骤7　显示拐点　右击样条曲线，单击【显示拐点】从曲率梳形图的显示容易估计拐点，但将它们添加到该曲线可以显示拐点发生的准确位置。

步骤8　显示最小半径（见图 7-14）

> **提示**　在本例中的一些图示中，曲率梳形图的默认颜色已被修改以更加明显地显示。该设置可以通过访问【选项】/【系统选项】/【颜色】，并将配色方案设置为【临时图形，上色】。

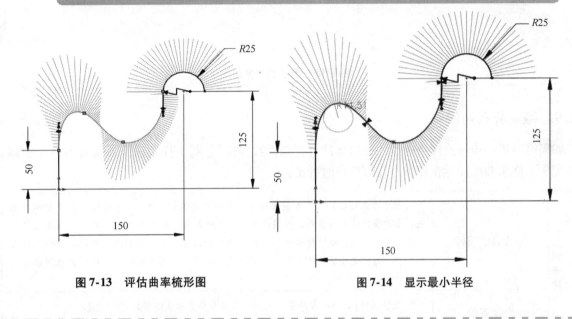

图 7-13　评估曲率梳形图　　　　　　　　图 7-14　显示最小半径

接下来将使用【控制多边形】来修改当前草图中的样条曲线的形状。

7.2.8　控制多边形

知识卡片	控制多边形	【控制多边形】是样条曲线周围一系列的虚线。用户可以拖动【控制多边形】的点来操作曲线，同时曲线仍然保持其最简单的形式。控制多边形可以移动样条曲线点，但不会重新参数化曲线。相比之下，激活【样条曲线控标】则不会移动样条曲线点，但将产生额外的方向控制，使样条曲线更加复杂。
	操作方法	● 快捷菜单:右键单击一条样条曲线，单击【显示控制多边形】 ✐ 。 ● 菜单:【工具】/【样条曲线工具】/【显示样条曲线控制多边形】。

> **提示**　为了在草绘样条曲线时默认出现控制多边形，可以单击【选项】/【系统选项】/【草图】，并勾选【默认显示样条曲线控制多边形】复选框。

步骤9　修改控制多边形　单击【控制多边形】 ✐ ，拖动多边形的点，并注意曲线的变化，如图 7-15 所示。

153

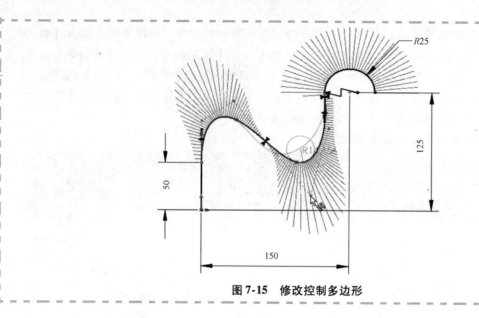

图 7-15　修改控制多边形

7.2.9　微调样条曲线

如果需要进一步修改样条曲线，可以激活【样条曲线控标】。每个样条曲线点都带有一个控标。默认情况下，样条曲线控标在样条曲线被选择时可见。

知识卡片	样条曲线控标	【样条曲线控标】可以控制曲线每个点的方向和曲率大小。未激活的控标显示为灰色，当样条曲线被修改时，这些未激活的点的曲率可以随意更改。用户可以通过拖曳或添加几何关系来激活样条曲线控柄。控标激活后会显示出颜色，表示有效约束曲线的形状。添加这些额外的控标可以对样条曲线进行更详细的操作，但同时也增加了它的复杂性。
	操作方法	• 快捷菜单：右键单击样条曲线，单击【显示样条曲线控标】。 • 下拉菜单：【工具】/【样条曲线工具】/【显示样条曲线控标】。

如图 7-16 所示，样条曲线控标有 3 个可拖曳的控标。
- 方向控标：拖动钻石形状的方向控标来改变所选点的曲率方向。
- 大小控标：拖动箭头形状的大小控标在所选点增大或减小曲率。
- 组合控标：末端的点是组合控标，使用它可以操纵所选点样条曲线的方向和大小。

在图形区域中，当鼠标指针悬停在这些控标上时，光标反馈会更新以助于识别其功能。

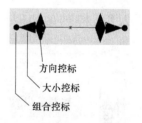

方向控标
大小控标
组合控标

图 7-16　样条曲线控标

技巧　按住 Alt 键的同时拖动样条曲线内部点的控标，可以对其进行对称操作。

提示　SOLIDWORKS 默认设置为样条曲线控标为打开状态。

注意　使用样条曲线控标，必须打开以下设置：【选项】/【系统选项】/【草图】/【激活样条曲线相切和曲率控标】。

步骤10　修改样条曲线控标　选择样条曲线，使用【样条曲线控标】修改曲线，如图 7-17 所示。注意曲率和控制多边形的变化。

与向量有关的几何关系可以直接添加到样条曲线控标中，如水平、垂直等。尺寸也可以定义控标的角度或切线权重值（见图7-18）。

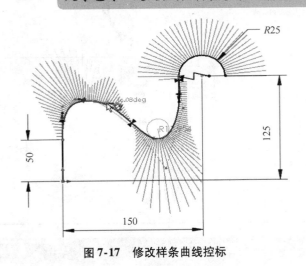

图 7-17 修改样条曲线控标

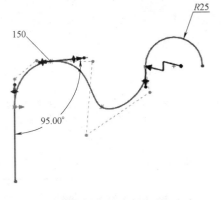

图 7-18 添加几何关系

由于添加了草图几何关系，因此样条曲线端点的控标为激活状态。

7.3 样条曲线的参数

如有必要，可以在样条曲线 PropertyManager 中使用参数选项对样条曲线控标和控制多边形进行修改。当样条曲线被选中后，其参数组框可以让用户查看每个样条曲线点的位置、切线权重和角度信息。【相切驱动】复选框可以用来激活或停用一个样条曲线控标，以及提供一些按钮使用户可以重置选中点的控标、重置所有句标或弛张样条曲线。修改控制多边形后，使用【弛张样条曲线】选项将重新参数化样条曲线。换句话说，如果已经通过操纵多边形移动过样条曲线的点，放松的样条曲线将重新计算该曲线，就好像该样条曲线最初是用这些点的位置创建的一样，如图7-19 所示。

这里有一个额外的选项，允许用户定义样条曲线的【成比例】。使用【成比例】复选框将允许样条曲线尺寸按比例调整。

图 7-19 设置参数

7.3.1 其他样条曲线修改工具

其他较少使用的样条曲线修改工具见表7-4。

表 7-4 其他样条曲线修改工具

名称及图标	使用方法及效果	图　示
添加相切控制	使用方法：从样条曲线工具激活添加相切控制，在需要添加相切控制的地方单击样条曲线 效果：添加一个带活动控标的样条曲线点	
添加曲率控制	使用方法：从样条曲线工具激活添加曲率控制，在需要添加曲率控制的地方单击样条曲线 效果：添加一个样条曲线型值点，以及用来操纵曲率的激活的拖曳控标	

（续）

名称及图标	使用方法及效果	图　示
插入样条曲线型值点	使用方法：从样条曲线工具激活插入样条型值点，在需要增加额外点的地方单击样条曲线。使用 Esc 键或切换到选择工具来完成添加点 效果：新增样条曲线点但不激活控制	
简化样条曲线	使用方法：从样条曲线工具激活简化样条曲线，使用对话框来调整公差，或单击【平滑】按钮通过删除点来简化曲线。【上一步】选项预览上一次的曲线。使用预览来确定一个可以接受的结果，然后单击【确定】 效果：简化和平滑样条曲线，样条曲线是弛张和（或）样条曲线点被移除	

技巧 删除样条曲线点，可以先选择该点，并右键单击选择【删除】或使用键盘删除。

7.3.2　两点样条曲线

样条曲线不一定要很复杂。两点样条曲线也可以非常实用，特别对于创建简单的曲线和实体之间的平滑连接。两点样条曲线是一条简单的直线，直到修改控标或添加关系。为了证明这一点，下面将从新建一个零件和草图开始，来添加一条两点样条曲线，完成两条直线之间的过渡。同时也会看到样条曲线的不同约束是如何影响特征的。

操作步骤

步骤1　退出并隐藏"Sketch1" 单击【退出草图】，【隐藏】 "Sketch1"。

步骤2　编辑"Sketch2" 选择"Sketch2"并单击【编辑草图】，单击【正视于】调整视图。

步骤3　草图创建一条样条曲线 创建一条两点样条来连接直线，如图7-20所示。

步骤4　添加相切和相等曲率几何关系 对该样条曲线和下方的直线之间添加【相切】关系，对该曲线与上方的直线之间添加【相等曲率】关系，如图7-21所示。

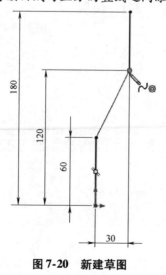

图7-20　新建草图

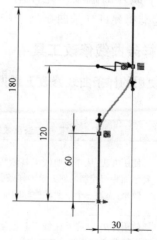

图7-21　添加几何关系

<table>
<tr><td rowspan="2"></td><td></td></tr>
</table>

> **提示**　当实体的曲率互相匹配时，它们也会自动相切。请注意相切关系会随着相等曲率关系而添加。相等曲率会在图形区域中用一个"曲率控制"的箭头标记。

步骤5　**显示曲率检查**　显示曲率检查可以将样条曲线的两端的曲率差异放大显示，如图 7-22 所示。定义相等曲率可以使样条曲线的曲率混合下降到 0 以便和直线匹配。

步骤6　**拉伸薄壁特征**　使用刚刚创建的草图拉伸一个厚度为 10mm，高度为 50mm 的薄壁特征，如图 7-23 所示。

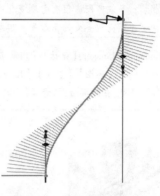

图 7-22　显示曲率检查

图 7-23　拉伸薄壁特征

7.4　实体几何分析

在草图中创建的曲率条件可以影响到使用这些草图的特征。SOLIDWORKS 提供了可用于分析的复杂零件实体几何的评估工具。使用这些工具使得用户能够评估曲面的质量，以及曲面如何混合在一起。下面将介绍【曲率】和【斑马条纹】来评估样条曲线不同的几何关系是如何影响简单零件的面的。

知识卡片	显示曲率	显示曲率将根据局部的曲率值用不同的颜色来渲染模型中的面：红色代表最大曲率区域（最小半径），黑色表示没有曲率（平面区域）。当显示曲率时，光标将显示为识别区域的曲率和半径的标志。
	操作方法	● CommandManager：【评估】/【曲率】。 ● 下拉菜单：【视图】/【显示】/【曲率】。 ● 快捷菜单：右键单击一个面，选择【曲率】。

步骤7　**显示曲率**　单击【曲率】，如图 7-24 所示。请注意，在定义相等曲率的地方，其颜色会混合在一起。而面与面相切时，相连接的地方，其颜色会急剧变化。用户可以将光标悬停在该模型区域的任何位置，来查看曲率和半径的值。

步骤8　**关闭曲率显示**　再次单击【曲率】，关闭曲率显示。

图 7-24　显示曲率

斑马条纹	斑马条纹可以评估光的条纹如何反映了模型的所有面。该工具可以被用来分析一个曲面的质量，以及相邻面是如何混合在一起的。斑马条纹会根据面是简单接触、彼此相切或曲率连续而呈现不同的显示（见图7-25）。 • 接触：边界处的条纹不匹配。 • 相切：条纹匹配，但有急剧变化的方向或尖角。 • 曲率连续：边界处的条纹平滑连续。曲率连续性是对面进行倒圆角的一个选择。
操作方法	• CommandManager：【评估】/【斑马条纹】。 • 下拉菜单：【视图】/【显示】/【斑马条纹】。 • 右键菜单：右键单击面，选择【斑马条纹】。

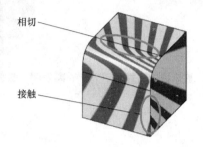
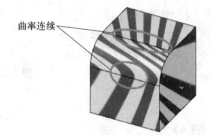

图 7-25　斑马条纹

步骤9　显示斑马条纹　单击【斑马条纹】 ，在 PropertyManager 中调整【设定】，以增加条纹数量，使其保持竖直。

> 提示　斑马条纹属性只会在该命令第一次启动时出现。这些选项可以根据需要从快捷菜单中再次访问。当旋转零件时，条纹会跟着面移动。

步骤10　切换到后视图　将视图方向更改为【后视图】 ，如图7-26 所示。从这个视图中，用户可以更容易察觉出不同面之间过渡的差异。

步骤11　关闭斑马条纹显示

图 7-26　切换到后视图

7.5　曲面曲率梳形图

在零件中，曲率梳形图提供另一种分析路径。【曲面曲率梳形图】（见图7-27）可以在两方面显示。

1. 持续　持续选项显示一个网格曲线的曲率梳形图穿过选择的面。网格的密度和显示的方向以及梳子的颜色都可以调整。

2. 动态　动态选项显示鼠标在零件的表面上移动曲率梳形图在曲面上。

比例和密度两个选项可以在 PropertyManager 中相同的两个方向调整来描述曲率梳形图。

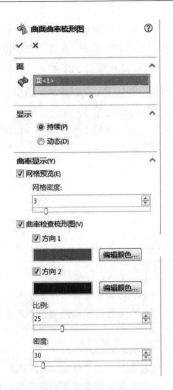

图7-27　曲面曲率梳形图

知识卡片	曲面曲率梳形图	• 下拉菜单：【视图】/【显示】/【曲面曲率梳形图】 。 • 快捷菜单：右键单击面，选择【曲面曲率梳形图】。

步骤12　显示曲面曲率梳形图　右键单击如图7-28所示零件的面并选择【曲面曲率梳形图】 。根据需要调整PropertyManager的选项，单击【确定】。

步骤13　保存并关闭所有文件

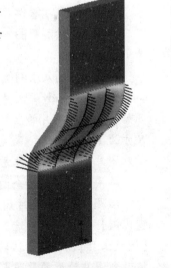

图7-28　显示曲率梳形图

7.6　实例：描摹样条曲线

　　学习样条曲线的一个好方法是描摹。在下面的案例中，会将一张图片作为【草图图片】添加到SOLIDWORKS零件中，并利用样条曲线把图片内容创建成草图实体，如图7-29所示。

【草图图片】是一张插入到2D草图环境中的图片。草图图片常在建模时用于描摹参考。可在多基准面上设置草图图片，以便在3D模型下模拟工程图视图。选择草图图片时，最好选择高分辨率、高对比度的图片。清晰的边比模糊的边更容易描摹。最理想的图片应该是黑白色的线条图（没有颜色或灰度）。

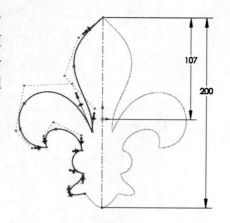

图7-29　描摹样条曲线

知识卡片	草图图片	. bmp、. gif、. jpg、. jpeg、. tif、. png、. psd 或 .wmf 等格式的图片都可用作草图图片。图片两侧都可见，但不能透过实体查看。草图图片将作为添加草图的子项目在特征管理设计树中显示。它可以通过隐藏整个草图来隐藏，也可以从 PropertyManager 树来选择和独立地隐藏。 【草图图片】PropertyManager 可以移动、旋转、调整大小或镜像图片。草图图片也可以在图形区域通过拖动并利用缩放工具来操作。 透明度选项也允许使用图像文件的透明度设置，定义一个指定的颜色透明，或使整个图像透明。
	操作方法	菜单：【工具】/【草图工具】/【草图图片】。

操作步骤

步骤1　新建零件　用"Part_MM"模板新建零件。

步骤2　绘制草图　在前视基准面上绘制草图，草图重命名为 Picture。

步骤3　插入草图图片　单击【草图图片】，打开"Lesson07 \ Case Study"文件夹下的文件"Fleur-de-lis. jpg"并插入。开始插入时，图片的坐标点（0，0）插入到草图原点，并且初始尺寸为1像素/mm，高宽比例被锁定。由于图片的分辨率很高，所以图片很大。可以注意到高度为1600.00mm，如图7-30所示。

单击【整屏现实全图】。

步骤4　调整图片尺寸　确保【启用缩放工具】和【锁定高宽比例】复选框被勾选。如图7-31所示，画面中图片上方的线是【缩放工具】，可用于协助调整图片的尺寸。将缩放工具左边的点拖动到图片轮廓的最高点，如图7-32所示。

图7-30　插入图片

技巧　用户可以在拖动图片的同时滚动鼠标中间轮以放大图片。拖动右边的箭头，使缩放线竖直，且端点与图像轮廓的底部重合，如图7-32所示。如果箭头被删除，则可以用修改对话框定义线的长度，输入200mm，单击【确定】。图片会随着这条直线缩放。

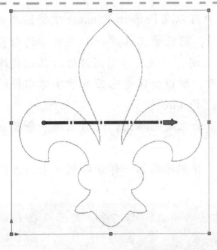

图 7-31 草图图片　　　　　　　　　　　图 7-32 调整图片尺寸

> **提示** 此时，可以拖动【缩放工具】箭头动态旋转草图图片。如果用户需要重新定义缩放线的长度，可以在 PropertyManager 中取消勾选【启用缩放工具】复选框然后再打开，并重复上述步骤。

步骤5 定位图片 为了更好地利用图片的对称性，要将图片中心与草图原点对齐。缩小以便可以同时看到图片和零件的原点。用鼠标左键拖动图片，将缩放线放置在原点上，如图 7-33 所示。草图图片 PropertyManager 中原点 X 坐标约为 -98.3mm，设置原点 Y 坐标到 -100.0mm。单击【确定】。

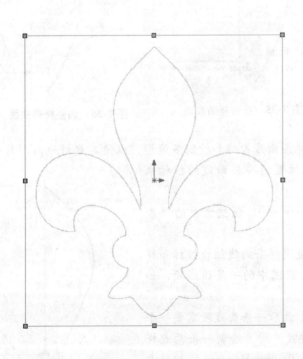

图 7-33 设置图片位置

> **提示** 双击图片可以再次访问草图图片 PropertyManager。

步骤6 **设置图片背景透明**（可选步骤）　用户可以在 PropertyManager 中将图片的白色背景设置成透明，选择透明度选项中的【用户定义】，用吸管工具 ✐ 选取图片中的白色，并移动透明度滑块到最右边。再次单击吸管工具将其关闭，以便对草图图片进行其他更改。

步骤7 **退出草图**　由于该草图的信息将被参考，所以会保持它独立于实体零件的特征所用的草图几何体。退出草图，并将其重新命名为"Picture"。

步骤8 **在前视基准面上绘制草图**　在前视基准面上绘制草图，过原点画一条竖直中心线，并按图 7-34 所示添加尺寸以完全定义该直线。

步骤9 **绘制样条曲线**　单击【样条曲线】∿，在图像的第一部分绘制一条三点样条曲线，并使其起始于中心线的端点，如图 7-35 所示。

提示 ☞　有多种方法可以完成这种形状，但由于曲率在顶部扁平，然后从凸到凹的改变，需要至少 3 个点的样条曲线。

步骤10 **显示控制多边形**　单击【显示控制多边形】╱。

步骤11 **调整样条曲线**　显示控制多边形。拖动样条曲线和多边形的点来移动样条曲线点，并按需要调整样条曲线的曲率大小。可以通过控制多边形操控保持最简单形式的样条曲线。但是，要改变两端的弯曲方向，将需要使用的样条曲线控标，如图 7-36 所示。

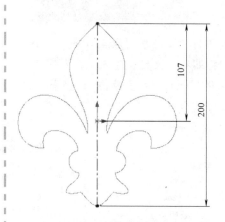

图 7-34　绘制中心线

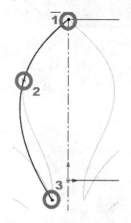

图 7-35　绘制样条曲线

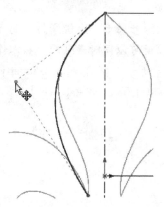

图 7-36　调整样条曲线（1）

步骤12 **调整二次曲线**　调整样条曲线控标和控制多边形，以使其更好地与图片一致，如图 7-37 所示。可以通过拖动较低位置的样条曲线的控标来创建拐点。

步骤13 **重复**　重复步骤 11 和步骤 12 调整需要的样条曲线。

步骤14 **绘制其他样条曲线**　使用样条曲线组合控标和样式曲线来临摹图片，一条样条曲线对应图中的一条曲线段，如图 7-38 所示。

步骤15 **绘制最后一条曲线段**　最后一条曲线段需要一个几何关系，以确保与对称的曲线段过渡平滑。绘制一条两点样条曲线，然后选择低处的控标，使用 PropertyManager 给控标添加【水平】⊢关系，如图 7-39 所示。调整样条曲线使其与曲线段保持一致。

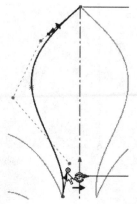

图 7-37　调整样条曲线（2）

162

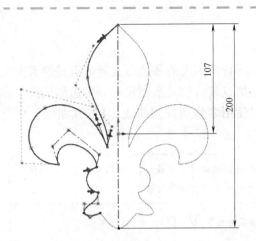

图 7-38 绘制其他样条曲线

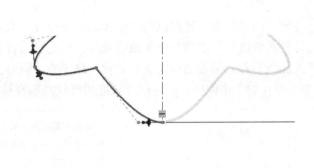

图 7-39 绘制最后一条曲线段

步骤16 **镜像实体** 框选草图中的所有实体，单击【镜像实体】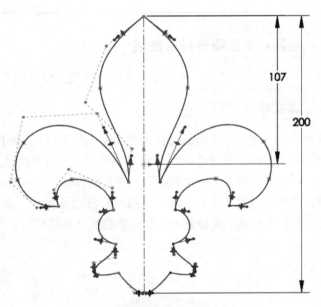。右键单击草图图片草图，单击【隐藏】，如图 7-40 所示。

步骤17 **拉伸草图** 如图 7-41所示，拉伸草图，深度为 15mm，拔模角度为 20°。也可给零件的凸边添加 2mm 圆角。

步骤18 **退出、保存并关闭零件**

图 7-40 镜像后的结果

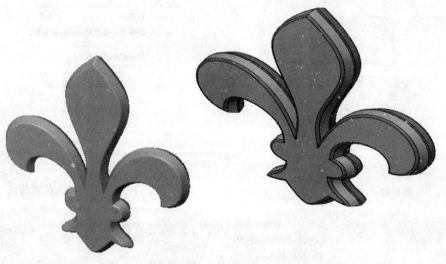

图 7-41 拉伸

163

7.7 样式曲线

【样式曲线】是一种可以创建实体的样条曲线，但是草图特征周围的多边形放置的点是沿着曲线的点。【样式曲线】不能进行样条曲线处理，但是可以直接添加点或线的关系和尺寸到多边形周围。这些【样式曲线】很容易被完全定义和设置对称关系。同时，只使用多边形控制曲线，【样式曲线】创建一条最小变化的平滑曲线，但是创建精准的形状并不容易。

知识卡片	样式曲线	用户通过放置曲线周边的多边形控制点来创建【样式曲线】。它们可以通过控制该多边形和通过给多边形或样条曲线添加几何关系和尺寸进行修改。
	操作方法	• CommandManager：【草图】/【样条曲线】 N /【样式曲线】 。 • 菜单：【工具】/【草图绘制实体】/【样式曲线】 。 • 快捷菜单：在草图中右键单击【样式曲线】（可能需要展开菜单才能看到该命令）。

164

7.7.1 实例：创建喷壶样式曲线

如图7-42所示的喷壶，将创建一条样式曲线。模型的其他部分已经完成。

7.7.2 样式曲线类型

样式曲线支持几个不同的【样条类型】（图7-43）。在PropertyManager上插入的样式曲线时可以选择一个贝塞尔曲线或不同度数的B样条曲线。贝塞尔曲线会生成尽可能光滑的样条曲线，但不提供控制点。B样条曲线更适合创建多边形，并且更容易适合一个精确的实体。样条曲线和样式曲线是可互换的。样条曲线可以被转换为一条样式曲线，反之亦然。一条度数为3的B样条样式曲线类型可以直接转换为一条样条曲线。度数越高，B样条曲线转换越轻松。

图7-42 喷壶

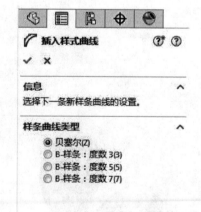

图7-43 插入样式曲线

提示　在"插入样式曲线"的PropertyManager上获取【帮助】②来查看不同样条曲线类型的可用示例。

操作步骤

步骤1 打开零件 在"Lesson07 \ Case Study"文件夹中打开名为"Watering_Can_Handle"的零件，如图7-44所示。该草图处于编辑状态，几何结构和外形尺寸待处理。

步骤2 创建样式曲线 单击【样式曲线】 。

步骤3 创建一条贝塞尔样式曲线 创建一条类似于多边形的样式曲线，其两端连接在几何模型上，如图7-45所示。

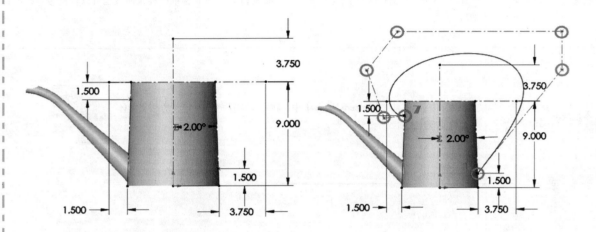

图7-44 打开零件   图7-45 创建样式曲线

步骤4 添加几何关系 在样式曲线和几何模型之间添加【重合】 几何关系，如图7-46所示。

步骤5 添加几何关系到控制多边形 添加【竖直】 、【水平】 和【重合】 关系到控制多边形的样式曲线中，如图7-47所示。

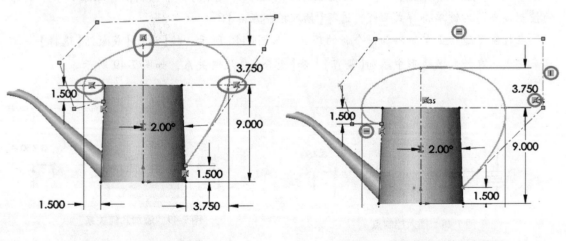

图7-46 添加几何关系   图7-47 添加关系到控制多边形

7.7.3 样式曲线工具

样式曲线使用许多相同的评估工具作为样条曲线的标准，见表7-5。

表 7-5　样式曲线工具

名　称	说　明
插入控制顶点 $\nearrow$	在选择的位置上允许额外的顶点添加到控制多边形 提示：从键盘或快捷菜单可以选择多边形的控制顶点【删除】✖它们
转换为样式曲线 $\approx\!\downarrow$	为了提供更多的控制，一条样式曲线可以转换为一条标准的样条曲线 提示：使用一个类似的命令：【转换为样式曲线】，一条标准的样条曲线也可以转换为一条样式曲线
本地编辑	该选项在【样式曲线】PropertyManager 中，在不影响任何已有定义的相邻实体下允许修改样式曲线
曲线度	该选项在 PropertyManager 中允许改变多边形控制点的数量。仅仅在样式曲线约束条件激活之前添加

步骤6　插入控制顶点　在前面处理的面附近添加额外的曲率控制，可以添加一个额外的控制顶点。右键单击样式曲线，选择【插入控制顶点】$\nearrow$。

在控制多边形上单击添加一个新的顶点，如图 7-48 所示。按【退出】或激活【选择】$\searrow$工具来完成。在控制多边形中添加【竖直】┃和【重合】✕几何关系，如图 7-49 所示。

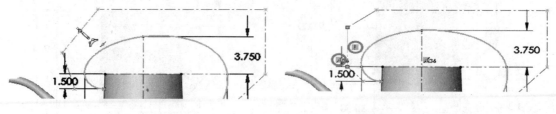

图 7-48　插入控制点　　　　　图 7-49　添加几何关系

步骤7　添加尺寸　添加尺寸到控制多边形来完全定义样式曲线，如图 7-50 所示。
步骤8　显示曲率检查　使用【显示曲率检查】✐来评估样式曲线，如图 7-51 所示。
步骤9　保存并关闭零件

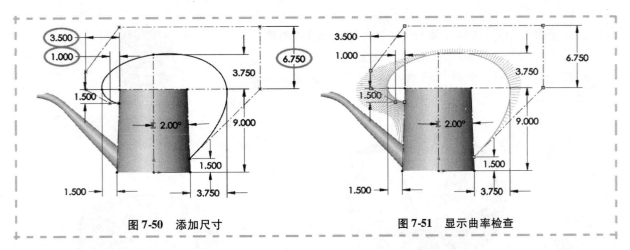

图 7-50 添加尺寸 图 7-51 显示曲率检查

练习 7-1 可乐瓶

本练习将使用 591mL 的塑料可乐瓶。自动化灌装设备通过夹持标准化的瓶口和瓶底部分才能将可乐装满。本案例的任务是设计中间过渡部分，外观形状要求方便饮料生产厂家包装品牌标签，如图 7-52 所示。

本练习将应用以下技术：

- 多实体。
- 插入零件。
- 移动/复制。
- 样条曲线。
- 实体相交。

单位：in(英寸)或 cm(厘米)。

图 7-52 可乐瓶

操作步骤

步骤 1 新建零件 使用默认的零件模板，新建名为"可乐瓶"的零件，在文档属性中修改长度单位为 in 或 cm。

> 提示 设置零件材料为 PET，透明度为 0.2，颜色为绿色。

步骤 2 插入瓶底零件 在菜单中单击【插入】/【零件】，打开"Lesson07 \ Exercises"文件夹下的"BottleBottom"零件。将插入的零件放置在绘图区域的原点上，如图 7-53 所示。在【转移】选项下选择【实体】，不勾选【以移动/复制特征找出零件】，单击【确定】将零件放置在原点。

步骤 3 插入瓶口零件 插入"Lesson 07 \ Exercises"文件夹下的零件"BottleNeck"。选择【以移动/复制特征找出零件】，单击【确定】按钮，即可插入瓶口零件，如图 7-54 所示。

图 7-53 插入瓶底零件

步骤4　找正零件　插入的零件会默认放置在绘图区域的原点上。在【插入零件】中，设置 Y 向平移距离为 8.75in(22.2cm)，如图 7-55 所示。单击【确定】完成零件的插入。

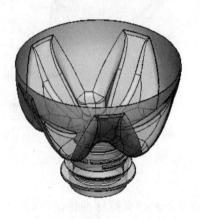

图 7-54　插入瓶口零件

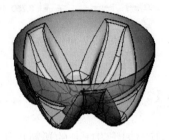

图 7-55　找正零件

步骤5　绘制草图　以前视基准面为草图平面，绘制中段轮廓。可使用样条曲线或其他草图绘制可乐瓶中段截面轮廓，也可以发挥想象力绘制特别新奇的轮廓形状。在可乐瓶的中心绘制旋转中心线，为后续创建旋转薄壁特征做准备。为实现绘制的截面轮廓和瓶口、瓶底部分光滑连接，就需要在两端外侧连接位置添加相切和重合几何约束，如图 7-56 所示。

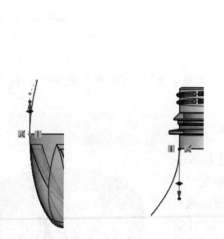

图 7-56　绘制草图

步骤6　创建旋转薄壁特征　单击【旋转凸台/基体】，在弹出的对话框中单击【否】。创建指向可乐瓶内部的薄壁特征，设置【厚度】为 0.012in(0.03cm)；并勾选【合并结果】复选框，如图 7-57 所示。

步骤7　展开"实体"文件夹　当前文件夹下只有一个实体，如果存在多个实体，则需要检查中段轮廓草图和旋转薄壁特征是否有错误。

步骤8 **查看瓶身** 基于上视基准面偏移 7.5in(19.0cm)创建一个新的基准面。单击【相交】，选择新建的基准面及瓶身的实体，单击【创建内部区域】选项，并单击 Property-Manager 中的【相交】按钮，单击【确定】，如图 7-58 所示。

步骤9 **孤立新的实体** 当前部件含有两个实体"一个是瓶子，另一个是瓶身可以容纳的内部空间。【孤立】该内部空间实体。

步骤10 **查询质量属性** 单击【评估】工具栏上的【质量属性】。若使用的是英制单位，体积约为 $36in^3$；若使用的是米制单位，体积约为 $591cm^3$。

步骤11 **压缩特征** 如果已经对可乐瓶的体积满意，可以压缩"凸台-拉伸1"和"组合1"特征还原可乐瓶模型，如图 7-59 所示。

步骤12 **退出孤立**

步骤13 **保存并关闭零件**

> 技巧 用户可以在【质量属性】的 PropertyManager 选项中修改，以使用用户自定义的单位，如体积可以用升或液体的盎司。
> 如果体积显示不正常，就需要修改样条曲线形状和旋转特征。

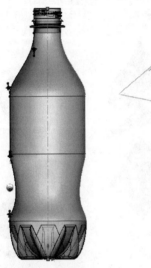

图 7-57 创建旋转
薄壁特征

图 7-58 创建拉
伸实体块

图 7-59 压缩特征

练习 7-2 样条曲线练习 1

本练习将使用样条曲线描摹四张扑克牌图形：黑桃、红心、方块和梅花，如图 7-60 所示。

本练习将应用以下技术：

- 样条曲线。
- 样式曲线。
- 草图图片。

图 7-60 样条曲线

169

操作步骤

步骤1　新建零件　使用"Part_MM"模板创建新零件。

步骤2　绘制草图　基于前视基准面绘制草图，重命名为"Picture"。

步骤3　插入草图图片　单击【草图图片】，打开"Lesson07 \ Exercises"文件夹下的"Card Suit Symbols"文件，并单击【打开】。

步骤4　缩放并设置图片位置　在【锁定高宽比例】复选框被勾选的情况下，根据需要缩放并设置图片位置。可以使用 PropertyManager 或直接在视图窗口中拖曳。

步骤5　退出图片草图

步骤6　新建另一草图　在前视基准面上新建另一草图。

步骤7　描摹草图图片　使用样条曲线和其他草图实体描摹草图图片，如图7-61所示。在需要的地方通过镜像功能（有效利用图片的对称性）描摹草图图片。

步骤8　检查草图　检查草图是否存在空隙或相交的轮廓。单击【工具】/【草图工具】/【检查草图合法性】/【基体特征】，选择【基拉伸】然后单击【检查】。如果连续的样条曲线端点不重合，或者样条曲线之间相交或自相交，则需要修复草图。

步骤9　拉伸草图　距离设为3mm。也可给零件实体上色，如图7-62所示。

步骤10　保存并关闭零件

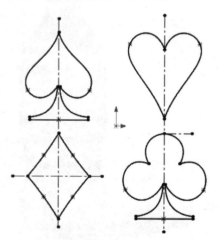

图7-61　描摹结果

图7-62　拉伸并上色

练习7-3　样条曲线练习2

本练习将使用样条曲线描摹已选择的图片，图7-63为室女座。

本练习将应用以下技术：

- 草图中的曲线。
- 草图图片。

图7-63　室女座

操作步骤

　　步骤1　新建零件　使用 "Part_MM" 模板创建新零件。

　　步骤2　绘制草图　基于前视基准面绘制草图，并重命名为 "Picture"。

　　步骤3　插入草图图片　单击【草图图片】 ![icon]，打开 "Lesson07 \ Zodiac Signs" 文件夹，从 12 星座图片中选择一个，并单击【打开】。

白羊座	金牛座	双子座	巨蟹座
狮子座	室女座	天秤座	天蝎座
人马座	摩羯座	宝瓶座	双鱼座

　　步骤4　更改透明度　所有图片的背景都是黑色的，将背景改为透明。在【草图图片】PropertyManager 选项卡的【透明度】下，勾选【用户定义】复选框。使用颜色拾取器 ![icon]，拾取黑色作样本色，设置【匹配公差】为 0.00，【透明度】为 1.00。

　　步骤5　缩放并设置图片位置　在【锁定高宽比例】复选框被勾选的情况下，根据需要缩放并设置图片位置。可以使用 PropertyManager 或直接在视图窗口中拖曳。如果图片有对称性元素，比如双子座，应通过原点创建一条中心线，并借助它来调整尺寸和设置图片位置。而对于任意形状的图片，比如室女座，就没有必要强制要求与原点的相对位置。

　　步骤6　退出图片草图并新建另一张草图　在前视基准面上新建另一张草图。

　　步骤7　描摹草图图片　使用样条曲线和其他草图实体描摹草图图片。

> **提示** ![icon]
> ● 可以用简单样条曲线画一条长曲线，然后绘制相交再剪裁。这将确保这条长曲线的连续性。例如，勾勒出金牛座的头冠样条线，然后修剪出角的部分。
> ● 可以使用其他草图几何体。例如，使用一个直线来画人马座的箭头，而不是样条曲线。

　　步骤8　检查草图　检查草图是否有开环或相交轮廓线存在。如果有这种情况，修复错误。

　　步骤9　拉伸草图　拉伸草图，距离设为 1mm。

　　步骤10　保存并关闭零件

第8章 扫 描

学习目标

- 使用扫描创建拉伸和切割特征
- 理解穿透几何关系
- 使用引导曲线创建扫描特征
- 创建一个多厚度的抽壳
- 使用 SelectionManager

8.1 概述

扫描特征通过将轮廓线沿着路径移动形成的一个拉伸或切割特征，该特征可以简单也可以复杂。扫描实例如图8-1所示。

要生成的扫描几何，系统将通过沿路径的不同位置复制轮廓创建一系列的中间截面，然后将这些中间截面混合在一起。扫描特征包括一些附加参数，如引导曲线、轮廓方向的选择，并通过扭转创建各种各样的形状。

本章首先温习使用二维路径和一个简单的草绘轮廓进行简单的扫描；然后将学习使用三维曲线作为扫描路径或引导曲线绘制复制的扫描特征（见图8-2）。

以下介绍扫描特征的一些主要元素，并描述它们的功能。

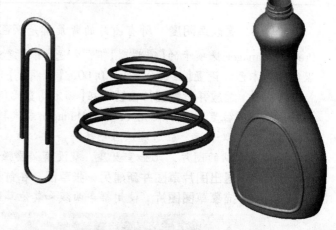

图8-1 扫描实例

- 扫描路径：扫描路径可以是二维或三维的，由草图实体、曲线或模型的边组成。扫描的路径提供了轮廓的方向，以及默认地、控制特征中的中间截面的方向。大部分情况下，最好先创建扫描特征的路径，这样轮廓草图就可以包含与路径的几何关系。

- 轮廓：扫描轮廓可以被创建于一个草图中，也可以按扫描 PropertyManager 要求自动创建简单圆轮廓。

作为一个草图轮廓，扫描轮廓必须只存在于一张草图中，必须是闭环且不能自相交叉。但是，草图可以包含多轮廓，不管这些轮廓是嵌套的还是分离的，如图8-3所示。创建轮廓草图时，最好包含跟预期扫描路径的几何关系。轮廓和路径之间的几何关系将会在扫描特征的所有中间截面中保留。

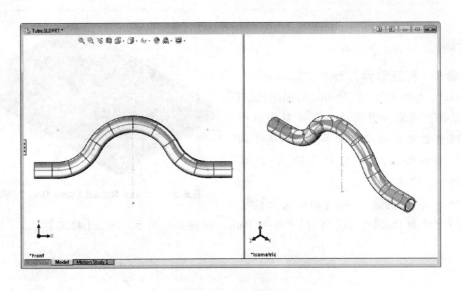

图 8-2 扫描特征

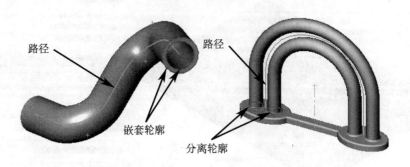

路径   路径

嵌套轮廓   分离轮廓

图 8-3 扫描轮廓示例

知识卡片	扫描凸台/基体	• CommandManager：【特征】/【扫描】🪱。 • 菜单：【插入】/【凸台/基体】/【扫描】。
	扫描切除	• CommandManager：【特征】/【扫描切除】🗔。 • 菜单：【插入】/【切除】/【扫描】。

8.2 实例：创建高实木门板

传统的高实木门板由 5 个部分组成：两个轨、两梃和一个凸嵌板。通常用中密度板作为材料既可降低成本，又可达到一样的外观。在接下来的示例中，将应用扫描特征在门上创建设计一个切除，如图 8-4 所示。

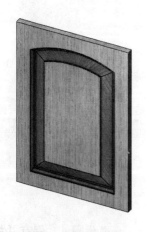

图 8-4 高实木门板

173

操作步骤

步骤1 打开零件 打开 "Lesson08 \
Case Study" 文件夹下的 "Faux Raised Panel
Door" 零件，该零件是由一个长方形的拉伸
和一个用户自定义的参考面和两个草绘（细
实线作为扫描路径，粗实线作为轮廓）组成
的，如图 8-5 所示。

步骤2 扫描切除 单击【扫描切除】，
在【轮廓】中添加 Profile，在【路径】中添加 Path，如图 8-6 所示。单击【确定】。

图 8-5 "Faux Raised Panel Door" 零件

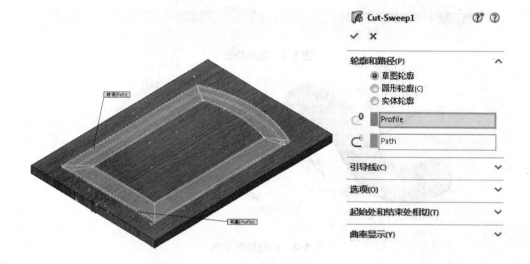

图 8-6 扫描切除

步骤3 查看扫描结果 如图 8-7 所示，简单的扫描跟拉伸特征相似，不同的是扫描的
轮廓可以根据定义的路径沿多个方向创建。

图 8-7 查看扫描结果

步骤4 保存并关闭零件

8.3 使用引导线进行扫描

引导线是扫描的另外一个元素,可以用来更多地控制特征的形状。扫描可以使用多条用于成形实体的引导线。扫描轮廓后,引导线就决定了轮廓的形状、大小和方向。可以把引导线形象化地想象成用来驱动轮廓的参数(如半径)。在本例中,引导线和扫描轮廓连接在一起,当沿路径扫描轮廓时,圆的半径将随着引导线的形状发生变化,如图 8-8 所示。

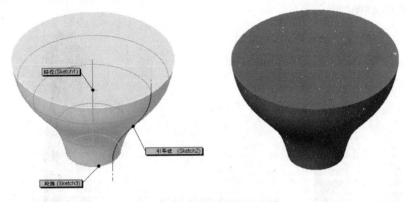

图 8-8 使用引导线进行扫描

8.4 实例:创建塑料瓶

对于复杂外形的建模,创建特征的方法与拉伸和旋转不同。本例将创建图 8-9 所示的塑料瓶模型。

具体步骤从建立基本的图形开始,再添加细节特征。该瓶体的基本横截面是椭圆形,下面将为扫描创建一个简单的竖直路径,并使用一个椭圆作为轮廓。椭圆的形状会随着引导线而改变。将根据表示正面和侧面的形状的草图图片来创建这个引导线。

图 8-9 塑料瓶

操作步骤

步骤 1 新建零件 使用"Part_IN"模板创建一个零件,保存并命名为"Bottle Body"。

步骤 2 草绘扫描路径 选择前视图进行草绘。从原点开始,绘制一条垂直线,长度为 9.125in,如图 8-10 所示。该垂直线将被用作扫描路径。退出草绘作为扫描路径。

步骤 3 绘制草图 在前视基准面上绘制草图。

步骤 4 插入草图图片(1) 单击【草图图片】,在"Lesson08 \ Case Study \ Bottle Images"文件夹中选择瓶体的前视图图片"Front of Bottle",单击【打开】。调整图片大小和位置,使其与扫描路径对称,使瓶颈底部与扫描路径顶端重合,如图 8-11 所示。按照以下设置定位:

- X 轴坐标为 -2.390in。

图 8-10 扫描路径

- Y 轴坐标为 -0.100in。
- 宽度为 4.79in。

退出草图，并将草图命名为"Picture-Front"。

步骤5　插入草图图片(2)　在右视基准面上绘制草图，单击【草图图片】，打开"Lesson08 \ Case Study \ Bottle Images"文件夹下的"Side of Bottle"图片作为瓶体侧面，重复步骤4的操作。按照步骤4的设置调整图片的大小和位置，如图8-12所示。退出草图，并将草图命名为"Picture-Side"。

图8-11　瓶体前视图

图8-12　瓶体侧视图

步骤6　绘制第一条引导线　由于希望轮廓草图含有与引导线的几何关系，因此先创建引导线。在前视基准面上新建草图，按照之前插入的图片"Picture-Front"绘制多样线作为第一条引导线。

在扫描路径的终点和多样线的终点之间建立水平关系，在两者之间添加距离"0.500in"，如图8-13所示。退出草图，并将草图命名为"First Guide"。

步骤7　绘制第二条引导线　在右视基准面上新建草图，按照之前插入的图片"Picture-Side"绘制多样线作为第二条引导线。在扫描路径的终点和多样线的终点之间建立水平关系。这里要把瓶颈设置为原型，再在两者之间添加距离"0.500in"，如图8-14所示。退出草图，并将草图命名为"Second Guide"。

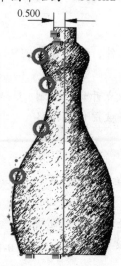

图8-13　绘制第一条引导线

图8-14　绘制第二条引导线

步骤8　隐藏草图　隐藏含有草图图片的草图。

步骤9　创建扫描截面　选择上视基准面，新建一幅草图。在草图工具栏中单击【椭圆】，以原点为中心绘制一个椭圆，如图8-15所示。

希望扫描的轮廓与引导线相关联，这样扫描的每一个截面都与引导线相关。这里将使用【穿透】关系。【穿透】关系作用于草图里的一个点与跟该草图基准面相交的曲线之间（见图8-16）。该几何关系将使草图点重新定位到曲线与草图基准面相交的位置，完全定义该点。这里的曲线可以是草图实体、曲线特征或模型的边。当曲线在多个位置穿过草图基准面时，则在定义穿透的位置时应注意在靠近想要定义穿透的位置选择曲线。注意，跟一条曲线【重合】是不能完全定义该点的。虽然有【重合】约束，但该点可以位于曲线上的任一位置甚至在其投影上。

在本例中，可以通过给椭圆轮廓的点和引导线端点之间添加【重合】关系完全定义轮廓，但此处并不想将该几何关系包含到扫描特征的中间截面中。【穿透】关系不仅可以完全定义轮廓，由于每个中间截面也被引导线空透，因此还可以保证每个中间截面随竖直的路径保持合适的尺寸。

步骤10　添加穿透几何关系　选取椭圆长轴的末端，按住Ctrl键，同时选取第一条引导线，单击右键，从快捷菜单中选择【穿透】。使用同样的方法在短轴和第二条引导线之间添加【穿透】几何关系，如图8-17所示。

步骤11　完全定义草图　现在轮廓已经定义了，其尺寸和方向都由引导线驱动。

步骤12　退出草图　将草图命名为"Sweep Profile"，接下来就可以通过扫描创建瓶身实体了。

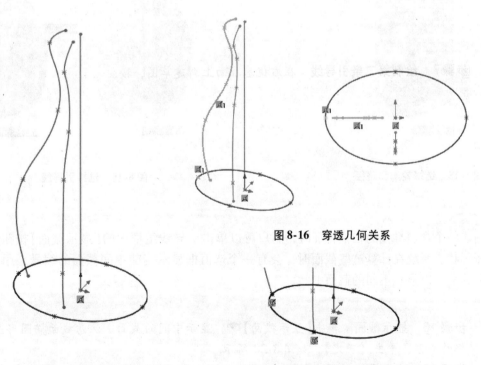

图8-16　穿透几何关系

图8-15　创建扫描截面　　　　　　　　图8-17　添加几何关系

8.5 引导线扫描

当生成扫描特征时，引导线控制轮廓草图的形状、大小和方向。在此例中，引导线控制椭圆的长轴和短轴的长度。

步骤13 创建扫描特征 单击【扫描】，开始创建扫描。

步骤14 选择轮廓和路径 使【轮廓】选项框应处于激活状态，选择椭圆。当选择完扫描轮廓后，【路径】选项框将自动激活，选择竖直线作为路径。如图 8-18 所示，每选择一次，在图形区域都会出现相应的标注。预览图形显示了使用当前轮廓和路径扫描得到的形状(没有指定引导线)。

步骤15 选择引导线 展开【引导线】选项框，单击【引导线】选项框，按图 8-19 所示选择两条引导线。由于使用了引导线，与之相关的几何关系也应该在特征中包含。穿透几何关系使得扫描特征的每个中间椭圆截面的长轴端点被样条曲线穿透，因此椭圆的大小将随路径而改变。选择曲线 "Second Guide"

引导标注仅出现在最后选择的引导线上。

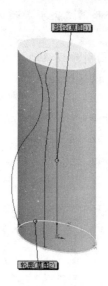
图8-18 选择轮廓和路径

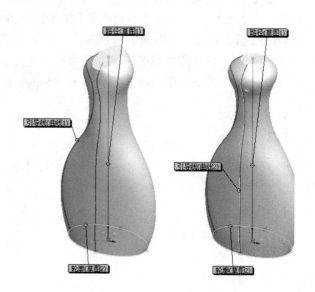
图8-19 选择引导线

当创建一个含引导线的扫描特征时，用户可以单击引导线组框内的【显示截面】按钮来查看生成的中间截面形状。系统在计算这些截面时，会有一个选值框显示当前中间截面的编号，用户可以单击向上或向下的箭头以显示不同的截面中。

步骤16 显示截面 单击【显示截面】，显示中间的截面。注意截面椭圆形态随引导线变化的关系，单击【确定】，如图 8-20 所示。

步骤17 改变颜色（可选步骤）设置 "Bottle" 零件的外观。

步骤18 添加瓶颈 选择顶部的面并打开草图，使用【转换实体引用】复制该边到当前的草图中，向上拉伸 0.625in，如图 8-21 所示。

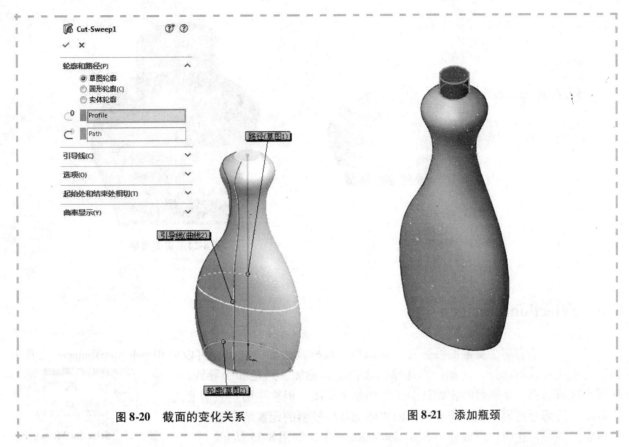

图 8-20 截面的变化关系   图 8-21 添加瓶颈

接下来是添加一个抽壳特征。在瓶子的实例中，除了瓶颈是 0.060in 之外，所有的面厚度都是 0.020in。【抽壳】命令提供创建多厚度抽壳的选项，多厚度抽壳可以使面更厚或者更薄。用户应该先决定实例中大多数的面片的厚度。然后，再确定更少一部分面的厚度。

多厚度抽壳在不同厚度之间需要一条锐利的边来定义边界。

步骤 19 抽壳命令 单击【抽壳】 ⬛，设置厚度为 0.020in，在【移除的面】中选择瓶颈顶部的面，如图 8-22 所示。

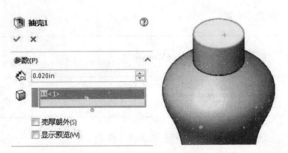

图 8-22 实例效果

步骤 20 多厚度 激活【多厚度设定】选择框。

步骤 21 选择加厚的面 选择瓶颈外面的面，设置厚度值为 0.060in。单击【确定】 ✔，创建壳，如图 8-23 所示。

步骤 22 在剖视图中查看结果 右边的剖视图显示了两种不同的厚度，如图 8-24 所示。

步骤 23 保存并关闭零件

图 8-23　实例效果　　　　　　　图 8-24　实例效果

8.6　SelectionManager

当使用一些有多个要素的特征时，如扫描、放样及边界特征等，可以使用 SelectionManager 工具来辅助完成所要求的选择。比如，当选择扫描特征的轮廓、路径和引导线时，从图形区域选择一个项目时，默认会选择到整个草图。但往往用户只需要选择草图中的部分内容，或者需要将草图实体与其他模型的元素结合起来以实现想要的结果，这时便可以使用 SelectionManager 了，如图 8-25 所示。

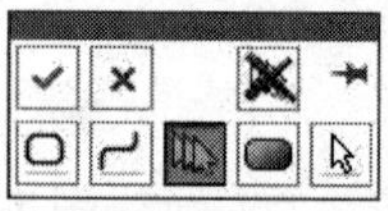

图 8-25　SelectionManager

8.6.1　SelectionManager 概述

SelectionManager 可以用选择草图中的部分内容，或者在多个草图中选择实体，选择多条非相切的边，或将边和草图实体结合起来组成"选择组"。SelectionManager 界面选项见表 8-1。

表 8-1　SelectionManager 界面选项

名称及图标	作　用
确定 ✔	确定选择项
取消 ✖	取消选择并关闭 SelectionManager
清除所有 ✖	清除所有的选择或编辑
选择闭环 ▢	在选择闭环的任意线段时，系统选择整个闭环
选择开环 ⌐	在选择任意线段时选择与线段相连的整个开环
选择组 ⛶	选择一个或多个单一的线段，选择可以传播到选定线段之间的切线
选择区域 ▬	选择参数区域，这相当于二维草绘模式中的轮廓选择方式
标准选择 ⬚	使用普通的选择方式，功能相当于不使用 SelectionManager

知识卡片	SelectionManager	• 快键菜单：在【扫描】、【放样】或【边界】特征 PropertyManager 激活时，在图形区域右键单击并选择【SelectionManager】。

8.6.2 实例：悬架

在本实例中，悬架（见图 8-26）模型已经建立了用扫描特征将现有机构桥接在一起所需的所有信息。然而，路径曲线和引导线存在于相同的草图中，所以需要使用 SelectionManager 指定特征的不同组件。

操作步骤

步骤 1 打开零件 "Hanger Bracket" 查看 FeatureManager 设计树，草图 "Sweep Curves" 包含了扫描特征需要的路径曲线和引导线，如图 8-27（橙色显示）所示。下面将用 "Sketch4" 作为扫描的轮廓，该草图与两条曲线都已经建立了穿透几何关系。

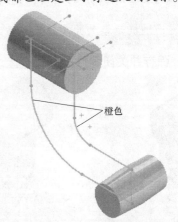

橙色

图 8-26 悬架　　　　　　图 8-27 打开零件

> **提示** 由于路径曲线和引导线位于同一个基准面且它们之间拥有几何关系，所以为了方便，将它们创建在了同一张草图中。

步骤 2 扫描拉伸 单击【凸台和基体】/【扫描】，选择 "Sketch4" 作为轮廓。此时扫描的路径选择框自动变成激活状态。

步骤 3 SelectionManager 右键单击图形区域，选择【SelectionManager】。单击对话框中的【选择开环】↰，选择如图 8-28 所示草绘(粉色显示)作为扫描路径。系统选择所有连接的线段。右键单击或单击【SelectionManager】上的【确定】✔ "开环" 将用于路径选择。

> **提示** 本例使用的是区域内的路径，因为此处希望中间截面遵循这条曲线的方向。默认情况下，路径曲线的主要功能是提供该特征的方向和控制中间截面的方向，而引导线通常用来调整大小和成形。

步骤 4 添加引导线 重复以上步骤添加引导线，如图 8-29 所示。

步骤 5 查看扫描结果 勾选【合并结果】复选框来合并实体，在【扫描 PropertyManager】中单击【确定】，得到如图 8-30 所示的图形。

181

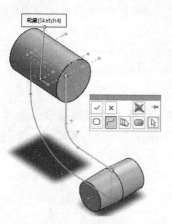

图 8-28　扫描路径

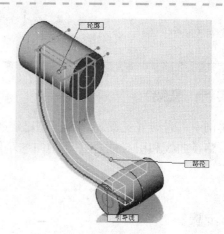

图 8-29　添加引导线

步骤6　添加穿透孔（可选步骤）　添加如图 8-31 所示两个孔。插入圆角，如图 8-32 所示在红色标注边处添加 3mm 的圆角，完成建模。

> **提示** 👆 通过提示添加圆角是最佳方法。

步骤7　保存并关闭零件

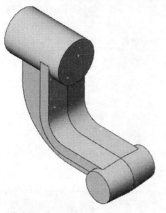

图 8-30　查看扫描结果

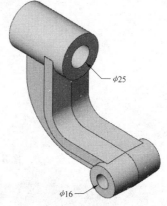

图 8-31　添加孔

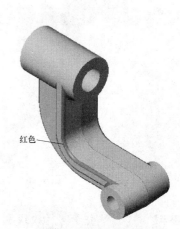

图 8-32　插入圆角

练习　创建椭圆形抽屉把手

图 8-33 所示的抽屉把手的主要特征为扫描凸台，其路径为一条对称的曲线。下面将使用构造几何体实现必要的尺寸，并使用样式曲线来完成该对称曲线。

本练习将应用以下技术：

- 样式曲线。
- 扫描。

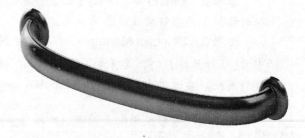

图 8-33　椭圆形抽屉把手

操作步骤

步骤1　新建零件　使用模板"Part_MM"新建零件，命名为"Drawer Pull"。

步骤2 草绘构造几何 在前视基准面上进行草绘，按照图8-34所示的草绘指定长度的两条中心线，定义中点在坐标原点。

步骤3 草绘一条样式曲线 如图8-35所示放置控制点绘制一条样式曲线。

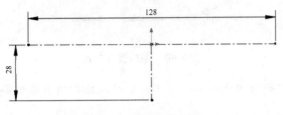

图8-34 草绘构造几何　　　　　　　　　图8-35 草绘一条样式曲线

步骤4 添加几何关系 如图8-36所示，对样式曲线和竖起构造线端点添加【重合】约束。

对控制多边形的左边的直线添加一个【竖直】关系。为了使样条曲线对称，添加一个【对称】关系到两个控制顶点和竖直中心线。这将完全定义样条曲线，如图8-37所示。

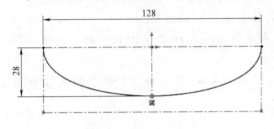
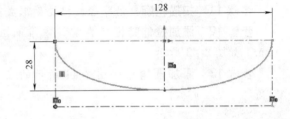

图8-36 添加重合约束　　　　　　　　　图8-37 添加几何关系

由于多边形的几何形状可用于草图关系，样式曲线对于使对称样条曲线对称非常有用。如果使用普通样条曲线，对称性可能是一个挑战，但也有一些技巧。

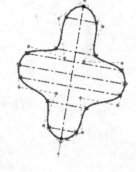

1. 镜像绘制样条曲线 这是最简单的方法，但因为它创建两个单独的样条曲线，从镜像样条线创建几何形状将会在模型面中的相应的样条曲线的端点位置产生边。

2. 建立对称的构造几何并将样条曲线搭配到对称框架上 结果为一个单一的曲线，但复杂的样条曲线可能会非常耗费时间。如果方向控制（样条手柄）被激活时，样条曲线最终可能并非完全对称，如图8-38所示。

3. 镜像样条曲线，并使用【套合样条曲线】将两个独立的曲线连成一条样条曲线 这种技术将产生一个连续的曲线，且不需要构造几何体的复杂设置。

图8-38 对称构造几何

步骤5 添加控制点 为了修改样式曲线的形状，可以添加一些控制点。右键单击样式曲线或控制多边形，单击【插入控制点】，单击控制多边形的位置较低的直线，在对称线的每一侧创建控制顶点。

步骤6 添加对称关系 如图8-39所示，在新创建的点和竖直中心线上添加【对称】关系。

步骤7 添加重合关系 如图8-40所示，给控制多边形的水平线和竖直中心线的端点添加【重合】关系。这将使曲线在此区域变平。

183

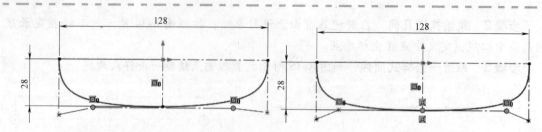

图 8-39　添加对称关系　　　　　　　　图 8-40　添加重合关系

步骤8　微调样条曲线　移动控制点调整样条曲线的形状。用户也可以给控制多边形添加尺寸来完全定义该曲线。

步骤9　退出草图

步骤10　绘制轮廓　在前视基准面上新建草绘。绘制一个如图 8-41 所示的椭圆，添加尺寸，使中心与样条曲线端点重合。

> **提示**　为执行【扫描】命令，必须先退出草图模式。

步骤11　扫描轮廓　沿路径扫描轮廓形成如图 8-42 所示的图形。

步骤12　添加拉伸特征　在前视基准面上新建图。向外平移轮廓 4mm，拉伸草图 3mm，如图 8-43 所示。

步骤13　添加圆角　按图 8-44 所示的在上边添加 4mm 的圆角，下边添加 0.5mm 的圆角。

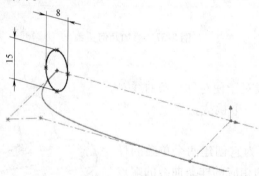

图 8-41　绘制轮廓

图 8-42　扫描轮廓

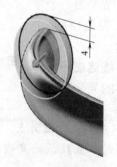

图 8-43　添加拉伸特征

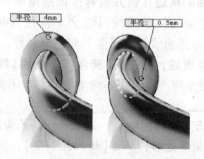

图 8-44　添加圆角

步骤14　镜像另一边圆角　以右视基准面为对称平面添加另一侧的把手装脚，如图 8-45 所示。

步骤15　关闭并保存零件

图 8-45　镜像另一边圆角

第 9 章 曲 线

学习目标

- 认识曲线特征
- 绘制 3D 草图
- 绘制螺旋线
- 通过投影两个 2D 草图创建一条 3D 曲线
- 基于多个对象创建组合曲线

9.1 曲线特征

本章将介绍 SOLIDWORKS 中的几种曲线特征。这里介绍的不是草图环境下的曲线特征，用二维和三维曲线几何创建的曲线很难用草图下的命令实现。这些曲线对于创建复杂的特征是十分实用的，而且可以直接用作扫描的路径和引导线。曲线特征见表 9-1。

表 9-1 曲线特征

名称及图标	作 用
螺旋线/涡状线	该特征用于创建三维螺旋线或二维涡状线。这是一个基于草图的特征，需要在曲线的起始平面和起始直径创建一个草图圆
投影曲线	该特征将一个草图投射到面，或草图投射到草图来创建一条曲线。该工具对创建用正交视图描述十分复杂的三维曲线非常有用
组合曲线	该特征将不同的曲线连接起来创建成一条曲线。组合曲线可以将多个草图、曲线特征，及边连接起来结合成一条连续的曲线
通过 XYZ 点的曲线	该特征创建一条通过指定 XYZ 坐标的曲线。坐标数据可以存成外部文件以供重用。也可以通过插入 SOLIDWORKS 曲线文件或文本文件获取坐标信息
通过参考点的曲线	该特征创建一条通过用户定义点或已存在的顶点的曲线。该特征还提供了创建闭合的曲线的选项
分割线	该特征通过创建额外的边来分割模型的面。该命令可以利用投影草图几何、面、表面、平面、相交产生的边，来分割模型的面，或给轮廓边添加分割线等

9.2 实例：创建一个弹簧

在本实例中，将创建如图 9-1 所示的螺旋弹簧。将利用该零件对称的特点，先创建弹簧的一半，然后再对其进行镜像，来完成整个弹簧。扫描是这个零件的主要特征，用若干个曲线特征作为路径，而中间部分则用一个 3D 草图来生成。

9.3　沿 3D 路径扫描

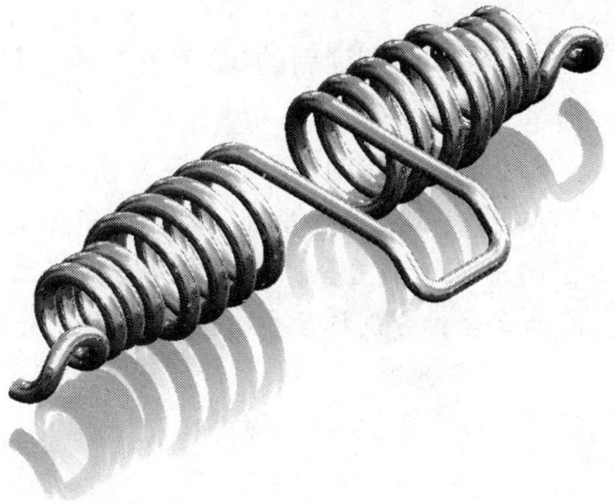

本书已介绍了使用 2D 路径扫描的简单实例。本节内容将介绍一个比较复杂的实例——使用 3D 路径扫描，从包含投影曲线和螺旋线的 3D 草图创建 3D 路径。

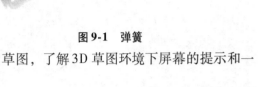

9.4　绘制 3D 草图

3D 草图中的实体不同于惯用的 2D 草图中的实体，这使得 3D 草图在某些应用（如扫描和放样）中十分有

图 9-1　弹簧

用。然而，有时候绘制 3D 草图比较困难。为成功地绘制 3D 草图，了解 3D 草图环境下屏幕的提示和一些关系很关键。

9.4.1　使用标准基准面

使用基准参考平面进行 3D 草图绘制，允许用户在三维空间中绘制草图，并可在已有的标准基准面之间切换。在三维空间中绘制草图。默认情况下使用模型中的默认坐标系统（前视基准面）绘制草图。如果想切换到另外两个系统默认的基准面，可以在草图工具被激活时按住 Tab 键，这样就会显示当前草图平面的原

图 9-2　平行于前视基准面

点。鼠标的形状将显示正在操作草图的基准面，如图 9-2 所示，XY 表示平行于前视基准面绘制，YZ 表示平行于右视基准面，而 XZ 则表示平行于上视基准面。在 3D 草图绘制时，通过按住 Ctrl 键并单击模型中已经存在的面或平面，可以把它们作为草图绘制的面，如图 9-3 所示。

图 9-3　在面或平面上绘制草图

9.4.2　空间控标

除了光标反馈，SOLIDWORKS 在 3D 草图环境中还提供了一个图形化的辅助工具来帮助用户保持方向，称为"空间控标"。【空间控标】显示为红色，它的轴点在当前选择的面或平面的方向上。空间控标遵循放置在 3D 草图中的点，帮助用户识别方位及推理线，以及自动捕捉关系，如图 9-4 所示。

9.4.3　草图实体和几何关系

相对于 2D 草图而言，3D 草图中少了很多可用的实体和草图几何关系。但是，有一些几何关系，如【平行 YZ】、【平行 ZX】、【沿 Z】等，只

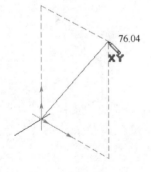

图 9-4　空间控标

能在 3D 草图中应用。由于 3D 草图环境中不止有两个维度，这些关系可以通过使实体与模型的坐标轴对齐，来完全定义它的方向。

知识卡片	3D 草图	● CommandManager:【草图】/【草图绘制】/【3D 草图】。 ● 菜单:【插入】/【3D 草图】。

操作步骤

步骤 1　新建零件　使用模板 "Part＿MM" 新建一个零件，命名为 "Spring"。

步骤2 创建新的3D草图 单击【3D草图】🔲，从下拉菜单中选择【插入】/【3D草图】，打开一幅新草图。

步骤3 绘制中心线 在草图工具栏中单击【中心线】✏️，按 Tab 键，直到光标显示为 YZ 符号。如图9-5所示，从原点开始沿 Y 轴绘制大约 3mm 长的中心线，保持该线在模型空间中与 Y 轴重合；沿 Z 轴绘制第二条大约 3mm 长的中心线，保持该线在模型空间中与 Z 轴重合；分别标注中心线的尺寸为 3.25mm 和 3mm。

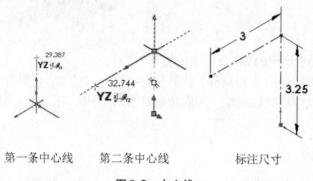

第一条中心线　　第二条中心线　　　　标注尺寸

图9-5　中心线

步骤4 绘制第一条直线 单击【直线】，按 Tab 键，直到光标显示为 XY 符号。

如图9-6所示，从第二条中心线的终点开始沿 X 轴绘制大约 10mm 长的直线，保持该线在模型空间中与 X 轴重合。

步骤5 绘制第二条直线 绘制第二条直线，长度大约 3mm，与水平线的夹角约45°。如图9-7所示，光标后的符号╲表示正在绘制的草图与 XY 平面平行，但红色的坐标线表明这仅是参考指示，并没有添加几何关系。我们将在步骤10中添加【平行】几何关系。

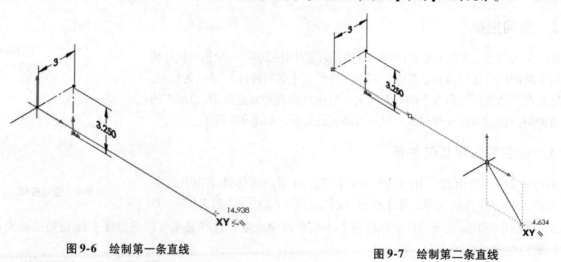

图9-6　绘制第一条直线　　　　　　　　图9-7　绘制第二条直线

步骤6 切换草图平面 按 Tab 键，切换到 YZ 平面。如图9-8所示，沿 Z 轴绘制大约 3mm 长的直线，保持该直线在模型空间中与 Z 轴重合。

步骤7 查看多视图 在等轴测视图中不能清楚显示3D草图，当用户拖动草图对象时就很难知道移动的距离，多视图有助于解决此问题。

在顶部视图工具栏中单击【视图定向】🔲，然后单击【四视图】🔲，如图9-9所示。

188

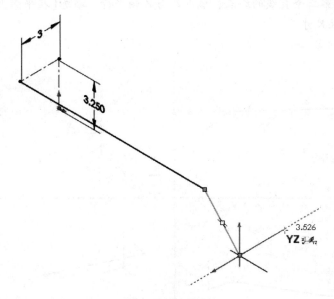

图 9-8　切换草图平面

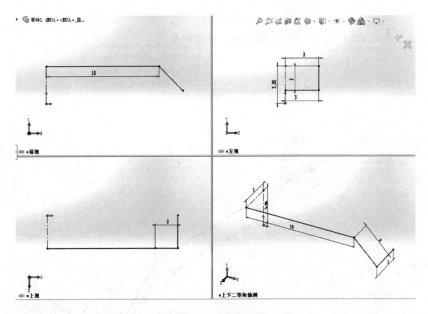

图 9-9　多视口

> 提示　视窗可以显示在第三视角(见图 9-9)或第一视角。在【选项】✿/【系统选项】/【显示/选择】中,【四视图视口的投影类型】选择下拉菜单,可以进行设置。

步骤 8　拖动端点　拖动两条直线的公共端点,在多视口中,很清楚地显示第二条带角度的直线偏离了前视基准面,如图 9-10 所示。

> 提示　标准正交视图也可以用来限制拖拽动作。例如在前视图中,用户只能拖曳实体在 X 和 Y 方向移动。

步骤 9　单一视图　进入【视图定向】🎲,单击【单个视图】▢回到一个视图。

步骤 10　添加几何关系和尺寸　选择前视基准面和第二条直线,添加【平行】◥几何关系。

189

选择前视基准面和第三条直线的终点，该直线与 Z 轴平行，添加【在平面上】几何关系。如图 9-11 所示，标注尺寸。

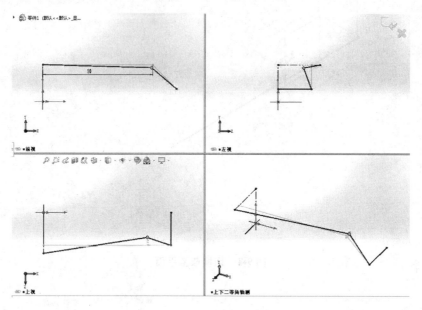

图 9-10　拖动端点

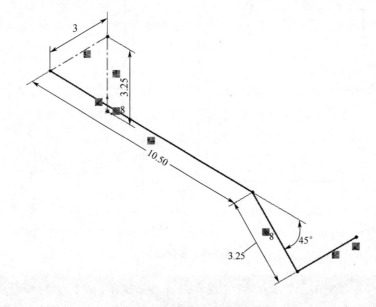

图 9-11　添加几何关系和尺寸

步骤 11　添加圆角　单击【绘制圆角】，分别添加半径为 2mm 和 1.25mm 的圆角，如图 9-12 所示。

提示　在 2D 草图中，是无法添加这样不同方向的多个圆角的。

步骤 12　退出 3D 草图

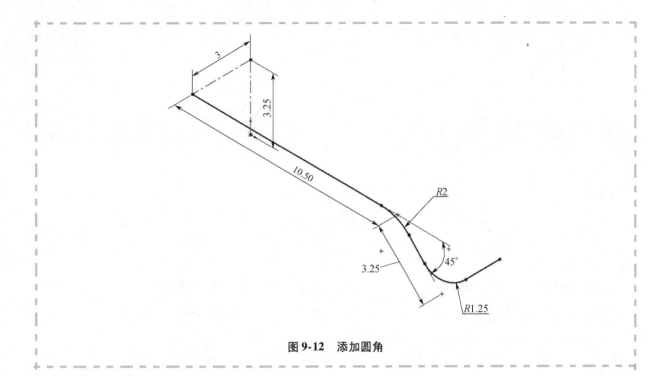

图 9-12 添加圆角

9.5 螺旋曲线

创建弹簧扫描路径的下一部分是一条有变螺距和直径的螺旋曲线。螺旋曲线需要一个草图圆来定义曲线的起始直径和起始位置。将先在螺旋曲线起始处创建一个平面，并绘制所需的草图圆，然后用螺旋属性来定义螺旋曲线。

知识卡片	螺旋线/涡状线	【螺旋线/涡状线】用于创建一条基于一个圆和定义数值（如螺距、圈数和高度）的 3D 曲线或 2D 涡状线。
	操作方法	• CommandManager：【特征】/【曲线】⌇/【螺旋线/涡状线】⌇。 • 菜单：【插入】/【曲线】/【螺旋线/涡状线】。

步骤 13 创建一个基准面 创建一个平行于前视基准面并且通过 3D 草图一个端点的基准面，如图 9-13 所示。

> 提示 👆 创建基准面的快捷键：选择平面以使其在图形区域预览可见。按住 Ctrl 键并拖动平面的边框，将会创建该平面的一个副本，然后在 Property Manager 中定义平面的更多参数。

步骤 14 新建草图 在创建的基准面上插入一幅新草图。

步骤 15 绘制一个圆 如图 9-14 所示，绘制一个圆心在原点的圆，并与 3D 草图的一个端点添加【重合】几何关系。

> 技巧 🔑 在选择圆心时，系统将自动添加与 3D 草图【重合】几何关系。

步骤 16 创建一条可变螺距的螺旋线 选择圆，单击【螺旋线/涡状线】⌇。如图 9-15 所示，设定【起始角度】为 90°，设定旋转方向为【逆时针】。

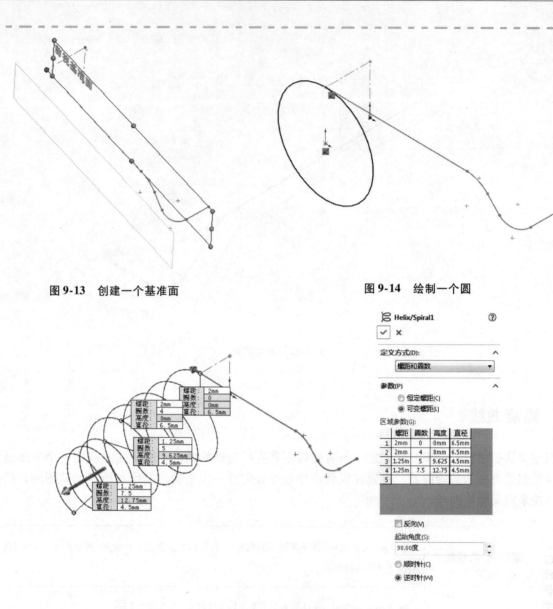

图 9-13　创建一个基准面　　　　　图 9-14　绘制一个圆

图 9-15　可变螺距的螺旋线

用户可以使用螺旋线 Property Manager 中的第一个下拉框来选择定义方式，以及是否使用涡状线。下面来定义弹簧螺旋线的【螺距】和【圈数】。定义的螺旋线的螺距和直径是变化的，因此选择【可变螺距】来修改曲线的这些参数。在一张表格中定义整个曲线的螺距，以及各圈的直径。表格的第一行显示为灰色（不可编辑），因为这些参数由草图圆决定。而高度值不能编辑，因为选择的曲线定义方式为【螺距和圈数】，它的值将由表格中添加的其他值来驱动。在【区域参数】中设定【圈数】、【直径】和【螺距】，见表 9-2。

表 9-2　区域参数数值

	圈数	直径/mm	螺距/mm		圈数	直径/mm	螺距/mm
1	0	6.5	2	3	5	4.5	1.25
2	4	6.5	2	4	7.5	4.5	1.25

表 9-2 的前两行表示从第 0 圈到第 4 圈的螺距固定为 2mm，直径为 6.5mm。第 4 圈到第 5 圈曲线则过渡至螺距为 1.25mm，直径为 4.5mm，然后一直保持这些参数直到第 7.5 圈。预览将随着值和标签的变化而更新，以反映螺旋线的尺寸定义情况。用户还可以直接在图形区域的标签上更改这些值。

【反向】复选框控制螺旋线从草图面出发的方向。在本例中，方向为正 Z 方向。从顶部草图圆开始的【起始角度】设定为 90°，设定旋转方向为【逆时针】。单击【确定】，【隐藏】 "基准面1"。完成的螺旋线如图 9-16 所示。

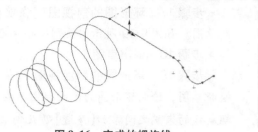

图 9-16 完成的螺旋线

9.5.1 从正交视图创建 3D 曲线

弹簧的终端是环形圈，该环是在两个不同方向上的弯曲，可以在正交视图中清楚显示。图 9-17 显示弹簧终端环形圈的完整视图。从前视图可以看出，环形圈和螺旋线终端的直径一致，从右视图可以看到环形圈呈倒 U 形。

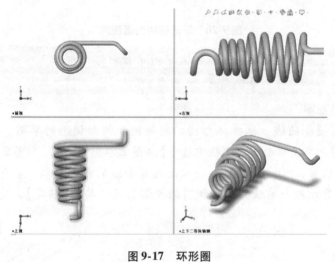

图 9-17 环形圈

9.5.2 投影曲线

该投影曲线命令适合于创建所需的扫描路径的曲线。既然已知环形圈的两个正交视图，将创建一个代表这些视图的草图，然后互相投影作出 3D 曲线。该命令也可能用来将草图投影到一个复杂的面通过相交创建曲线，这将在后续课程中介绍。

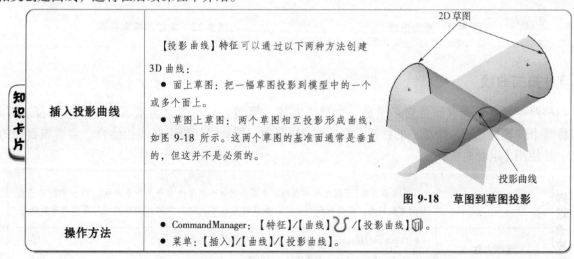

知识卡片	插入投影曲线	【投影曲线】特征可以通过以下两种方法创建 3D 曲线： ● 面上草图：把一幅草图投影到模型中的一个或多个面上。 ● 草图上草图：两个草图相互投影形成曲线，如图 9-18 所示。这两个草图的基准面通常是垂直的，但这并不是必须的。 图 9-18 草图到草图投影
	操作方法	● CommandManager：【特征】/【曲线】 /【投影曲线】 。 ● 菜单：【插入】/【曲线】/【投影曲线】。

步骤 17　环形圈的前视图　在前视基准面上插入一幅新草图。如图 9-19 所示，绘制一个半圆，并标注尺寸。

步骤 18　退出草图

步骤 19　环形圈的侧面视图　在右视基准面上插入一幅新草图，绘制环形圈的侧面视图，在草图最右面的终点和螺旋线的末端之间添加【穿透】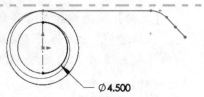几何关系，如图 9-20 所示。

图 9-19　环形圈的前视图

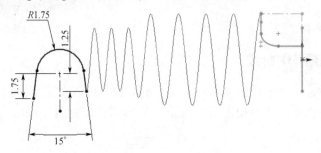

图 9-20　环形圈的侧面视图

> **技巧⑩**　由于螺旋曲线在多个位置穿透右草图平面，那么在建立穿透关系时在打算要穿透的位置附近选择曲线很重要。

步骤 20　退出草图

步骤 21　创建投影曲线　选择环形圈的前视图和侧面视图的草图，单击【插入】/【曲线】/【投影曲线】⑪。在投影曲线选项框中选中【草图上草图】选项，如图 9-21 所示。

如果用户预选项目，SOLIDWORKS 将试图选择合适的投影类型。在等轴测视图中，投影曲线的预览清楚显示两个单独的正交视图的投影状况。单击【确定】，完成的投影曲线如图 9-22 所示。

图 9-21　投影曲线

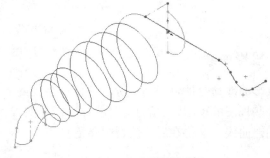

图 9-22　完成的投影曲线

9.5.3　扫描曲线

扫描路径的一个要求就是它必须是一个单一实体：模型边、草图完本或者一个曲线特征。因此，为了将整个弹簧扫描成一个单一的特征，需要将 3D 草图、螺旋线和投影曲线相结合。实现该目标的方法之一是使用【组合曲线】。

知识卡片	组合曲线	【组合曲线】可以把参考曲线、草图几何体和模型边合并为一条曲线。组合的所有曲线必须首尾相连，没有断裂和交叉。生成的曲线可以用来作为扫描或放样的路径或导引线。
	操作方法	● Command Manager：【特征】/【曲线】🪝/【组合曲线】⌐。 ● 菜单：【插入】/【曲线】/【组合曲线】。

194

步骤 22　组合曲线　单击【插入】/【曲线】/【组合曲线】 ，选择螺旋线和投影曲线的 3D 草图，如图 9-23 所示。单击【确定】。

图 9-23　组合曲线

 提示　　【穿透】关系在绘制草图时是不能被自动捕获的，所以应先在一侧创建草图圆，然后再添加关系。注意【穿透】关系始终建立在一个草图点和现有的穿过草图平面或在草图平面上的曲线之间。

步骤 23　扫描圆形轮廓　由于该特征的轮廓是圆心在路径上的简单圆，它可以被扫描特征的属性管理器自动创建。单击【扫描】 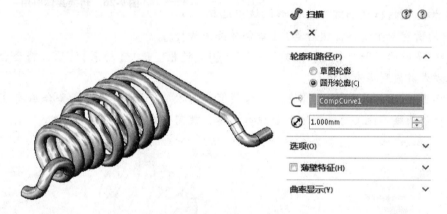，选择【圆形轮廓】。选择组合曲线作为路径。设置圆形轮廓的直径⌀为 1mm，如图 9-24 所示。

图 9-24　扫描圆形轮廓

步骤 24　评估几何体　如图 9-25 所示，可以看到螺旋的一端过渡的地方但相切得不是很自然。这是 3D 草图的一个问题，因为它不能像 2D 草图那样做出圆角。

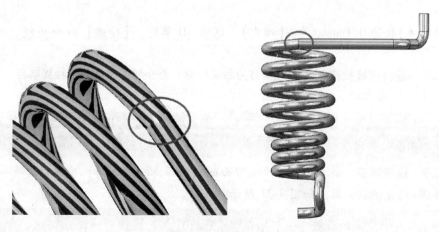

图 9-25　评估几何体

195

9.5.4 平滑过渡

因为3D曲线不能像2D草图那样生成圆角，所以螺旋线的末端过渡不是很光滑。使过渡光滑的一种方法是使用【套合样条曲线】将组合曲线转换成一条单一的样条曲线。因为样条曲线是一种"插值"实体(SOLIDWORKS软件可以在样条曲线的点之间通过"插值"的方式进行填充计算)，使相切处变得光滑。但是样条曲线是"插值"的几何体，也就是说样条曲线是近似的，不会与原有的实体完全吻合。用户可以像在2D草图中使用【套合样条曲线】一样对3D实体使用，不过这时的曲线首先必须转换成草图实体。

步骤25 将组合曲线转换成草图实体 删除特征"扫描1"。插入一幅新的3D草图 🔲，从FeatureManager设计树中选择组合曲线，单击【转换实体引用】🔲，如图9-26所示。

组合曲线可以转换为几个不同类型的实体：直线、圆弧和样条曲线。下面将把所有的实体转换成一条单一样条曲线。

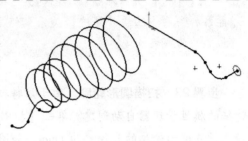

图9-26 转换实体引用

步骤26 套合样条曲线 在图形区域中选择3D草图中的所有草图实体，然后单击【套合样条曲线】🔲。

如图9-27所示，取消勾选【闭合的样条曲线】复选框。选中【约束】选项，将套合样条曲线以参数方式链接到原有实体。

如图9-28所示，改变【公差】值，注意预览和【公差】对样条曲线套合原有实体的影响。如果样条曲线不能足够精确地套合原有实体，就需要减小【公差】值。

图9-27 套合样条曲线

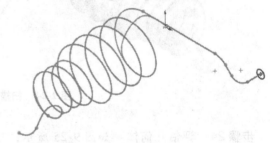

图9-28 公差对样条曲线的影响

设定【公差】值为0.1mm，单击【确定】，退出3D草图，【隐藏】组合曲线，如图9-29所示。

步骤27 重新创建扫描特征 将圆作为扫描轮廓，套合样条曲线作为扫描路径，重新创建扫描特征，如图9-30所示。

注意 扫描生成一个连续的面，而不是像预先那样被分成几个面，同时转换后的区域也比原先的光滑。

步骤28 镜像弹簧 将与前视基准面重合的端面作为【镜像面】，镜像扫描生成的实体，勾选【合并实体】复选框，结果如图9-31所示。

提示 图9-31所示的模型有一个外部零件采用【上色】🔲中的抛光钢。

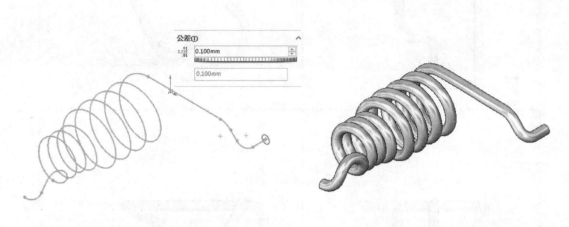

图 9-29 设定公差   图 9-30 重新创建扫描特征

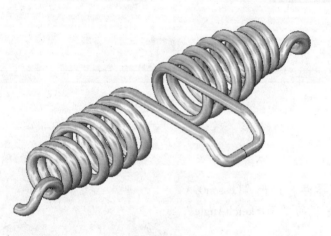

图 9-31 镜像弹簧

步骤 29 保存并关闭零件

练习 9-1 多平面 3D 草图

本练习的主要任务是按下面步骤，创建如图 9-32 所示的零件。

本练习将应用以下技术：

* 3D 草图。
* 在 3D 草图中使用基准面。
* 扫描。

绘制 3D 草图时除了 3 个默认的基准面外，有时还需要其他的基准面。与构造几何体一样，通常需要预先计划这些基准面，尽可能在开始绘制 3D 草图前先创建好。

只要所需的参考已经存在，也可以在 3D 草图创建基准面 。

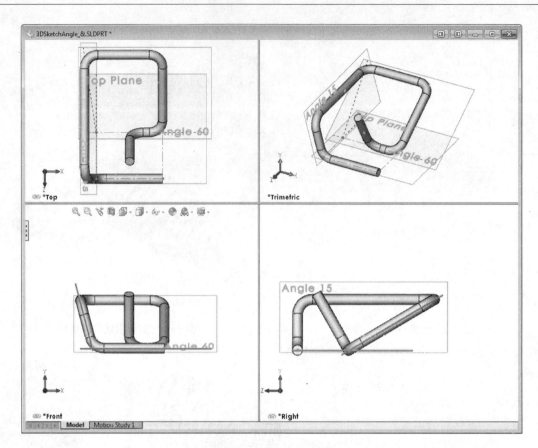

图 9-32　多平面 3D 草图

操作步骤

步骤 1　打开零件　打开"Lesson09 \ Exercises"文件夹下的"3DSketchAngle"零件。

步骤 2　新建基准面　创建与右视基准面夹角为 15°的基准面，并穿过最左边 100mm 长的构造线，命名为"Angle 15"，如图 9-33 所示。

步骤 3　创建第二个基准面　创建与前视基准面夹角为 60°的基准面，并穿过最后边 150mm 长的构造线，命名为"Angle 60"，如图 9-34 所示。

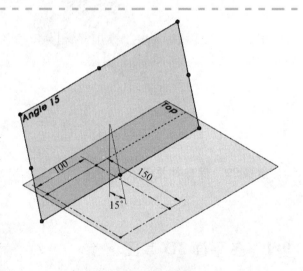

图 9-33　新建基准面

技巧　平面是无限延伸的，但在图形区域，预览可以调整大小或重新定位。用户可以在选中平面后，当光标显示抓取手柄时拖动平面来重新定位，或拖动边框重新调整大小。

步骤 4　新建 3D 草图　创建一幅【3D 草图】，并切换到【等轴测视图】。

步骤 5　绘制直线　单击【直线】工具，从原点开始沿 X 轴绘制直线，使该直线的终止点与构造线的终点【重合】，如图 9-35 所示。

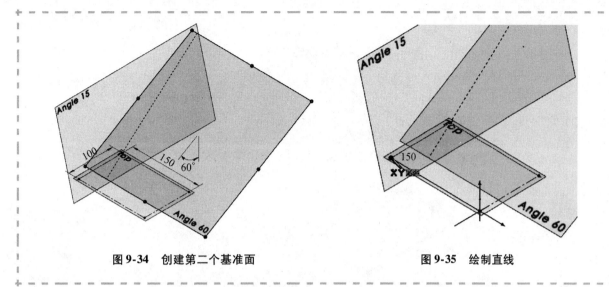

图 9-34　创建第二个基准面　　　　　　　　　　　　　图 9-35　绘制直线

 提示　　　　在 3D 草图中，按 Tab 键，可以在系统默认的三个标准基准面之间切换。按 Ctrl 键并选择所需的基准面，可以选择不同的草图基准面。

　　步骤6　切换草图基准面　按 Ctrl 键并单击基准面 "Angle 15"。开始绘制下一条直线时，使空间控标与该基准面对齐。利用【竖直】标记I绘制直线，保持该线在模型空间中与 Y 轴重合，如图 9-36 所示。当用户在选择的面或基准面上绘制草图时，光标显示为✎，会自动在直线和所选的实体间添加【在平面上】几何关系。这些几何关系与 2D 草图几何关系相似，如垂直和水平。

　　步骤7　继续绘制直线　利用【水平】标记━绘制直线，保持该直线在模型空间中与 X 轴重合，如图 9-37 所示。

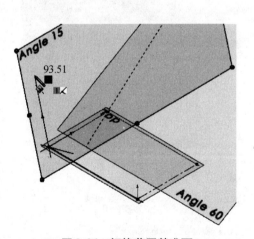

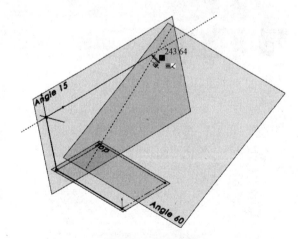

图 9-36　切换草图基准面　　　　　　　　　　　　　图 9-37　绘制直线

　　步骤8　添加几何关系　取消【直线】工具。在直线的终点和基准面 "Angle 60" 之间添加【在平面上】▣几何关系，如图 9-38 所示。

　　步骤9　激活基准面 "Angle 60"　双击基准面 "Angle 60"，激活该基准面，会有网格显示表示。当一个基准面激活后，在 3D 草图中创建的所有实体将通过【在平面上】几何关系绑定到这个面上，而 2D 草图中的实体则会添加水平或垂直关系约束。

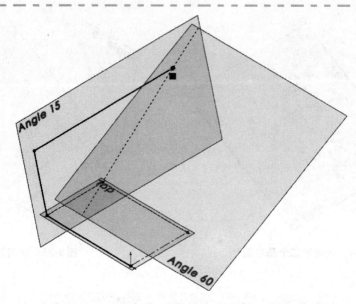

图 9-38　添加几何关系

提示　【水平】和【竖直】是相对于激活的草图基准面而言的，并不是模型空间。

步骤 10　绘制两条直线　绘制一条【水平】—的直线，使其起点与上一条直线的终点处【重合】。绘制一条【竖直】的直线，并使其终点与"Setup"草图【重合】，如图 9-39 所示。

技巧　用户可以通过"唤醒"之前的草图来推论端点。将光标悬停在想要参考的草图区域即可将其唤醒。另外，添加一条【水平】—直线，使其终止于草图"Setup"中直线的【中点】。

提示　为了更清晰，可以隐藏"Angle 15"和"Top"基准面，如图 9-40 所示。

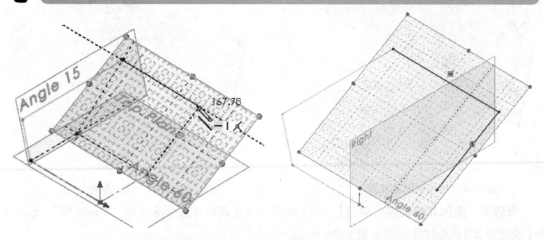

图 9-39　绘制两条直线　　　　　图 9-40　隐藏"Angle 15"和"Top"基准面

步骤 11　取消激活平面　在图形窗口中双击一个空白区域，取消激活参考面"Angle 60"。

步骤 12　在 3D 草图中创建基准面　下面将在 3D 草图中创建一个平面，来控制该草图中的最后一条直线的方向。使用【草图】工具栏上的【基准面】▦命令定义基准面，使其与最后一条直线的端点【重合】，且与右视基准面【平行】，如图 9-41 所示。

步骤 13　绘制另一条直线　基准面创建后会自动变成激活状态。在最后一个端点创建一条与"Angle 60"基准面【垂直】⊥的直线，如图 9-42 所示。在图形区域内双击空白区域以取消激活该基准面。这个基准面也是该草图的一部分。

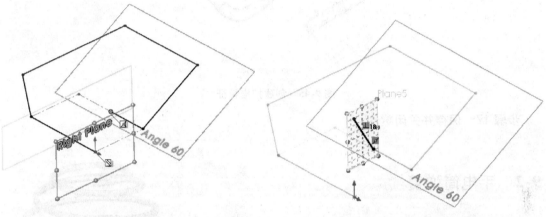

图 9-41　创建基准面　　　　　　　　　　　图 9-42　绘制另一条直线

步骤 14　标注尺寸　按如图 9-43 所示，标注尺寸，完全定义该草图。

步骤 15　创建圆角　在 6 个拐角处创建 30mm 的圆角，如图 9-44 所示。

步骤 16　创建圆形扫描特征　单击【旋转凸台/基体】🪛，单击【圆形轮廓】，对于【路径】↺，选择 3D 草图。设置圆形轮廓的【直径】◎为 20mm，单击【确定】✔，如图 9-45 所示。

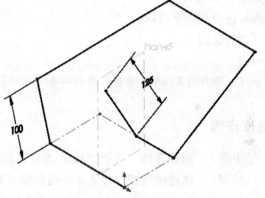

图 9-43　标注尺寸

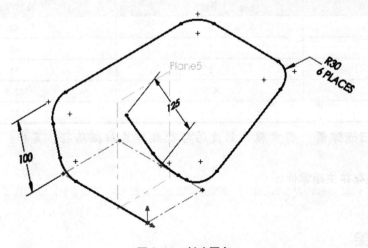

图 9-44　创建圆角

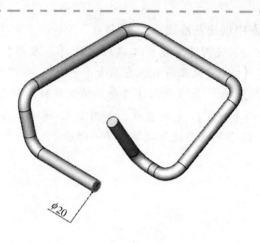

图 9-45　创建扫描特征

步骤 17　保存并关闭零件

练习 9-2　手电筒弹簧

本练习将使用螺距和直径可变的螺旋线创建一个手电筒弹簧，如图 9-46 所示。

本练习将应用以下技术：

- 创建螺旋线。
- 扫描。

图 9-46　手电筒弹簧

操作步骤

步骤 1　新建零件　基于"Part_MM"模板新建零件，并命名为"Flashlight_Spring"。

步骤 2　创建螺旋线　按表 9-3 的弹簧参数创建螺旋线。

表 9-3　弹簧参数

螺距/mm	圈数	直径/mm
0.5	0	40
2.0	1	40
5.0	2	35
5.0	4.5	22.5
0.002	6	15

步骤 3　扫描弹簧　将步骤 2 创建的螺旋线作为扫描路径，其中，金属丝的直径为 1.25mm。

步骤 4　保存并关闭零件

练习 9-3　水壶架

本练习将用扫描特征创建自行车水壶架的金属线部分。扫描路径将代表该弯曲线的中心线。水壶架垂直方向必须保持恒定的直径来容纳水瓶，已知正视图下水壶架大概形状，如图 9-47 所示。有了这些信息，可以创建两个正交的草图，并互相投影来产生 3D 曲线作为扫描路径。

本练习将应用以下技术：

- 草绘样条曲线。
- 控制样条曲线。
- 投影曲线特征。

图 9-47　水壶架

操作步骤

步骤 1　新建零件　用 "Part_ MM" 模板新建零件，并命名为 "Water Bottle Cage"。

步骤 2　绘制草图　在上视基准面上绘制草图，如图 9-48 所示，并标注尺寸。垂直中心线表示水瓶架的最小开口。将在接下来的草图中参考这个几何尺寸。

步骤 3　绘制第二幅草图　在前视基准面上绘制第二幅草图。

步骤 4　构造几何体　如图 9-49 创建构造几何体。使用【穿透】几何关系约束第三条直线。这些直线将用来控制样条曲线的轮廓。

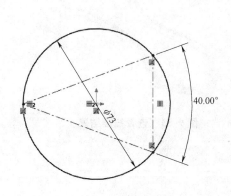

图 9-48　绘制草图

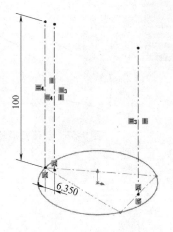

图 9-49　构造几何体

步骤 5　草绘第二个轮廓　如图 9-50 所示，草图由原点起始处一个很短的水平直线、相切弧和一条样条曲线组成。此处可以使用样条曲线或样式曲线。

步骤 6　投影曲线　使用图 9-51 所示用两个草图绘制投影曲线。

步骤 7　创建圆形扫描轮廓　单击【旋转凸台/基体】，单击【圆形轮廓】，对于【路径】，选择 3D 草图。设置圆形轮廓的【直径】为 4.75mm，单击【确定】，如图 9-52 所示。

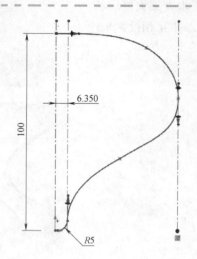

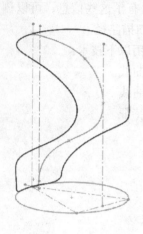

图 9-50　草绘第二个轮廓　　　　　　　　图 9-51　绘制投影曲线

步骤 8　套合样条曲线（可选步骤）　平滑过渡扫描的路径，并使用【套合样条曲线】在模型中生成一个连续平滑面，如图 9-53 所示。

步骤 9　保存并关闭零件

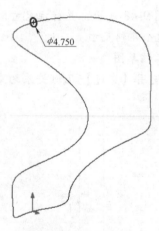

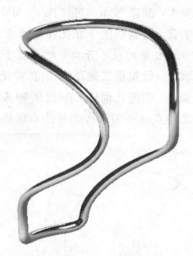

图 9-52　创建扫描轮廓　　　　　　　　图 9-53　查看扫描结果

第10章　放样和边界

学习目标

- 创建并比较放样和边界特征
- 用面作为放样和边界的轮廓
- 理解怎么对放样和边界的轮廓进行约束
- 通过复制和创建派生草图来重用草图几何

10.1　复杂特征对比

由于一些复杂形体的轨迹不是线性的，曲线可能也不连续，如一些消费类产品的例子，因此简单直线、曲线、拉伸和旋转已不能满足实际使用。SOLIDWORKS 提供了一些如扫描、放样和边界来完成这些工作。

复杂特征对比见表 10-1。

表 10-1　复杂特征对比

名称及图标	优缺点	图　　示
扫描	只能使用一个简单的轮廓草图。它能根据引导线做出不同大小的形体,但无法将圆做成正方形	
放样	可以允许多个不同的形状的轮廓混合在一起。放样可以使用多个轮廓间的引导线塑造特征,或中心线提供方向。可在该特征的开始和结束处添加约束。但也会存在对中间轮廓没有限制,在曲率控制轨迹方向（引导线）上有限制的问题	

（续）

名称及图标	优缺点	图　示
边界 ▱	边界虽然和放样类似，但它可以在特征中定义任何的限制，且不限于仅仅在开始和结束时。它还允许对任何轮廓的方向和二次曲线的方向进行曲率控制。然而，边界特征不能与中心线控制使用，而且重建时间往往会比放样更长	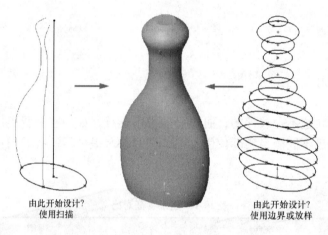

有了这 3 个各有所长的特征，设计人员几乎可以创建所有的复杂形体。

选用哪种特征取决于所有的输入数据类型，以及各种限制。下面依然以瓶为例进行介绍，如图 10-1 所示。

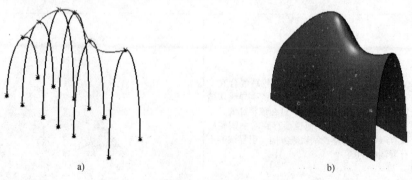

由此开始设计？
使用扫描

由此开始设计？
使用边界或放样

图 10-1　方法选择

如果有关于瓶子的特定横截面的信息，则更适合采用放样或边界。由于从草图上看，瓶子上下只是尺寸的不同，而又能够很容易地对侧面和正面轮廓创建曲线，采用扫描是更有效的方法。

10.2　放样和边界的工作原理

如果把拉伸和旋转类比为直线和圆弧，把放样和边界类比作样条曲线，将有助于我们思考。样条曲线是在点之间插入曲线，而放样和边界是在轮廓之间插入曲面，如图 10-2 所示。

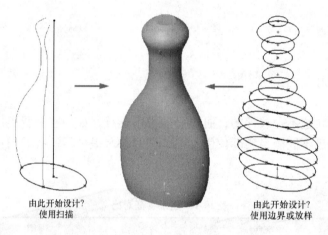

a)

b)

图 10-2　放样原理

a) 点形成样条曲线　b) 轮廓形成曲面放样

这个例子解释了当采用放样时，为什么创建图 10-3 所示的 4 个轮廓的结果为图 10-4 而不是图 10-5。

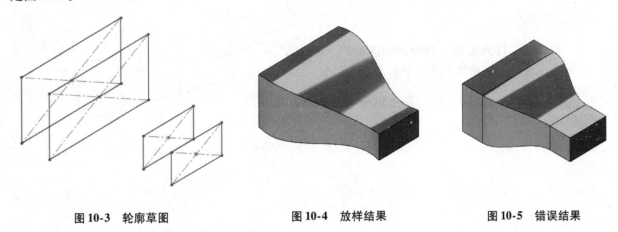

图 10-3　轮廓草图　　　　　　　图 10-4　放样结果　　　　　　　图 10-5　错误结果

10.3　放样与边界的比较

【边界】（凸台、切除、面）与【放样】很相似，但也有一些不同。了解边界的最佳方式是与放样进行比较。下文将用两种技术创建一个模型 "Defroster Vent"，帮助用户在不同的情况下，决定使用哪个工具。

当一个特征仅由轮廓草图构成，特别是如本例的除霜通风口仅有 3 条轮廓线，建模结果（将在本章中进行建模）显示边界和放样的差别很小，如图 10-6 所示。最明显的区别是相切条件在放样特征的开始和结束会有很大的影响。但是，这种情况下可以通过调整延长边界的切线向量解决。

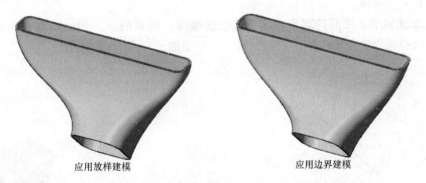

应用放样建模　　　　　　　　　应用边界建模

图 10-6　边界和放样的比较

我们先介绍使用【放样】特征生成这个模型的方法。

10.3.1　放样特征

知识卡片	放样	【放样】特征用多个横截面轮廓来定义。为获得最佳结果,轮廓应该由数量相同的实体组成,并从图形区域中靠近对应点处选取。使用引导曲线将轮廓间相连创建特征,使用中心线在轮廓间提供方向,还可以在第一个和最后一个轮廓上添加约束。
	操作方法	放样凸台/基体 ● CommandManager:【特征】/【放样凸台/基体】🔩。 ● 菜单:【插入】/【凸台/基体】/【放样】。 放样切割 ● CommandManager:【特征】/【放样切割】📦。 ● 菜单:【插入】/【切除】/【放样】。

207

操作步骤

步骤 1　打开零件 "Defroster Vent"
该零件包含 3 个轮廓草图及一个参考草图，如图 10-7 所示。

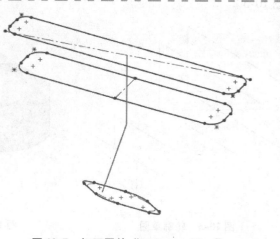

图 10-7　打开零件 "Defroster Vent"

10.3.2　准备轮廓

和边界一样，采用放样时必须注意绘制轮廓草图的方式，以及随后在【放样】命令中如何选择它们。在一般情况下，有两个规则应该遵循。

1. 每个轮廓草图应该有相同数量的线　如图 10-8 所示，通过连接点将各顶点映射在一起形成轮廓。当轮廓包含实体的数目相同时，系统可以很容易地在各点之间形成映射。用户可以根据需要手动操作控制点以产生想要的结果，也可以通过添加额外的顶点来分割草图实体。"DefrosterVent" 的每个轮廓有 4 条线段和 4 个圆弧。

2. 选择每个草图轮廓上相同的对应点　系统会连接用户指定的点，因此应在各轮廓上选择想要映射在一起的点。选择适当的点可以防止或减少特征变得扭曲，如图 10-9 所示。

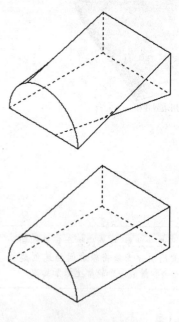

图 10-8　选择轮廓

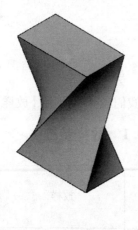

图 10-9　放样

提示　如果草图是圆而不像矩形那样有端点，挑选相应的点时便会非常棘手。在这种情况下，需要在每个圆上作一个草图点上以便选择。

步骤2　插入一个放样　单击【放样凸台/基体】🔽。

步骤3　设置放样参数　按顺序在对应点附近单击并添加轮廓，如图10-10所示。

> 当对3个或更多的轮廓草图进行放样操作时，这些轮廓必须有适当的顺序。如果列表中所显示的顺序不正确时，可以单击列表旁边的【上移】和【下移】作适当调整。

步骤4　放样连接　在选择草图时，系统会预览放样的效果，显示操作中草图中的哪些顶点将被连接。应仔细查看预览效果，因为系统会显示创建的特征是否被扭曲，同时允许用户仅通过拖动控标来修正扭曲或错误。图形区域中会出现一个标注来标明所选择的轮廓，如图10-11所示。

步骤5　创建薄壁特征　单击【薄壁特征】，设置【厚度】为0.09in，注意厚度应该添加在轮廓的外侧。在【选项】中勾选【合并切面】复选框。单击【确定】，创建特征，如图10-12所示。

图 10-10　设置放样参数

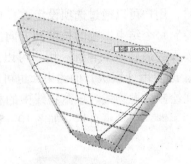

图 10-11　放样连接

图 10-12　创建薄壁特征

10.3.3　合并切面

如果轮廓中有相切的线段，【合并切面】选项可以将生成的相应曲面合并起来，而不是用边分开。将生成平滑过渡的面，而不是边缘相切，虽和轮廓近似但稍有不同，和使用【套合样条曲线】后的效果类似。

步骤6　显示曲率　单击【视图】/【显示】/【曲率】，注意颜色显示了零件中放样面上的曲率是平滑过渡的，如图10-13所示为合并切面的结果。

步骤7　编辑特征　编辑【放样】特征，在【选项】选项组中，取消勾选【合并切面】复选框，单击【确定】。注意现在特征中出现了边缘以及多个不同的面，颜色显示出了相切点曲率的跳跃，如图10-14所示。

图 10-13　合并切面的结果

图 10-14　不合并切面的结果

步骤8　关闭曲率显示

10.3.4　起始和结束约束

在放样时，用户可以通过选项设定放样的起始处和结束处的处理方式，从而控制结束处的形状，用户还可以控制每个结束影响的长度和方向。开始约束作用于轮廓列表中的第一个轮廓，而结束约束则作用于列表中的最后一个轮廓。用户可以用约束使创建的面【垂直于轮廓】，或使其方向沿指定的【方向向量】，或使用【默认】的约束，也可以将约束设定为【无】。【默认】选项类似在第一个和最后一个轮廓之间绘制的抛物线。该抛物线中的相切驱动放样曲面，在未指定匹配条件时，所生成的放样曲面更具可预测性，而且更自然，如图 10-15 所示。

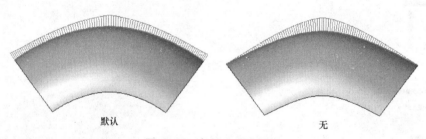

默认　　　　　　　　　　　　　　无

图 10-15　起始和结束约束

当放样的某一端存在其他的模型几何时，放样还会提供额外的选项以创建与已存在的面【相切】或【曲率】约束。

> 提示　如果需要对放样进行除这些约束外更多的控制，则可以考虑添加引导线和（或）中心线。

步骤9　**编辑特征**　编辑放样特征，勾选【合并切面】复选框，重新启用该选项。
步骤10　**设置起始/结束约束**　展开【起始/结束约束】选项组。为了在"Defroster-Vent"两端的匹配部分创造更好的过渡，可以将【开始约束】和【结束约束】改为【垂直于轮廓】，相切向量如图 10-16 所示。如果方向不正确，可单击【反向】调整。相切的长度值可以用来修改对放样的形状的影响。在本例中，使用默认值1。单击【确定】，放样结果如图 10-17 所示。

> 提示　如果选择【垂直于轮廓】选项，设定【拔模角度】 `0.00deg`，可以在起始/结束轮廓处产生相对于端面的拔模角度。如果选择【方向向量】选项，则拔模角度则参照此方向的向量来设定。

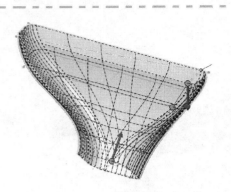

图 10-16　设置起始/结束约束

图 10-17　放样结果

步骤 11　保存零件

10.4　边界特征

　　模型"DefrosterVent"的轮廓还可以用【边界】特征创建。边界特征是为那些拥有两个方向的曲线的特征或需要约束中间轮廓的特征而设计的。然而，由于边界特征的计算方法不同，结果会略有不同，因此它们可以作为放样的一个替代。保存"DefrosterVent"零件为一个副本，并使用【边界】特征进行重建，并比较结果。

知识卡片	边界	【边界】特征通过轮廓草图或有选择性的使用方向 2 曲线创建凸台或切除特征。当使用边界特征时，轮廓和方向 2 曲线对特征的形状影响程度相同。而对于放样来说，轮廓则是形状的主要影响。【边界】特征可以控制特征中的任何轮廓及任一方向。
	操作方法	边界凸台/基体 • CommandManager：【特征】/【边界凸台/基体】。 • 菜单：【插入】/【凸台/基体】/【边界】。 边界切除 • 菜单：【插入】/【切除】/【边界】。

　　步骤 12　另存为副本并打开　单击【文件】/【另存为】，在弹出的对话框中，选择【另存为副本并打开】，命名为"DefrosterVent_ Boundary"，单击【保存】。副本文件将打开并作为当前文件。

　　步骤 13　删除放样特征

　　步骤 14　设置边界特征　单击【边界凸台/基体】，当选择【方向 1】的轮廓时，和之前创建放样特征时一样，按顺序在对应的顶点附近选择。单击【薄壁特征】，设置【厚度】值为 0.090in，添加在轮廓的外侧，如图 10-18 所示。

　　到目前为止，所有的操作和放样几乎完全相同，两者最大的不同在于如何给轮廓添加约束。边界特征在【方向 1】和【方向 2】的列表下方提供了下拉框，而不是像放样那样在【起始/结束约束】的选项组内操作，下拉框中所选的约束将会被应用到列表中选中高亮的轮廓上。另外，也可以通过图形区域中的下拉框进行选择设置，如图 10-19 所示。

　　步骤 15　添加约束　给起始和结束的轮廓添加【垂直于轮廓】约束，【相切长度】使用默认的 1.000，如图 10-20 所示。单击【确定】。

211

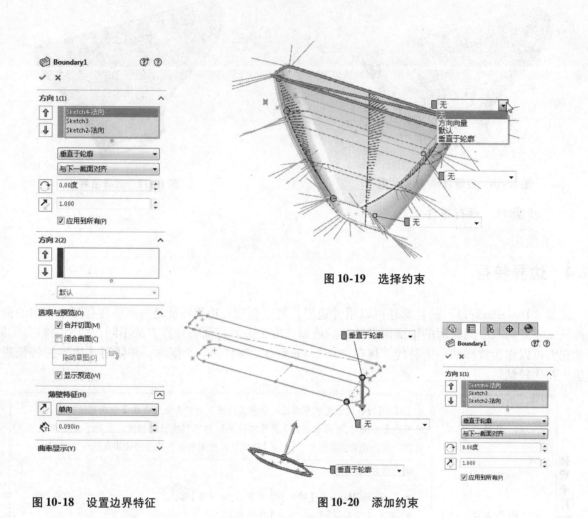

图 10-19　选择约束

图 10-18　设置边界特征

图 10-20　添加约束

步骤 16　比较结果　如图 10-21 所示，平铺窗口以更好地比较两种方法创建的零件。如图 10-22 所示，平铺的右边窗口中为零件"DefrosterVent_ Boundary"，左边为零件"DefrosterVent"。

图 10-21　平铺窗口

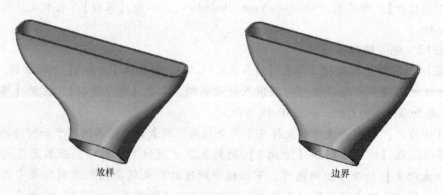

放样　　　　　　　　　　　　　边界

图 10-22　比较结果

当边界和放样仅由轮廓组成时，尤其是当轮廓数不多时，如本例中有 3 个轮廓，两者的结果几乎没有区别。最明显的区别是在放样特征中，开始和结束的相切条件影响更大。但这可以在边界特征中通过延长相切长度进行调整。当一个特征由两组曲线（轮廓及放样中的引导线）时，放样和边界之间的差别会更明显。通常来说，面的质量可以通过使用【曲率】和【斑马条纹】进行评估。用这两种方法来比较这两个模型如图 10-23 所示。

图 10-23 使用曲率或斑马条纹比较

哪个结果正确呢？其实都正确，具体由设计人员决定。当结果是用于模拟特征而不是用于分析时，可以使用如拉伸和旋转，或者横截面之间插值等方法来创建，也就会有无数种答案。

边界和放样之间的差异在曲面造型中更加明显。由于两个边界曲线有相等的权重，曲率连续条件（C2 匹配）可以应用到曲面的所有四个侧边中。而对于放样曲面来说，C2 匹配连续只能应用于轮廓草图，而不能应用于引导线，如图 10-24 所示。

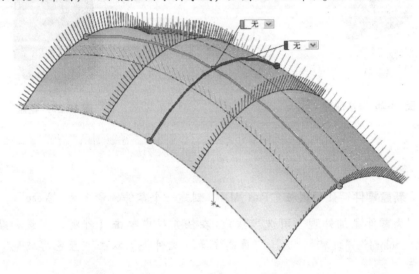

图 10-24 曲面边界特征

10.5 放样和边界特征中的 SelectionManager

跟扫描特征相同，SelectionManager 工具（见图 10-25）在放样和边界特征时也是可用的。使用 SelectionManager 时，多个轮廓和中心线可以存在于同一幅草图中。用户可以打开已有的零件"DefrosterVent-3DSketch"，这是一个从使用单个三维草图中的所有轮廓来做放样特征的例子，如图 10-26 所示。

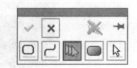

图 10-25 SelectionManager 工具

提示   由于实体模型要求闭合线段，因此选择放样的轮廓时，应在 SelectionManager 工具栏上单击打开【选择闭合】▢。

练习 10-1　放样花瓶

按照提供的信息和尺寸创建如图 10-27 所示的花瓶。

本练习将应用以下技术：

- 放样。
- 准备轮廓。

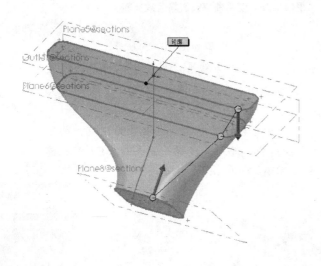

图 10-26　3D 放样

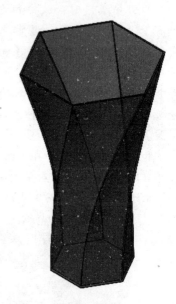

图 10-27　花瓶

214

操作步骤

　　步骤 1　新建零件　使用模板"Part_MM"创建一个零件，命名为"Vase"。

　　步骤 2　为零件添加外观（可选步骤）　在任务栏中单击【外观、布景和贴图】 ，
展开"外观（color）""玻璃"，选择"厚高光泽"文件夹。双击"蓝色厚玻璃"外观，如
图 10-28 所示。

　　步骤 3　创建第一个轮廓　在 Top Plane 上创建一个草图。使用【多边形】 工具创建
如图 10-29 所示的轮廓。退出草图。

图 10-28　蓝色厚玻璃

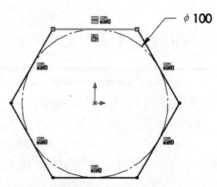

图 10-29　多边形轮廓

步骤 4　新建参考平面　在距离 Top Plane 为 325mm 的位置创建一个平面。

> 提示　快捷创建一个偏置平面：在图形区域选择已经存在的可见平面，按住 Ctrl 键并拖动到平面文件夹，就会创建一个“复制”的平面。使用平面的属性管理器可以更深入的定义平面。

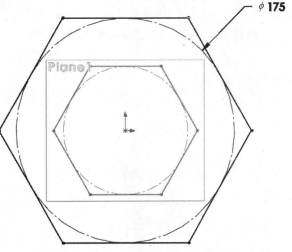

步骤 5　创建第二个轮廓　在 Plane1 上创建一个草图，绘制一个更大的多边形，如图 10-30 所示。

图 10-30　创建第二个多边形轮廓

步骤 6　放样　使用轮廓进行【放样凸台/基体】，选择相应点附近的轮廓正确映射连接点，如图 10-31 所示。

步骤 7　抽壳　添加一个【抽壳】特征，设置【厚度】为 2mm，删除顶面，如图 10-32 所示。

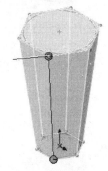

图 10-31　放样

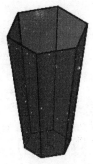

图 10-32　抽壳

步骤 8　编辑特征　选择 Loft1 并【编辑特征】，如图 10-33 所示。

> 提示　特征可以从 Feature Manager 设计树上选择，通过选择一个特征的面，或者使用快速导航。使用快捷键 D 可以移动快速导航到用户的光标位置。

步骤 9　添加扭曲　拖动顶部轮廓上的连接点到如图 10-34 的位置。

图 10-33　编辑特征

图 10-34　添加扭曲

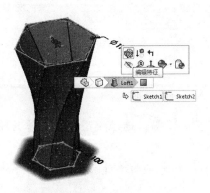

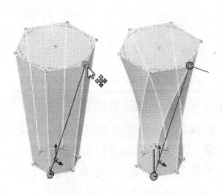

步骤 10　添加起始/结束约束　为了生成一条更满意的曲线，在底部轮廓添加一个【垂直于轮廓】的【起始/结束约束】，单击【确定】，如图 10-35 所示。

步骤 11　保存并关闭该零件（图 10-36）

图 10-35　添加起始/结束约束

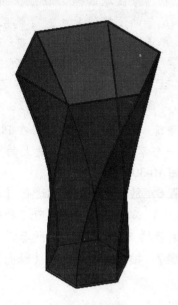

图 10-36　结果

216

练习 10-2　创建一个过渡

为玻璃瓶创建一个如图 10-37 所示的放样和边界过渡并比较结果。

本练习将应用以下技术：

- 放样。
- 分析实体几何。
- 边界。

图 10-37　花瓶

操作步骤

步骤 1　打开零部件 "Glass Bottle"　从 "Lesson10\Exercises" 文件夹下打开已存在的零件，包含两个实体。

步骤 2　使用面片进行放样　单击【放样凸台/基体】 ![icon]，选择模型的平面作为轮廓进行放样，单击它们的相似区域，如图 10-38 所示。

步骤 3　添加起始/结束约束　【起始】和【结束】约束都选择【与面相切】，单击【确定】，如图 10-39 所示。

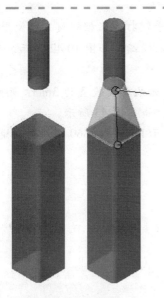

图 10-38　放样　　　　　　　　　　　图 10-39　添加起始/结束约束

步骤4　评估几何　使用【曲率】和【斑马条纹】来评估零件平面之间的过渡。为了创建一个平滑的过渡，需要修改起始和结束约束，如图 10-40 所示。

步骤5　编辑特征　编辑放样特征，改变曲线到面的起始约束和结束约束。

步骤6　错误　单击【确定】，当尝试完成特征时，突然提示特征无法创建有效几何的错误信息。单击【取消】。作为替代选择，边界特征将被用于过渡和结果比较。

步骤7　另存为和打开　单击【文件】/【另存为...】。在【保存】对话框中，单击"另存为副本并打开"按钮，命名文件为"Defroster Glass Bottle_Boundary"，单击【保存】。

复制的文件被打开并变为活动的文档。

步骤8　删除放样特征

步骤9　边界特征　单击【边界凸台/基体】，选择模型的平面作为轮廓，单击它们相似的区域。使用图形区域中的标记来定义每一个轮廓的【与面的曲率】约束。单击【确定】，如图 10-41 所示。

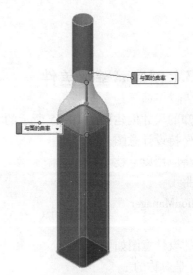

图 10-40　评估几何　　　　　　　　　　图 10-41　边界特征

217

步骤10　**比较零件**　为了比较两个版本的零件，平铺打开文档的窗口。使用【曲率】
■和【斑马条纹】◤来评估零件，并决定哪个版本可以继续，如图 10-42 所示。可以尝试
修改实体特征的约束和几何来找到用户想要的结果。

步骤11　**多厚度抽壳**　添加一个【抽壳】◥，初始的厚度设置为 3mm，删除顶部的
面。使用【多厚度设定】添加一个厚度为 5mm 的瓶底，如图 10-43 所示。

步骤12　**保存并关闭零件**　图 10-44 所示的为显示于 PhotoView360 中渲染的模型。

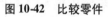

图 10-42　比较零件

图 10-43　多厚度抽壳

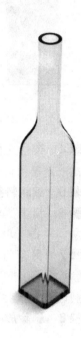

图 10-44　瓶子效果

练习 10-3　创建薄壁覆盖件

按照已知的尺寸创建如图 10-45 所示的零件，使用草图几何
关系和尺寸保持设计意图。

本练习将应用以下技术：

- 投影曲线。
- SelectionManager。
- 放样。

该零件的设计意图如下：

1）零件是对称的。

2）曲面是光滑的。

3）抽壳厚度为 1.25mm。

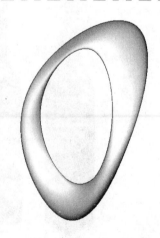

图 10-45　"Light Cover"零件

操作步骤

步骤1 新建零件 使用模板 "Part_MM" 新建零件, 命名为 "Light Cover"。

步骤2 创建曲线 如图 10-46 所示, 该零件是用投影曲线创建的放样, 但不能使用该曲线作为引导线或中心线。

- 在前视基准面绘制一个椭圆。
- 在右视基准面绘制一段圆弧。
- 创建一条投影曲线。

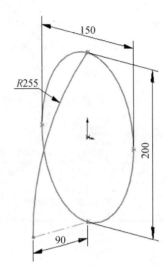 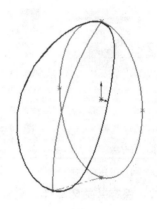

图 10-46 投影曲线

步骤3 创建多轮廓草图 在上视基准面上绘制两个圆心在投影曲线上的半圆, 标注尺寸如图 10-47 所示。

步骤4 创建第二个草图 在右视基准面上绘制两个中心在投影曲线上的椭圆, 标注尺寸如图 10-48 所示。

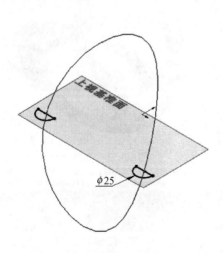

图 10-47 创建多轮廓草图

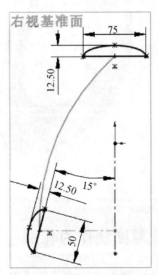

图 10-48 创建第二个草图

步骤5　创建放样　当选择其中的一个轮廓时，SelectionManager 将出现，如图 10-49 所示。使用【选择闭环】⬜工具并单击【确定】，将选择 4 个轮廓。

步骤6　调整接头　调整接头，使放样更合适，如图 10-50 所示。如果接头不能移动，可右键单击接头，从弹出快捷菜单中选择【重设接头】。

步骤7　闭合放样　在【选项】选项组中勾选【闭合放样】复选框，创建闭环的放样，如图 10-51 所示。

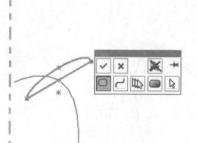

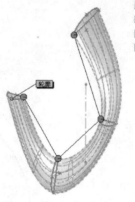

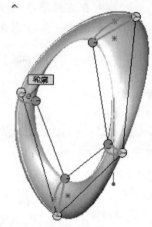

图 10-49　创建放样　　　　图 10-50　调整接头　　　　　图 10-51　闭合放样

步骤8　抽壳　抽壳该零件，设置【厚度】为 1.25mm，选择直线部分放样的面为【移除的面】，如图 10-52 所示。

步骤9　保存并关闭零件　完成的零件如图 10-53 所示。

图 10-52　抽壳　　　　　　　　　　　图 10-53　完成零件

练习 10-4　草图块作为轮廓

在本练习中，将介绍创建一条【通过 XYZ 点的曲线】和怎样利用 SOLIDWORKS 草图模块在放样轮廓时重用草图数据。

本练习将应用以下技术：

放样特征。

单位：in。

尽管机翼（图 10-54）的横截面是 2D 的并且 Z 坐标为 0，当需要一个 X、Y、Z 坐标的文件时，机翼数据是一个很好的例子。用户还需要扩展曲线和重新定位来产生相应的轮廓。将曲线转换为一个草图块将允许用户修改曲线来满足需求。

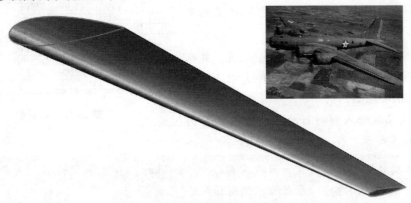

图 10-54　机翼

1. 通过 XYZ 点的曲线　通过 XYZ 点的曲线能够使用户通过一系列 X、Y、Z 坐标来创建一条曲线。用户可以在类似表格的对话框中直接输入这些位置，或者可以从一个 ASCII 文本文件中读取位置，该文件需要具有 *.SLDCRV 或者 *.txt 的后缀名。曲线将通过点按相同的顺序进入或在文件中列出。

注意

> 曲线被创建在草图之外，因此，X、Y、Z 坐标将在 XY 平面坐标系上获取。

知识卡片	通过 XYZ 点的曲线	● CommandManager：【特征】/【曲线】 〰/【通过 XYZ 点的曲线】 〰。 ● 菜单：【插入曲线】/【通过 XYZ 点的曲线】。

2. 机翼数据的特别考虑　机翼数据只有 X、Y 值。Z 值被假定为 0，因此在文件中可以忽略不计。在 SOLIDWORKS 中为了使用数据文件，用户可以添加 Z 坐标值。

机翼数据表现出一些其他的特别情况：

（1）数据是单位尺寸　这意味着 X 坐标从 1 到 0 并且返回到 1。为了对一个实际的机翼造型，数据不得不缩放机翼的弦长。

（2）为了创建一个方向与飞机坐标系一致的机翼，需要重新排列 X、Y 和 Z 的值。例如，如果想创建一个平行于右参考平面的机翼，原始数据中 X 值必须到 Z 列，并且标志必须求逆。

（3）如果想改变机翼的迎角，则旋转它，可以在文件中变换值。这不是一个轻松的任务。

3. 策略：使用草图块　围绕着这些问题工作，将继续采用如下策略。

1）使用数据"as is"在模型空间中创建曲线。

2）在前视图参考平面上打开一个草图。

3）使用【转换实体】来复制曲线为草图实体。

4）使用一个活动的草图块。

5）在适当的参考平面上创建一个新的零件和草图。

6）插入块，如果需要可以缩放和移位。

操作步骤

步骤 1　新建零件　使用模板"Part_IN"创建一个新零件，该零件将被用于创建和保存用于机翼轮廓的草图块。

步骤2 改变单位 改变单位为 ft（英尺）。这里使用 ft 是因为机翼数据是来自于 Boeing B-17，它的尺寸单位用的是 ft。

步骤3 插入曲线 单击【通过 XYZ 点的曲线】 🗂。

步骤4 选择文件 单击【浏览...】，并从 "Lesson10\Exercises\Curve Data" 文件夹中选择文件 "NACA_0018.sldcrv"。

该文件内容被读入到对话框中，并被划分为列，如图 10-55 所示。

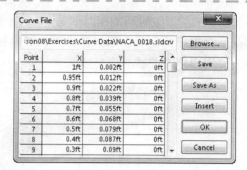

图 10-55 对话框

> **提示** 浏览器可以被设置为只搜索曲线（＊.sldcrv）和文本文件。如果曲线或文本文件不可用，也可以手动输入到对话框中。

步骤5 添加样条曲线 单击【确定】并添加曲线到零件。一条光滑的样条曲线可以使用如图 10-56 所示的文件中的点来创建。一个名字为 "Curve1" 的特征会出现在特征树视图中。

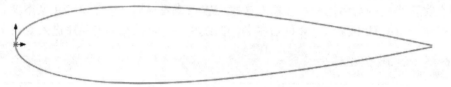

图 10-56 样条曲线

步骤6 新建草图 在前视图参考平面上打开一个新的草图。

步骤7 转换实体 使用【转换实体】 🗌 来复制曲线特征到当前的活动草图中。

步骤8 封闭轮廓 机翼后沿的边不是封闭的。添加一条直线连接样条曲线的两个端点，如图 10-57 所示。先不要退出草图。

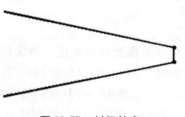

图 10-57 封闭轮廓

4. 草图块 块是保存、编辑和重用图形信息的一种方法。人们经常认为块是二维制图元素的集合，如标准文本、符号和标题块。而且，块也是重用和操控草图几何的一种方法。

用户可以从单一或多个草图实体中创建块。使用块可以：

- 使用最小的尺寸和关系创建布局草图。
- 在草图中冻结一个实体子集来作为一个单一实体操控。
- 管理复杂的草图。
- 同时编辑所有的块实例。

为了创建一个块，要么在图形区域中选中实体，要么直接保存一个草图到一个块文件中。当保存草图到块文件中时，确保在保存的时候想要插入的点都被选中。

块文件在 SOLIDWORKS 中有单独的文件后缀名 "＊.sldblk"。

知识卡片	草图块	• 菜单：【工具】/【块】/【保存】。 • 【块】工具栏：【保存草图为块】🔲。

步骤9　保存块文件　选中原点。单击【工具】/【块】/【保存】。在【另存为】对话框中，浏览 "Lesson10\Exercises\Curve Data" 文件夹，并保存块为 "NACA_0018. sldblk"。单击【保存】，然后退出草图。

> **提问**　为什么要选中原点？选中原点定义了块的插入点的位置。换而言之，当用户插入块时，光标所在的点是被用于定位块的。

步骤10　重复　使用曲线文件 "NACA_0010. sldcrv" 重复步骤 3～9。同样地，命名对应的块文件为 "NACA_0010. sldblk"。

步骤11　新建零件　为机翼模型创建一个新的零件，改变单位为【英尺和英寸】。设置【分数】的分母为32，如图 10-58 所示。保存零件，并命名为 "Wing"。

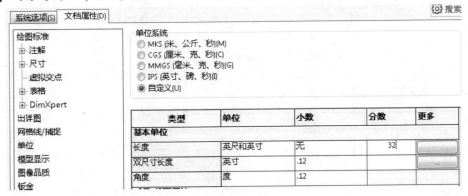

	类型	单位	小数	分数	更多
基本单位					
	长度	英尺和英寸	无	32	
	双尺寸长度	英寸	.12		
	角度	度	.12		

图 10-58　文档属性

> **提示**　当使用【英尺和英寸】为单位时，文档区域输入的尺寸值被确定为英寸，除非添加有符号（′）或 ft。值也可以被输入英尺和英寸一般使用 2′4.5″ 的格式。当使用【分数】，默认行为是小数将被显示，除非尺寸值匹配到一个特殊分母的分数（或者是一个如 1/2 的简约数）。如果想四舍五入到最接近的分数，可以在设置中使用【更多…】按钮来指定。

步骤12　参考平面　从右视图参考平面偏移 4ft 的位置创建一个参考平面▣，命名该平面为 "Root"。

步骤13　新建草图　在 "Root" 参考平面上打开一个新的草图。

步骤14　插入块　单击【工具】/【块】/【插入】▣，【浏览】文件夹 "Lesson10\Exercises\Curve Data"，并选中文件 "NACA_0018. sldblk"。在【参数】中，设置【块比例】为 19.6。因为机翼草图有 1 单位的弦长，实际上是 1ft，19.6 的【块比例】放大机翼到 19.6ft。单击圆心，插入并实例化块。单击【确定】，退出草图。

步骤15　偏移平面　从 "Root" 参考平面 45ft 处创建一个参考平面，命名为 "Tip"。

步骤16　新建草图　在 "Tip" 参考平面上打开一个新的草图。

图 10-59　插入块

223

步骤 17　定义插入点　如图 10-60 所示，"tip" 的横截面被定位在机尾，相当于适度的锥度和机翼的二分角。插入一个草图点并标注尺寸如图 10-60 所示。使用该点来定为下一个草图块。

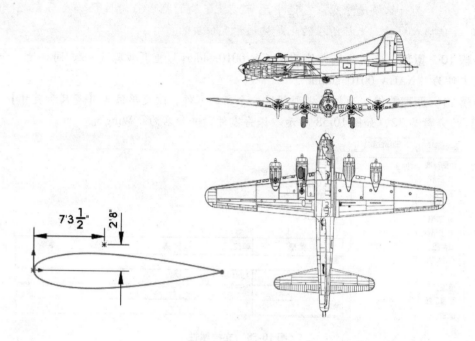

图 10-60　插入点

步骤 18　插入块　单击【工具】/【块】/【插入】，浏览文件夹 "Lesson10\Exercises\Curve Data"，并选中文件 "NACA_0018.sldblk"。在【参数】中，设置【块比例】为 7.25。放大机翼到 7.25ft，刚好是翼尖弦的长度。单击草图点插入到块中。单击【确定】，如图 10-61 所示。退出草图。

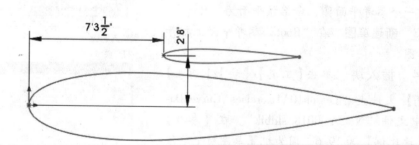

图 10-61　插入块

步骤 19　放样　单击【放样凸台/基体】，在相同的位置小心地选中两个草图，或每个草图对应的实体。单击【确定】，如图 10-62 所示。

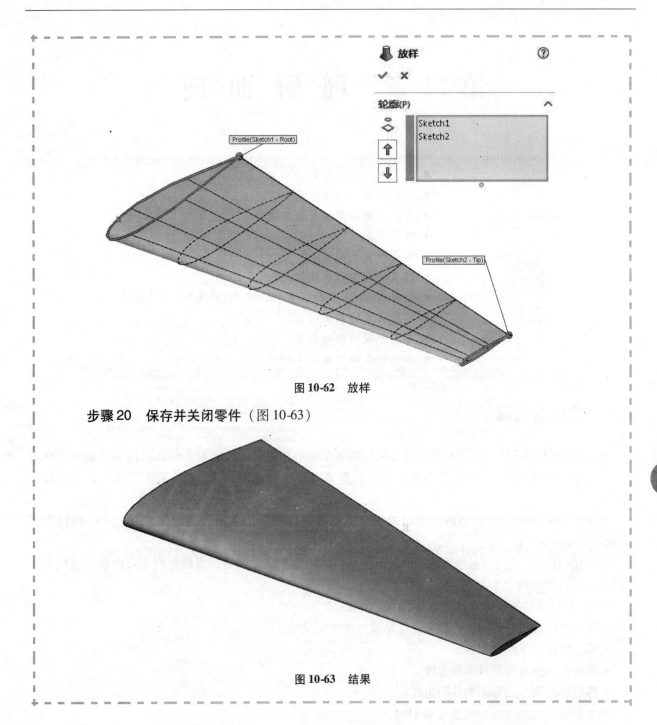

图 10-62 放样

步骤 20 保存并关闭零件（图 10-63）

图 10-63 结果

第11章 理解曲面

学习目标

- 理解实体与曲面的异同点
- 创建拉伸曲面与平面
- 剪裁曲面与解除剪裁曲面
- 缝合曲面
- 由曲面生成实体
- 在实体或曲面中删除面
- 理解 NURBS 曲面以及 ISO- 参数(U-V)曲线的属性
- 熟悉常见的曲面类型
- 熟悉一般的曲面类型
- 理解典型曲面造型工作流场景

11.1 实体与曲面

在 SOLIDWORKS 中，实体与曲面是非常相似甚至接近相同的，这也是为什么可以轻松地利用两者来进行高级建模的原因。理解实体与曲面两者的差异以及相似之处，将非常有利于正确地建立曲面或者实体。

实体和曲面中所包含的是两类不同的信息，或者可以用一个更恰当的词来描述它——包括两类"实体"(entity)。

1)几何信息：几何信息描述的是形状，例如物体的扁平或者翘曲，直线形或者弯曲状。点代表了空间中特定且唯一的一个位置。

2)拓扑信息：拓扑信息描述的是关系，例如：

- 实体的内部或者外部，一般来说这是通过面来定义的。
- 哪些边相交于哪些顶点。
- 哪些面的分界线形成哪些边线。
- 哪些边是两个相邻面的共同边线。

两类信息间的相互对应关系见表 11-1。

表 11-1 几何信息和拓扑信息的对应关系

拓 扑 信 息	几 何 信 息	拓 扑 信 息	几 何 信 息
面	平面或表面	顶点	曲线的端点
边	曲线，如直线、圆弧或者样条曲线		

图 11-1 所示为两个实体的图片。

它们都是由 6 个面、12 条边线以及 8 个顶点组成的。从拓扑信息来看，它们都是一样的，但是，很明显它们的几何外形是完全不一样的。左侧的实体完全由平面以及直线组成，右侧的实体则不是。

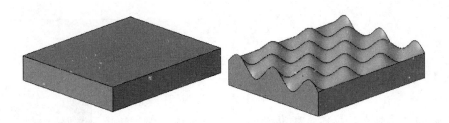

图 11-1 几何形状与拓扑信息

11.1.1 实体

用户可以通过下面的规则来区分实体或者曲面：对于一个实体，其中任意一条边线同时属于且只属于两个面。

也就是说，在一个曲面实体中，其中一条边线可以是仅属于一个面的。如图 11-2 所示的曲面中含有 5 条边线，每条边线都仅属于一个单一的面。这也是为什么在 SOLIDWORKS 中不可以创建如图 11-3 所示单一实体的原因。图中所指边线同时属于 4 个面。

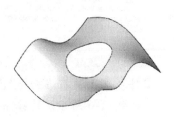

图 11-2 曲面示例

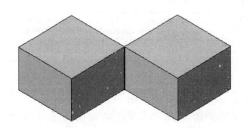

图 11-3 不能创建单一实体

11.1.2 边线

可以看到，面上的孔是由边线定义的真实存在的边界。当在实体模型中加入切除特征后，会生成新的边线来定义该面的边界。当这些边线被删除后，它下面所包含的面就会被还原，这就是实体与曲面的互操作性，如图 11-4 所示。

图 11-4 边线

11.1.3 SOLIDWORKS 的后台操作

当 SOLIDWORKS 生成一个实体模型时，其后台其实是这样操作的：首先通过许多的面建模任务生成许多的曲面，然后再将这些曲面集合起来形成一封闭的实体单元。也可以手动来完成系统自动完成的任务，这样可以使我们较好地掌握其原理。

可以使用简单的圆柱体模型作为一个实例。

227

操作步骤

步骤1 拉伸形成圆柱体实体 使用模板"Part_MM"创建一个新的零件。在上视基准面上绘制一个圆形草图，直径为 φ25mm，圆心置于原点，拉伸高度为25mm。3 个面被生成，包括两个端平面以及一个连接它们的圆柱面，如图11-5 所示。保存零件并将文件命名为"Solid"。

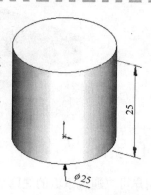

图 11-5 拉伸圆柱体实体

知识卡片	拉伸曲面	【拉伸曲面】命令类似于【拉伸凸台/基体】，只不过它生成的是一个曲面而不是一个实体，它的端面不会被盖上，同时也不要求草图是闭合的。
	操作方法	● Command Manager：【曲面】/【拉伸曲面】。 ● 菜单：【插入】/【曲面】/【拉伸曲面】。

步骤2 拉伸曲面 使用模板"Part_MM"创建一新的零件。在上视基准面上绘制一圆形草图，直径为25mm，圆心置于原点，拉伸高度为25mm，如图11-6 所示。选择下拉菜单中的【窗口】/【纵向平铺】，以同时显示实体模型窗口以及曲面模型窗口，如图11-7 所示。保存零件并将文件命名为"Surface"。

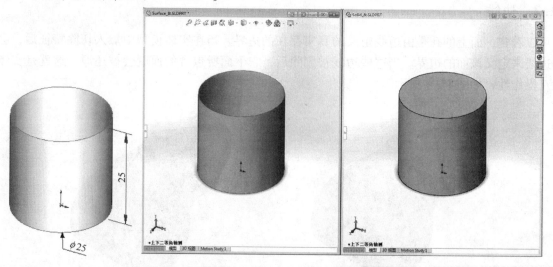

图 11-6 拉伸曲面　　　　　　　　图 11-7 纵向平铺

知识卡片	平面区域	用户可以利用一个封闭的轮廓、不相交的草图或一组封闭的平面边线建立平面区域。
	操作方法	● Command Manager：【曲面】/【平面区域】。 ● 菜单：【插入】/【曲面】/【平面区域】。

228

步骤3　建立一平面区域　在"Surface"零件的上视基准面上新建一草图，绘制一正方形，中心位于原点，且边与圆柱面边线相切，如图11-8所示。单击【平面区域】，当前激活的草图将自动被选择。单击【确定】。

技巧　使用【多边形】工具来绘制该正方形，使之与圆柱面边线相切。

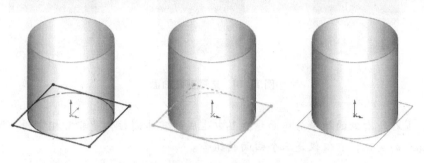

图11-8　平面区域

知识卡片 剪裁曲面	【剪裁曲面】命令允许用户使用一个曲面、平面或者草图来裁剪另一个曲面。在【剪裁类型】中，有两个选项： 1)【标准】：使用一个曲面、平面或者草图作为剪裁工具。 2)【相互】：多个曲面之间相互剪裁。 【标准】剪裁生成的是分离的曲面实体，【相互】剪裁能将生成的曲面缝合。
操作方法	● Command Manager：【曲面】/【剪裁曲面】 ● 菜单：【插入】/【曲面】/【剪裁曲面】。

步骤4　剪裁曲面　单击曲面工具栏上的【剪裁曲面】。在【剪裁类型】中选择【标准】，如图11-9所示。

提示　为了继续后期的讲解内容及步骤，在这里选用的是【标准】剪裁类型。

在【剪裁工具】一栏中，选取圆柱曲面，再单击【保留选择】。

技巧　旋转视图以方便看到圆柱的底面。

当光标箭头移动至将要被剪裁的面上时，系统将以不同的结果高亮显示。

选择如图11-10所示的圆形平面，单击【确定】。

图11-9　剪裁曲面

提示　在别的一些模型中，可能会发现使用【移除选择】直接选择那些需要被删除的面会来得更方便些。

步骤5　第二个平面区域　切换至【等轴测】视图方向。单击【平面区域】。选择圆柱顶面的圆形边线。单击【确定】，如图11-11所示。

步骤6　结果　可以看到，步骤5得到的结果与步骤4所得到的是完全一样的，但它仅使用了一个操作，而不是像前面那样通过两个步骤来完成，如图11-12所示。

需要保留下来的曲面

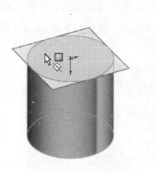

图 11-10　选取剪裁曲面

而且，现在所看到的结果与前面步骤1中生成的实体圆柱体是非常相像的。然而，它并不是一个真正的实体，它仅仅是三个曲面的组合。

图 11-11　第二个平面区域

图 11-12　结果

230

知识卡片	解除剪裁曲面	使用【解除剪裁曲面】命令可以将曲面恢复至其原始边界状态。假如刚才删除的是内部的圆形面，使用【解除剪裁曲面】命令后，其结果将是删除的圆孔被重新修补完整。使用该命令可以是生成一个新的曲面，也可以是替代原始曲面。
	操作方法	● Command Manager：【曲面】/【解除剪裁曲面】 。 ● 菜单：【插入】/【曲面】/【解除剪裁曲面】。

步骤7　解除剪裁曲面　单击曲面工具栏上的"解除剪裁曲面" 。选择步骤5中建立的平面区域。通过预览视图，可以查看系统自动创建的由圆形边线生成的矩形面，如图 11-13 所示。单击【取消】，退出【解除剪裁曲面】命令。

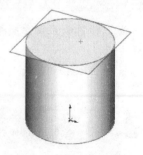

图 11-13　解除剪裁曲面

11.2　使用曲面工作

在曲面环境下的操作类似于在实体环境下的操作，但也存在很大的差异。曲面列在 FeatureManager

设计树顶部的"曲面实体"文件夹中，它们可以被隐藏或者删除，就像"实体"文件夹中的实体一样。

　　它们之间一个很大的不同点是，对于曲面不可以像对待实体一样对它进行布尔运算操作。在实体环境下，假如想要在现有实体上添加一个基体，可以通过简单的绘制草图并拉伸来实现。SOLID-WORKS 会自动剪裁那些新生成的面，并且将新特征生成的实体合并到现有实体中，如图 11-14 所示。

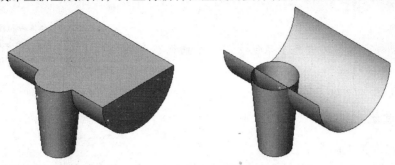

图 11-14　曲面与实体的区别

　　对于曲面中那些相互交叉的面，只能对它进行手工剪裁或缝合。

　　管理曲面的可见度有时是不太容易的，曲面的隐藏/显示状态受特征退回以及配置的影响。展开曲面实体文件夹以及【显示窗格】，这样有利于查看各个曲面的当前可见度信息，虽然并不可以在【显示窗格】中对那些实体进行显示或者隐藏的操作。勾选【隐藏/显示】列的图标可触发曲面实体的可见性，如图 11-15 所示。

图 11-15　显示窗格

　　单击 FeatureManager 设计树窗格顶部(标签右侧)的【展现显示窗格】 **》**，可以展开显示窗格，单击【隐藏显示窗格】 **《** 可以收拢显示窗格。

知识卡片	缝合曲面	【缝合曲面】命令可以将多个分离的曲面缝合并生成一个单一的曲面，且遵循以下缝合规则： ● 曲面必须是边与边相交。 ● 曲面不能相互交叉，不能相交于一点或者不是边线的位置(例如一个面的中间)。 ● 不相连的曲面不能被缝合。
	操作方法	● CommandManager：【曲面】/【缝合曲面】 **🗲**。 ● 菜单：【插入】/【曲面】/【缝合曲面】。

步骤8　缝合曲面　单击曲面工具栏上的【缝合曲面】 **🗲**，在图形窗口或者 FeatureManager 设计树中选择 3 个曲面实体，如图 11-16 所示。

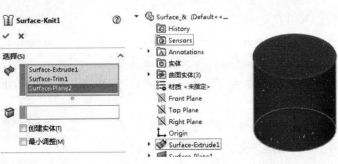

图 11-16　缝合曲面

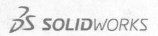

提示 【缝合曲面】命令中有一个选项，叫做【创建实体】，当被缝合曲面能够形成一个闭合体时，则可以生成一个实体模型。在本例中，由于还需要完成其他操作，故不使用该选项。

单击【确定】。

现在“曲面实体”文件夹中只包含了一个曲面，如图 11-17 所示。

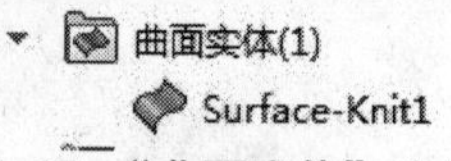

曲面实体(1)
Surface-Knit1

图 11-17 “曲面实体”文件夹

11.2.1 检查曲面是否闭合

这里有 3 种方法来检查曲面是否闭合：

1）尝试加厚曲面。只有当对象是全封闭曲面的体积时，【从闭合的体积生成实体】复选框才可用。

2）使用【检查实体】命令可以高亮显示曲面的开环边线。

3）在任何显示模式下所显示的模型边线，查看边线颜色是否如【工具】/【选项】/【系统选项】/【颜色】/【曲面，开环边线】中所设置的那样。

提示 在【工具】/【选项】/【系统选项】/【显示/选择】中，确认选中【以不同的颜色显示曲面的开环边线】。

知识卡片

加厚	【加厚】特征有两个功能。一个是通过曲面的偏移并连接边线来增加开环曲面的厚度，另一个是将非闭合曲面的体积转成实体。
操作方法	● CommandManager：【曲面】/【加厚】。 ● 菜单：【插入】/【凸台/基体】/【加厚】。

提示 很多命令图标默认状态下并未显示在相应的工具栏中。例如，“加厚”图标默认状态下就没有显示在特征工具栏中。假如用户想要直接在工具栏中插入这些命令图标，可以在下拉菜单的【工具】/【自定义】中进行相应设置操作。

步骤 9　曲面转实体　单击特征工具栏上的【加厚】，选取曲面。【从闭合的体积生成实体】选项只有当对象是全封闭曲面体积时才是可用的。单击【确定】，如图 11-18 所示。可以看到，原先的“曲面实体(1)”文件夹已经不见了，取而代之的是“实体(1)”文件夹，里面包含了一个实体，如图 11-19 所示。

Thicken1
加厚参数(T)
Surface-Knit1
厚度:
10.000mm
从闭合的体积生成实体(C)
合并结果(R)

图 11-18 加厚

实体(1)
Thicken1

图 11-19 “实体”文件夹

步骤 10　对比这两个零件　选择下拉菜单的【窗口】/【纵向平铺】，使得这两个零件窗口横向均布，如图 11-20 所示。

分别检查这两个零件的体积，得到的结果都是 12271.85mm³。这两个零件看起来完全一样，虽然它们的特征树相差甚远，但从几何形状来看它们确实是一致的。

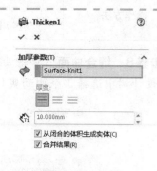

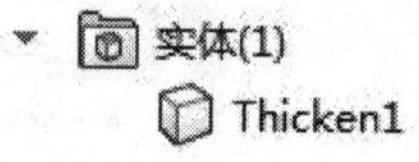

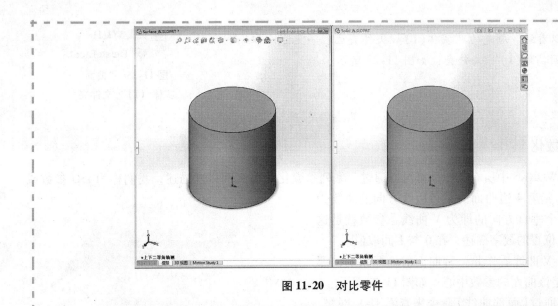

图 11-20　对比零件

　　从某种程度来讲，创建实体特征的过程也就相当于自动化曲面建模的过程。创建实体特征时，首先系统会自动创建一系列面，假如有需要还会对它们进行剪裁以及缝合等操作，然后再将它们转换成实体。

11.2.2　实体分解成曲面

　　由于目前还没有一个专门与【缝合曲面】功能相逆反的命令，因此也就不能简便地将实体直接转换成曲面。但是，下面几个技巧在实际应用中还是非常有用的。

- 删除一个实体的面，可以将实体还原至曲面状态。
- 复制实体的面，对它们进行编辑，然后用它们替换原始的实体面。

知识卡片	删除面	使用【删除面】工具可以移除模型的一个或多个面，同时允许用延伸相邻面边界所形成的面来替换它，或者直接生成新曲面来填补这个删除后出现的缺口。同时，【删除面】也可以只简单移除实体面而不作任何替代操作，以实现实体到曲面的转换。
	操作方法	 ● CommandManager：【曲面】/【删除面】。 ● 菜单：【插入】/【面】/【删除】。

　　步骤 11　删除圆柱体底面以外的其他所有面　确认当前操作的零件文件名为"Solid"，单击曲面工具栏上的【删除面】，选择圆柱面以及上顶面，在【选项】中选择【删除】，单击【确定】，如图 11-21 和图 11-22 所示。

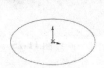

图 11-21　删除面（1）　　　　　　　　　　　**图 11-22　删除面（2）**

可以看到，原先的"实体（1）"文件夹已经不见了，取而代之的是"曲面实体（1）"文件夹，如图 11-22 所示。

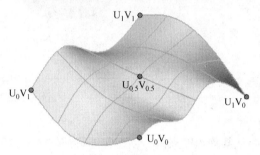

曲面实体(1)
DeleteFace1

图 11-23 "曲面实体（1）"文件夹

11.2.3 参数化

在 SOLIDWORKS 中所有的曲面都可以通过一系列参数化的曲线网格来描述，我们称为 ISO 参数或者 U-V 曲线。沿着 4 边曲面的某条边线方向的曲线为 U 曲线，另一个垂直方向的即为 V 曲线。参数就是这些边线上各点位置的数字描述，在 0 与 1 间取值。

假如把 U-V 曲线看作是一种曲面的坐标系统，那么 $U_{0.5}V_{0.5}$ 就是该曲面的参数中心，如图 11-24 所示。

用户可以通过【面部曲线】命令来查看 U-V 网格，某些特征例如【圆顶】【变形】【填充曲面】【边界曲面】【自由形】以及【放样曲面】都可以实现网格预览。当出现意外结果时，网格对于解决问题将是非常有帮助的。

图 11-24 U-V 曲线

知识卡片	面部曲线	使用【面部曲线】命令可以在所选择的曲面上形成一系列的 3D 草图网格，这些网格描述了该面的 U-V 曲线，用户可以改变这些网格的密度，也可以将任一方向的网格线定位于用户所选点的位置。单击【确定】后，每条网格曲线均将转变成相对应的一个 3D 草图。
	操作方法	● 菜单：【工具】/【草图工具】/【面部曲线】。

技巧 将 3D 草图放置在一个文件夹中可以方便用户以后的操作。

11.2.4 曲面类型

曲面几何体可以分成很多类，下面仅列出了其中最主要的几个类。

1）代数曲面。代数曲面可以用简单的代数公式来描述，这类曲面包括平面、球面、圆柱面、圆锥面、环面等。代数曲面中的 U-V 曲线都是一些直线、圆弧或者圆周，如图 11-25 所示。

2）直纹曲面。直纹曲面上的每个点都有直线穿过，且直线位于面上，如图 11-26 所示。

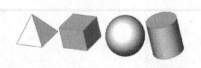

图 11-25 代数曲面

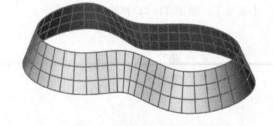

图 11-26 直纹曲面

3）可展曲面。可展曲面是直纹曲面的子集，它们可以在没有被拉伸的状态下自由展开。这类曲面包括平面、圆柱面以及圆锥面等，如图 11-27 所示。由于钣金的展开功能使得这类曲面在 SOLID-WORKS 中显得非常的重要。除钣金外，可展曲面在造船业中也有广泛的应用（简单的成形平板或片状玻璃纤维），在商标应用方面（在非展开状态下曲面的伸展或者折叠）也是如此，如图11-27所示。

4）NURBS曲面。NURBS（非均匀有理B样条）作为一种曲面技术被广泛地应用于CAD行业以及计算机绘图软件中。NURBS曲面通过参数化的U-V曲线来定义。这些U-V曲线都是样条曲线，在这些样条曲线间插值以形成曲面，如图11-28所示。

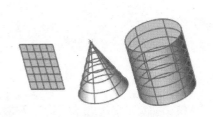

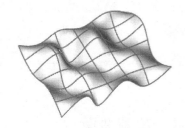

图11-27　可展曲面　　　　　　　　图11-28　NURBS曲面

代数曲面、直纹曲面以及可展曲面都可归为"解析曲面"中的一类，而NURBS曲面通常被称作"数值曲面"。

带有正交曲线网格的曲面往往都是4边曲面。很明显，SOLIDWORKS模型曲面中也有不是四边的，以下两种情形会导致这种情况的产生。

1）一条或者多条边的长度为零，并且某个方向的曲线交于一点，该点通常称为"奇点"，该曲面通常情况下也被称为"退化曲面"。产生这个问题的主要因素有圆角、抽壳或者等距操作等，如图11-29所示。

2）将一个原始的4边曲面剪裁成所需要的形状，然后再对它进行抽壳操作，这样一般都不会产生问题，这是因为系统内部其实是这样操作的：先等距原始的4边曲面，然后对它进行再次剪裁，如图11-30所示。

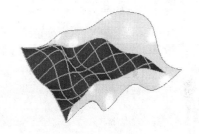

图11-29　退化曲面　　　　　　　　图11-30　4边曲面

步骤12　运用面部曲线　确认当前操作的零件仍旧为"Solid"，选择圆形面并且单击下拉菜单的【工具】/【草图工具】/【面部曲线】，如图11-31所示。

通过面部曲线的预览，我们可以认定它的原始面其实是一个矩形面，通过后期的剪裁操作才得到了现在看到的圆形面。单击【取消】，退出该命令，此处并不需要创建面部曲线。

步骤13　解除剪裁曲面　虽然该面我们是用拉伸圆得到的，从预览看它仍旧是一个矩形面，就如同我们在步骤7中使用【解除剪裁曲面】命令后看到的一样，如图11-32所示。

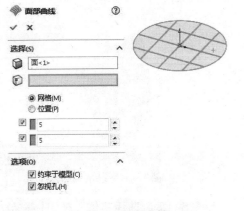

图11-31　面部曲线

235

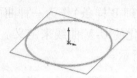

图 11-32 解除剪裁曲面

步骤 14　关闭且不保存零件

练习 11-1　剪裁曲面

按照以下步骤来建立如图 11-33 所示的零件。

本练习将应用以下技术：

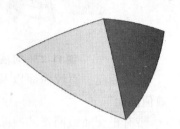

- 移动/复制实体。
- 剪裁曲面。
- 缝合曲面。

图 11-33　剪裁曲面

操作步骤

步骤 1　**打开零件**　打开"Lesson11 \ Exercises"文件夹下的"Trim _ Exercise"零件。

步骤 2　**创建基准轴**　创建一条基准轴，使之通过接近上视基准面的曲面上的两个顶点。命名为"Axis1"，如图 11-34 所示。

步骤 3　**旋转曲面实体**　使用【移动/复制实体】命令 ⬚ 绕"Axis1"轴旋转（不是复制）曲面，旋转角度为 –35°，如图 11-35 所示。

> 技巧 🔒　由于定义基准轴时顶点选取的顺序有差异，使得用户在设定旋转角度时可能需要调整值的"正、负"，以便使模型旋转的位置正确。

步骤 4　**创建第 2 条基准轴**　创建一条通过前视及右视基准面交线的基准轴，命名为"Axis2"。

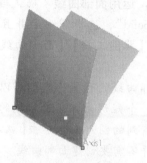

图 11-34　基准轴　　　　　　　**图 11-35　旋转曲面实体**

步骤 5　**复制曲面实体**　使用【移动/复制实体】命令绕"Axis2"轴旋转并复制曲面，复制数为 2，间隔角为 120°，如图 11-36 所示。

步骤 6　**创建新草图**　视角切换至右视基准面。在右视基准面上新建草图并绘制如图 11-37 所示的草图点。标注尺寸至上视及前视基准面。退出草图。

236

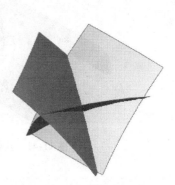

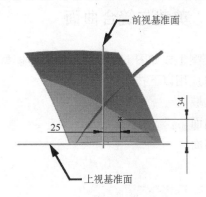

　　图 11-36　复制曲面实体　　　　　　　　　　　图 11-37　创建新草图

　　步骤7　创建第3条基准轴　利用草图点及右视基准面来创建另一条基准轴，命名为"Axis3"。

　　步骤8　复制曲面实体　旋转并复制最初的曲面实体，绕轴"Axis3"旋转136°，如图11-38所示。

　　步骤9　剪裁曲面　单击曲面工具栏上的【剪裁曲面】⬙。在【剪裁类型】中，选择【相互】，单击【保留选择】。剪裁后的结果如图11-39所示。

提示 👆　剪裁操作自动将所有的曲面缝合成单一曲面实体。检查从曲面实体创建出的实体。

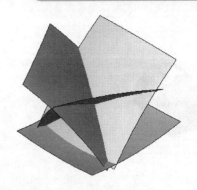

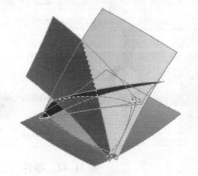

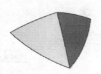

　　图 11-38　复制曲面实体　　　　　　　　　　图 11-39　剪裁曲面

　　步骤10　保存并关闭零件　完成的零件如图11-40所示。

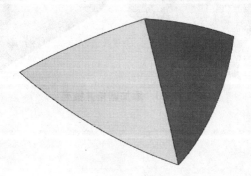

图 11-40　完成的零件

237

练习 11-2　剪裁与缝合曲面

由曲面模型生成如图 11-41 所示的实体模型。

本练习将应用以下技术：

- 平面区域。
- 剪裁曲面。
- 缝合曲面。

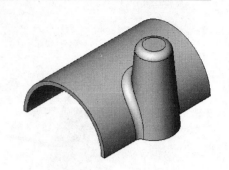

图 11-41　实体模型

操作步骤

　　步骤1　打开零件　打开"Lesson11 \ Exercises"文件夹下的"Surface _ Model"零件，如图 11-42 所示。

　　步骤2　创建实体　使用【剪裁曲面】【平面区域】【缝合曲面】命令创建实体。

　　步骤3　添加圆角并抽壳　添加 2.5mm 圆角半径，抽壳厚度为 1.5mm，如图 11-43 所示。

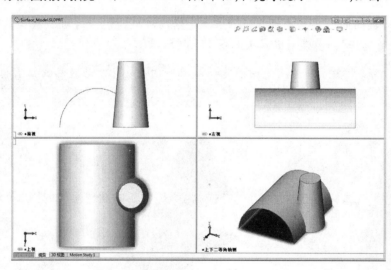

图 11-42　零件

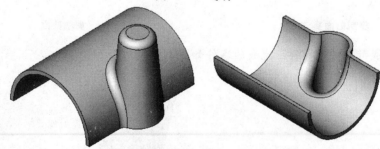

图 11-43　添加圆角并抽壳

第12章　曲面入门

12.1　实体建模与曲面建模的相似处

虽然曲面建模有着许多特有的命令，但其实许多命令与实体建模中用到的非常类似，例如：

- 实体建模中的【插入】/【凸台/基体】/【拉伸】命令等同于曲面建模中的【插入】/【曲面】/【拉伸曲面】命令。
- 实体建模中的【插入】/【凸台/基体】/【旋转】命令等同于曲面建模中的【插入】/【曲面】/【旋转曲面】命令。
- 实体建模中的【插入】/【凸台/基体】/【扫描】命令等同于曲面建模中的【插入】/【曲面】/【扫描曲面】命令。
- 实体建模中的【插入】/【凸台/基体】/【放样】命令等同于曲面建模中的【插入】/【曲面】/【放样曲面】命令。
- 实体建模中的【插入】/【凸台/基体】/【边界】命令等同于曲面建模中的【插入】/【曲面】/【边界曲面】命令。

12.2　基本曲面建模

本章的主要目的是介绍并示范一些基本曲面建模命令。为了更好地演示这些命令，以下的步骤是专门为读者学习曲面建模命令而特意设计的。

在这里我们不会演示该模型的整个建模过程，在曲面建模部分内容完成后，它仍将作为实体建模的一个练习，如图 12-1 所示。

图 12-1　基本曲面建模实例

为了创建此模型，首先创建一个超大的可定义模型外轮廓的曲面，之后剪裁掉多余的部分，直到形成想要的形状。使用超大的曲面可以确保剪裁过程中的交叉点。

操作步骤

　　步骤1　打开零件　打开"Lesson12 \ Case Study"文件夹下的"Bezel"零件。

步骤2　草绘轮廓　打开草图"Sketch for Extruded Surface"，如图12-2所示。

步骤3　拉伸曲面　单击曲面工具栏上的【拉伸曲面】 。设置终止条件为【两侧对称】，拉伸深度为90mm，如图12-3所示。

步骤4　草绘轮廓　打开草图"Sketch for Revolved Surface"，如图12-4所示。

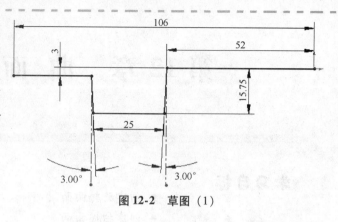

图 12-2　草图（1）

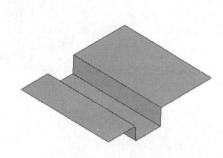

图 12-3　拉伸曲面

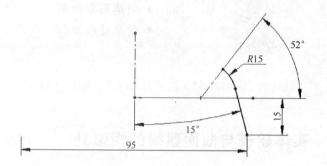

图 12-4　草图（2）

提示　为了显示更清晰，我们可以将步骤3所生成的曲面隐藏。

步骤5　套合样条曲线　单击【草图】/【样条曲线工具】/【套合样条曲线】 ，或者选择下拉菜单的【工具】/【样条曲线工具】/【套合样条曲线】。在【参数】栏中，取消勾选【闭合的样条曲线】复选框。使用【约束】选项，并选取图形区域的直线及圆弧段，单击【确定】。

技巧　用样条曲线替换直线和圆以获取 C2 连续。当旋转样条曲线时，可以获得更少的边，减少裂片和短边的数量，增强模型在添加圆角和抽壳时的鲁棒性。

知识卡片	旋转曲面	【旋转曲面】命令与实体旋转特征非常类似，只不过它生成的是曲面而不是实体。它不会生成闭合端面，也不要求必须是闭合的草图轮廓。
	操作方法	• CommandManager:【旋转曲面】 。 • 菜单:【插入】/【曲面】/【旋转曲面】。

步骤6　旋转曲面　单击曲面工具栏上的【旋转曲面】 。选取竖直中心线。角度设置为360°，单击【确定】，如图12-5所示。

步骤7　偏移基准面　零件中有一个由上视基准面向下偏移10.5mm的基准面。扫描路径被创建在该面上，如图12-6所示。

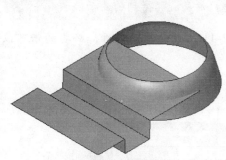

图 12-5　旋转曲面　　　　　　　　图 12-6　偏移基准面

步骤 8　扫描路径　编辑 "Sweep Path" 草图，如图 12-7 所示。

步骤 9　套合样条曲线　单击【套合样条曲线】，使用【约束】选项，并选取图形区域的直线及圆弧段。

　过于宽松的公差会导致扫描失败，默认的 0.01mm 是恰当的。

步骤 10　退出草图

步骤 11　扫描轮廓　编辑草图 "Sweep Profile"，如图 12-8 所示。

注意　在轮廓草图与路径间添加了【穿透】几何关系，如图 12-9 所示。

步骤 12　套合样条曲线　单击【套合样条曲线】，生成样条曲线以替换原有的直线及圆弧。

步骤 13　退出草图

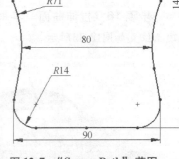

图 12-7　"Sweep Path" 草图

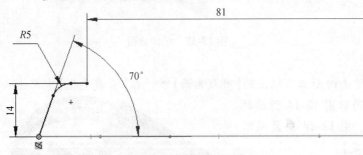

图 12-8　扫描轮廓草图

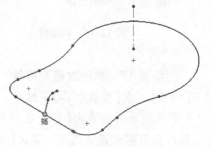

图 12-9　穿透几何关系

知识卡片	扫描曲面	【扫描曲面】命令与实体扫描特征非常类似，只不过它生成的是曲面而不是实体，它不会生成闭合端面，也不要求必须是闭合的草图轮廓。
	操作方法	• CommandManager：【曲面】/【旋转曲面】。 • 菜单：【插入】/【曲面】/【扫描曲面】。

步骤 14　扫描曲面　使用前面步骤中创建的轮廓草图及路径，通过默认设置并确保【起始处相切类型】为无，扫描得到如图 12-10 所示的曲面。

提示
为了显示更清晰，可以将前面步骤中通过拉伸及旋转得到的曲面隐藏起来。

步骤15   新绘草图   在前视基准面上，绘制图12-11所示的草图轮廓，必要的话可以使用草图镜像命令来建立对称关系。

图12-10   扫描曲面

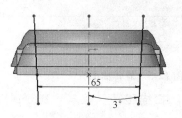

图12-11   新绘草图

提示   如图12-12所示，构造线的长度为65mm，且与图中高亮显示的由拉伸曲面得到的边线共线。

步骤16   拉伸曲面   单击曲面工具栏上的【拉伸曲面】。终止条件为【成形到一顶点】，顶点位置如图12-13所示。

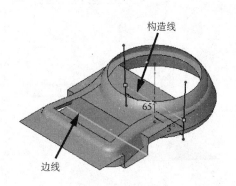

图12-12   构造线

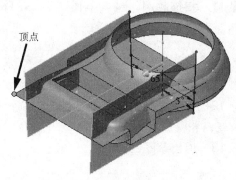

图12-13   拉伸曲面

步骤17   第一次相互剪裁   单击曲面工具栏上的【剪裁曲面】，在【剪裁类型】中单击【相互】，在【剪裁工具】一栏中，选取图12-14所示的3个拉伸曲面。单击【移除选择】，图12-14中箭头所指的曲面部分将被删除。单击【确定】。

步骤18   检查"曲面实体(3)"文件夹   相互剪裁操作同样也会将剪裁后的多个曲面缝合成单一曲面，如图12-15所示。

步骤19   第二次相互剪裁   在前次剪裁后得到的曲面与扫描曲面间进行相互剪裁，单击【保留选择】。

如图12-16所示，箭头所指的曲面部分将被保留。单击【确定】。

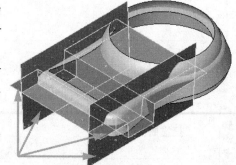

图12-14   第一次相互剪裁

步骤20   第三次相互剪裁   在第二次剪裁后得到的曲面与旋转曲面间进行相互剪裁，单击【移除选择】。如图12-17所示，箭头所指的曲面部分将被删除，单击【确定】。

步骤21   结果   3次剪裁操作后将得到如图12-18所示的曲面实体。

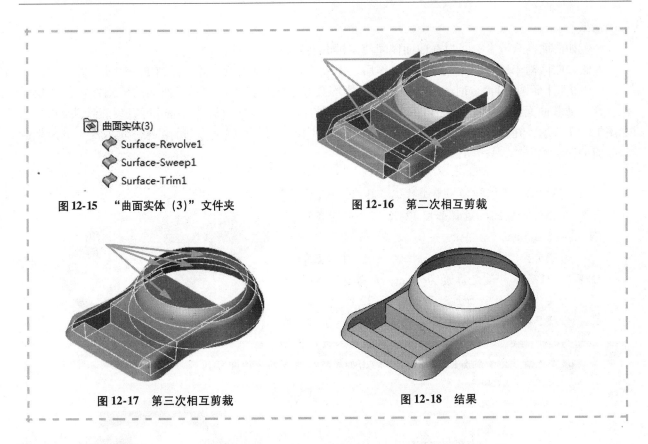

图 12-15 "曲面实体（3）"文件夹

图 12-16 第二次相互剪裁

图 12-17 第三次相互剪裁

图 12-18 结果

12.2.1 曲面圆角

曲面圆角与实体圆角使用的是相同的命令，但是，两者之间还是存在细小的差异（见图 12-19），此差异取决于曲面是否是分离、不连续的曲面，或者是否已经被缝合。

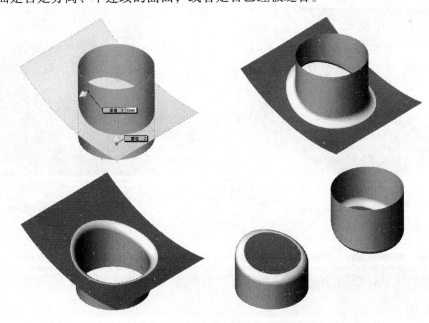

图 12-19 曲面圆角的不同结果

下述规则将有利于我们更好地掌握圆角曲面命令。

- 假如曲面已被缝合，可以选择边线来执行圆角命令，就好像对实体进行圆角操作一样，这是最简单的情形。

- 假如曲面尚未缝合，可以在曲面体间使用【面圆角】。
- 假如曲面尚未缝合，当执行圆角操作后，生成的曲面将自动被缝合，得到单一的曲面。
- 当执行【面圆角】命令时，被选择面的一侧均会显示预览箭头，预示了曲面的某侧将执行圆角操作。在未剪裁曲面上进行圆角操作时，可能会有多种结果。单击【反转正交面】可以反转箭头的方向。如图 12-19 所示，在圆柱面与曲面间执行圆角操作，可以得到 4 种完全不同的结果，这取决于圆角生成于曲面的哪一侧。

步骤22　添加圆角　单击特征工具栏上的【圆角】，单击【等半径】。选择如图 12-20 所示的两条边线，圆角半径为 3mm。

步骤23　加厚　单击特征工具栏上的【加厚】，如图12-21所示。设定厚度为 1mm，加厚方向确认为向曲面实体的内侧，加厚结果如图 12-22 所示。

步骤24　查看剖面视图　创建一个平行于前视基准面的剖面视图，具体偏移尺寸大小在这里不做严格要求，只要能清楚地看到如图 12-23 所示的由加厚特征生成的底边即可。

图 12-20　添加圆角

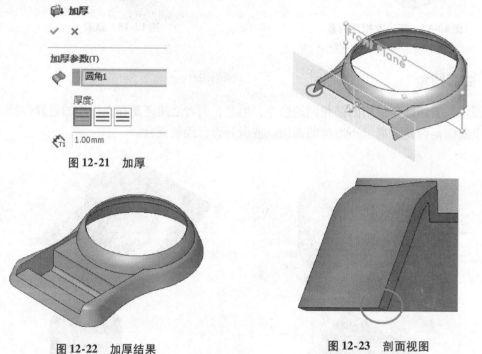

图 12-21　加厚

图 12-22　加厚结果

图 12-23　剖面视图

系统加厚曲面，首先是偏移曲面，然后对前后边线进行放样得到放样曲面，再缝合所有曲面并转换成实体。因为执行了偏移操作，使得零件的底边并不平整。

12.2.2　切除底面

一个近似的方法是从下拉菜单中选择【插入】/【切除】/【使用曲面】，然后选取步骤 7 中创建的参考面作为切除工具。但是在这个操作后，可以发现零件被切除了很大一部分，而实际上只需将沿着底边的一小部分切除即可，如图 12-24 所示。

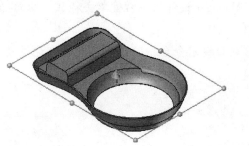

图 12-24　切除底面

	延展曲面	【延展曲面】命令通过延伸实体或曲面的边线来生成曲面，方向为平行于所选择的面。
	操作方法	• 菜单:【插入】/【曲面】/【延展曲面】。

　从自定义对话框中为曲面工具栏添加【延展曲面】命令。

步骤25　延展曲面　单击【插入】/【曲面】/【延展曲面】。选取如图 12-25 所示的面作为【延展方向参考】，延展后得到的曲面将平行于前面所选择的面。选取零件底面最外侧边线，查看延展方向箭头，单击【反转延展方向】，使得曲面朝零件内侧延伸。【延展距离】为 5mm，单击【确认】。

步骤26　结果　延展曲面的结果如图 12-26 所示。

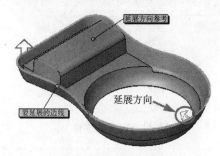

图 12-25　延展曲面

图 12-26　延展曲面结果

245

	旋转曲面	【使用曲面切除】命令使用曲面来切除实体模型，曲面必须延伸并完全穿过实体。
	操作方法	• CommandManager:【曲面】/【使用曲面切除】。 • 菜单:【插入】/【切除】/【使用曲面】。

步骤27　使用曲面切除　单击【使用曲面切除】，选取延展曲面作为切割工具。检查切除方向是否正确。单击【确认】退出，如图 12-27 所示。

步骤28　**隐藏延展曲面**　在 FeatureManager 设计树中右键单击特征"曲面-延展 1"，并选择"隐藏" ◈。

步骤29　**查看剖面视图**　再次使用剖面视图命令，验证零件的底部边界是否平整，如图 12-28 所示。

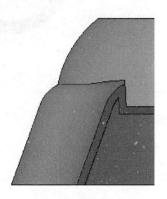

图 12-27　使用曲面切除　　　　　　　　　　图 12-28　查看剖面视图

步骤30　**添加完整圆角**　在如图 12-29 所示的开口处添加一完整圆角。

步骤31　**保存并关闭零件**　完成的零件如图 12-30 所示。

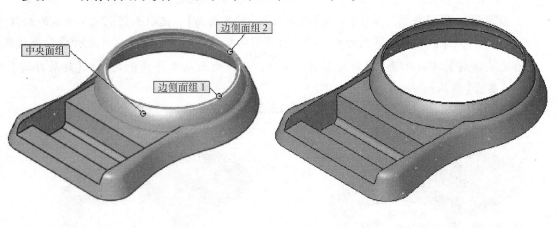

图 12-29　添加完整圆角　　　　　　　　　　图 12-30　完成的零件

12.3　展平曲面

在第 11 章中的理解曲面中提到 SOLIDWORKS 软件既可以创建可展曲面，也可以创建不可展曲面。SOLIDWORKS 是支持展开各类曲面的，在展平不可展的曲面时，将会考虑伸展和缩小某些区域。

知识卡片	展平曲面	【展平曲面】为选中曲面创建面网格并决定其展平结果，一旦曲面展平成功，可以通过【变形图解】来分析曲面的伸缩情况。
	操作方法	• CommandManager：【曲面】/【展平曲面】。 • 菜单：【插入】/【曲面】/【展平】。

操作步骤

  步骤1 **导入曲面** 打开 parasolid 文件 "Flatten_Surface. x_t。"

  步骤2 **展平曲面** 单击【展平曲面】 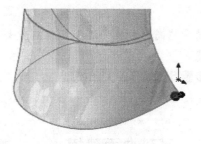，选中曲面，如图 12-31 所示作为【要展开的面/曲面】 。选中下边缘的边或者下边缘的一个点，如图 12-32 所示，作为【要从其展平的边线上的顶点或点】 。

图 12-31　展平曲面

图 12-32　选中下边缘的边或点

单击确认 。

  步骤3 **查看结果** 结果如图 12-33 所示。

图 12-33　查看结果

247

步骤4　进一步分析结果　右键选中结果曲面，并选择【变形图解】 ，如图12-34所示。

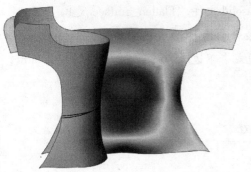

图12-34　进一步分析结果

精度越高表示展平过程能得到更好的面网格和更精确的变形图解，但是也会影响展平的性能。

步骤5　保存并关闭模型

练习12-1　基础曲面建模

本练习的任务是利用曲面建模命令来建立一个薄壁实体模型（见图12-35）。

本练习的主要目的是使读者练习使用曲面建模命令，事实上本零件并非必须使用曲面建模技术。为了使读者进一步了解曲面建模的操作，如下的步骤是专门为读者学习曲面建模命令而特意设计的。

本练习将应用以下技术：

- 拉伸曲面。
- 删除面。
- 剪裁曲面。
- 旋转曲面。
- 延伸曲面。
- 扫描曲面。
- 缝合曲面。
- 圆角曲面。
- 加厚。

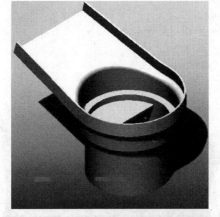

图12-35　薄壁实体模型

操作步骤

步骤1　新建零件　使用"Part_MM"模板建立一个新零件，命名为"Baffle"。

步骤2　绘制拉伸曲面的草图　在前视基准面上绘制草图，76mm长的直线处于水平位置，如图12-36所示。

步骤3　拉伸曲面　使用【两侧对称】条件，建立拉伸曲面，深度为 127mm，如图 12-37 所示。

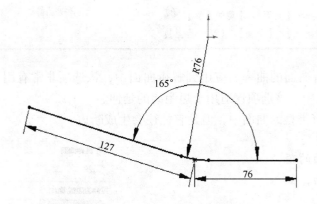

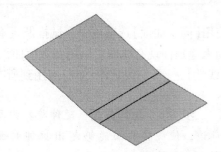

图 12-36　绘制草图　　　　　　　　　　　　图 12-37　拉伸曲面

步骤4　裁剪曲面　在上视基准面上绘制一个草图，如图 12-38 所示。在曲面工具栏上单击【裁剪曲面】，激活的草图自动被选入【裁剪工具】。单击【保留选择】，选择里面的部分曲面，单击【确定】，如图 12-39 所示。

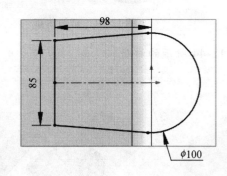

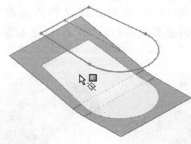

图 12-38　绘制草图并裁剪曲面

步骤5　旋转曲面　在前视基准面上绘制草图，并建立旋转曲面，如图 12-40 所示。

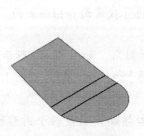

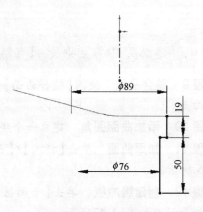

图 12-39　选择保留部分　　　　　　　　　　图 12-40　旋转曲面

249

知识卡片	延伸曲面	利用延伸曲面命令可以将曲面沿所选的边或所有边扩大，形成一个延伸曲面。所建立的延伸面可以是沿已有几何体的延伸，也可以是相切于原来的曲面来延伸。
	操作方法	● CommandManager：【曲面】/【延伸曲面】 。 ● 菜单：单击【插入】/【曲面】/【延伸曲面】。

使用【同一曲面】选项可以尝试推断现有曲面的曲率。应用到解析曲面中，该选项非常有用并且可以做到无缝延伸现有曲面。应用到数值曲面中，该选项仅适用于短距离的延伸。

【线性】选项（切线延伸）可以应用到所有类型的曲面中，但是它往往会生成断边。

步骤6　延伸曲面　延伸旋转曲面的顶部边，使旋转曲面能够超出拉伸曲面，如图 12-41 所示。

步骤7　剪裁曲面　剪裁拉伸曲面和旋转曲面，只留下如图12-42所示的部分。

> 技巧　可以使用【相互剪裁】命令。

步骤8　扫描曲面　建立一个垂直于曲面边的参考平面，并绘制如图 12-43 所示的直线。使用 12mm 长的直线段作为扫描轮廓，曲面的边界作为扫描路径，建立如图 12-44 所示的曲面。

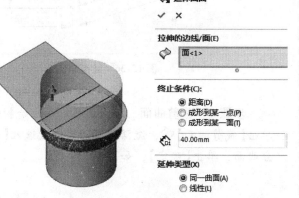

图 12-41　延伸曲面

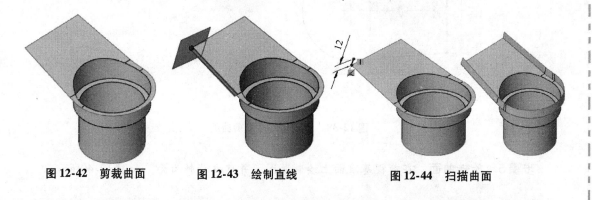

图 12-42　剪裁曲面　　　图 12-43　绘制直线　　　图 12-44　扫描曲面

> 技巧　可以在 3D 草图中使用【转换实体引用】 ，复制边线并建立扫描路径。

步骤9　缝合曲面　使用【缝合曲面】命令，结合所有的剪裁曲面和扫描曲面，形成一个单一的曲面。

步骤10　添加曲面圆角　建立一个半径为 3mm 的曲面圆角，如图 12-45 所示。

步骤11　加厚曲面　单击【插入】/【凸台/基体】/【加厚】 ，向内加厚曲面 1.5mm，如图 12-46 所示。

步骤12　创建缓冲板　单击【平面区域】 ，并对它加厚 ，创建两个对称的缓冲板，模型的剖面视图如图12-47所示。

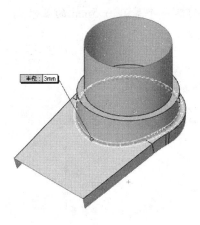

图 12-45　添加曲面圆角

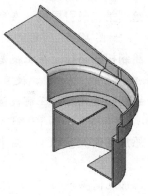

图 12-46　加厚曲面

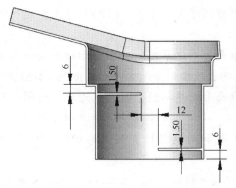

图 12-47　创建缓冲板

步骤 13　保存并关闭零件

练习 12-2　导向机构

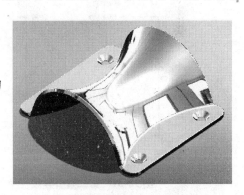

本练习的任务是利用曲面建模命令创建如图 12-48 所示的模型。

本练习将应用以下技术：

- 扫描曲面。
- 剪裁曲面。
- 平面区域。
- 缝合曲面。
- 圆角曲面。
- 加厚。

图 12-48　导向机构练习模型

操作步骤

　　步骤 1　新建零件　使用"Part_MM"模板创建一个新零件，命名为"Halyard Guide"。

　　步骤 2　绘制第一条引导线　在右视基准面上绘制如图 12-49 所示的草图。

步骤3　创建等距基准面　利用上视基准面向下创建一个等距6.5mm 的基准面，如图 12-50 所示。

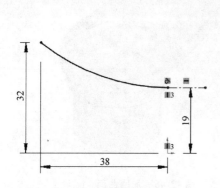

图 12-49　第一条引导线

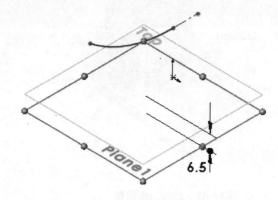

图 12-50　等距基准面

步骤4　绘制第二条引导线　在所创建的等距基准面（基准面1）上新建一幅草图，并命名为"Guide2"，如图 12-51 所示。

步骤5　绘制扫描路径　在上视基准面上新建草图，从原点开始绘制一条竖直线。添加一个几何关系并命名为"Path"，使直线的长度由引导线来控制，如图 12-52 所示。

步骤6　绘制扫描轮廓　在前视基准面上新建草图，以原点为圆心绘制一段圆弧，绘制两条与圆弧相切的直线，如图 12-53 所示。从原点处草绘一条竖直中心线。

步骤7　添加几何关系（1）　在中心线和两端相切直线间添加【对称】几何关系，如图 12-54 所示。

步骤8　添加几何关系（2）　分别在两条直线的端点、第二条引导线以及第三条引导线之间建立两个【穿透】的几何关系。

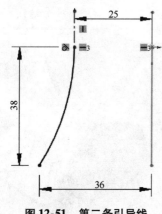

图 12-51　第二条引导线

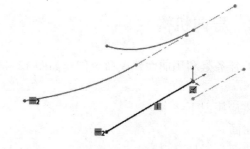

图 12-52　扫描路径

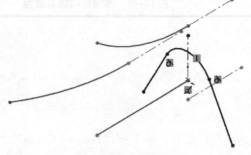

图 12-53　扫描轮廓

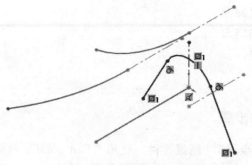

图 12-54　添加几何关系（1）

252

建立圆弧和第一条引导线端点之间的【重合】关系，现在草图已经被完全定义了，将草图命名为"Profile"，如图 12-55 所示。

步骤9 扫描曲面 使用扫描轮廓、扫描路径和 3 条引导线创建扫描曲面，如图 12-56 所示。

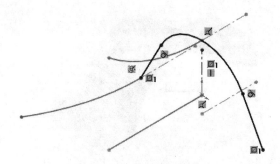

图 12-55 添加几何关系(2)　　　　图 12-56 扫描曲面

注意 要设置起始处相切类型为【路径相切】。

步骤10 剪裁曲面 使用上视基准面作为剪裁工具，剪裁扫描曲面，保留扫描曲面的上半部分，如图 12-57 所示。

步骤11 绘制草图 在上视基准面上创建一个草图，用【转换实体引用】命令转换剪裁曲面的边界，按照图 12-58 所示尺寸完成草图。

步骤12 平面区域 单击【平面区域】■，使用当前的草图创建平面区域，如图 12-59 所示。

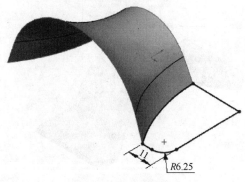

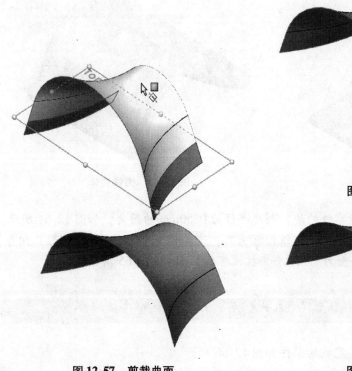

图 12-58 绘制草图

图 12-57 剪裁曲面　　　　图 12-59 平面区域

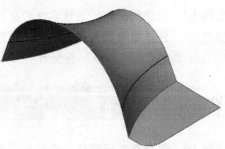

253

步骤13 第二个平面区域 镜像第一个平面曲面，创建另一侧的平面区域，如图 12-60 所示。

步骤14 缝合曲面并倒圆角 将 3 个曲面缝合在一起，创建一个半径为 4mm 的曲面圆角，如图 12-61 所示。

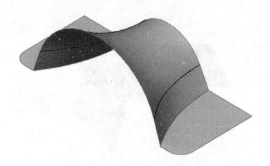

图 12-60 第二个平面区域

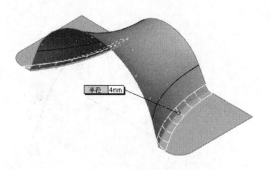

图 12-61 缝合曲面并倒圆角

步骤15 加厚曲面 通过加厚曲面来建立模型的第一个特征，设定厚度为 2.5mm。注意曲面加厚的方向，如图 12-62 所示。

步骤16 镜像实体 镜像实体并合并结果，如图 12-63 所示。

图 12-62 加厚曲面

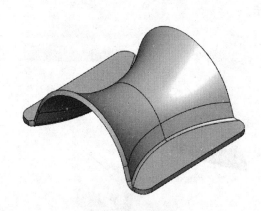

图 12-63 镜像实体

步骤17 边线倒圆角 选择零件的边，创建半径为 0.50mm 的圆角，如图 12-64 所示。

步骤18 创建锥形沉头孔 添加 4 个锥形沉头孔，选择模型平面并单击【异形孔向导】。孔的标准为 "Ansi Inch" 类型为 "M4 平头机械螺钉"，如图 12-65 所示。

技巧 可以在草图中使用镜像来完成在一个特征当中创建 4 个孔。

步骤19 保存并关闭零件 完成的零件如图 12-66 所示。

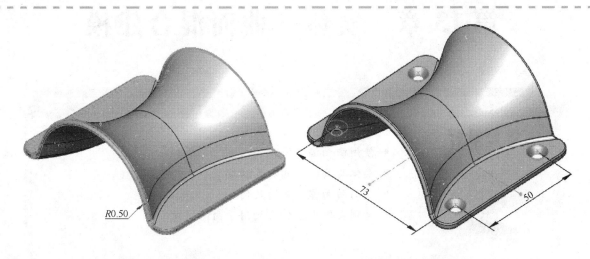

图 12-64 边线倒圆角

图 12-65 锥形沉头孔

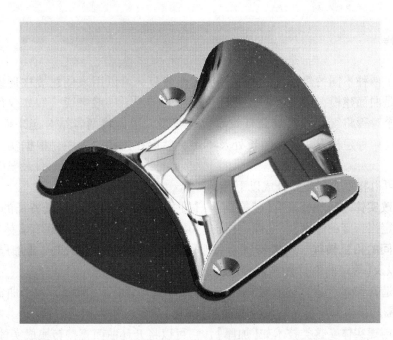

图 12-66 完成的零件

第13章 实体—曲面混合建模

学习目标

- 使用曲面编辑实体
- 实体与曲面间的相互转换
- 利用曲面作为构造几何体
- 复制实体模型外表面用于曲面建模

13.1 混合建模

混合建模包含了两种不同的建模方法：一种是实体建模，可以用来创建棱柱形或者带有平直端的几何外形；另一种是曲面建模，适用于一次创建一个面的情况。一般来说，假如仅使用其中的一种建模方法去建模，这个过程将变得很艰难而且效率也会很低，因此将两者结合起来使用是最好的选择。读者需要正确认识这两种建模方法各自的长处及不足，然后在建模过程中，根据实际建模情况选取更有利的建模方式。

一般条件下，可以将混合建模划分成以下几类：

1. 利用曲面修改实体 这类特征有【替换面】、【使用曲面切除】等，包括特征的终止条件如【成形到一面】、【到离指定面指定的距离】。曲面的【圆角】功能同样也可以直接在现有实体中操作。

2. 实体与曲面间的相互转换 这类特征有【删除面】（实体转换成曲面）、【加厚】（曲面转换成实体）、【缝合曲面】以及【等距曲面】（用来复制实体面）。

3. 曲面作为构造几何体 这类技术有【交叉曲线】，用一个曲面去剪裁另一个曲面，生成直纹曲面以确定在分型线周围的拔模角度参考，或者在曲面【圆角】命令中作为相切参考。

4. 直接由曲面创建实体 这类技术如【加厚】，它可以将开环曲面直接转换成实体。

13.2 使用曲面编辑实体

在本章中将学习利用已有的曲面几何体来编辑实体模型，最终得到如图13-1所示的电吉他的实体模型。以下几种方法均能得到相同的结果。

1）使用【成形到一面】或【成形到实体】的终止条件来拉伸得到实体。

2）使用【成形到一面】或【成形到实体】的终止条件拉伸切除实体。

3）【使用曲面切除】。

4）【替换面】。

通过混合建模，可以使用不同的方式方法来达到相同的目的。在设计商业产品时，经常会用到上面提到的各种方法。至于哪种方法更佳，

图13-1 电吉他实例

要具体问题具体分析。

操作步骤

步骤1　打开零件　打开"Lesson13 \ Case Study"文件夹下的"Guitar _ Body"零件。该零件已创建了一个曲面实体以及吉他外形草图，如图 13-2 所示。

步骤2　拉伸至曲面　最简单有效的混合建模方法就是拉伸实体至曲面。选取草图"Guitar Body Outline"。单击特征工具栏上的【拉伸凸台/基体】。使用【成形到实体】的终止条件(也可以选择【成形到一面】)。然后在图形区域或者从 FeatureManager 设计树上选取曲面实体"Top Surface Knit"，如图 13-3 所示。

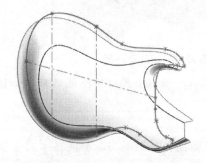

图 13-2　"Guitar _Body"零件

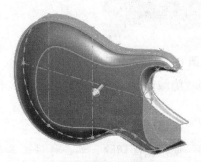

图 13-3　拉伸至曲面

> **提示** 假如草图区域超出曲面实体，这时就会出现"不能拉伸到所选实体。实体不完全终止拉伸。"的错误提示，特征创建将会失败。这是因为对于超出曲面实体的那部分草图区域，SOLIDWORKS 识别不出它的拉伸终止位置。为了避免此类错误，可以先将几个小面缝合成一个大面，然后再进行拉伸操作。

> **⚠注意** 拉伸特征结束后，可以看到在曲面与实体重合的面上，显示出杂乱的颜色。这是由同一个位置上不同的面显示不同颜色所导致的。为了避免这种情况，用户可以先将曲面隐藏。在这里，为了便于学习其他的建模技术，不执行隐藏操作，如图 13-4 所示。

步骤3　编辑实体特征　编辑特征"拉伸1"，并将终止条件改为【给定深度】，设置深度为4in，如图 13-5 所示。

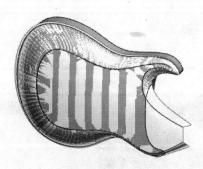

图 13-4　显示

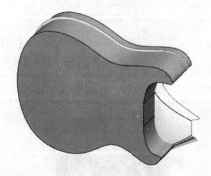

图 13-5　编辑实体特征

步骤4　绘制草图　在新建特征的端面上插入一新草图。选取端面，然后单击草图工具栏中的【转换实体引用】，将实体边线直接转换成草图实体，如图 13-6 所示。

步骤5　切除至一面　单击特征工具栏中的【拉伸切除】🔲，使用【成形到实体】的终止条件(也可以选择【成形到一面】)，然后在图形区域或者从 FeatureManager 设计树上选取曲面 "Top Surface Knit"，如图 13-7 所示。

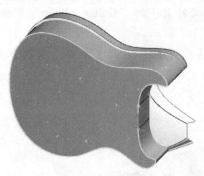

图 13-6　绘制草图

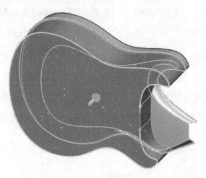

图 13-7　切除至一面

步骤6　隐藏曲面　为了清楚地显示结果，将曲面 "Top Surface Knit" 隐藏起来，如图 13-8 所示。

步骤7　压缩特征 "拉伸1"

步骤8　使用曲面切除　单击特征工具栏中的【使用曲面切除】📦，或者选择下拉菜单的【插入】/【切除】/【使用曲面】。选取曲面实体 "Top Surface Knit"。箭头所指方向那部分实体将被移除。单击【确定】，如图 13-9 所示。

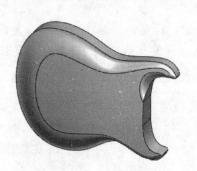

图 13-8　隐藏曲面

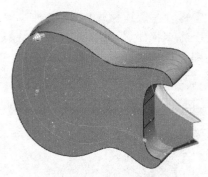

图 13-9　使用曲面切除

知识卡片	替换面	【替换面】是一种非常有用的混合建模技术，是为数不多的用来添加或移除材料的功能，操作非常的简单。替换面实例如图 13-10 所示。
	操作方法	• CommandManager：【面】/【替换面】📦。 • 菜单：【插入】/【面】/【替换】。

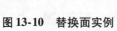

图 13-10　替换面实例

步骤9　压缩特征"使用曲面切除1"

步骤10　替换面　单击曲面工具栏中的【替换面】 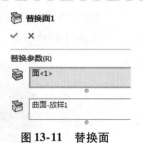。在上侧的
【替换的目标面】选择框中，选取实体平面，这个面将被移除。在下侧
的【替换曲面】选项框中，选取曲面"Top Surface Knit"。单击【确定】，
如图 13-11 所示。

图 13-11　替换面

> 提示　选项框中所显示的名称未必与曲面的真实名称相吻合。不管是在"曲面实
> 体"文件夹中选择，还是在图形区域中选取，其结果都一样，如图 13-12 所示。

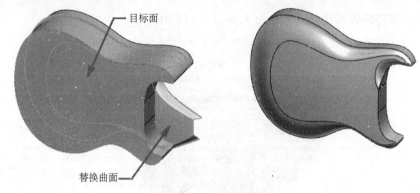

图 13-12　替换面结果

13.3　实体与曲面间的相互转换

在设计过程中，不可能所有的操作都在实体模式下进行，有时必须将实体模型转换成曲面模型，
才能够顺利完成整个建模过程。对于那些复杂的模型项目，必须预先计划好整个过程。这样在建模过
程中才不会在实体与曲面两者间频繁切换，以至于把时间全都浪费在模型重建上。

259

步骤11　压缩特征"替换面1"

步骤12　实体转换成曲面　单击曲面工具栏中的【删除面】 。使用【删除】选项，并选
择图 13-13 所示的面，单击【确定】。

此步骤将实体分解成曲面。

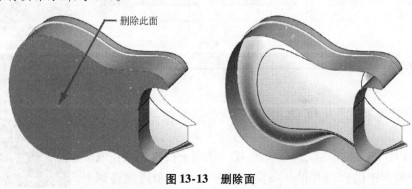

图 13-13　删除面

步骤13　剪裁曲面　使用【剪裁曲面】的【相互】选项来剪裁曲面，如图 13-14 所示。单击【创建实体】将裁剪曲面转化成实体。

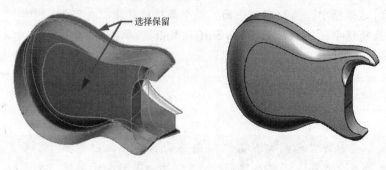

选择保留

图 13-14　剪裁曲面

步骤14　保存并关闭零件　完成结果如图 13-15 所示。

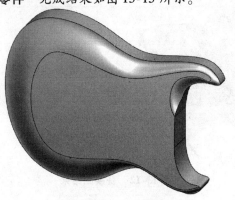

图 13-15　完成结果

13.4　性能比较

虽然以上每一种技术最终都能得出相同的结果，但在系统性能及重建时间方面却体现出了或多或少的差异。

通过【工具】/【特征统计】命令，可测算出模型重建所花费的时间。前面 3 种建模技术相应的模型重建时间见表 13-1（在不同的计算机上其计算结果可能会有差异）。

表 13-1　重建时间比较

技　　术	重建时间（整个模型）/s
使用切除曲面	4.74
拉伸至曲面	5.15
替换面	9.10
剪裁、缝合并加厚	8.96

13.5　将曲面作为构造几何体

建立任何扫描特征的关键步骤之一，是形成一条用于扫描的路径或引导线曲线。这个例子中的模型是沿一条曲线路径扫描一个圆而得到的，扫描路径是两个参考曲面交叉形成的曲线，如图 13-16 所示。

图 13-16　扫描实例

建立这个模型的主要步骤如下：

1. 建立一个旋转曲面　旋转曲面需要绘制一条样条曲线。

2. 建立一个螺旋曲面　沿一条直线路径扫描一条直线，并利用螺旋线作为引导线。

3. 形成交叉曲线　找到两个参考面的交叉线作为扫描的路径。

4. 扫描其中的一个"辐条"　利用一个圆形轮廓沿交叉曲线进行扫描。

5. 阵列"辐条"　利用圆周阵列复制"辐条"，完成零件。

操作步骤

步骤1　打开零件

打开"Lesson13 \ Case Study"文件夹下的"Wrought Iron"零件，该零件已经建立了这个模型的底座，同时还包含一个草图，如图 13-17 所示。

步骤2　隐藏实体　右键单击旋转特征，从快捷菜单中选择【隐藏】。

步骤3　编辑草图　编辑草图"spline_grid"。

步骤4　创建样条曲线　单击【样条曲线】N，绘制一条样条曲线。其大体形状如图 13-18 所示。该样条曲线有 7 个型值点。

图 13-17　"Wrought Iron"零件

步骤5　添加几何关系

为保持曲线的对称性，在曲线型值点上添加相对于水平构造线的【对称】几何关系，如图 13-19 所示。

步骤6　标注尺寸　使用竖直尺寸链为型值点添加尺寸，如图 13-20 所示。

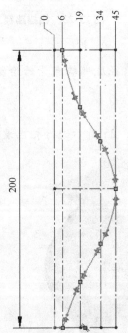

图 13-18　创建样条曲线

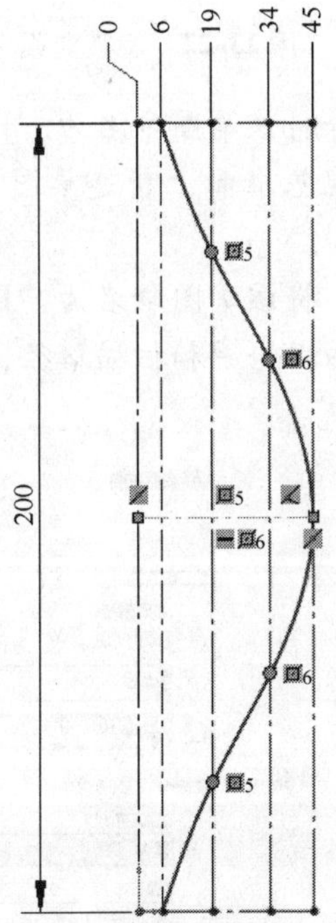

图 13-19　添加对称几何关系

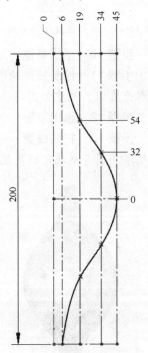

图 13-20　标注尺寸

步骤7　添加竖直几何关系　选择样条曲线顶部的端点控标（箭头），添加一个【竖直】几何关系。对底部的端点进行同样的操作，如图 13-21 所示。

步骤8　旋转曲面　选择基准 0 处的竖直中心线，单击曲面工具栏上的【旋转曲面】，设置【旋转角度】为 360°。单击【确定】，如图 13-22 所示。

步骤9　绘制扫描路径　在前视基准面上新建草图，显示旋转曲面中用到的草图。选取竖直中心线，并单击【转换实体引用】，如图 13-23 所示。

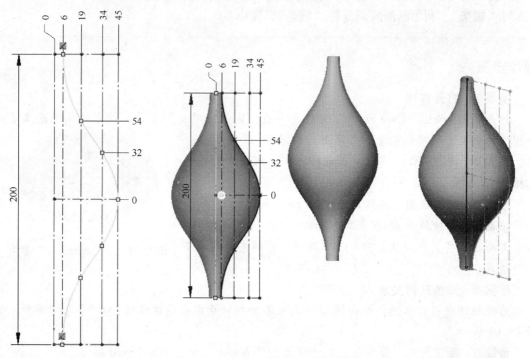

图 13-21　添加竖直几何关系　　　　图 13-22　旋转曲面　　　　图 13-23　扫描路径

步骤10　退出草图　退出草图并将该草图命名为"Path"。

步骤11　绘制扫描轮廓　在上视基准面上新建草图，从扫描路径底部端点开始绘制一条水平直线，尺寸如图 13-24 所示。

步骤12　退出草图　退出草图，将该草图命名为"Profile"。

步骤13　扫描曲面　分别选择扫描轮廓和扫描路径，按照图 13-25 所示进行相应设置。此处不用引导线就可以实现螺旋扫描。

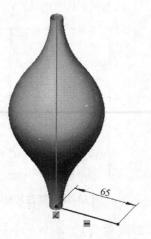

图 13-24　扫描轮廓

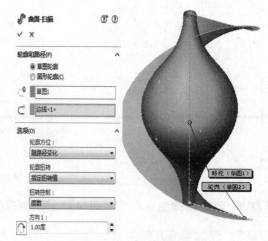

图 13-25　扫描曲面

步骤 14　**交叉曲线**　按住 Ctrl 键选择如图 13-26 所示的两个曲面，单击【交叉曲线】![icon]。该操作将使用两个曲面的交线生成一个 3D 草图，并自动进入【编辑草图】模式。

步骤 15　**退出草图**　退出 3D 草图，并隐藏两个曲面实体，将该草图命名为"Path 2"。

步骤 16　**显示实体**　右键单击特征"Revolve1"，选择【显示】![icon]。选中两个曲面，右击并单击【隐藏】![icon]。

步骤 17　**绘制扫描轮廓**　使用【圆形轮廓】选项创建扫描体，并绘制一个直径为 6mm 的圆。勾选【与结束端面对齐】和【合并结果】两个复选框，保证扫描凸台能够与旋转凸台合并，如图 13-27 所示。

步骤 18　**创建圆周阵列**　创建一个圆周阵列，等间距复制 6 个扫描体，如图 13-28 所示。

图 13-26　交叉曲线

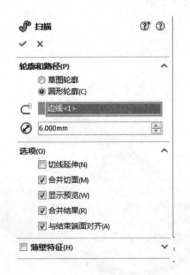

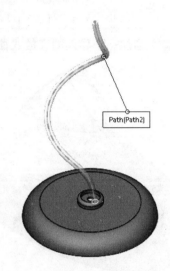

图 13-27　绘制扫描轮廓

图 13-28　圆周阵列

步骤 19　**保存并关闭零件**

13.6 剪裁、缝合与加厚

在"练习11-1剪裁曲面"中，为创建一个实体，使用了手动裁剪、缝合和加厚曲面等步骤，十分烦琐，而【相交】命令能够极大地简化操作。

知识卡片	相交	以下是【相交】命令的几个例子： 1) 打开曲面,然后生成实体。本质上这是把【裁剪曲面】【缝合曲面】和【加厚】3个结合到一个简单的命令当中。 2) 当【相交】找到多个实体后,可以选择任意几个实体,然后在模型中增加选择的具体细节。 3)【相交】命令类似于【分割】,但增加了【消耗曲面】选项,使零件变得整洁。 4) 从一个负空间中创建一个实体。假如有一个模具的三维模型,则可以很方便地从负空间(模具凸模与凹模之间的空间)中创建实体模型。 5) 在一个命令中可以使用布尔操作(布尔加和布尔减)。 在接下来的例子中将学习这几种用法。
	操作方法	• CommandManager:【特征】/【相交】。 • 菜单:【插入】/【特征】/【相交】。

1. 在一个实体上增加一个导入的开放式曲面（见图13-29）

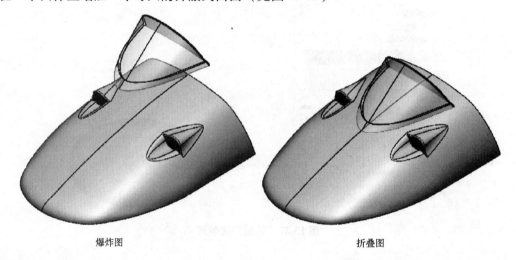

爆炸图　　　　　　　折叠图

图13-29　导入开放式曲面

操作步骤

步骤1　打开零件　打开"Lesson13\Case Study"文件夹下的零件"Snowmobile_Hood"。该零件是摩托雪橇的发动机罩，上面有开放曲面作为仪表盘，如图13-30所示。

步骤2　曲面和实体相交　单击【相交】，然后选择曲面和实体，单击选项卡上的【相交】，结果如图13-31所示。

步骤3　设置要排除的区域　此处不想排除任何东西，因此不要在【要排除的区域】中选择任何东西。

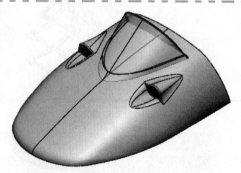

图13-30　零件"Snowmobile_Hood"

步骤 **4** **合并结果并消耗曲面** 勾选【合并结果】复选框，勾选【消耗曲面】复选框，然后单击【确定】，结果如图 13-32 所示。

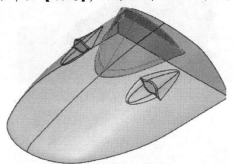

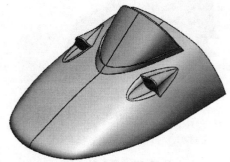

图 13-31 曲面和实体相交   图 13-32 合并结果并消耗曲面

注意   【消耗曲面】选项用来删除相交的面。

步骤 **5** **保存并关闭零件**

2. 使用一组导入的曲面创建一个实体（见图 13-33）

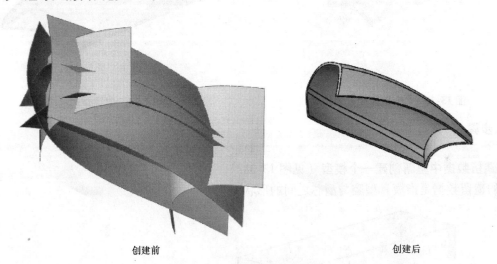

创建前   创建后

图 13-33 通过曲面创建实体

操作步骤

步骤 **1** **打开零件** 打开"Lesson13\Case Study"文件夹下的零件"Imported_ Surface_ Model"，该零件有 6 个导入的曲面，如图 13-34 所示。这组曲面将用于构造一个塑料件的薄壁。

步骤 **2** **曲面相交** 单击【相交】 ，在图形显示区框选所有的曲面，如图 13-35 所示。单击选项卡上的【相交】，生成结果如图 13-36 所示。

步骤 **3** **设置要排除的区域** 这里只有一个物体，因此不需要在【要排除的区域】选择任何东西。选中【消耗曲面】复选框，然后单击【确定】。

步骤 **4** **倒圆角和抽壳** 将上表面的两条边缘倒 10mm 的圆角，然后整个物体抽壳 3mm，结果如图 13-37 所示。

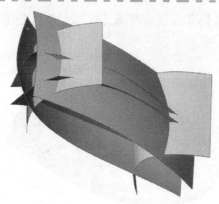

图 13-34　导入的曲面

图 13-35　选择所有的曲面

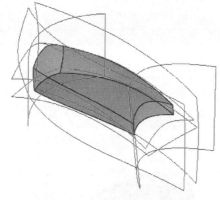

图 13-36　6 个曲面相交的结果

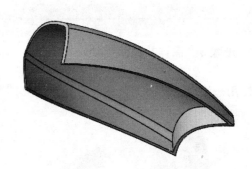

图 13-37　倒圆角和抽壳

步骤 5　保存并关闭零件

3. 从遗留数据中重新创建一个模型（见图 13-38）
所谓的遗留数据是指模具型腔与型芯之间的形状。

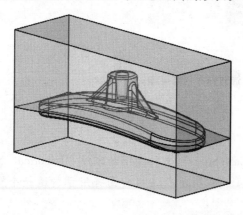

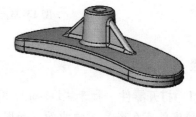

图 13-38　从遗留数据中创建模型

操作步骤

步骤 1　打开零件　打开"Lesson13\Case Study"文件夹下的零件"Legacy_ Mold"，如图 13-39 所示。该零件显示的是模具的上下两部分。

步骤2　型芯和型腔相交　单击【相交】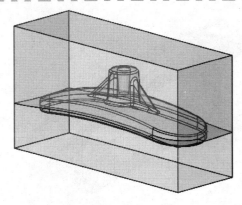，选择型芯、型腔，单击选项卡上的【相交】，结果如图 13-40 所示。

步骤3　设置要排除的区域　在【要排除的区域】中选择两个导入的实体，这样将只创建图形区显示的中间部分的模型，如图 13-41 所示。单击【确定】。

步骤4　保存并关闭零件

图 13-39　型腔及型芯

图 13-40　型芯和型腔相交

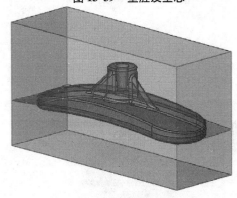

图 13-41　排除型腔和型芯

13.7　面的复制

在混合建模过程中经常需要复制实体面，一般有如下两种方法：
- 【等距曲面】。
- 【缝合曲面】。

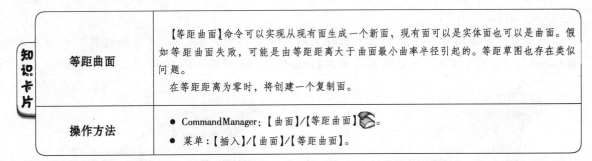

| 知识卡片 | 等距曲面 | 【等距曲面】命令可以实现从现有面生成一个新面，现有面可以是实体面也可以是曲面。假如等距曲面失败，可能是由等距距离大于曲面最小曲率半径引起的。等距草图也存在类似问题。
在等距距离为零时，将创建一个复制面。 |
| | 操作方法 | ● CommandManager：【曲面】/【等距曲面】。
● 菜单：【插入】/【曲面】/【等距曲面】。 |

本节任务主要是在如图 13-42 所示的零件中创建两个沉头孔。由于本例中的钻孔面不是一个平面，所以使用孔向导命令来实现会带来问题。它所创建的孔将垂直于钻孔面，如图 13-43 所示，而这个方向是不正确的。

假如先创建一个平面，然后在这个平面上打孔，虽然打孔方向没有问题，但是最终生成的沉头孔将是不完整的，如图 13-44 所示。

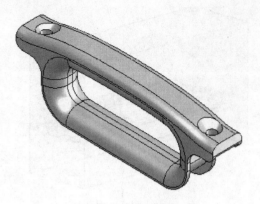

图 13-42　零件示例

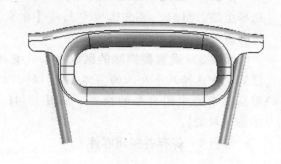

图 13-43　错误示范

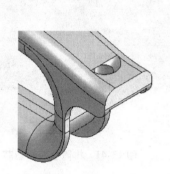

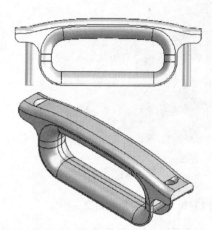

图 13-44　不完整的沉头孔

操作步骤

本例从一个现有的零件开始讲解，此零件中沉头孔已创建完成。

步骤 1　打开零件　打开 "Lesson13\Case Study" 文件夹下的 "Handle_Grip" 零件，如图 13-45 所示。

步骤 2　复制曲面　单击曲面工具栏上的【等距曲面】，在【等距距离】中输入 0.00mm。选取两个沉头孔面，单击【确定】，如图 13-46 所示。

图 13-45　"Handle_Grip" 零件

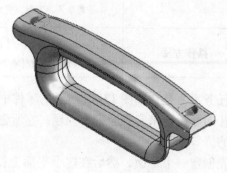

图 13-46　复制曲面

268

提示 这里没有采用【缝合曲面】来复制面，是由于现有两个沉头孔面是相互分离的，它们不能被缝合在一起。

步骤3 延伸曲面 单击曲面工具栏上的【延伸曲面】，选择其中一个复制曲面，设置【终止条件】为【距离】，并输入数值6.00mm。

提示 这个距离并不要求正好是临界的，只要延伸后曲面上侧超出零件上表面即可。

【延伸类型】选择【同一曲面】。单击【确定】，如图13-47所示。

步骤4 重复步骤 重复前一步骤延伸另一个沉头孔复制面，如图13-48所示。

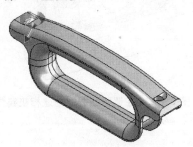

图13-47 延伸曲面

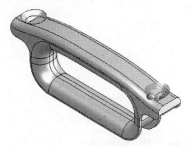

图13-48 重复步骤

技巧 按Enter键可以重复之前的命令。

步骤5 相交 单击【相交】，选择两个延伸曲面和手柄部分的实体。单击属性页上的【相交】，结果如图13-49所示。

步骤6 选择要排除的区域 选择手柄部分的实体，然后单击【反选】，这样便把两个需要去除的部分选中了，如图13-50所示。

步骤7 删除曲面 单击【消耗曲面】，然后单击【确定】，结果如图13-51所示。

步骤8 保存并关闭零件

图13-49 相交

图13-50 选择要排除的区域

图13-51 删除曲面

练习13-1 创建相机实体模型

本练习将在模具的遗留数据中重新创建一个相机实体模型（见图13-52）。

本练习将应用以下技术：
● 相交。

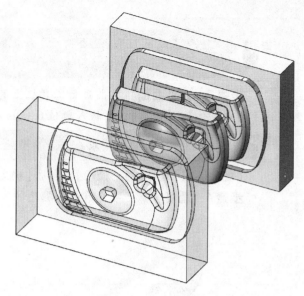

图 13-52　在遗留数据中创建相机实体模型

操作步骤

步骤1　创建一个新零件　使用模板"Part_ MM"创新一个新的零件，命名为"Camera_ Body"。

步骤2　导入型芯　单击【插入】/【特征】/【输入的】，在 Lesson13\Exercises 文件夹下，选择 Parasolid 文件"Mold_ Core. x_ b"并单击【打开】，如图 13-53 所示。

步骤3　导入型腔　重复上一步骤，打开 Parasolid 文件"Mold_ Cavity. x_ b"。

为了便于演示，修改刚导入的型腔实体的透明度，如图 13-54 所示。

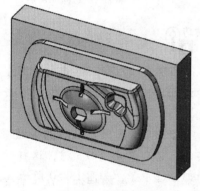

图 13-53　型芯

步骤4　创建相机实体　使用【相交】命令，从模具负空间（型腔与型芯之间的空间）中创建相机实体，结果如图 13-55 所示。

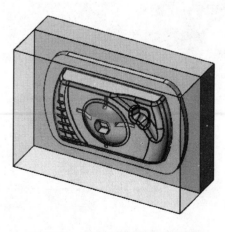

图 13-54　导入型腔并修改透明度

图 13-55　创建相机实体

270

练习 13-2　创建尖顶饰包覆体

本练习将在尖顶饰底部接合处使用环形阵列来创建该包覆体，如图 13-56 所示。

本练习将应用以下技术：

- 包覆。
- 加厚。
- 放样。
- 延伸曲面。
- 替换面。

图 13-56　尖顶饰包覆体

操作步骤

步骤 1　打开零件　打开 "Lesson13\Case Study" 文件夹下的 "Finial_ Wrap" 零件。该零件已修建了一个实体以及两个草图。使用所提供的草图来建模可以保证得到一致的结果。

步骤 2　创建两个复制曲面　如图 13-57 所示，使用【等距曲面】或者【缝合曲面】命令（参看图中高亮显示的圆柱曲面）创建两个独立的复制面。

> **提示**　这里要创建两个复制面，因为接下来要生成两个【包覆】特征，每个特征将会使用其中一个复制面。

步骤 3　隐藏实体　隐藏除其中一个复制面以外的所有其他曲面及实体。

步骤 4　包覆特征　从下拉菜单中选择【插入】/【特征】/【包覆】，或者单击特征工具栏中的【包覆】。如图 13-58 所示，选取草图 "Wrap _ Sketch1" 作为【源草图】；选择【刻划】选项，在目标面上生成草图轮廓；选择复制面作为【包覆草图的面】（目标面）。如图 13-59 所示，图中显示的矩形代表了圆柱曲面在草图面上展平后的状态。单击【确定】。

图 13-57　复制曲面

包覆1

✓　✕

包覆参数(W)

○ 浮雕(M)

○ 蚀雕(D)

◉ 刻划(S)

面<1>

□ 反向(R)

源草图(O)

草图1

图 13-58　包覆命令

图 13-59　包覆

271

步骤5　删除面　删除刻划后的外侧圆柱曲面，如图13-60所示。

提示 　使用【删除】选项。

单击【确定】，删除后的剩余部分如图13-61所示。

图13-60　删除面

图13-61　剩余部分

步骤6　重复操作　重复步骤4、步骤5，使用草图"Wrap_Sketch2"刻划另一复制面（可以先将另一复制面显示出来）。同样删除外侧面，如图13-62所示。

图13-62　重复操作

步骤7　加厚曲面实体　分别在两个曲面实体上创建两个【加厚】特征。设置第一个【加厚】特征的【厚度】为1.25mm，取消勾选【合并结果】复选框，其结果如图13-63所示。

设置第二个【加厚】特征的【厚度】为1mm，勾选【合并结果】复选框。在【特征范围】选项框中选中【所选实体】，并选取实体"加厚1"，其结果如图13-64所示。

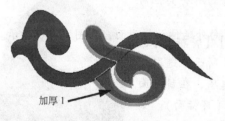

加厚1

图13-63　加厚曲面（1）

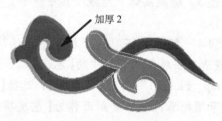

加厚2

图13-64　加厚曲面（2）

步骤8　创建分割线　在上视基准面上新建草图，按图13-65所示绘制直线。在实体外表面上生成一条分割线。

步骤9　改变视图方向　切换到后视图，然后在键盘上按3次向下箭头以使视角向下旋转45°，结果如图13-66所示。

步骤10　放样曲面　在分隔线与两个实体交叉处的边线间进行曲面放样，如图13-67所示。

在【开始/结束约束】处均选择【与面的曲率】选项。在两条边线间可以放样生成放样曲面。在一个实体模型中，任何一条边线肯定同时是两个相邻面的边界。那么，这两个相邻的面中哪一个应该被用来作为【与面的曲率】中的那个面呢？

观察图13-68中的约束箭头，通过箭头就可以确定哪个面是作为曲率匹配的那个面，箭头的长度代表了参考面对结果面的影响大小。

假如约束箭头指示方向不正确，单击PropertyManager中的【下一个面】即可。

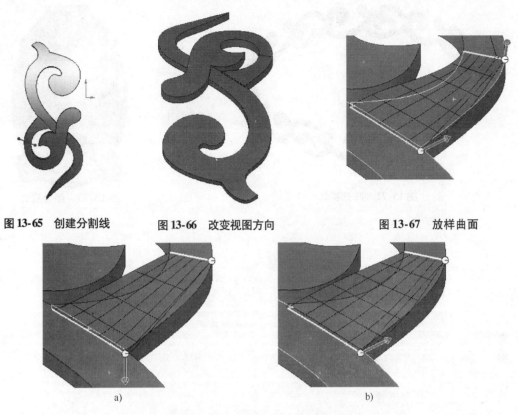

图 13-65　创建分割线　　　图 13-66　改变视图方向　　　图 13-67　放样曲面

a)　　　　　　　　　　　　　　b)

图 13-68　确定曲率匹配的面

a）错误面　b）正确面

步骤 11　放样结果　放样结果如图 13-69 所示，注意曲面颜色的改变。

步骤 12　延伸曲面　放样后的曲面将用来替代实体面，因此，放样面必须延伸超出实体模型。单击【延伸曲面】，使用【同一曲面】选项向外延伸放样曲面，如图 13-70 所示。

步骤 13　替换面　如图 13-71 所示，利用放样曲面替换实体面。隐藏放样曲面。

图 13-69　放样结果　　　　图 13-70　延伸曲面　　　　图 13-71　替换面

步骤 14　阵列实体　绕基体临时轴进行【圆周阵列】，设置实例数量为 9，结果如图 13-72 所示。

步骤 15　组合实体　显示实体"Revolve2"。选择下拉菜单中的【插入】/【特征】/【组合】。选取"实体"文件夹中所有的实体项（也可以在图形区域中选取）。单击【确定】。改变包覆特征的颜色，结果如图 13-73 所示。

步骤 16　保存并关闭零件

273

图 13-72　阵列实体

图 13-73　组合实体

第 14 章　修补与编辑输入的几何体

学习目标
- 了解影响 CAD 数据在不同系统间转换的因素
- 从其他数据源输入实体和曲面几何体
- 使用输入诊断来诊断与修复输入几何体中存在的问题
- 使用曲面建模技术手动修补与编辑输入的几何体

14.1　输入数据

当一个模型从一个 CAD 系统导入至另一个系统时，这个转换过程有可能会出错。

输入数据非常类似于翻译口语，翻译后的单词并不一定能完全准确地传达其原始含义。假如在翻译过程中找不到一个能准确表达其含义的单词或短语，那该怎么办呢？一般来说，会用一个意思相接近的词或短语来替代它，即使两者所表达的含义并不是完全一致的。在 CAD 系统中，同样存在类似的问题，即一个系统中的特征在另一个系统中无法找到可以相匹配的特征。

14.1.1　输入数据的类型

输入数据的类型取决于想要达成的目的。在大多数情况下，是为了得到一个想要的实体模型。但是，这并不排除会有其他目的的可能。对于输入的曲面实体，在前面章节中介绍的实体-曲面混合建模技术将是非常有用的，这些技术包括：

1）替换面。

2）使用曲面切除。

3）终止条件中的【成形到一面】或【到离指定面指定的距离】。

4）构造几何体生成【交叉曲线】或者作为一个设计工具的参考。

本章需要用到曲面的缝合功能。

1. 线框几何体　如果允许，不要将线框几何体作为转换的对象。输入的样条曲线、直线段、圆弧、草图点以及实体边界曲线等都会占用很大一部分的系统资源。

2. 文件格式　假如用户可以选择输入某种类型的文件格式，需要考虑这些文件格式本身存在的优缺点。对于那些实体模型的文件格式，一般会优先选择 Parasolid、ACIS 以及 STEP 格式。因为相对于 IGES 格式来说，它们在转换过程中更不容易出错。

Parasolid 格式是 SOLIDWORKS 的建模内核，SOLIDWORKS 可以直接读取 Parasolid 格式文件而不需要转换操作。因此，假如 Parasolid 格式在可选范围之内，那么用这种格式来导入对象至 SOLIDWORKS 中将是最佳的选择。

虽然 Parasolid 文件格式支持基于 Parasolid 的系统间实体数据的转换操作，但是这些数据仅仅定义了实体模型本身(面、边以及顶点)，并没有包含实体创建过程的历史数据。

14.1.2 输入数据出错的原因

输入文件生成实体模型的过程失败有多个原因，理解这些内在原因会对以后的检查输入错误并最终修复操作带来很大的帮助。

其中一个主要的原因就是不同的 CAD 系统使用了不同的数学表示或运算规则。当发送或者接收一个 3D 模型时，也正是这个差异造成了各个系统间的互操作性问题，具体原因如下：

1. 不同的精度 所有的 CAD 系统不可能使用相同的精度来运算，在发送系统中的原整数值可能会导致接收系统中转换后的数值精度小于实体缝合所需精度要求，进而导致了实体缝合操作的失败。

个别 CAD 系统具有改变文件数据精度以专门用于输出的功能。用户也可以在建模前事先调整好建模精度。了解相关的设置以及在输出模型前预先设定好参数，将大大降低 SOLIDWORKS 导入文件时出错的概率。

2. 转换特征映射 并不是所有的 CAD 系统都支持相同的特征。假如接收系统并不支持所输入的 3D 实体，转换就有可能会失败，也有可能导致转换后的实体与原始模型并没有严格匹配。

3. 丢失的实体 有时候，不同系统间的转换过程中有可能会产生面片丢失现象，假如形成的缺口比较大，那么系统自动修复工具就有可能不能修复该缺口。

14.1.3 数据出错引发的问题

在转换过程中会出现各种各样的问题。

1. 缺口 重合点或重合边处的局部裂缝大于接收系统的建模精度。局部裂缝同样也会出现在面与面之间的交线处。

2. 面、边的变形 包括自交叉、裂缝以及多重细小边线。

14.1.4 修补模型

有以下几种方法用来封闭输入的曲面。

1. 改变输入的类型 一般来说会有不止一种的转换格式类型，假如其中一种得不到满意的结果，可以尝试使用另外一种格式。

2. 改变精度 个别系统的输入方法允许调整其缝合精度。当输入的数据精度超出系统默认精度范围之外时，通过降低默认精度，可以使模型自动被缝合起来。

在某些情况下，用来输出的 CAD 系统中模型可以设置成高精度，以便于该模型数据导入至其他 CAD 系统中。

3. 输入为曲面 假如自动修复不能够形成一个实体，可以将该模型输入为曲面，然后修补其中的错误面，缝合、加厚，最后生成一个实体。

4. 延伸曲面 当现有曲面太短以至于不能与相邻面接合时，可以延伸该曲面至缝合操作允许的范围之内。

5. 剪裁曲面 曲面超出部分可以手工进行剪裁。

6. 删除曲面 有些曲面很难去进行修补，那么可以直接删除这个问题曲面，然后用另一个更为合适的面来替代该删除面。

7. 填充曲面 【填充曲面】命令可以用来创建平面或者非平面的面片来封闭模型缺口。

14.1.5 操作流程

当用户将一些遗留数据导入至 SOLIDWORKS 中时，会出现很多的情况。一般来说，可以参照以下的操作流程。

1）尽量使用那些有利于数据转换的选项，包括输出系统以及接收系统中的选项。

2）运行【输入诊断】进一步清理输入的数据。

3）在 SOLIDWORKS 中手工填充、修补存在的裂缝缺口，并最终缝合生成实体。

14.1.6　处理流程

在 SOLIDWORKS 中输入实体模型的步骤如下：

1. 输入　通过转换器直接读取其他 CAD 软件文件格式或者中性格式的数据。

2. 缝合　输入文件生成一个单一实体的过程中，缝合是一个很重要的步骤。在输入操作中，SOLIDWORKS 选项一般默认设置为尝试缝合各个输入面并自动生成实体。

3. 新建文件　用户可以自己指定文件模板，也可以使用系统默认的模板，相关选项可以在【工具】/【选项】/【系统选项】/【默认模板】处设定。

4. 诊断　假如 SOLIDWORKS 不能够自动缝合各个输入单元并生成实体，有几个诊断工具可以用来检测问题。

在如图 14-1 所示的"输入诊断"对话框中，用户可以选择【否】，也就是暂不运行输入诊断。假如之后又想运行输入诊断命令了，可以在右键单击输入特征然后在快捷菜单中选择【输入诊断】。

图 14-1　"输入诊断"对话框

假如用户选择了【以后不要再问】，那么系统的自动提示将不会再出现。解除的提示信息将在【工具】/【选项】/【系统选项】/【高级】中列出，如果需要还可以恢复。

> 提示 ☞　当输入的特征是零件的唯一特征时，【输入诊断】才可用。

5. 愈合　【输入诊断】命令提供的工具可以自动修复几何体中存在的问题。假如自动修复未能成功或者只修复了其中的部分错误，用户也可以手动创建那些影响缝合操作的丢失面，并且修复几何体。

14.1.7　FeatureWorks

大多数输入的实体其特征树上仅包含了一个特征，FeatureWorks 为用户提供了一种识别特征并将零件细分成多个单独特征的工具。一般来说，对于棱柱状零件与自由形态的消费品零件，使用 Feature-Works 来识别特征前者的成功率会更大些。由于 FeatureWorks 部分内容已经超出了本课程的讲解范围，读者可以参看相关自学教材以了解更多内容。

14.2　修补与编辑

尽管零件被输入后其特征创建历史已完全丢失，但用户还是可以通过某些选项来编辑和修复输入的零件。

在接下来的课程实例中，用户将被提示为新零件选择一个模板，并被提示运行【输入诊断】。

操作步骤

步骤 1　打开零件　打开"Lesson14 \ Case Study"文件夹下的"baseframe"零件，如图 14-2 所示。

步骤 2　输入诊断　系统将会提示是否运行"输入诊断"，单击【否】。

图 14-2　"baseframe"零件

278

提示 👆 一般来说应选择【是】。而本例先要用其他的工具和技术来检查这个零件，然后再运行【输入诊断】。

步骤3 **使用重建验证** 选择下拉菜单中的【选项】⚙/【系统选项】/【性能】，勾选【重建模型时验证】复选框，单击【确定】。按 Ctrl + Q 组合键，确认没有出现错误提示。在继续下面步骤前，取消勾选【重建模型时确认】复选框。

步骤4 **检查模型** 选择下拉菜单中的【工具】/【检查】📦来检查模型。单击【结果清单】中的面，相对应的面会在图形区域高亮显示。虽然结果显示有3处，但其实有两处是在同一个平面上，如图 14-3 所示。

通过【工具】/【检查】命令，可以检查出零件的错误，但却不能实现自我修复。【输入诊断】是一种可以检查并修复错误的工具，接下来将学习如何去使用这个工具。

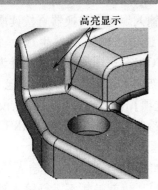

图 14-3　检查模型

知识卡片	输入诊断	【输入诊断】是一个很有用的工具，它可以帮助查找并修复输入的几何体中所存在的错误。为了能使【输入诊断】工具起作用，必须确保特征树中输入的特征数只有一个。
	操作方法	● CommandManager：【评估】/【输入诊断】🗄。 ● 菜单：【工具】/【输入诊断】。 ● 快捷菜单：右键单击 FeatureManager 设计树中的输入特征，然后单击【输入诊断】。

步骤5 **输入诊断** 右键单击特征"输入1"，然后单击【输入诊断】。结果识别出 3 个错误面，鼠标箭头停留在错误符号处，将会显示出每个错误面的具体出错信息，如图 14-4 所示。

步骤6 **尝试愈合所有** 单击【尝试愈合所有】。虽然这步不一定能 100% 解决输入的问题，但对于之后的手工操作还是有益的。【输入诊断】只修复了其中的两个错误面，还有一个未能自动修复。

步骤7 **接受该结果** 单击【确定】，退出【输入诊断】命令。

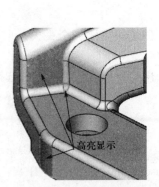

图 14-4　输入诊断

提示 👆 在执行【输入诊断】操作后，特征树中并不会留下任何特征历史，假如想回退至【输入诊断】前的状态，我们只能再次输入原始数据。

步骤 8　剩下的错误面　剩下的错误面是一个单一的三边面，该面在之前的检查中已经被发现存在问题。

步骤 9　删除面　单击【删除面】🗑，使用【删除】选项将该面直接删除，可以看到零件由实体转换成了曲面实体，如图 14-5 所示。

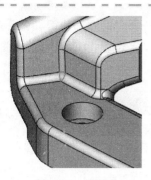

图 14-5　删除面

14.2.1　删除面的选项

在【输入诊断】命令的 PropertyManager 中，也可以直接右键单击某错误面，然后在弹出的快捷菜单中选择【删除面】命令来直接删除该面，但这与直接使用【删除面】命令还是有所不同的。

1）使用【删除面】命令将在特征树中生成一个"删除面"的特征历史，通过【输入诊断】命令删除面的操作则不会。

2）通过【输入诊断】命令删除面，特征树中的特征名将会由实体特征"输入 1"变为曲面特征"曲面-输入 1"。

3）【删除面】命令中带有其他的选项，允许修补或填充删除面后留下的缺口，通过【输入诊断】命令删除面的操作则不行。

14.2.2　修补缺口

在有些情况下必须使用一些专门工具来对零件面进行修补，例如：

1. 混合形状　有时，有些形状并不能简单的通过圆角、扫描或者放样这些命令直接得到。

2. 在输入的曲面实体中修补缺口或错误几何体　有些时候，输入的曲面实体并不完整也不够精确，它们不能直接被缝合成一个实体，在这种情况下，就需要使用工具来修补它们的缺失面。

3. 零件中封闭孔　在型芯和型腔的建模过程中，零件中的通孔必须被封闭。使用曲面就可以完成此操作，但是，假如孔的边线并不在同一平面上，就需要使用特殊的工具来修补该面。

知识卡片	填充曲面	使用【填充曲面】命令可以在任何数量的边界间创建一个填充面片，这里提到的边界可以是现有模型的边线、草图或者曲线。 【填充曲面】需要用到曲面边界或者草图实体，对于那些非闭环边界，照样可以进行填充操作。在选择曲面边界后，还可以设定曲面在这些边线处的过渡状态，可以是相触、相切或者曲率过渡。 【填充曲面】命令允许将填充后的曲面与周边曲面缝合起来，直接生成一个实体或者结合相邻单元生成一个合并实体。 【填充曲面】是通过生成一个四边面片然后剪裁以匹配所选择边界实现的。
	操作方法	● CommandManager：【曲面】/【填充曲面】◈。 ● 菜单：【插入】/【曲面】/【填充】。

步骤 10　修补缺口　修补如图 14-6 所示的缺口的优先选择是使用【填充曲面】特征。

单击曲面工具栏中的【填充曲面】◈，在【边线设定】处，选中【相切】以及【应用到所有边线】。选择缺口处的 3 条边线，单击【确定】。在本例中，使用【填充曲面】命令后，得到了一个低品质的曲面。需要寻找一种更好的方法来修补该面。

步骤11　撤销　单击"撤销" ![撤销图标]，删除曲面。

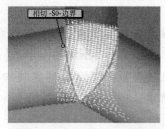

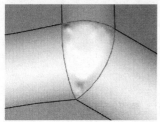

图14-6　填充曲面

14.2.3　一致性通知

系统在创建【填充曲面】特征后，会自动分析比较结果曲面与输入的参数选项间的一致性。例如【相切】选项中两者是不一致的，那么系统将发出相关提示或警告。相关提示或警告会以弹出信息的方式出现在视图区。

步骤12　放样修补　放样得到的是一个单一曲面，旋转曲面同样也可以生成单一曲面。在本例中，使用放样操作会更合适，尽管需要对它进行正确的选项设置。

单击曲面工具栏中的【曲面放样】![图标]。如图14-7所示，在【轮廓】选项框中选取图示两条边，它们相交于一个顶点。在【起始/结束约束】中均选择【与面相切】。在【引导线】选项框中，选取剩下的一条边线。设置【引导线感应类型】为【整体】，【边线-相切】类型选择【与面相切】。单击【确定】，如图14-8所示。

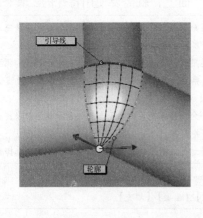

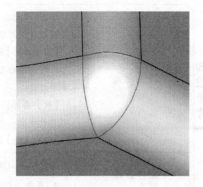

图14-7　放样　　　　　　　　图14-8　放样修补

步骤13　评估结果　右键单击放样的曲面，然后选择【曲率】。颜色显示有一些曲率半径较小的区域，如图14-9所示。关闭曲率显示。

步骤14　**最小曲率半径**　单击【检查】，然后选择放样的曲面。选择【最小曲率半径】，然后单击【检查】。最小曲率半径是 0.0002mm 。这表示尽管看上去放样曲面还不错，但这还不是一个较好的方案。关闭【检查实体】对话框。

步骤15　**删除**　删除放样曲面。

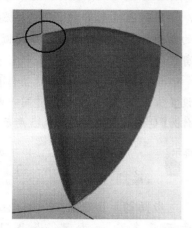

图 14-9　评估结果

通过观察，可以知道这个需要修补的面最初由三个单独的圆角组成，接下来将删除并重建这些圆角。通过【圆角】命令创建混合的拐角曲面，如图 14-10 所示。

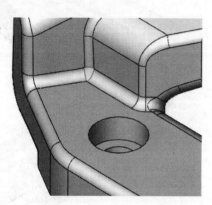

图 14-10　圆角面

步骤16　**定义圆角半径**　单击【检查】，单击【所选项】，再选择【最小曲率半径】。在键盘上按 X 键开启面选择过滤器。清除选择列表，并重复这个步骤。三个圆角半径分别是 3.0mm、2.8mm 和 2.79992mm（将被近似为 2.8mm），如图 14-11 所示。

在键盘上再按 X 键关闭面选择过滤器。

步骤17　**复制面**　复制图 14-12 所示的 3 个面。

步骤18　**删除面**　隐藏在步骤18 中创建的 3 个面。删除原始的面，包括复制面和 3 个圆角面，这些面将被替换，如图14-13 所示。为了看得清楚些，对开放边线作了加粗处理。

步骤19　**隐藏和显示**　隐藏主要的曲面实体，显示步骤18 中复制的 3 个曲面，如图 14-14 所示。

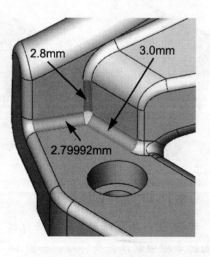

图 14-11　检查圆角半径

步骤20 延伸曲面 延伸底面中的两个边线，这些是被原先的圆角修剪过的边线。

选择【距离】作为【终止条件】，并设置值为【5.00mm】，选择【同一曲面】作为【延伸类型】，如图14-15所示。

提示 【距离】必须大于最大的半径值3.00mm。

步骤21 重复操作 对其他两个曲面重复上一步骤，如图14-16所示。

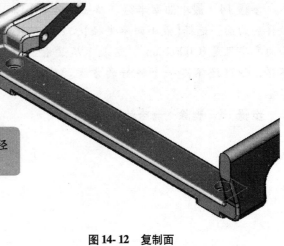

图14-12 复制面

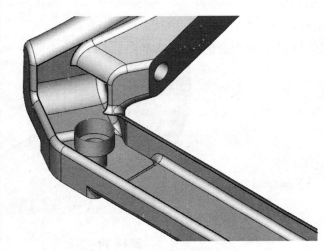

图14-13 删除面

图14-14 显示复制的面

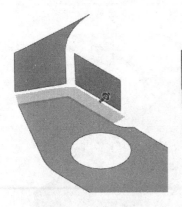

图14-15 延伸曲面

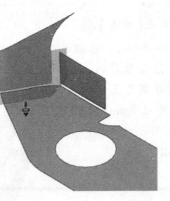

图14-16 重复操作

步骤22 相互修剪 相互修剪这3个曲面，将使这些面缝合成一个简单的面，以便在下面的步骤中创建圆角特征，如图14-17所示。

步骤23 创建一个多半径圆角 单击【圆角】。创建一个多半径圆角，使用在步骤16中取得的值，即3.0mm、2.8mm和2.8mm，如图14-18所示。

步骤24 结果 使用【圆角】命令创建一个完美的复合角落曲面。

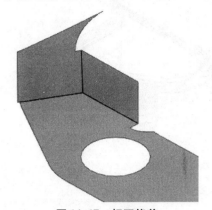

图 14-17　相互修剪

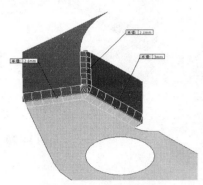

图 14-18　多半径圆角

步骤25　缝合曲面成实体　显示其他曲面实体。单击【缝合曲面】📇，缝合两个曲面实体并封闭体积成实体，如图 14-19 所示。

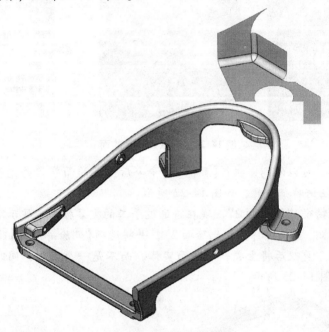

图 14-19　缝合曲面成实体

14.2.4　编辑输入的零件

在这个输入的零件中有几个特征是要去除的，但在特征树中并没有直接可删除的对应特征，同时在操作中也不希望使用切除然后填充的方法。在此，首先介绍一种自动化的操作方法，然后再讲解如何手动来完成这个操作。

步骤26　移除凸台以及沉头孔　在这个零件中，希望移除如图 14-20 所示的小凸台、通孔以及相应的沉头孔。零件在该区域是曲面形状。

步骤27　删除面　单击【删除面】📦，选取所有需要删除特征影响的面，总共有 9 个面。选中【删除并修补】选项，单击【确定】，如图 14-21 所示。

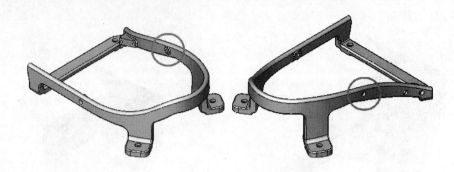

图 14-20   小凸台、通孔以及沉头孔

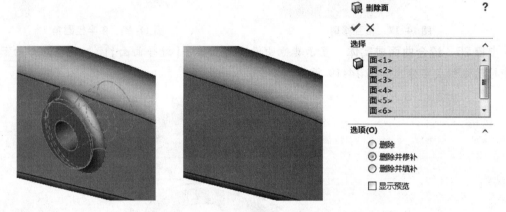

图 14-21   选取要删除的面

步骤28   结果   可以看到，执行【删除面】命令后生成的面非常的完整平滑，就如同那个区域原本就没有任何特征一样，如图 14-22 所示。

步骤29   编辑特征"删除面2"   现在将通过手工的重复操作来展示刚才那个【删除面】特征背后隐藏的内容。先编辑特征"删除面2"，并将选项【删除并修补】改为【删除】。

步骤30   结果   更改后将生成一个曲面实体，而不是一个实体，同时在该特征区域将留下两个缺口，如图 14-23 所示。

图 14-22   删除面-删除并修补

图 14-23   删除面-删除

| 删除孔 | 【删除孔】命令类似于【切除曲面剪裁】，只不过【删除孔】仅适用于封闭的内环情况。 |
| 操作方法 | ● 键盘：选取单曲面实体上的封闭内环边线，然后按下键盘上的 Delete 键。 |

步骤31　删除孔　选择孔边界后按下 Delete 键。系统将会提示，是【删除特征】还是【删除孔】。选择【删除孔】，单击【确定】。这里有多种方法可以用来检查结果，如图 14-24 所示。

步骤32　解除剪裁曲面　旋转视图至沉头孔删除后缺口处方向。选取孔边线，如图 14-25 所示，单击曲面工具栏中的【解除剪裁曲面】❤。使用默认选项，单击【确定】。

图 14-24　删除孔　　　　　　　　图 14-25　解除剪裁曲面

步骤33　加厚　使用【加厚】命令使曲面实体转换为实体，完成的零件如图 14-26 所示。

步骤34　保存并关闭零件

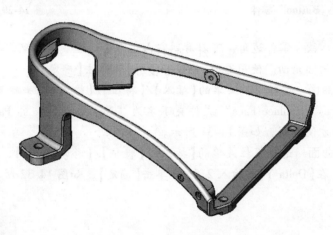

图 14-26　完成的零件

285

练习 14-1　使用输入的曲面与替换面

本练习将演示一些修改输入模型的技术。练习中所用到的曲面从一个 Parasolid(x _ t)文件中输入，移动该曲面并替换现有实体面，完成图 14-27 所示的零件。

本练习将应用以下技术：
- 删除面。
- 输入曲面。
- 移动/复制实体。
- 替换面。

单位：in(英寸)。

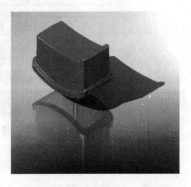

图 14-27　使用输入的曲面与
替换面练习模型

操作步骤

步骤1　打开零件　打开"Lesson14 \ Exercises \ Replace Face"文件夹下的"Button"文件，如图 14-28 所示。

提示 假如用户被提示选择模板，可以选择"Part_IN"。

图 14-28 中蓝色高亮显示的面将被替换。

步骤2　删除面　在我们替换面前，必须先删除部分圆角。单击曲面工具栏上的【删除面】⬛，选取如图14-29 所示的面。

蓝色高亮显示

图 14-28　"Button"零件

图 14-29　删除面

如图 14-30 所示放大零件边角，可以看到它由几个小面组成。这里需要放大视图，以便选中所有 7 个细小的圆角面。使用选项【删除并修补】，单击【确定】。

步骤3　输入曲面　选择下拉菜单的【插入】/【特征】/【输入的】来输入一个曲面。选取"Lesson14 \ Exercises \ Replace Face"文件夹下名为"New Surface"的 Parasolid 格式文件。改变曲面颜色，以方便观察，如图 14-31 所示。

步骤4　移动曲面　选择下拉菜单的【插入】/【特征】/【移动/复制】，选取输入的曲面，使用【平移】选项，在【Delta Y】中输入 2.5in。单击【确定】，如图 14-32 所示。

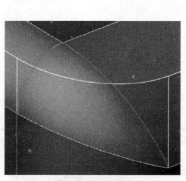

图 14-30　删除并修补

图 14-31　输入曲面

步骤5　替换面　使用输入的曲面替换零件的上表面。单击曲面工具栏上的【替换面】⬛，如图 14-33 所示。

图 14-32　移动曲面

图 14-33　替换面

步骤6　隐藏曲面　右键单击曲面并选择【隐藏】 ，如图 14-34 所示。

步骤7　添加圆角　添加 0.025in 的圆角特征，如图 14-35 所示。

图 14-34　隐藏曲面

图 14-35　添加圆角

步骤8　保存并关闭零件　完成的零件如图 14-36 所示。

图 14-36　完成的零件

287

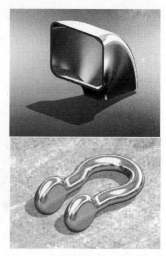

练习 14-2　使用曲面创建实体

练习使用曲面创建实体，完成如图 14-37 所示模型。本练习中包含两个小练习：

1）在两个曲面间创建一个实体。

2）在一个实体中使用缝合曲面结合边界曲面。

本练习将应用以下技术：

- 曲面间的放样。
- 导入一个"IGES"文件。

放样操作可以在草图、面或者曲面间进行。本例将在两个曲面间放样生成一个实体。

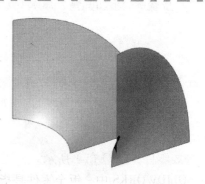

图 14-37　使用曲面创建实体练习模型

操作步骤

步骤1　打开零件　打开"Lesson14 \ Exercises"文件夹下的"LOFT_ SURF"零件。该零件包含了两个输入曲面，如图 14-38 所示。

步骤2　创建放样　选择下拉菜单的【插入】/【凸台/基体】/【放样】，选取两个面作为放样的【轮廓】。

选取面时，鼠标点取位置应为相匹配的顶点，就像选取多个封闭草图创建放样时一样。结果可以得到一个单一实体，如图 14-39 所示。

图 14-38　"LOFT_ SURF"零件

步骤3　隐藏曲面　隐藏两个曲面体，如图 14-40 所示。

步骤4　圆角与抽壳　添加半径为 12mm 的圆角，抽壳厚度为 3mm，如图 14-41 所示。

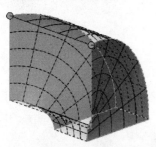

图 14-39　放样

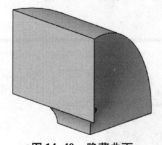

图 14-40　隐藏曲面

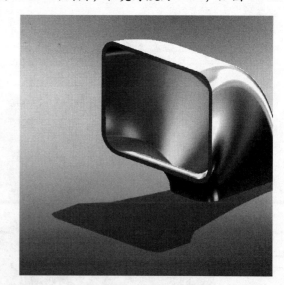

图 14-41　圆角与抽壳

步骤5　保存并关闭零件

第15章 基体法兰特征

学习目标
- 了解独特的钣金 FeatureManager 树项目
- 利用基体法兰创建钣金零件
- 展开钣金零件观察其平板型式
- 添加边线法兰和斜接法兰

15.1 钣金零件的概念

通常，钣金零件是由一块等厚的薄片材料加工成型的。通过各种手段，平板材料被弯曲成型，并最终制造成零件，如图 15-1 所示。

在 SOLIDWORKS 中，钣金零件是指通过特有功能创建的具有特殊属性的一类零件模型。一个钣金零件模型：
- 是一个很薄的部件。
- 在边角具有一些折弯。
- 能够被展开。

虽然钣金零件模型通常被用来代表真正的钣金设计，但其特有的功能属性同样可用于其他零件的设计，如纸板包装或织物，如图 15-2 所示。

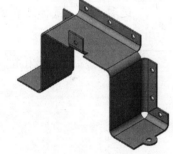

图 15-1 钣金零件

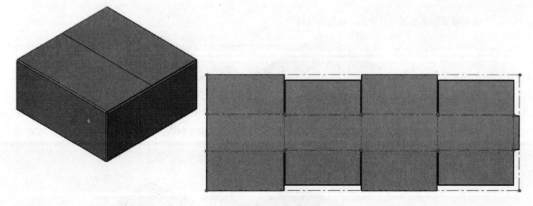

图 15-2 纸板包装

15.2 创建钣金零件的方法

可以有几种方法来创建钣金零件，见表 15-1。

表 15-1　创建钣金零件的方法

方法	介　绍　和　图　例
法兰方法	使用专门的法兰特征创建钣金零件 76　420
通过平板设计	通过在一个平板材料上添加一些折弯来创建钣金零件 25　50
扫描法兰	通过一个轮廓和路径生成钣金法兰
放样折弯	变化的轮廓文件用于创建过渡钣金零件
插入折弯	为薄壁零件添加折弯和切边，以允许其被展开
转换钣金	通过选择面和圆角边线将实体转换为钣金

15.3　特有的钣金项目

不论使用哪种技术，只要一个模型被定义为钣金，两个特有的项目将被添加到 FeatureManager 设计树上（见图 15-3）。

1. 钣金　钣金文件夹存储默认钣金参数，诸如整个零件的材料厚度和默认折弯半径。此文件夹中的各个特征关联到零件中各个实体的参数。如果使用了规格表，它也将出现在此文件夹中。

2. 平板型式　平板型式文件夹存储零件中每一个钣金实体的平板型式。当模型在成型状态时平板型式特征被抑制，取消抑制时则显示平板型式。

 注意　使用 SOLIDWORKS2013 之前版本创建的钣金模型因不含钣金和平板型式的文件夹，文件架构会有所不同（图 15-4）。这些旧零件使用新钣金功能可能会遇到问题。如果文档模板包含有旧的架构代码，在 SOLIDWORKS2013 或更高版本中请一定要重建模型。

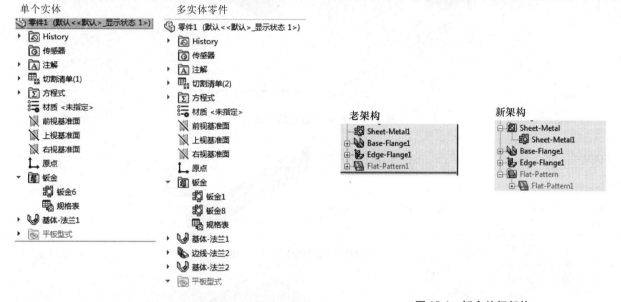

图 15-3　FeatureManager 树上的钣金特征项目　　　图 15-4　钣金特征架构

本节介绍创建钣金零件最常用的技术：法兰方法。这种技术的重点是模型的成品成型状态，并使用几个可用的法兰特征生成零件面和折弯。法兰方法是利用基体法兰作为模型的基本特征的钣金方法。

15.4　基体法兰/薄片

【基体法兰/薄片】功能可以被认为是钣金设计的"凸台-拉伸"。此特征的行为类似于常规的【拉伸凸台】，但采用了一些钣金零件特有的功能。

例如，使用【拉伸凸台】，如果将开放的轮廓用于基体法兰，将创建薄壁特征。但是作为钣金特征的功能，钣金参数用于确定壁厚，并且在草图任何尖角处均会自动替换为默认半径的折弯。

如果开放的轮廓草图包含圆弧，它们将被自动创建为特征的折弯区域。开放轮廓常用于基体法兰特征，因为钣金零件是薄壁型的，如图 15-5 所示。

如果一个封闭轮廓用于【基体法兰/薄片】，轮廓则近似一个拉伸凸台。但作为一个钣金特征，钣金壁厚参数用作拉伸距离。生成的简单平板作为零件的第一个特征，或可以为现有钣金面添加一个薄片，如图 15-6 所示。

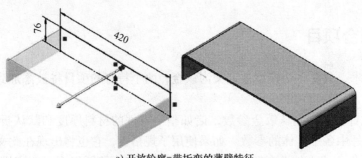

a) 开放轮廓=带折弯的薄壁特征

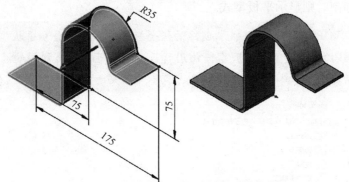

b) 带圆弧的开放轮廓=带折弯的薄壁特征

图 15-5　开放轮廓的基体法兰

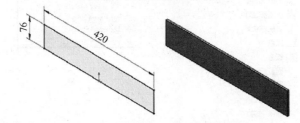

a) 封闭轮廓=平板，当作基体特征

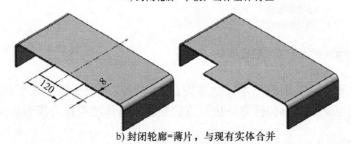

b) 封闭轮廓=薄片，与现有实体合并

图 15-6　封闭轮廓的基体法兰

知识卡片	基体法兰	● CommandManager：【钣金特征】/【基体法兰/ 薄片】。 ● 菜单：【插入】/【钣金】/【基体法兰】。

操作步骤

　　步骤 1　新建零件　使用"Part_ MM"模板创建新零件，将零件命名为"Cover"。

　　步骤 2　绘制草图　在前视基准面上，单击【绘制草图】 ▦，绘制【边角矩形】 ▢，如图 15-7 所示。

将底部直线转换为【构造几何线】，并与原点添加一个【中点】的几何关系。

　　步骤3　创建基体法兰　单击【基体法兰/薄片】。由于是开放轮廓，特征近似为薄壁拉伸体。【方向1】和【方向2】分别控制从草图平面向两侧的拉伸距离。选择【方向1】，输入420mm，结果如图 15-8 所示。

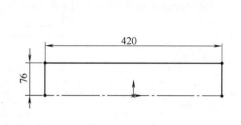

图 15-7　绘制草图

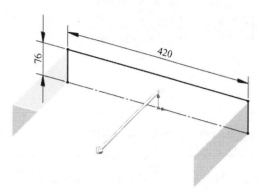

图 15-8　创建基体法兰

15.5　钣金参数

零件的第一个钣金特征用于定义模型的默认钣金参数。这些参数包括：

1. **钣金厚度**　该材料厚度。
2. **默认折弯半径**　在零件上急弯处添加默认半径。折弯半径始终是内侧半径值。
3. **折弯系数**　决定了平板型式的计算方式。
4. **自动释放槽**　如果选择自动释放槽，软件会根据需要自动添加释放槽的切割尺寸和形状。

对于【矩形】和【矩圆形】释放槽而言，尺寸可以通过材料厚度比例或者指定宽度和深度来确定。不同的释放槽类型如图 15-9 所示。

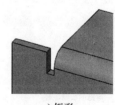 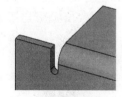 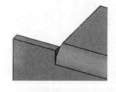 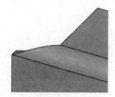

　　a) 矩形　　　　　　　b) 矩圆形　　　　　　c) 撕裂形：切口　　　　d) 撕裂形：延伸

图 15-9　自动释放槽类型

提示
　　　　上述钣金参数的初始值确定了零件的默认设置。然而，个别特征和折弯可单独进行定义。

15.5.1　折弯系数

　　折弯系数是 SOLIDWORKS 用来计算平板型式值的总称。现实中，折弯系数值可以用折弯系数、折弯扣除或 K 因子值代表。无论使用哪个类型的数值，目标就是寻找中性轴的长度（此轴沿着材料的厚度方向，既不被压缩也不被拉伸）。表 15-2 总结了 K 因子、折弯系数和折弯扣除之间的差异。

表 15-2　K 因子、折弯系数和折弯扣除之间的差异

类型	K 因子	折弯系数（BA）	折弯扣除（BD）
图示	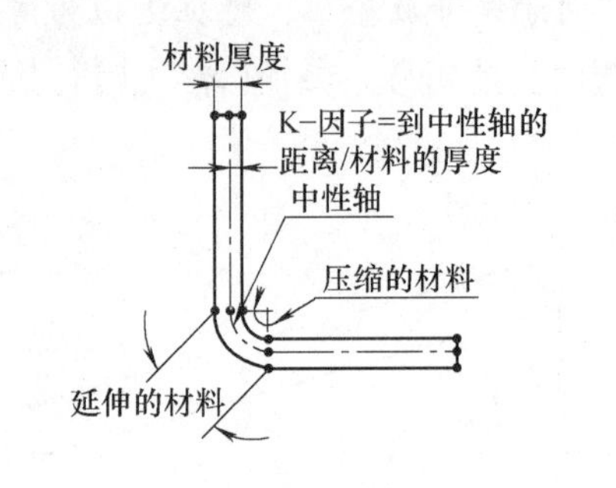 	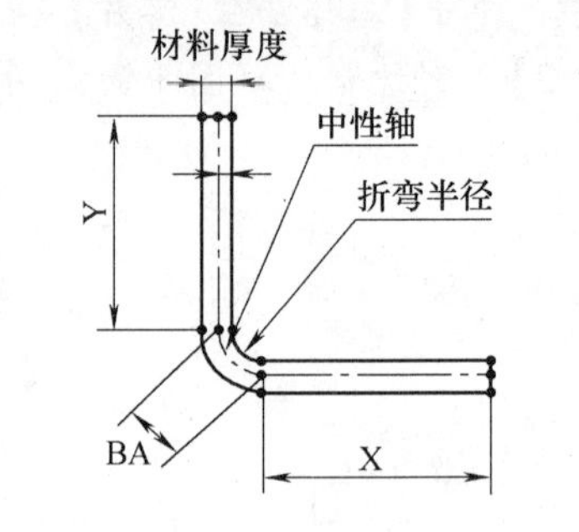	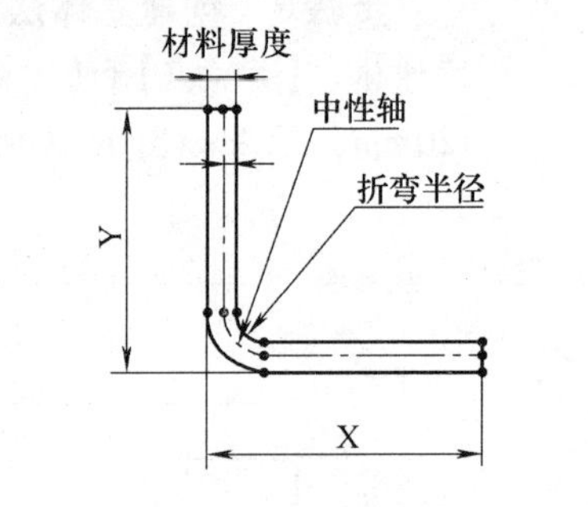
公式	K 因子 = 中性轴距离/材料厚度	平板型式 = X + Y + BA	平板型式 = X + Y – BD BD = 2 * （折弯半径 + 材料厚度） – BA

钣金零件的【折弯系数】选项有几种方式可选择，如图 15-10 所示。从下拉菜单中选择【K 因子】、【折弯系数】或【折弯扣除】，并分别输入对应的参数数值。选择【折弯系数表】或【折弯计算】时，可通过一个 Excel 表确定钣金参数值（请查看折弯系数表）。

图 15-10　折弯系数

15.5.2　使用表格

钣金参数可以手动修改，但为了限制有效值和标准值的输入，还是建议采用 Excel 表格。除 Excel 表格之外，折弯系数表还可以采用文本文件。

> **提示** 【钣金厚度】【折弯半径】和【折弯系数】均可以用表格来控制。【自动释放槽】可为模型单独定义。

有两种类型的表可以使用，即【规格表】和【折弯系数表】，每类表都有几种可用的格式。表格中使用的信息和格式都来源于每个公司加工工序所收集的信息。

1. 规格表　规格表被用来定义哪些材料的规格是可用的，对于每一种规格，都有一些折弯半径可以被使用。当使用规格表时，【厚度】和【折弯半径】的钣金参数会被表格中的标准值以下拉菜单形式替换。

有两种类型的规格表：简单规格表（见图 15-11）和组合规格表（见图 15-12）。

图 15-11　简单规格表

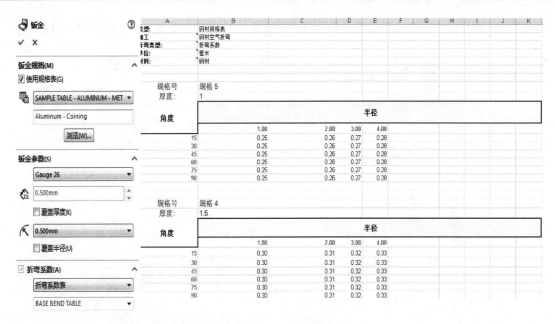

图 15-12　组合规格表

表 15-3 总结了各项参数在两类规格表中的指定方法。

表 15-3　各项参数在两类规格表中的指定方法

方法	简单规格表	组合规格表
定义规格和材料厚度	表格中的列用于指定规格数和厚度	在 Excel 文件的左上角，每种规格都有它自己的"厚度表"。左上角的每个厚度表单元格都代表了一个规格号和厚度
定义每个厚度的可用折弯半径	可用折弯半径列举在每个规格行中。半径值用分号分开	每个可用的折弯半径值在相关的厚度表中都有一列数据
指定可使用的折弯系数	K 因子位于文档顶部，且仅有唯一的值 为了将不同的值或不同类型的值合并，可以使用独立的折弯系数表	折弯系数或折弯扣除值可以为厚度表中每个半径和角度所使用和变化。值的类型是在 Excel 表顶部指定的
对于不同的折弯角允许不同的折弯系数	一张独立的折弯系数表可以用来合并该信息	可以为每个不同的半径和所需的变化折弯角度指定不同的值

2. 折弯系数表　折弯系数表常和简单规格表一起配合使用。折弯系数表会通过表中的钣金厚度和折弯角度值匹配信息。某些格式的折弯系数表的允许值随不同的折弯角度值变化。

折弯系数表的格式如下：

（1）简单折弯系数表　表格如图 15-13 所示。

半径	厚度									
	1/64	1/32	3/64	1/16	5/64	3/32	1/8	5/32	3/16	7/32
1/32	0.058	0.066	0.075	0.083	0.092	0.101	0.118	0.135	0.152	0.169
3/64	0.083	0.091	0.1	0.108	0.117	0.126	0.143	0.16	0.177	0.194
1/16	0.107	0.115	0.124	0.132	0.141	0.15	0.167	0.184	0.201	0.218
3/32	0.156	0.164	0.173	0.181	0.19	0.199	0.216	0.233	0.25	0.267
1/8	0.205	0.213	0.222	0.23	0.239	0.248	0.265	0.282	0.299	0.316
5/32	0.254	0.262	0.271	0.279	0.288	0.297	0.314	0.331	0.348	0.365
3/16	0.303	0.311	0.32	0.328	0.337	0.346	0.363	0.38	0.397	0.414
7/32	0.353	0.361	0.37	0.378	0.387	0.396	0.413	0.43	0.447	0.464
1/4	0.401	0.409	0.418	0.426	0.435	0.444	0.461	0.478	0.495	0.512
9/32	0.45	0.458	0.467	0.475	0.484	0.493	0.51	0.527	0.544	0.561
5/16	0.499	0.507	0.516	0.524	0.533	0.542	0.559	0.576	0.593	0.61

图 15-13　简单折弯系数表

（2）折弯系数可变、折弯扣除可变、K 因子可变（通过半径和角度值） 表格如图 15-14 所示。

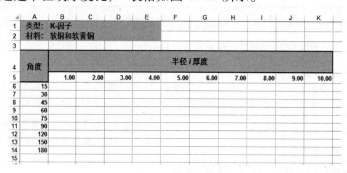

图 15-14 可变基础折弯系数表

（3）K 因子可变（通过半径或厚度比） 表格如图 15-15 所示。

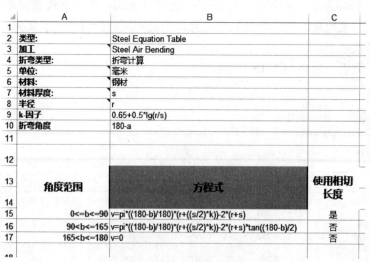

图 15-15 K 因子折弯系数表

（4）折弯计算表 此类表是通过方程式计算来确定平板型式长度值，如图 15-16 所示。

	A	B	C
1			
2	类型：	Steel Equation Table	
3	加工	Steel Air Bending	
4	折弯类型：	折弯计算	
5	单位：	毫米	
6	材料	钢材	
7	材料厚度：	s	
8	半径	r	
9	k-因子	0.65+0.5*lg(r/s)	
10	折弯角度	180-a	
11			
12			
13	角度范围	方程式	使用相切长度
14			
15	0<=b<=90	v=pi*((180-b)/180)*(r+((s/2)*k))-2*(r+s)	是
16	90<b<=165	v=pi*((180-b)/180)*(r+((s/2)*k))-2*(r+s)*tan((180-b)/2)	否
17	165<b<=180	v=0	否

图 15-16 折弯计算表

3. 示例表 安装 SOLIDWORKS 时，上述的每一种表格样本都会被同步安装。表格样本可以作为以不同材料、工具和标准创建的特定值来自定义表格时的模板使用。

（1）规格表　查找路径为"SOLIDWORKS 安装路径\lang\ < language > \Sheet Metal Gauge Tables "。

（2）折弯系数表　查找路径为"SOLIDWORKS 安装路径\lang\ < language > \Sheetmetal Bend Tables "。

有关自定义表和折弯表的详细信息，请查看钣金表格。

在本书中，会使用 SOLIDWORKS 自带的简单规格表样表。所有示例的折弯系数都会使用表中定义的默认为 0.5 的 K 因子值，如图 15-17 所示。

	A	B	C
1			
2	类型:	Aluminum Gauge Table	
3	加工	Aluminum - Coining	
4	K因子	0.5	
5	单位:	毫米	
6			
7	规格号	规格(厚度)	可用的折弯半径
8	Gauge 10	3	3.0; 4.0; 5.0; 8.0; 10.0
9	Gauge 12	2.5	3.0; 4.0; 5.0; 8.0; 10.0
10	Gauge 14	2	2.0; 3.0; 4.0; 5.0; 8.0; 10.0
11	Gauge 16	1.5	1.5; 2.0; 3.0; 4.0; 5.0; 8.0; 10.0
12	Gauge 18	1.2	1.5; 2.0; 3.0; 4.0; 5.0; 8.0; 10.0
13	Gauge 20	0.9	1.0; 1.5; 2.0; 3.0; 4.0; 5.0
14	Gauge 22	0.7	0.8; 1.0; 1.5; 2.0; 3.0; 4.0; 5.0
15	Gauge 24	0.6	0.8; 1.0; 1.5; 2.0; 3.0; 4.0; 5.0
16	Gauge 26	0.5	0.5; 0.8; 1.0; 1.5; 2.0; 3.0; 4.0; 5.0
17			

图 15-17　样表

步骤 4　使用规格表　勾选【使用规格表】复选框。在下拉菜单中，选择 SAMPLE TA-BLE-ALUMINUM。

步骤 5　设置钣金参数　钣金参数设置如下（见图 15-18）：

- 厚度：Gauge 20。
- 折弯半径：3mm。
- 折弯系数：K 因子（读取自表格）。
- 自动切释放槽：矩圆形，使用释放槽比例为 0.5。

检查以确保该材料的厚度被添加到图形之外，如图 15-19 所示。如有必要，勾选【反向】复选框设置厚度方向。单击【确定】。

提示　如有必要，勾选复选框，覆盖默认的数值。

步骤 6　查看结果　基体法兰 1 和独特的钣金项目："钣金"文件夹和"平板型式"文件夹同时被添加到 FeatureManager 设计树中（请查看特有的钣金项目），结果如图 15-20 所示。

图 15-18　设置钣金参数

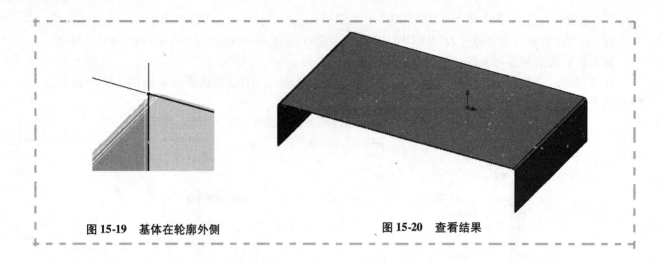

图 15-19　基体在轮廓外侧　　　　　　　图 15-20　查看结果

15.6　编辑钣金参数

一旦创建了初始的钣金特征，所有的默认钣金参数都存储在前面提到的"钣金"文件夹内（图 15-21）。这意味着更改默认的【厚度】、【折弯半径】、【折弯系数】和【自动释放槽】参数，都需要编辑"钣金"文件夹。

在"钣金"文件夹内的单独钣金特征控制着零件中的单独实体。

🔳 钣金　◄────── 全局零件设定
🔳 钣金6　◄────── 实体设定
🔳 规格表　◄────── 嵌入的规格表

图 15-21　"钣金"文件夹

> **提示**　　当编辑初始特征时，如步骤 3~5 中创建的基体法兰 1，只有针对该特征的设定才可以被编辑。

步骤 7　编辑　基体法兰 1　单击基体法兰 1，选择【编辑特征】🔧。可编辑的参数只有拉伸方向和覆盖默认的钣金参数，如图 15-22 所示。单击【取消】。

步骤 8　编辑钣金参数　单击"钣金"文件夹，选择【编辑特征】🔧。更改【厚度】为 Gauge 18 ，【折弯半径】为 2mm，如图 15-23 所示。单击【确定】。

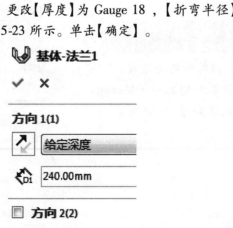

🔩 **基体-法兰1**
✔　✖

方向 1(1)
↗ | 给定深度
◊D1 | 240.00mm

☐ **方向 2(2)**

钣金参数(S)
☑ 覆盖默认参数

图 15-22　编辑基体法兰 1

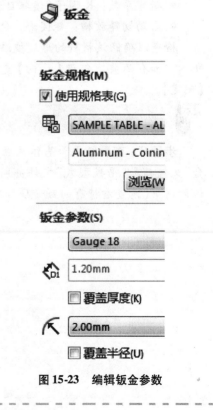

🖨 **钣金**
✔　✖

钣金规格(M)
☑ 使用规格表(G)
🔳 | SAMPLE TABLE - AL
| Aluminum - Coinin
| 浏览(W

钣金参数(S)
| Gauge 18
◊D1 | 1.20mm
☐ 覆盖厚度(K)
⬈ | 2.00mm
☐ 覆盖半径(U)

图 15-23　编辑钣金参数

298

> 提示　如果需要更改零件的规格表，首先取消勾选【使用规格表】复选框，并单击【确定】。这将完全移除嵌入在零件中的表格。然后再次编辑"钣金"文件夹，重新勾选【使用规格表】复选框，选择适当的规格表。

步骤9　显示结果　基体法兰1更新为使用新的数值。所有的后续特征也将使用更改的数值作为默认值。

15.7　钣金折弯特征

每个钣金特征都包含着为折弯创建的子特征。为了满足个别的折弯，这些折弯特征均可以进行编辑，修改默认的钣金参数。

如图15-24所示，当一个特征创建了不同加工方法的多个折弯时，则需要修改个别折弯参数。个别折弯特征可以被识别，如有必要，也可以使用自定义折弯系数或折弯参数来修改。

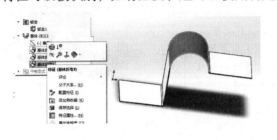

图 15-24　修改折弯参数

15.8　平板型式特征

零件中的每个钣金实体都自动拥有一个与之关联的平板型式特征。平板型式特征包含每个加工的折弯子特征，如图15-25所示。这些子特征是用于在显示平板型式状态时用到的折弯线和边界框草图。

折弯线代表了折弯区域的中心，它们可以在工程图中显示，与标明折弯半径和角度的折弯注释相关联。在工程图中，可以在折弯线上添加标注尺寸，以辅助加工制造。

边界框草图包含了平板型式能够适应的最小矩形。这些信息对于确定零件所需要的白板尺寸非常有用。属性会自动与边界框相关联，并可以在工程图中显示。

15.8.1　展开和退出展开

当钣金实体处于成型状态时，平板型式特征是被压缩的。也可以在任何时刻解压缩它来显示展开状态。有几种方法来切换平板型式的展开与退出展开，见表15-4。

图 15-25　平板型式特征

表15-4 平板型式的展开与退出展开方法

	展开平板型式	退出展开平板型式
方法	在"平板型式"文件夹中选择平板型式特征，单击【解除压缩】↑□	在"平板型式"文件夹中选择平板型式特征，单击【压缩】↓□
	在钣金工具条中单击【展开】▱按钮	在钣金工具条中关闭【展开】▱按钮
	右键单击钣金实体，从快捷菜单中选择【展开】▱	右键单击钣金实体，从快捷菜单中选择【退出平展】▱
		在确认角落处单击【退出平展】▱

15.8.2 切换平坦显示

切换平坦显示	平板型式也可以在不激活平板型式特征的情况下在视图区域中进行预览。可以从快捷菜单中启动【切换平坦显示】选项。在图形窗口单击远离零件的区域，预览将会消失，如图15-26所示。
操作方法	● 快捷菜单：右键单击钣金实体，选择【切换平坦显示】。

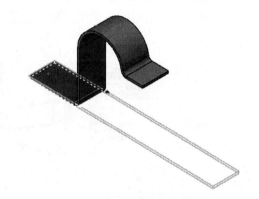

图15-26 切换平坦显示

步骤10 **展开平板型式** 使用表15-4中介绍的任意技术，展开平板型式。注意折弯线和边界框草图已经变为可见，如图15-27所示。

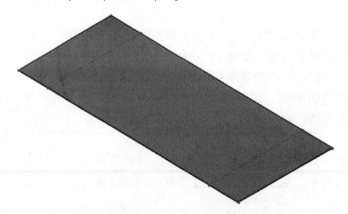

图15-27 展开平板型式

步骤11 **退出展开平板型式** 使用表15-4中介绍的任意技术，退出展开平板型式。

步骤12 **切换平坦显示** 右键单击零件，选择【切换平坦显示】。在图形窗口单击远离零件的区域，清除平展显示，结果如图15-28所示。

图 15-28　切换平坦显示

15.9　其他法兰特征

为了在钣金零件的边线添加折弯法兰，有两个主要的法兰特征：【边线法兰】和【斜接法兰】。表 15-5 对两个法兰特征进行了对比。

表 15-5　两个法兰特征的对比

	边线法兰	斜接法兰
创建时的依靠	为法兰选择一个边和一个方向	绘制一个沿现有钣金边缘扫描的轮廓草图
法兰的轮廓	自动生成一个面轮廓，也可以按照需要进行修改	必须创建一个简单的法兰剖面轮廓
斜接角落	如有必要，在单个特征中创建的多个边线法兰将彼此斜接	当法兰顺应多条边时，斜接角落才会按照需要被创建
最适合	单个折弯的法兰或法兰短于整条边线的长度	具有多个折弯的混合法兰或在零件中沿着多个边线的相同法兰

15.10　边线法兰

知识卡片	边线法兰	【边线法兰】不需要草图，通过在折弯处选择已存在的边线动态创建，然后为其定义一个方向和距离即可。一个法兰面的轮廓草图将自动创建，也可以按照需要通过编辑来修改生成法兰的尺寸和外形，如图 15-29 所示。
	操作方法	● CommandManager：【钣金】/【边线法兰】。 ● 菜单：【插入】/【钣金】/【边线法兰】。

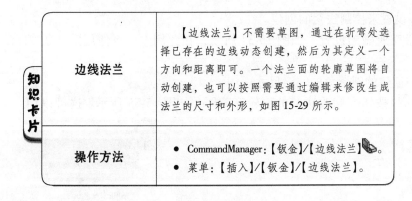
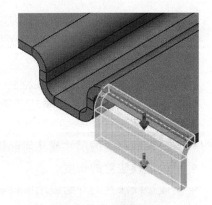

图 15-29　边线法兰

【边线法兰】有很多种使用方法。在同一个【边线法兰】特征中，可以选择单条（见图 15-30）或多条边线（见图 15-31）。如果选择了多条（见图 15-30）边线，它们将应用相同的设置，但可以创建为相反的方向。在同一特征中创建的边线法兰轮廓将自动彼此裁剪，形成斜接角。

图 15-30　单条边线创建的法兰形状

图 15-31　选择多条边
的边线法兰

步骤13　创建边线法兰　单击【边线法兰】，选择如图 15-32 所示的边线。

技巧　选择内部或外部的边线均无关紧要。

向下移动光标，再次单击定义法兰的方向。

步骤14　选择其他边线　选择零件前面的其他两个短边线，如图 15-33 所示。

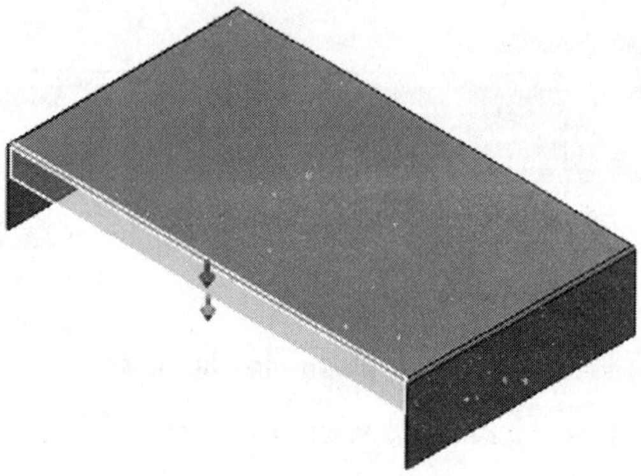

图 15-32　创建边线法兰

图 15-33　选择其他边线

15.10.1　法兰参数

边线法兰的属性管理器中包含许多设置来控制法兰的创建。

【法兰参数】可以用来保持或覆盖最初所做的设置。如图 15-34 所示，在此例中，将使用默认的半径。

【间隙距离】可以用于控制在特征中创建的斜接角的间隙尺寸。

如有必要，可以使用【编辑法兰轮廓】按钮来修改法兰的面轮廓草图，如图 15-35 所示。这可以用于：

- 更改轮廓草图的尺寸或几何形状。
- 更改边线法兰的长度。
- 更改边线法兰的开始或结束位置。

15.10.2　角度

【角度】设置在默认状态下会添加一个直角法兰，但用户也可以从所选面进行定位或更改为某一角度，如图 15-36 所示。

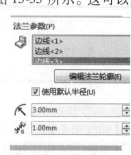

法兰参数(P)

边线<1>
边线<2>
边线<3>

编辑法兰轮廓(E)

☑ 使用默认半径(U)

3.00mm

1.00mm

图 15-34　法兰参数

15.10.3　法兰长度

【法兰长度】可以设置法兰的长度为一个数值或在零件中某个位置，如图 15-37 所示。

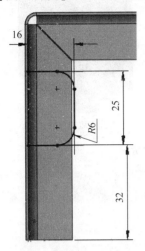

图 15-35　编辑法兰轮廓

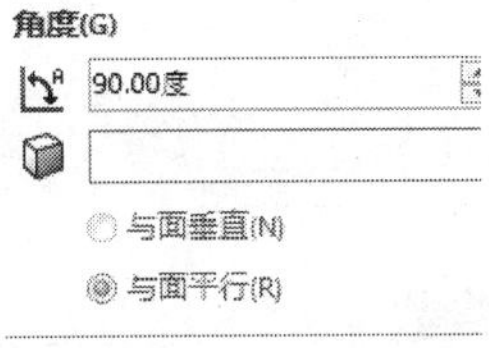

图 15-36　角度

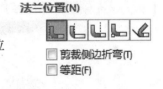

图 15-37　法兰长度

选项包括：

- 对【外部虚拟交点】、【内部虚拟交点】和【双弯曲】使用【给定深度】。
- 使用【成型到一顶点】，并保持【垂直于法兰基准面】或【平行于基体法兰】。
- 【成型到边线并合并】（多实体零件）。

> **提示**　如果使用【编辑法兰轮廓】修改了草图，此处的长度设置将被覆盖。

15.10.4　法兰位置

【法兰位置】的设置用于设定法兰和折弯相对于所选边线的位置，如图 15-38 和图 15-39 所示。

图 15-38　法兰位置

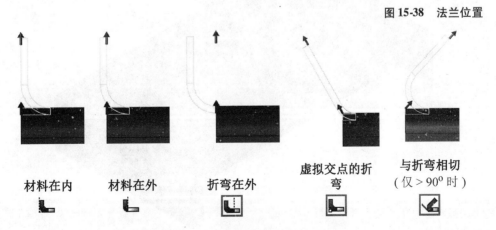

材料在内　　　材料在外　　　折弯在外　　　虚拟交点的折弯　　　与折弯相切（仅 > 90° 时）

图 15-39　法兰位置选项及效果图

【等距】允许法兰从选择的位置偏移一定距离，等距效果如图 15-40 所示。

15.10.5　剪裁侧边折弯

【剪裁侧边折弯】选项通常用于一个新的边线法兰和一个已有法兰发生接触时的折弯处切除，如图 15-41 所示。

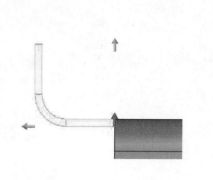

剪裁侧边折弯关闭　　　　　　　　　　剪裁侧边折弯打开

图 15-40　等距效果　　　　　　　　　　图 15-41　剪裁侧边折弯

> 技巧 【闭合角】也可以用于调整后续新创建的法兰边角条件。

15.10.6　自定义折弯系数和释放槽类型

【自定义折弯系数】和【自定义释放槽类型】选项允许覆盖默认的钣金折弯参数和释放槽类型。

步骤 15　调整边线法兰设置　使用如下设置，设定边线法兰特征：

- 【缝隙距离】：1mm。
- 【法兰长度】：【给定深度】，16mm。
- 从【外部虚拟交点】开始测量。
- 【法兰位置】：【材料在内】。
- 【剪裁侧边折弯】：【选择】。

单击【确定】，结果如图 15-42 所示。

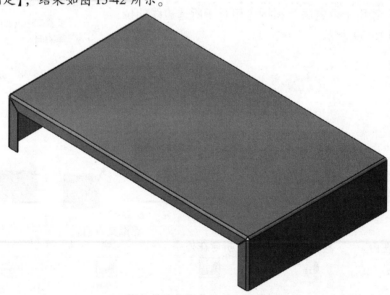

图 15-42　生成边线法兰

步骤 16　修改边线法兰　在零件中添加另一个【边线法兰】。通过编辑轮廓来更改法兰的外形和宽度，如图 15-43 所示。

单击【边线法兰】。选择如图 15-44 所示的边线，再次单击，确定法兰的方向。

步骤 17　编辑法兰轮廓　单击【编辑法兰轮廓】。

图 15-43　修改新边线法兰

图 15-44　选择边线

15.11　编辑法兰轮廓

每个边线法兰的轮廓草图是自动创建的，但也可以按照需求进行修改。修改法兰轮廓通常用于缩短法兰边线或修改法兰外形，如图 15-45 所示。

当修改了一个法兰的边线轮廓时，会有一个对话框出现，来允许用户选择【上一步】、【完成】特征或【取消】，回到边线法兰属性管理器中。此对话框中的消息也可以确认草图是否有效。

创建的边线法兰轮廓与所选择的边线有【在边线上】的几何关系。这与使用【转换实体引用】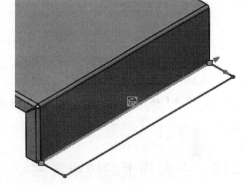方法创建的草图边线是一致的。这种关系是较为独特的，因为转换边线的方法将完全定义边线的端点，但此种依附可以通过拖动来打断。

图 15-45　编辑法兰轮廓

为了缩短沿边线上的法兰长度，首先拖动几何体远离终点，然后添加尺寸关系。如果首先添加了尺寸，草图将显示过定义。

步骤 18　修改轮廓　拖动矩形的短边远离边线终点。按图 15-46 所示修改轮廓，添加一个相切的圆弧和尺寸。

步骤 19　退回到属性管理器　在轮廓草图对话框中单击【上一步】。

提示　　　注意【法兰长度】数值区将不再显示。这是因为此时的法兰长度是由草图进行控制。

确认【角度】为 90°，【法兰位置】为【材料在内】。单击【确定】，结果如图 15-47 所示。

提示　　　释放槽将自动添加到此折弯处，如图 15-48 所示。释放槽比率 0.5 的含义是释放槽的宽度为材料厚度的 0.5 倍。

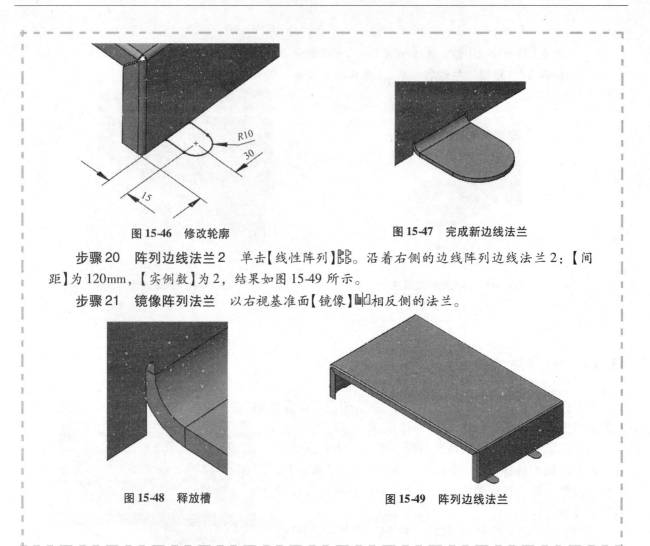

图 15-46 修改轮廓   图 15-47 完成新边线法兰

步骤20 阵列边线法兰2 单击【线性阵列】。沿着右侧的边线阵列边线法兰 2：【间距】为 120mm，【实例数】为 2，结果如图 15-49 所示。

步骤21 镜像阵列法兰 以右视基准面【镜像】相反侧的法兰。

图 15-48 释放槽   图 15-49 阵列边线法兰

15.12 在曲线上的边线法兰

边线法兰并不限于使用直线边线。弯曲的边线也可以用于边线法兰，但法兰面轮廓是不可以编辑的，如图 15-50 所示。此外，在切线边线处也可以创建一个单独的边线法兰，和曲线边线一样，此处的法兰面轮廓也是不可以编辑的。在单一的特征中，只可以选择一组相切的边线。

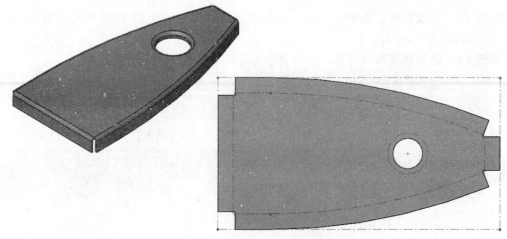

图 15-50 曲线处的边线法兰

提示　圆柱状的边线，如折弯区域的边线是不能用于创建边线法兰的。

15.13　斜接法兰

知识卡片	斜接法兰	【斜接法兰】需要一个法兰横截轮廓的草图。此草图必须创建在已存在的钣金边线终点处的平面上。轮廓沿着选择的边线进行扫描，斜接法兰只能向一个方向进行扫描。图15-51 所示是斜接法兰的形式。 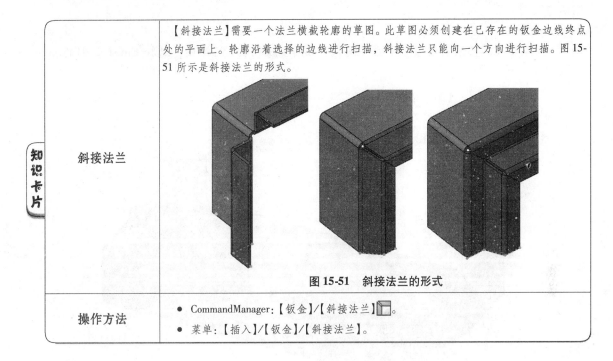 图 15-51　斜接法兰的形式
	操作方法	● CommandManager：【钣金】/【斜接法兰】▨。 ● 菜单：【插入】/【钣金】/【斜接法兰】。

步骤22　创建草图平面

技巧　翻转 Cover 模型。在键盘上按住 Shift 键，并按两次【向上箭头】将零件翻转180°。

创建一个【平面】▨【垂直】⊥于所选的外边线，并与边线终点【重合】⋏，结果如图15-52 所示。

步骤23　绘制新草图　在上述平面上创建一幅新【草图】▨，添加直线和尺寸，创建轮廓草图，如图15-53 所示。

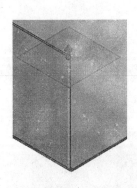

图 15-52　创建草图平面

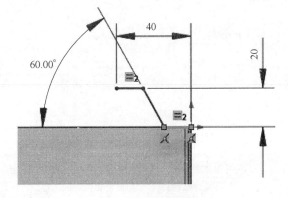

图 15-53　创建轮廓草图

步骤24　斜接法兰　单击【斜接法兰】▨。

【斜接法兰】设置与【边线法兰】设置非常相似。

在【斜接法兰】中有一些独特的选项存在，如【起始/结束处等距】。此允许斜接法兰从选择边线链的开始或结束处偏移。

T 为斜接法兰选择边线时，可以从零件中单个选择，或使用在图形区域中出现的【相切】按钮（若存在相切边线时）。

步骤25 斜接法兰设置 单击在图形区域中的【相切】按钮，选择 Cover 背部的相切边线。

- 【法兰位置】：【材料在内】。
- 【缝隙距离】：1mm。

单击【确定】，结果如图 15-54 所示。

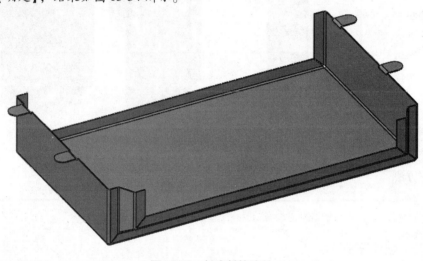

图 15-54 创建斜接法兰

步骤26 保存并关闭该零件

15.14 法兰特征总结

表 15-6 总结了本章中介绍的法兰特征。

表 15-6 法兰特征

法兰	介 绍	图 例
基体法兰/薄片	【基体法兰】是钣金零件的基础特征。它类似于【拉伸凸台】特征，但会使用特定的折弯半径自动添加折弯 此例子使用了一个开放的轮廓草图	

（续）

法兰	介　绍	图　例
基体法兰/薄片	【基体法兰】也可以使用封闭的轮廓草图来创建展开的钣金零件	
	当一个封闭的轮廓和已存在的钣金实体合并时，将生成薄片	
边线法兰	【边线法兰】可以按照特定的角度在已存在的边线上添加材料 在同一个特征内可以选择多条边线，形成的法兰将会自动彼此裁剪 可以访问边线法兰的面轮廓并像草图一样进行修改	
斜接法兰	【斜接法兰】需要一个法兰的横截面轮廓，使其沿着已存在的边线进行扫描。如有需要，斜接边角会自动创建	
褶边	【褶边】可以像【边线法兰】特征一样应用到已存在的边线上。可以修改草图来更改沿边线的法兰宽度。有几种褶边形状可用	

练习 15-1　钣金托架

使用如图 15-55 所示提供的信息，创建该零件。

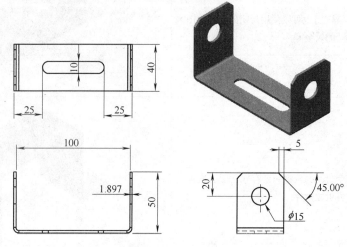

图 15-55　钣金托架

设计意图

本零件的设计意图如下：

1）材料使用 14gauge 钢。

2）所有折弯为 R2.54mm。

3）给出的尺寸是在托架内部定义的。

4）零件是关于默认参考平面对称的。

本练习将应用以下技术：

● 基本法兰。

操作步骤

　　步骤 1　新建零件　使用"Part_MM"模板创建一个新文档。

　　步骤 2　基体法兰　在前视基准面为【基体法兰】创建草图，草图需与提供的工程图视图相匹配。确保材料添加到正确的方向，以满足初始的设计意图。

　　步骤 3　添加拉伸切除和倒角　添加【拉伸切除】和【倒角】特征来完成零件。

练习 15-2　钣金盒子

使用法兰特征创建如图 15-56 所示的零件。

本练习应用以下技术：

● 基本法兰/薄片。

● 斜接法兰。

● 编辑钣金参数。

● 平板型式特征。

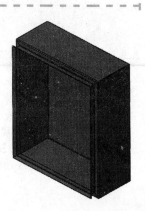

图 15-56　钣金盒子

操作步骤

步骤 1　新建零件　使用"Part_MM"模板创建一个新文档。

步骤 2　绘制草图　在前视基准面上绘制轮廓草图，如图 15-57 所示。

步骤 3　钣金平板　单击【基体法兰/薄片】🔱。单击【使用规格表】，选择 SAMPLE TA-BLE-STEEL。

步骤 4　设置钣金参数　钣金参数设置如下：

- 【厚度】：Gauge 14。
- 【折弯半径】：2.54mm。
- 【折弯系数】：K 因子(从表格中读取)。
- 【自动释放槽】：圆矩形，使用释放槽比率为 0.5。

单击【反向】拉伸平板朝向在前视基准面的前面。单击【确定】。

步骤 5　更改零件外观(可选步骤)　根据需要，更改零件外观的颜色，如图 15-58 所示。

步骤 6　创建新参考基准面　盒子的侧边可以使用斜接法兰特征创建。斜接法兰的轮廓必须创建在已有边线的终点上。使用如图 15-59 所示的边线和端点创建【基准面】🗐。

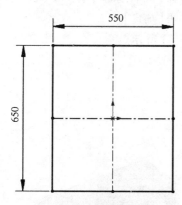

图 15-57　绘制轮廓草图

图 15-58　更改零件外观

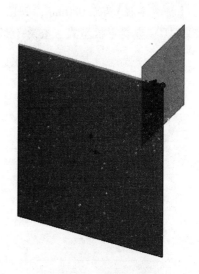

图 15-59　创建基准面

技巧🔑　可以在【特征】工具条的【参考几何体】🗐弹出命令中找到【基准面】🗐。

步骤 7　在基准面 1 上绘制草图　在基准面 1 上创建如图 15-60 所示的轮廓。

步骤 8　斜接法兰　单击【斜接法兰】▣。选择如图 15-61 所示的边线，并进行如下设定：

- 【法兰位置】：材料在内▙。
- 【缝隙距离】：1mm。

单击【确定】。

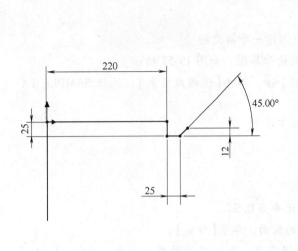

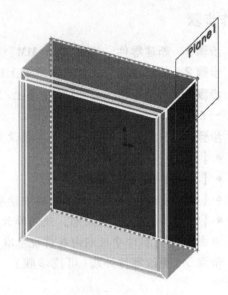

图 15-60　草图轮廓　　　　　　　　　　　　图 15-61　斜接法兰

步骤9　编辑钣金参数　单击"钣金"文件夹，选择【编辑特征】🔧。更改【厚度】为 12 Gauge，【折弯半径】为 5.080mm，如图 15-62 所示。单击【确定】。

步骤10　查看平板型式　查看平板型式，如图 15-63 所示。

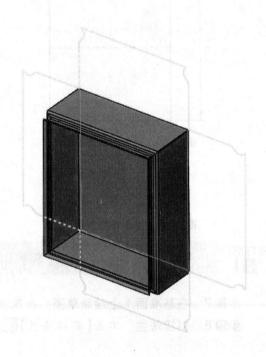

图 15-62　编辑钣金参数　　　　　　　　　　图 15-63　查看平板型式

步骤11　保存并关闭此零件

练习 15-3　各种框架挂件

使用附带的图片和表述的设计意图创建如图 15-64 所示的零件。

本练习将应用以下技术：

- 基本法兰/薄片。
- 编辑法兰。

1. 设计意图

所有零件的设计意图如下：

1）材料使用 18 gauge 钢。

2）所有折弯为 *R*1.905mm。

3）所有孔为 φ5mm。

4）孔位置可以粗略估计。

5）零件是对称的。

2. 柱帽（见图 15-65）

图 15-64　各种框架挂件

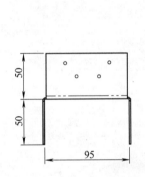
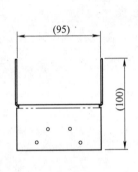
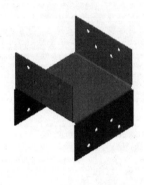

图 15-65　柱帽零件

3. 承重挂件 1（见图 15-66）

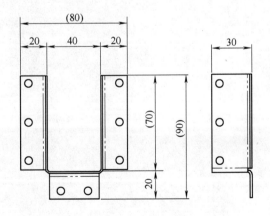

图 15-66　承重挂件 1

4. 承重挂件2（见图 15-67）

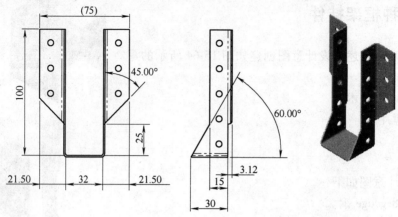

图 15-67　承重挂件 2

第16章 钣金转换方法

学习目标
- 使用插入折弯在薄壁零件上添加折弯区域
- 在薄壁零件的边角处添加切口，使其能被展开
- 在钣金零件中添加一个焊接角
- 使用转换到钣金命令

16.1 钣金转换技术

创建钣金零件的最后方法是使用标准实体零件转换到钣金件的技术。有两个可用的转换技术：

1. 插入折弯 适用于输入的钣金几何体或 SOLIDWORKS 抽壳零件(见图 16-1)。

2. 转换到钣金 适用于标准的，没有薄壁特征的零件(见图 16-2)。

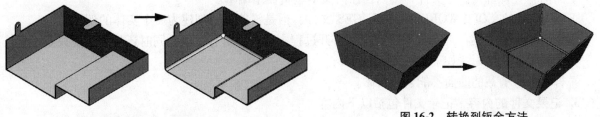

图 16-1 插入折弯方法　　　　　　　　图 16-2 转换到钣金方法

提示 早期版本的 SOLIDWORKS 钣金零件(SOLIDWORKS 2001 之前的版本)通过向其中添加钣金特征(如边线法兰、斜接法兰等)，就能自动转换成当前版本的格式文件。

16.2 插入折弯方法

【折弯】方法是利用一个薄壁几何体零件生成钣金模型。圆弧面被识别为弯曲，尖锐边线被默认半径的折弯替代。如有需要，切开的边角会被识别，以允许零件的展开。

16.3 输入几何体到钣金

在下面例子中，将输入一个中性格式的文件(IGES 格式)并对它进行修改，从而可以当作钣金零件处理。这个零件打开时作为一个输入实体，这个单独的特征代表了整个几何体。

操作步骤

步骤1　访问输入选项　单击【文件】/【打开】，或单击【打开】🗔。从文件类型列表中，选择 IGES 文件（ *.igs；*.iges）。单击对话框中的【选项】按钮，找到 IGES 输入选项。

步骤2　选项设置　选择如下设置：

- 激活【曲面/实体】。
- 激活【尝试形成实体】。
- 激活【进行完全实体检查并修正错误】。
- 激活【自动运行输入诊断(愈合)】。

单击【确定】。

步骤3　打开 IGESimport. IGS 零件　浏览到"Lesson16 \ Case Study"文件夹，并打开"IGESimport. IGS"文件。

若系统提示，选择"Part_MM"文件模板。

步骤4　输入诊断　出现如下消息框："你想在此零件上运行输入诊断吗？"

单击【是】，出现一个缺陷面。在【输入诊断】中单击【尝试愈合所有】，单击【确定】，错误被修复。

提示 👆　如果出现以下消息："您想进行特征识别吗？"

单击【否】。这是在输入1特征上使用【FeatureWorks】的选项。

1. 记录文件和错误文件　只要把文件输入 SOLIDWORKS，就会生成一个记录文件(filename. RPT)。如果在输入过程中有错误发生的话，同时也会生成一个错误文件(filename. ERR)。

上面两种文件都是文本文件，可以在任何文本编辑器中编辑。

下面是一个在 SOLIDWORKS 中打开 IGES 文件，但是没能成功创建为一个实体的例子。

2. 错误文件的内容　错误文件将列出在打开过程中发生的所有错误。同时还将列出建议及设置。关于错误的典型写法如下：

警告：通过剪裁的曲面不能创建实体。

3. 记录文件的内容　记录文件包括以下内容。

- IGES 文件的一般信息。
- 实体处理信息。
- IGES 文件的分析。
- 实体的概要信息：各种类型实体的数量以及被转化的个数。
- 结果概要。

步骤5　输入实体　曲面被缝合成了一个单一的实体，在 FeatureManager 设计树中作为单一特征"输入1"列出，如图 16-3 所示，输入的实体如图 16-4 所示。

技巧 🔑　这个实体被看作是"哑"的实体，因为它不包含任何参数化信息和独立的特征。但是用户可以通过 SOLIDWORKS 草图和特征来添加其他设计信息。

提示 👆　此零件来自于具有均匀薄壁材料的典型钣金件。然而没有允许零件展开所需要的开放角。

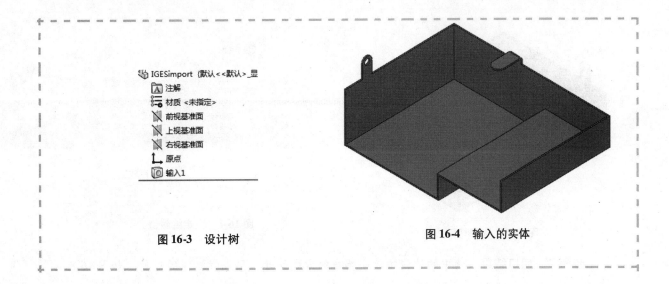

图 16-3　设计树　　　　　　　　　　图 16-4　输入的实体

16.4　添加切口

【切口】特征是在角落边线上添加缝隙，以便于零件能够被展开。切口特征可以创建三种类型的边角：在其应用边线上切除出一个或两个壁面。通过一个或两个箭头以及【改变方向】按钮来标明要被剪裁的边线(一条或两条)，如图 16-5 所示。

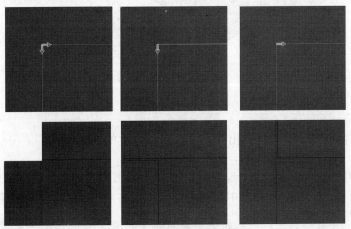

图 16-5　切口特征的边角类型

在插入折弯之前，【切口】特征应该应用在模型的切口边线上。另外，切口也能够通过【折弯】命令来创建。

知识卡片	切口	● CommandManager：【钣金】/【切口】。 ● 菜单：【插入】/【钣金】/【切口】。

步骤 6　选择边线　单击【切口】并选择如图 16-6 所示的边线。设定【缝隙】为 0.10mm，如图 16-7 所示，单击【确定】。

技巧荟　　　【改变方向】按钮用来在 3 种不同类型的切口方向间切换。默认情况下，系统对所有边线使用"双向"(两个箭头)切口。

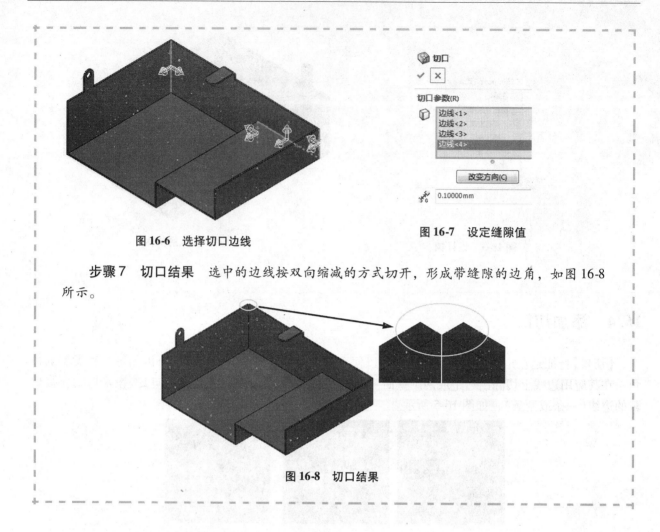

图 16-6 选择切口边线

图 16-7 设定缝隙值

步骤 7 切口结果 选中的边线按双向缩减的方式切开，形成带缝隙的边角，如图 16-8 所示。

图 16-8 切口结果

16.5 插入折弯

下一步将在零件中添加折弯。在这个过程中，需要定义出折弯系数和默认的折弯半径值，而已经存在的几何体将决定钣金件的厚度。模型中所有的尖锐边角将被默认的折弯半径替代。

提示 如果模型中含有圆柱面，它们将被转换为钣金折弯，并会像其他折弯一样展开。圆弧的半径值将用作默认的折弯半径，如图 16-9 所示。

图 16-9 圆角折弯

知识卡片 | 插入折弯 | ● CommandManager：【钣金】/【插入折弯】。
● 菜单：【插入】/【钣金】/【折弯】。

步骤8　插入折弯　单击【插入折弯】
并选择如图 16-10 所示的面作为【固定面】。
设置【折弯半径】为 1.5mm，【自动切释放槽】
类型为【矩形】，【释放槽比例】为 1。

单击【确定】，如图 16-11 所示。

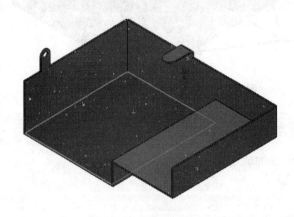

图 16-10　选择固定的面

图 16-11　折弯参数设定

> **提示**　【插入折弯】对话框包含【切口参数】部分，这可以取代【切口】命令。

步骤9　切释放槽　出现提示信息："为一个或多个折弯自动切释
放槽。"

为了能够展开零件，系统会在创建切口的边角根据需要自动添加
释放槽。

单击【确定】。

步骤10　显示结果　零件添加了 4 个特征："钣金 1""展开-折弯
1""加工-折弯 1"和"平板型式 1"，如图 16-12 所示。在后面的章节中
将会详细解释这 4 个特征。

图 16-12　特征树

16.5.1　新特征

进行【插入折弯】操作以后，在 FeatureManager 设计树中就会添加一些新的特征。这些特征是在钣金
零件处理过程中的几个步骤生成的，如图 16-13 所示。系统对钣金零件进行了两个完全不同的操作。首
先，计算折弯并创建展开状态。然后折叠起来形成最终产品的形状。

【展开-折弯 1】：该特征表示展开零件，其中保存了【尖角】和【圆角】转换成【折弯】的信息。展开该
特征的列表，如图 16-14 所示，可以看到每一个替代尖角和圆角的折弯。

零件中的尖角被转换成了【尖角折弯】子特征，使用默认的【折弯半径】。而现有的折弯被转换成了
【圆角折弯】子特征，使用它们原来的半径，如图 16-15 所示。

319

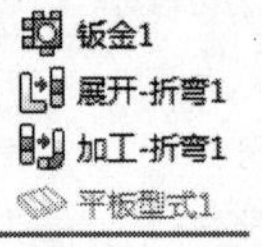

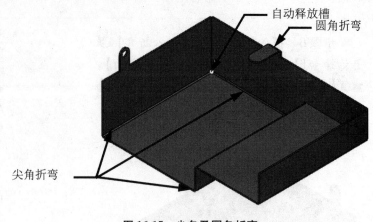

图 16-13　特征树

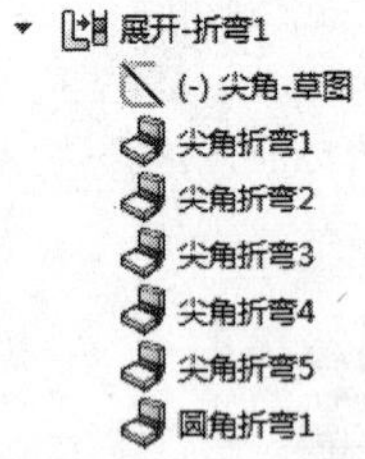

图 16-14　折弯信息

图 16-15　尖角及圆角折弯

技巧🔑　当编辑一个折弯特征时，可以修改默认的钣金参数。

【加工-折弯 1】：该特征表示从展开状态到完成转变的成型零件。

16.5.2　状态切换

有两种方法可以在钣金零件的尖角、展开和完整状态之间进行切换。

1. 使用【退回】　拖动退回控制棒到【展开-折弯 1】特征之前，表示零件在尖角状态，退回到【加工-折弯 1】特征之前表示零件的展开状态。

2. 使用钣金工具栏的按钮　【不折弯】🖥️把零件退回到尖角状态，【展开】📖把零件退回到展开状态。使用钣金工具栏的按钮的好处是利用它可以进行切换，单击一次，零件为退回状态，再单击一次，则又重新回到退回之前的状态。

16.6　修改零件

通常来说，输入的或之前版本的钣金零件需要在导入 SOLIDWORKS 软件后进行一定的修改。在这个例子中，最好尽早在这个过程中建立起"新的"钣金零件，以充分利用钣金特征的功能。

现在输出的模型是一个钣金零件，可以使用如【边线法兰】和【绘制的折弯】等钣金特征修改它。也可以添加【焊接的边角】特征到零件，来代表在边角处的焊缝，如图 16-16 所示。

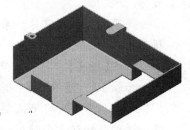

图 16-16　修改零件

步骤 11　插入边线法兰　插入一个【边线法兰】🖥️。单击【编辑法兰轮廓】并通过拖曳几何体和添加尺寸来编辑草图。单击【上一步】返回属性对话框。

设置【角度】为 90°，【法兰位置】为材料在内🖥️。单击【确定】，结果如图 16-17 所示。

步骤 12　创建切除特征　在较高的"台阶"面上创建一幅草图，并绘制一个矩形，尺寸如图 16-18 所示。使用【完全贯穿】的终止条件创建一个切除。

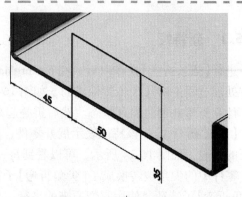

图 16-17　插入边线法兰

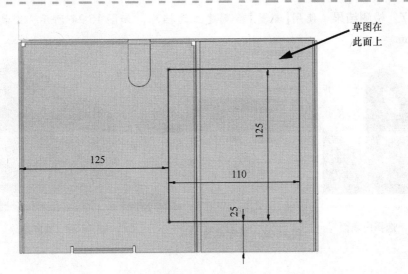

草图在
此面上

图 16-18　创建切除特征

步骤 13　切换平坦显示　右键单击一个面并选择【切换平坦显示】，查看该零件及其平板型式，如图 16-19 所示。

步骤 14　测量尺寸　放大到弯曲挡片的位置，测量它与零件上边线的距离，如图 16-20 所示。垂直距离为 10mm。在使用【绘制的折弯】时，此信息将用于形成一个折弯。

步骤 15　绘制折弯线　放大到另一个挡片的位置，该挡片含有一个孔。在零件的内表面建立一幅草图，并绘制一条直线作为折弯线，如图 16-21 所示。不要关闭草图。

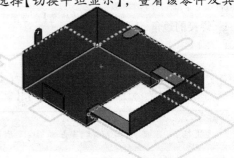

图 16-19　切换平坦显示

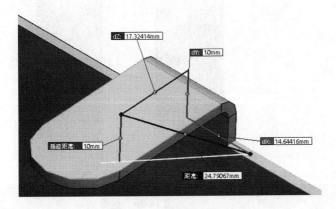

图 16-20　测量尺寸

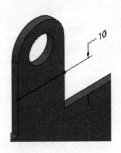

图 16-21　绘制折弯线

步骤 16　绘制的折弯　单击【绘制的折弯】工具。使用默认的半径，选择零件的内表面为【固定面】，如图 16-22 所示。【折弯位置】选择【材料在内】，如图 16-23 所示。

321

步骤 17　检测结果　使用【测量】检测建立的挡片，如图 16-24 所示，距离零件的上边线也是 10mm。

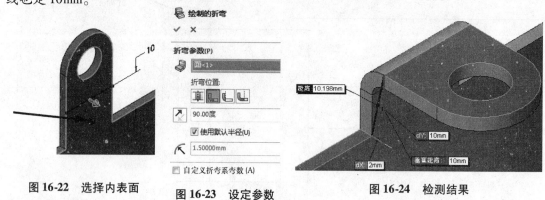

图 16-22　选择内表面　　图 16-23　设定参数　　　　　　图 16-24　检测结果

16.7　焊接的边角

知识卡片	焊接的边角	【焊接的边角】命令用于焊接折叠状态下钣金零件的切口和边角。当钣金零件展开时，焊缝会被压缩。
	操作方法	• CommandManager：【钣金】/【边角】/【焊接的边角】。 • 菜单：【插入】/【钣金】/【焊接的边角】。

> 提示　其他的表现焊接的选项也可以被应用于钣金设计中，如【焊缝】和【圆角焊缝】。

步骤 18　选择面　单击【焊接的边角】。设置参数（见图 16-25）并选择切口缝隙面，如图 16-26 所示。单击【确定】。

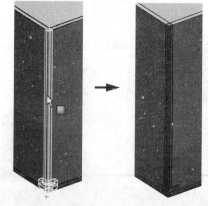

图 16-25　设定参数　　　　　　图 16-26　选择面

步骤 19　添加其他焊缝　使用相同的设置，对余下的切口边线重复这个操作，如图 16-27 所示。

步骤 20　设置停止点　单击停止点的域，如图 16-28 所示，选择顶点。单击【确定】，然后单击【取消】关闭【焊接的边角】属性管理器。

步骤21　展开零件　当激活了平展型式状态，焊接的边角特征将自动被压缩。

步骤22　保存并关闭此零件

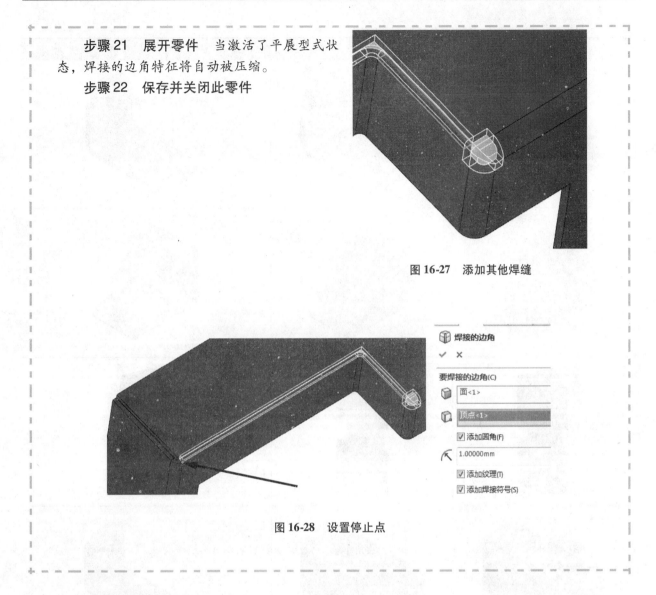

图 16-27　添加其他焊缝

图 16-28　设置停止点

16.7.1　转换到钣金命令

【转换到钣金】命令使用从实体上选择的边线和面作为折弯边线和折弯面来生成钣金模型，这些选择的边线和面也包含在钣金模型中。这一技术可以简化钣金的设计，通过以标准实体创建的整体形状来生成包含复杂的折弯角度和几何体的钣金件。

表16-1列出了部分实体转换到钣金的实例。

表 16-1　部分实体转换到钣金的实例

转　换　前		转　换　后
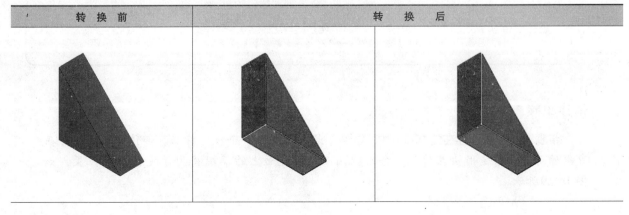		

（续）

转　换　前	转　换　后

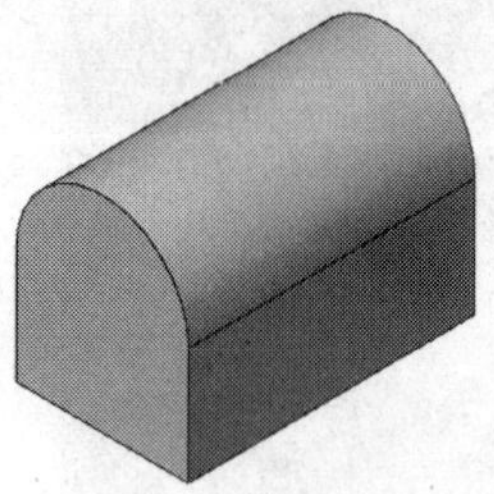

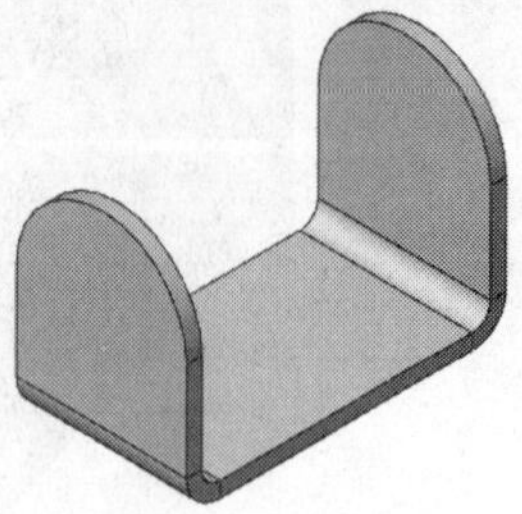

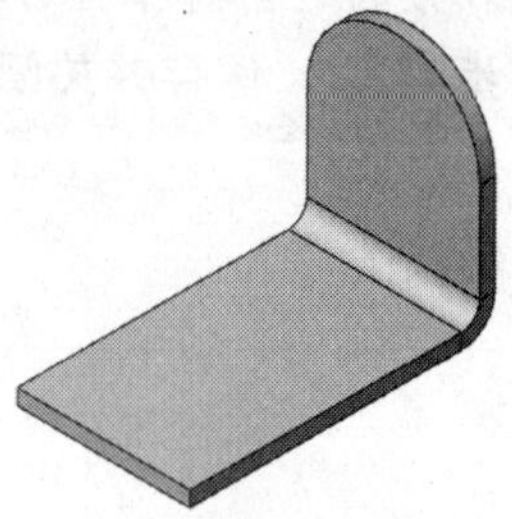

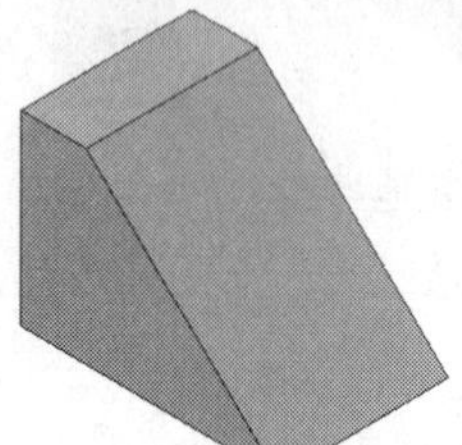

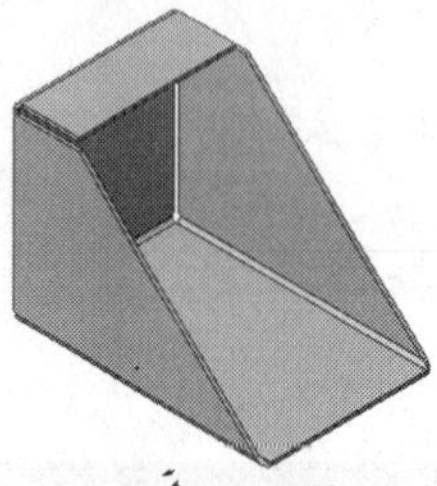

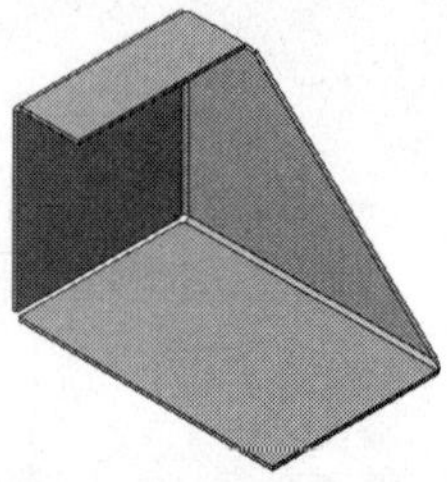

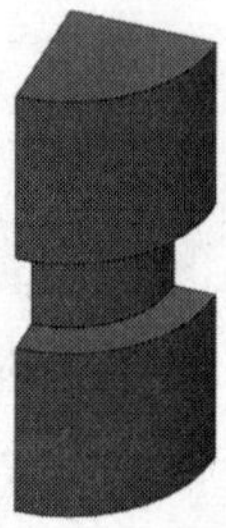

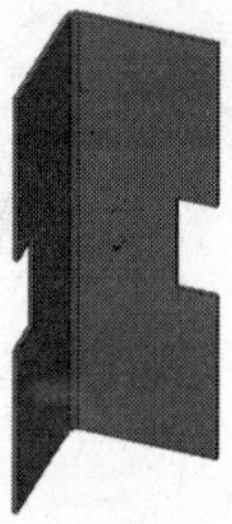

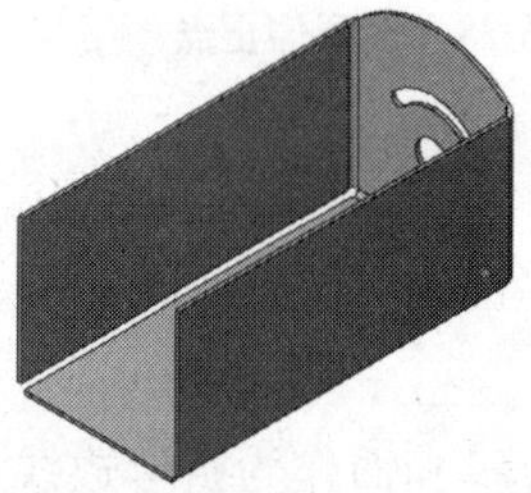

> 提示 【转换到钣金】组合了几个独立的操作，包括【抽壳】、【切口】和【插入折弯】。若【转换到钣金】不能提供足够灵活的选项，则可使用这些单独的命令替代。

324

知识卡片	转换到钣金	• CommandManager：【钣金】/【转换到钣金】。 • 菜单：【插入】/【钣金】/【转换到钣金】。

操作步骤

步骤 1　打开已存在的"Convert"零件　此零件包含一个放样特征。部件的面之间存在复杂的角度，若使用法兰特征，会比较困难。前视面上的草图将用于定位切口位置，如图 16-29 所示。

步骤 2　转换到钣金　单击【转换到钣金】。在【钣金规格】下勾选【使用规格表】复选框并选择 SAMPLE TABLE-STEEL-ENGLISH UNITS，在【钣金参数】下选择 14Gauge，指定【折弯半径】为 2.54mm，如图 16-30 所示。

图 16-29　打开零件

图 16-30　转换到钣金参数设定

16.7.2　转换到钣金设置

使用【转换到钣金】功能，需要选定一些面和边线进行钣金参数的设定。一些关键的选择，如图 16-31 所示。

1. 钣金规格　【钣金规格】部分包含和第 15.4 节中类似的选项。

2. 钣金参数　关键的选择是【固定实体】，如图 16-32 所示，零件中保持不动的面展开到平板型式中。它的重要性还在于面的选取将决定切口边线并限定折弯边线的选择。

固定实体和折弯边线的组合可以生成多个结果，如图 16-33 所示。

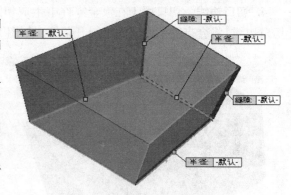

图 16-31　选择面和边线

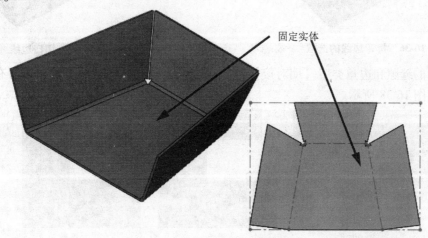

固定实体

图 16-32　固定实体

325

【反转厚度】选项将决定该厚度将作用在初始面的哪一边，如图 16-34 所示。

<table>
<tr><td>图 16-33　多种折弯效果</td><td>图 16-34　反转厚度选项效果</td></tr>
</table>

该厚度应用后，具有材料厚度的面是正常的边线面（见图 16-35a）。这和采用【抽壳】特征得到的结果有所不同（见图 16-35b）。

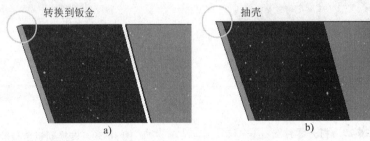

图 16-35　与抽壳特征对比

3. 折弯边线　【折弯边线】通过选取模型的边或面来定义钣金零件中的折弯。在本例中，固定实体面的两条边线被选择构成折弯，如图 16-36 所示。这些选取将依次决定哪些面将用于构成几何体。

4. 切口边线　切口用于在钣金零件中生成切除。当【切口草图】可以使用草图几何体进行定义时，【切口边线】将会自动生成以满足展开条件，如图 16-37 所示。

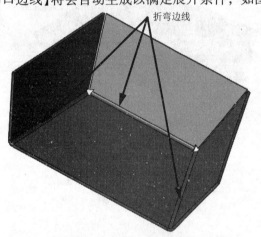

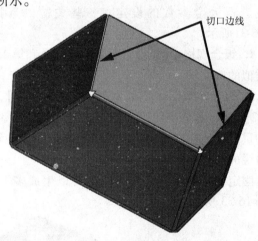

<table>
<tr><td>图 16-36　折弯边线的选取</td><td>图 16-37　切口边线</td></tr>
</table>

由切口产生的缝隙和边角类型（【明对接】┓╵、【重叠】┓╵和【欠重叠】┚╵）可以对所有边角或个别边角进行设置，如图 16-38 所示。

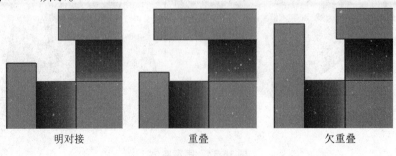

明对接　　　　重叠　　　　欠重叠

图 16-38　边角类型

【重叠比率】可以定义法兰之间重叠的百分比，范围为 0(0%) ~1(100%)，如图 16-39 所示。

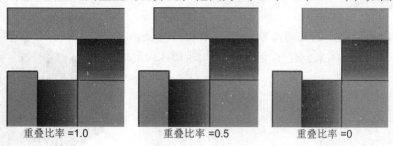

重叠比率 =1.0　　　　重叠比率 =0.5　　　　重叠比率 =0

图 16-39　重叠比率

步骤3　固定实体和折弯边线　选择底面作为【固定实体】。选择图 16-40 所示的 3 条粉色并显示【半径】标注的边线作为【折弯边线】。

这些选择的边线还需要满足实体能够被切开的条件从而可以正确地展平。【找到切口边线】的内容会由系统自动选取（图 16-40 中紫色显示的标注为【缝隙】的线），并在列表中以"智能选择 <1>"和"智能选择 <2>"显示，如图 16-41 所示。

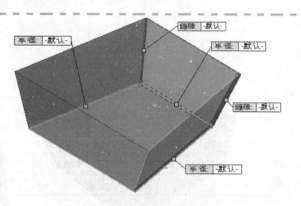

图 16-40　折弯边线

技巧D　在图形区域的标志可以用于修改折弯半径和相关选择项的缝隙大小。可以通过取消勾选【显示标注】复选框来隐藏标注。

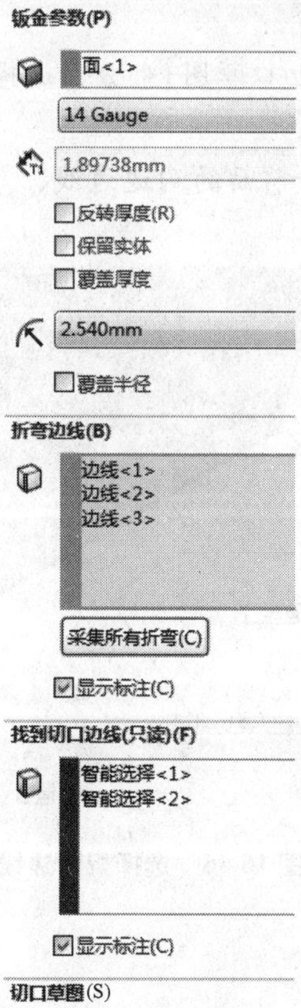

钣金参数(P)

- 面<1>
- 14 Gauge
- 1.89738mm
- □反转厚度(R)
- □保留实体
- □覆盖厚度
- 2.540mm
- □覆盖半径

折弯边线(B)

- 边线<1>
- 边线<2>
- 边线<3>
- 采集所有折弯(C)
- ☑显示标注(C)

找到切口边线(只读)(F)

- 智能选择<1>
- 智能选择<2>
- ☑显示标注(C)

切口草图(S)

图 16-41　设定参数

步骤4　设置边角默认值　在【边角默认值】下，选择类型为【明对接】，设置默认缝隙为 1mm，单击【确定】，如图 16-42 所示。

边角默认值

- 1.000mm
- 0.50

图 16-42　设置边角默认值

16.7.3　使用切口草图

【切口草图】可以基于草图的几何形状添加一个切口特征。可以使用多个或单一轮廓草图来创建多个切口，如图 16-43 所示。

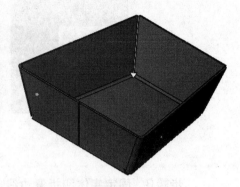

> 对【切口】特征而言，草图必须包含一个单一轮廓。如果需要多个轮廓来达到预期的几何体，则必须使用多个草图，如图 16-44 所示。

注意

图 16-43　创建切口

两个切口草图

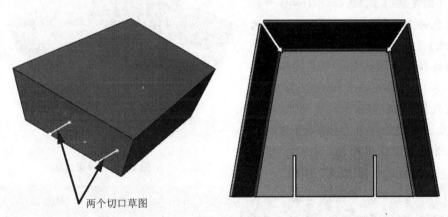

图 16-44　创建多个切口

步骤 5　编辑特征　编辑"Convert-Solid1"特征并单击【切口草图】部分，选择草图并单击【确定】，如图 16-45 所示。

步骤 6　选择折弯边线　激活【折弯边线】选项组，选择前面的两边边线，单击【确定】，如图 16-46 所示。

切口草图(S)

Rip Sketch

☑ 显示标注(C)

图 16-45　编辑特征

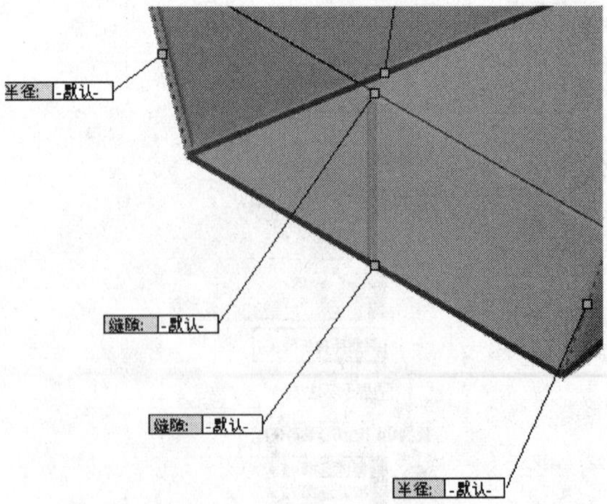

半径: -默认-

缝隙: -默认-

缝隙: -默认-

半径: -默认-

图 16-46　选择折弯边线

步骤 7　检查平板型式

步骤 8　保存并关闭此零件

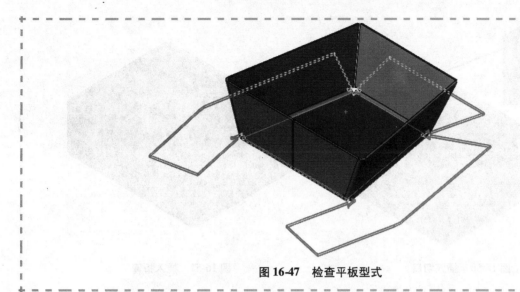

图 16-47　检查平板型式

练习 16-1　输入和转换

使用现有的 IGES 文件创建如图 16-48 所示的钣金零件。
本练习将应用以下技术：
- 输入几何体到钣金。
- 添加切口。
- 插入折弯。

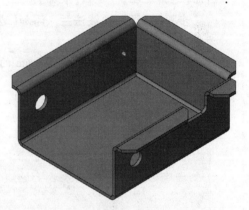

图 16-48　导入并转换此零件

操作步骤

步骤1　打开现有的 IGES 文件　在"Lesson16 \ Exercises"文件夹中找到名为"igesLab"的 IGES 类型文件，并打开。使用默认的输入设置，如有必要修复零件。系统创建了一个薄壁零件，如图 16-49 所示。

步骤2　设置单位　设置模型的单位系统为 MMGS。

步骤3　插入切口　如图 16-50 所示，在实体尾部的两个边角插入【切口】。该切口应该切开两个法兰。设置【切口缝隙】为 0.1mm。

步骤4　插入折弯　单击【插入折弯】。选择内部的底面作为【固定面】。设置【折弯半径】为 1.5mm，使用【自动切释放槽】为撕裂型，结果如图 16-51 所示。

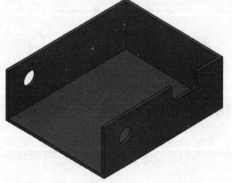

图 16-49　打开 IGES 文件

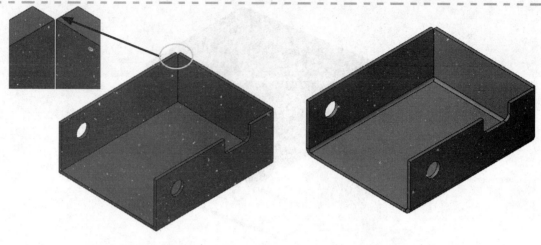

图 16-50　插入切口　　　　　　　　　　　图 16-51　插入折弯

步骤5　展开零件　单击【展开】，查看平板型式，如图 16-52 所示。编辑平板型式，去除【边角处理】。退出【展开】。

步骤6　添加边线法兰　添加【边线法兰】，设置【法兰长度】为 12.5mm，【法兰位置】为折弯在外。

步骤7　断裂边角　使用 6mm 的倒角打断法兰面的边角，如图 16-53 所示。

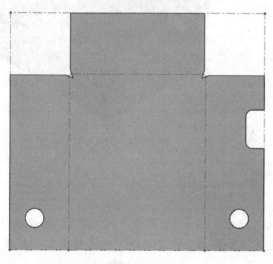

图 16-52　展开零件　　　　　　　　　　　图 16-53　断裂边角

步骤8　保存并关闭文件

练习 16-2　转换到钣金

使用提供的实体零件开始设计，创建钣金零件。选择合适的固定面，以符合表 16-2 中图片的平展显示。

本练习将应用以下技术：
- 转换到钣金。
- 转换到钣金设置。

设计意图

零件的设计意图如下：

1）已存在的实体零件使用 18 钢材料。

2）所有的折弯半径为 1.905mm。

3）所有的缝隙为 2.00mm。

在"Lesson16 \ Exercises"文件夹内打开练习文件。

表 16-2　平展显示

零件	折叠	切换到平坦显示
Convert_ EX_ 1		
Convert_ EX_ 2		
Convert_ EX_ 3		
Convert_ EX_ 4		

操作步骤略。

练习 16-3　带切口的转换

转换现有几何体到钣金几何体，如图 16-54 所示。

本练习将应用以下技术：

- 转换到钣金。
- 转换到钣金设置。
- 使用切口草图。

图 16-54　成型的钣金零件

操作步骤

    步骤1　打开"Convert with Rips"零件　在"Lesson16 \ Exercises"文件夹内找到"Convert with Rips. sldprt"零件并打开，如图 16-55 所示。

    步骤2　转换到钣金　使用带有【切口草图】的【转换到钣金】创建如图 16-56 所示的钣金零件。应用材料到已有面的内部。

    在【钣金规格】中，勾选【使用规格表】复选框。选择 SAMPLE TABLE-STEEL 表中折弯半径为 1.905mm 的【18 Gauge】，设定【默认缝隙】为 2mm。

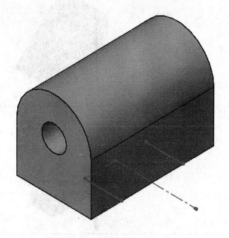

图 16-55　打开零件

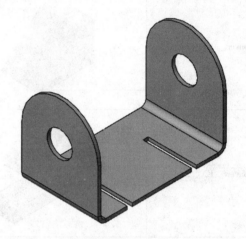

图 16-56　转换到钣金

    步骤3　绘制草图　在如图 16-57 所示的面上，创建一个新草图，绘制一条线段并标注尺寸。

    步骤4　创建绘制的折弯　使用线段创建一个【绘制的折弯】特征。

    步骤5　保存并关闭文件（见图 16-58）

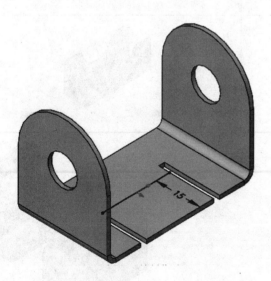

图 16-57　绘制草图

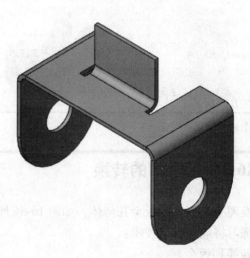

图 16-58　完成零件

练习 16-4　钣金料斗

使用【转换到钣金】创建如图 16-59 所示的钣金料斗零件。

本练习将应用以下技术：

- 转换到钣金。
- 转换到钣金设置。
- 使用切口草图。

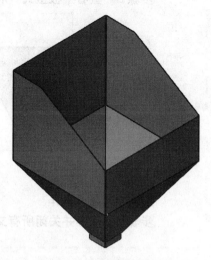

图 16-59　钣金料斗零件

操作步骤

步骤 1　打开"SM_Hopper"零件　在"Lesson16 \ Exercises"文件夹内找到"SM_Hopper. sldprt"零件，并打开，如图 16-60 所示。

此零件是使用放样和拉伸特征创建出形状和尺寸的料斗模型。

步骤 2　转换到钣金　单击【转换到钣金】。在【钣金规格】中，勾选【使用规格表】复选框。选择 SAMPLE TABLE-STEEL-ENGLISH UNITS 表中【折弯半径】为 5.080mm 的【7 Gauge】。

选择如图 16-61 所示的绿色面（a）作为【固定面】。选择粉色的边线（b）作为折弯边线。紫色的切口边线（c）将被自动发现和选择。

图 16-60　打开零件

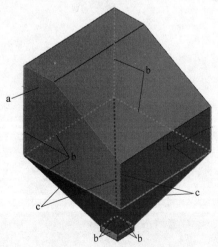

图 16-61　选择面和边线

使用 1.00mm 缝隙的【明对接】边角，设定【自动切释放槽】为矩形，将材料应用到已存在面的外侧，单击【确定】。

步骤3　查看平板型式　展开零件查看平板型式，如图16-62所示。

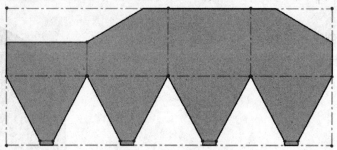

图16-62　查看平板型式

步骤4　退出展开

步骤5　保存并关闭所有文件

第17章 焊 件

学习目标
- 理解焊件特征如何影响零件模型
- 创建结构构件特征
- 下载标准结构构件轮廓
- 管理结构构件的边角处理和结构构件剪裁
- 创建角撑板和顶端盖

17.1 概述

一般而言，焊件是由多个焊接在一起的零件组成的。在 SOLIDWORKS 中，焊件是指含有多实体的特殊零件模型，可用切割清单描述。通常这些实体在产品中被焊接在一起，如焊接在一起的结构构件组成了框架，如图 17-1 所示。

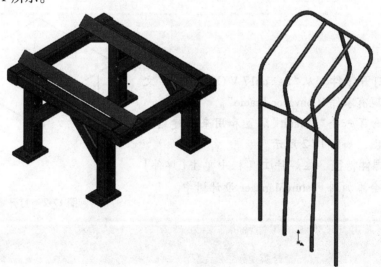

图 17-1 焊件实例

尽管技术上焊件可以被描述为一个装配体，但使用多实体可以方便地控制多个块件，并且最大程度简化复杂的文件关联。专用焊接命令也可以使结构构件和框架的常用功能自动化。

SOLIDWORKS 的焊件主要用于结构钢材和结构铝材，也常用于木工和吹塑。

提示 常规的多实体操作在《SOLIDWORKS® 高级零件教程》(2013 版) 中有详细介绍。

17.1.1 焊件命令

焊件的一系列专用命令位于 CommandManager 中，用户可以使用焊件命令。

- 插入结构构件。
- 使用特殊工具对结构构件进行剪裁和延伸。
- 添加角撑板、顶端盖及圆角焊缝。

技巧 🔑 【焊件】选项卡在 CommandManager 中默认不显示。为了在 CommandManager 中显示额外的选项卡，右键单击一个 CommandManager 选项卡，然后选取可用的选项卡。

17.1.2 焊件特征

焊件模型中的【焊件】特征是 FeatureManager 设计树中显示的第一个特征。这个特征可以手动从焊件工具栏添加，或在生成【结构构件】特征时自动被添加。将焊件特征添加到零件的操作如下：

- 激活专用焊件命令。
- 将【多实体】📁文件夹替换为【切割清单】📑。该文件夹用于管理零件中的多实体，也用于添加可在切割清单表格中显示的属性。
- 配置允许用户将制造过程中的不同阶段呈现出来，如何创建和控制配置。
- 使用该选项后，所有后续特征的【合并结果】复选框会被自动清除。这允许新建的特征默认保持为分离的实体。
- 自定义属性：可以将指派给焊接特征的自定义属性扩展到所有的切割清单项目。

用户只能给每个零件插入一个焊件特征。不论用户什么时候插入焊件特征，都将被视为第一特征。

知识卡片	焊件	• CommandManager：【焊件】/【焊件】🔧。 • 菜单：【插入】/【焊件】/【焊件】。

操作步骤

步骤1　打开零件　从"Lesson17 \ Case Study"文件夹中，打开现有零件"Conveyor Frame"。

该零件包含了一个"Default"配置和用来创建结构构件的布局草图，如图 17-2 所示。

步骤2　焊件特征　在焊件工具栏中单击【焊件】🔧，焊件特征会添加到 FeatureManager 设计树中。

图 17-2　打开零件

技巧 🔑 如果用户没有插入焊件特征，则在插入第一个结构构件时，系统会自动添加焊件特征。

17.1.3 焊件配置选项

为零件添加【焊件】特征后，软件将会创建如下的派生配置和配置描述：

- 当前的活动配置显示的是＜按加工＞。
- 同名的新创建的派生配置会被添加进来，并显示为＜按焊接＞，如图 17-3 所示。
- 一旦零件被标记为焊件，新建的顶层配置都会有一个相应的＜按焊接＞派生配置。

图 17-3　零件配置

这些配置代表了当焊件被焊接后会有后续的机械加工操作。

在【选项】❖/【文档属性】/【焊件】中，可以调整选项来更改配置生成方式，如图 17-4 所示。

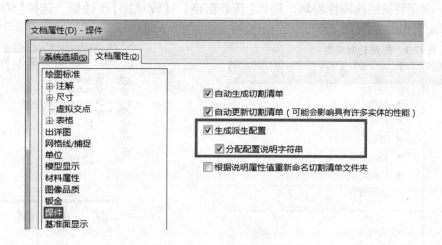

图 17-4 焊件配置

取消勾选【分配配置说明字符串】复选框，如图 17-4 所示，会产生以下效果：

- 一个后缀名为"×-焊接"的派生配置被添加，如图 17-5 所示。

- 一旦零件被标记为焊件，后续的顶层配置都会有一个相应的"×-焊接"派生配置。

图 17-5 派生配置

取消勾选【生成派生配置】复选框会阻止附加的配置生成。

> **技巧** 🗝 为了设立焊件配置的生成标准，考虑修改文档属性并保存为新的零件模板。

17.2 结构构件

结构构件通常是指结构钢材或铝材的管筒、管道、梁及槽的长度。【结构构件】特征是 SOLID-WORKS 中焊件模型的主要特征。它们的创建，首先通过在 2D 和 3D 草图中建立一些线段和几何面的布局，然后在【结构构件】的 PropertyManager 中，选中的结构构件轮廓将沿这些布局线段扫描。默认每个绘制线段对应一个实体，也可以通过选项修改。选项还可以调整结构构件实体之间的边角状态，也可以调整它们的方向及位置。

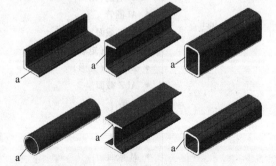

结构构件轮廓或是焊件轮廓代表所要创建的结构构件的截面，如图 17-6 所示的黄色区域(a)。

为了减少 SOLIDWORKS 的数据量，软件只包含少量的初始轮廓。完整的轮廓集合可在 SOLIDWORKS"内容"中下载。

图 17-6 结构构件轮廓

17.2.1 默认轮廓

表 17-1 列出的是软件自带的可用轮廓类型。

17.2.2 从 SOLIDWORKS 内容中下载的焊件轮廓

为了下载一套完整的结构构件轮廓，进入【任务窗格】/【设计库】属性框，选择【SOLIDWORKS 内容】/【Weldments】，如图 17-7 所示。

表 17-1　可用轮廓类型

标　准	类　型
Ansi inch	• 角铁 • C 槽 • 管道 • 矩形管筒 • S 截面 • 方形管筒
ISO	• 角铁 • C 槽 • 圆管 • 矩形管筒 • SB 横梁 • 方形管

图 17-7　SOLIDWORKS 内容

按 Ctrl 键的同时，单击需要下载的标准所对应的图标，用户就可以下载相应的内容。轮廓是".zip"文件格式。表 17-2 汇总了每个标准轮廓的类型。

表 17-2　标准轮廓的类型

标　准	类　型	
Ansi inch	• AI 槽(标准) • AI CS 槽(方形端侧) • AI I 横梁 • AI I 横梁(标准) • AI L 角材(圆形端侧) • AI LS 角材(方形端侧) • AI 管道(结构) • AI 圆管 • AI T 截面 • AI 管筒(矩形) • AI 管筒(方形) • AI Z 截面 • C 槽 • HP 截面 • L 角材 • M 截面	• MC 槽 • MT 截面 • 管道(标准, S40) • 管道(X 强度, S80) • 管道(XX 强度) • S 截面 • ST 截面 • 管筒(矩形) • 管筒(方形) • W 截面 • WT 截面
AS	• 圆形空心截面(C250)AS • 圆形空心截面(C350)AS • 等角(新西兰)AS-NZS • 等角 AS-NZS • 平行法兰槽 AS-NZS • 矩形空心截面(C350)AS • 矩形空心截面(C450)AS	

（续）

标　准	类　　　　型		
AS	• 方形空心截面（C350）AS • 方形空心截面（C450）AS • 锥形法兰横梁 AS-NZS • 锥形法兰槽 AS-NZS • 管道（重）AS • 管道（轻）AS • 管道（中）AS • 不等角 AS-NZS • 通用梁 AS-NZS • 通用柱 AS-NZS • 焊接梁 AS-NZS • 焊接柱 AS-NZS		
BSI	• CHS 管道 • RSA 角材 • RSC 槽 • RSJ 横梁 • 管筒（矩形） • 管筒（方形）		• UB 横梁 • UBP 横梁 • UBT T 形 • UC 横梁 • UCT T 形
CISC	• C 槽 • HP 截面 • HS 管道 • L 角材 • M 截面	• MC 槽 • S 截面 • 管筒（矩形） • 管筒（方形）	• W 截面 • WT 截面 • WWF 截面 • WWT 截面
DIN	• C 槽 • DIL 横梁 • HD 横梁 • HE 横梁 • HL 横梁 • HP 横梁 • HX 横梁	• IPE 横梁 • IPEA 横梁 • IPEO 横梁 • IPER 横梁 • IPEV 横梁 • IPN 横梁	• L 角材 • M 横梁 • S 横梁 • U 槽 • UPN 槽 • W 横梁
GB	• 槽钢 • 工字钢 • 六角钢	• 等边角钢 • 不等边角钢	• 圆钢 • 方钢
ISO	• C 槽 • 圆管 • L 角材（等边）	• L 角材（不等边） • SB 横梁 • SC 横梁	• T 截面 • 圆筒（矩形） • 圆筒（方形）
JIS	• 槽 • H 截面	• I 截面 • L 角材（等边）	• L 角材（不等边）
Unistrut	• 铝 • 玻璃纤维	• 114 钢	• 1316 钢 • 158 钢

17. 2. 3 结构构件轮廓

结构构件轮廓是一个 2D 的闭合轮廓草图，如图 17-8 所示，并作为一个库特征零件（＊. sldlfp）保存。轮廓的文件路径必须在 SOLIDWORKS 的系统选项中指定。创建自定义草图轮廓可以用于各种不同焊件的类型。

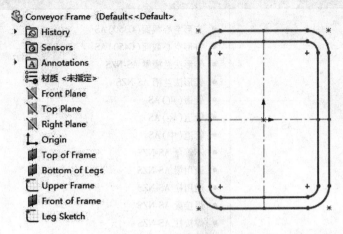

图 17-8　焊件轮廓草图

步骤3　下载 ISO 标准的结构构件轮廓　在【设计库】中展开"SOLIDWORKS 内容"中的 "Weldment" 文件夹，如图 17-9 所示。按住 Ctrl 键并单击"ISO"图标，下载 Zip 文件。将 Zip 文件保存到本地磁盘。

步骤4　解压缩文件　下载完成后，将该 Zip 文件解压到"Training Files"中的"Weldment Pofiles"文件夹里，如图 17-10 所示。

重要 　Zip 文件解压缩后会增加"ISO"文件夹，重新命名文件夹为"ISO_training"。

图 17-9　下载 ISO 标准的结构构件轮廓

图 17-10　解压缩文件

提示　焊件轮廓文件夹包含了部分"Ansi Inch"标准，用于后续课程。

步骤5　文件位置　为了让 SOLIDWORKS 识别已下载的焊件轮廓，文件的路径必须在【选项】对话框中被定义。单击【选项】$\clubsuit$/【系统选项】/【文件位置】。在【显示下项的文件夹】中，选择【焊件轮廓】，然后单击【添加】。浏览到"Weldment Profiles"文件夹并单击【添加】，如图 17-11 所示。

图 17-11 设置轮廓文件位置

除了焊件轮廓位置，其他 SOLIDWORKS 焊件引用的外部文件包括：

1)【焊件切割清单模板】(安装目录\lang\ < language > \)。切割清单模板文件(*.sldwldtbt)定义了切割清单表中的列。

2)【焊件属性文件】(\\ProgramData\SOLIDWORKS\SOLIDWORKS 2015\lang\ < language > \weldments)。"weldmentproperties. txt"文件控制了清单属性的名称，这些名称可在【切割清单属性】对话框中添加。

知识卡片	结构构件	插入一个结构构件的一般步骤： 1)使用 2D 和 3D 组合的草图来排布结构构件的路径段。 2)激活结构构件特征。 3)指定一个轮廓。 4)选取草图线段来创建组。 5)如果需要，指定结构构件之间的边角状态。 6)按需指定轮廓的方位。 7)添加合适的组。
	操作方法	• CommandManager:【焊件】/【结构构件】🎲。 • 菜单:【插入】/【焊件】/【结构构件】。

步骤6 单击【结构构件】🎲。

步骤7 插入结构构件(见图 17-12)

【标准】：ISO_Training。

【类型】：Tube (square)。

【大小】：80 × 80 × 6. 3。

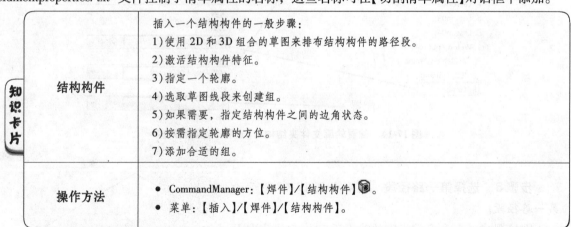

图 17-12 插入结构构件

17.2.4　焊件轮廓文件夹结构

焊件轮廓文件夹结构与结构构件的 PropertyManager 中的【选择】选项组相对应。如图 17-13 所示，为一个焊件轮廓的特定文件结构（此例为 CH 250×34 槽）。

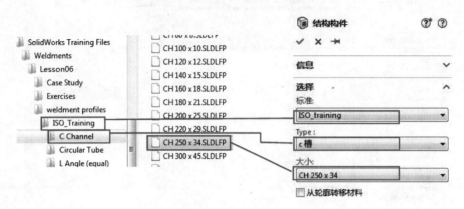

图 17-13　轮廓文件夹结构与选项对应

17.2.5　配置轮廓

默认下载的轮廓中，每个文件代表了单一指定类型的结构构件的尺寸。在 SOLIDWORKS 2014 以及后续的版本中，配置轮廓可在同一个库特征零件文件中表示多个轮廓尺寸。如果在自定义的轮廓中使用配置，文件夹结构的要求会略有不同。不再需要"Type"文件夹；库特征零件的文件名代表了结构构件的"Type"，并且配置对应大小一栏，如图 17-14 所示。

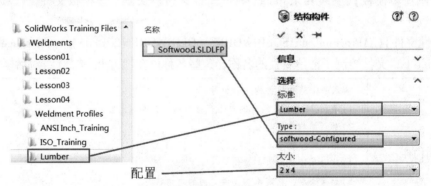

图 17-14　配置轮廓文件夹结构与【选择】选项组对应

步骤8　选择第一路径段　选取如图 17-15 所示的第一路径段。

系统创建一个垂直于线段的基准面，并在该基准面上应用轮廓草图。如图 17-15 所示为该结构构件的预览。

图 17-15　选择第一路径段

17.3　组

在【组】中选择用于结构构件特征的草图路径段，如图 17-16 所示。一个组里的构件共享相同的设置，比如边角处理以及轮廓的方向和位置。如图 17-17 所示，同一组的绘制路径段必须相连或者相互平行；如果要使用边角处理则必须相连。

在同一个特征中使用多个组，可以使系统自动在多实体间进行修剪操作。

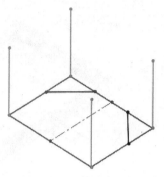

图 17-16　草图路径段

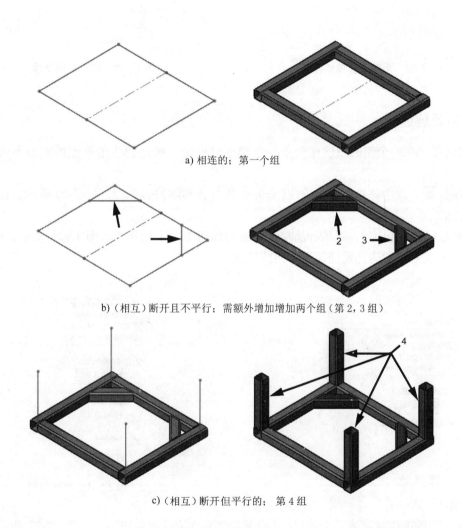

a) 相连的；第一个组

b)（相互）断开且不平行；需额外增加增加两个组（第 2，3 组）

c)（相互）断开但平行的；第 4 组

图 17-17　路径段示意图

步骤9　**为组 1 选择路径段**　选择剩下的 3 条路径段，它们定义了整个框架的顶部，如图 17-18 所示。这构成了组 1。

步骤10　**应用边角处理**　勾选【应用边角处理】复选框，单击【终端对接 2】🔲和【简单切除】🔲。

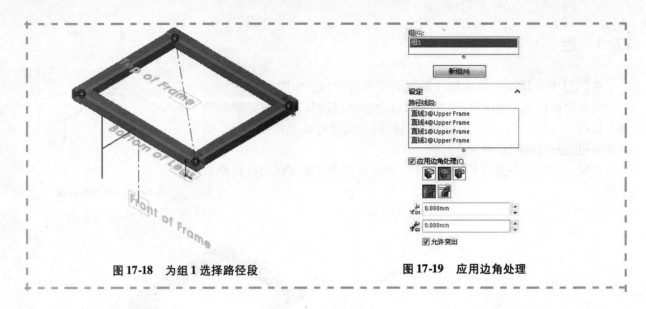

图 17-18　为组 1 选择路径段　　　　　图 17-19　应用边角处理

17.3.1　边角处理选项

　　边角处理选项只在一个组的线段相交于一个端点时可用。所选的边角处理的类型不同，可用的选项也有所不同。

　　1. 终端斜接 🔲　选中该选项后，出现【合并斜接剪裁实体】选项，如图 17-20 所示，这会使草图线段生成一个实体。

　　2. 终端对接1&2　选中后，可选择简单切除或封顶切除两个选项，如图 17-21 所示。选项【允许突出】可见，这允许剪裁过的构件延伸超过草图的长度。

图 17-20　终端斜接

图 17-21　终端对接

　　3. 圆弧段　当圆弧段被选入一个组时，【合并圆弧段实体】选项可见，如图 17-22 所示。这允许通过多个绘制的线段生成一个弯曲的管筒实体。

　　4. 焊接缝隙　在构件相交处，所有边角处理都包含了添加焊接缝隙一栏。第一栏是活动组内构件之间的缝隙，第二栏是活动组与其他组之间的间隙，如图 17-23 所示。

17.3.2　个别边角处理

　　在 PropertyManager 中选择的边角处理选项定义了默认状态，在绘图区也可单独指定某个边角进行修改。如图 17-24 所示，单击出现在每个边角处的小球，并选择正确的边角处理及选项。当多个组相交于一个所选边角时，【边角处理】对话框还会包含控制剪裁阶序的选项。

图 17-22　圆弧段

图 17-23　焊接缝隙

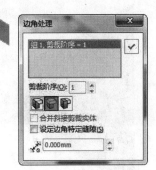

图 17-24　个别边角处理

步骤 11　边角处理　改变边角处理方式，如图 17-25 所示。平行于框架的前视面的两段靠在其余两段的内侧。

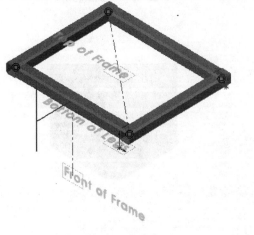

图 17-25　边角处理

17.3.3　轮廓位置设定

如图 17-26 所示的属性框下部包含了一些额外的用于轮廓定位的设定：【镜像轮廓】允许翻转一个轮廓，这对于非对称的轮廓非常有用。【对齐】允许轮廓与边或草图的线段对齐，或者与某个实体或是目前的位置形成指定的角度。

【找出轮廓】可以设定布局草图上轮廓的交点，类似于扫描中的"穿透点"。默认以轮廓的原点作为布局的穿透点。一旦单击【找出轮廓】按钮，草图上任意的点或顶点可用于与路径段对齐。

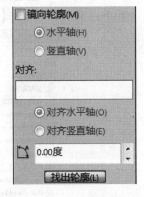

图 17-26　设定轮廓位置

步骤 12　找出轮廓　单击【找出轮廓】后放大显示轮廓草图。单击虚拟图形的右上角，草图轮廓重新定位，如图 17-27 所示。

步骤 13　新组　单击【新组】，使用相同的轮廓增加第二组零部件。为组 2 选取竖直腿。注意到预览图 17-28 中的实体被组 1 剪裁。

步骤 14　找出轮廓　如图 17-29 所示，找出轮廓。

步骤 15　创建另一组　为斜撑腿创建另一组（组 3）。像步骤 14 一样定位轮廓，如图 17-30 所示。

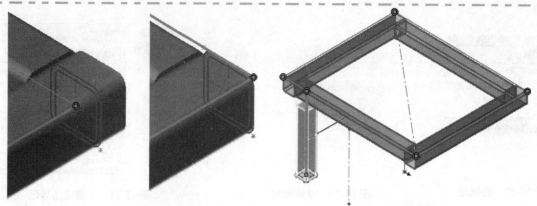

图 17-27　找出轮廓　　　　　　　　图 17-28　新组

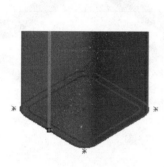

图 17-29　找出轮廓

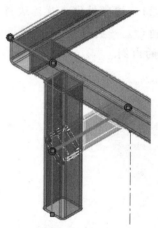

图 17-30　创建组 3

步骤 16　查看结果　单击【确定】✔，完成结构构件。如图 17-31 所示，该特征包含了 6 个分离实体。单击【保存】。

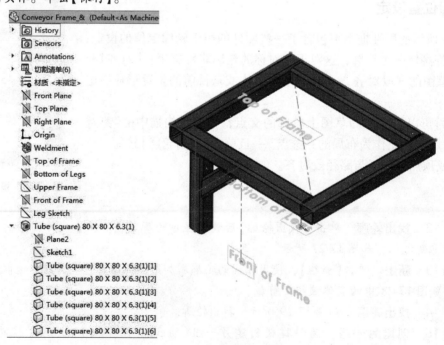

图 17-31　特征中的实体

17.4　组和结构构件的比较

当焊件结构中的基本件使用相同的轮廓时，尽管它们在不同的组，但可以在同一个结构构件特征中，这取决于如何布局。同一特征中的构件会被自动剪裁。最佳做法是用一个特征去包括尽可能多的组。

但如果是需要使用不同轮廓的情形呢？这就必须分开创建特征了，因为每个结构构件特征只能使用一个轮廓。在这种情况下，经常会手动对构件进行剪裁。

知识卡片	剪裁/延伸	【剪裁/延伸】是一种手动剪裁结构构件和创建边角处理的专用工具，如图 17-32 所示。同插入结构构件的设定一样，边角处理命令可以创建不同类型和尺寸的组之间的终端斜接或终端对接。另外，【终端剪裁】选项将简单切除或延伸实体到选定的几何体。	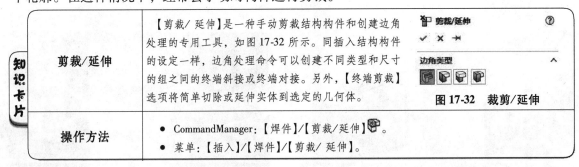 图 17-32　裁剪/延伸
	操作方法	● CommandManager：【焊件】/【剪裁/延伸】。 ● 菜单：【插入】/【焊件】/【剪裁/延伸】。	

操作步骤

　　步骤1　打开零件　打开文件"manual_trim. sldprt"，该文件类似于"Conveyor Frame"零件，但在顶部框架、腿及支架处使用了不同的轮廓，如图 17-33 所示。由于这些实体包括不同的结构构件轮廓，它们不能在同一个结构构件特征中创建。

　　步骤2　剪裁　单击【剪裁/延伸】，按如图 17-34 所示设定。

● 【终端剪裁】。

● 为【要剪裁的实体】选择腿和斜支架部件。

● 为【剪裁边界】选择【实体】，然后选择水平的零部件。

图 17-33　打开"manual_trim"零件　　　　　　　　图 17-34　剪裁

17.4.1 剪裁/延伸选项

与结构构件特征选项类似，【剪裁/延伸】选项根据所选择的【边角类型】的不同也会稍有变化。以下列出一些该命令的特有选项。

1.【允许延伸】 对于【被剪裁实体】，该选项允许构件在剪裁的同时也延伸至剪裁边界（剪裁边界显示为粉色），如图 17-35 所示。

对于【剪裁边界】，【允许延伸】实际上延伸了剪裁边界，使其贯穿整个构件（剪裁边界显示为粉色），如图 17-36 所示。

  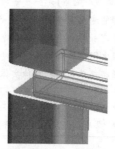 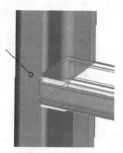

被剪裁实体，　　　　　被剪裁实体，　　　　　剪裁边界，　　　　　剪裁边界，
[允许延伸]已勾选　　　[允许延伸]未勾选　　　[允许延伸]已勾选　　　[允许延伸]未勾选

图 17-35　被剪裁实体中的允许延伸　　　　　图 17-36　剪裁边界中的允许延伸

2.【面】/【平面】或【实体】 当使用【终端剪裁】边角类型时，可以选单独的面和平面或是整个结构构件实体作为【剪裁边界】。如果要剪裁成的几何体不是随结构构件特征被建立的，必须选取面为剪裁边界。

> **技巧** 为加快运行速度，考虑在复杂的焊接模型上选用【面】/【平面】。

3.【斜接裁剪基准面】 当使用【终端斜接】的边角类型时（见图 17-37），可选择一个顶点来定义构件间的斜接起点，如图 17-38 所示。当不同尺寸的构件斜接于边角时，边角状态可能不是预期所要的。

4.【引线标注】 当剪裁边界将一个构件分割成多个块件时，引线标注出现在绘图区中。单击引线标注来切换【保留】或【丢弃】新实体。

图 17-37　斜接裁剪基准面

 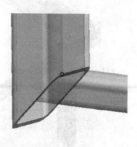

默认斜接　　　　　　选取顶点后的斜接

图 17-38　指定斜接起点

步骤3 引线标注 使用引线标注【保留】下部的两个块件，【丢弃】突出顶部框架的块件，如图 17-39 所示。

步骤4 查看结果 单击【确定】，结果如图 17-40 所示。【关闭】且不保存文件。

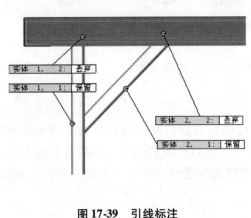

图 17-39 引线标注

图 17-40 完成的零件

17.4.2 构建草图时需考虑的因素

布局草图（见图 17-41）是建立结构构件的基础。用户在构建焊件布局时，应考虑怎样创建结构构件的组。在建立布局草图时需注意以下事项：

1）利用阵列和镜像。镜像或阵列实体可以在零件中方便地创建相似件，同时简化草图。对于"Conveyor Frame"，只构建一个角的腿和支架构件，然后通过镜像实体来完成框架。

2）路径段属于同一组只有下列两种情况：

● 相连的。

● 断开但互相平行的。

同一组的草图线段不一定要在同一幅草图中。

3）用户可以用 2D 或 3D，或者两者结合的方式来绘制草图。用户应当在绘制草图的简单性和把所有路径放入一张草图所带来的好处之间进行权衡。例如，正在绘制的

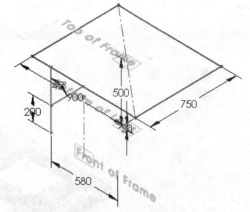

图 17-41 布局草图

"Conveyor Frame"包含两张 2D 草图：一张用于顶部框架，另一张用于支架。这可以只用一张 3D 草图来绘制。

4）布局草图中的线段可以被重复使用，用以生成多个结构构件特征。轮廓位置的设定可以用于修改多个构件沿一个草图线段的放置方式。

5）组的轮廓被放置在第一个被选择的路径段的起始点。该起始点是绘制草图线段时第一个放置的点。虽然可以使用轮廓位置选项来修改轮廓的方向，但在涉及非对称轮廓时，这可能会影响结果。

6）用户不能一次操作选择两个以上共享同一顶点的路径段。要创建如图 17-42 所示的边角，必须使用两个组。

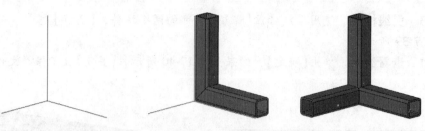

图 17-42　两个以上共享顶点的路径段

当多个组相交于一个边角时，【剪裁阶序】选项可用于修改组的剪裁方式。

17.4.3　剪裁阶序

添加组的顺序将决定在相互交叉的地方结构件将如何被修剪；默认是首先被选择的组将保留其全长，随后选择的组会被剪裁到与之前的组相连的地方。比如下面的例子，3 条竖直线和两条水平线相互交叉在结构中。先选竖直线到组内，两条水平线将在与竖直线的交叉点处被断开，如图 17-43 所示。

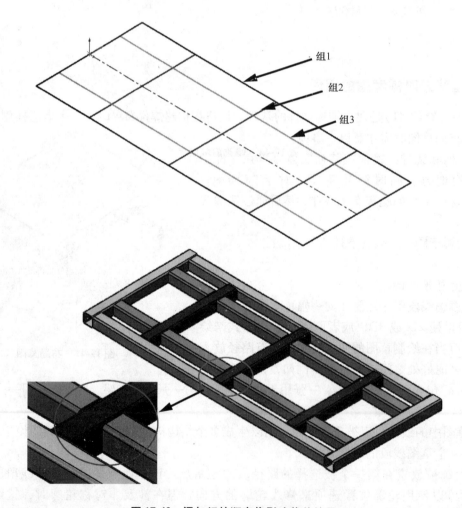

图 17-43　添加组的顺序将影响裁剪结果

使用【剪裁阶序】可以在同一对话框中修改个别边角的边角处理。通过将第一组的【剪裁阶序】从第二变为第一，同时将第二组变为第一，竖直线被水平线在指定的边角处剪裁，如图 17-44 所示。

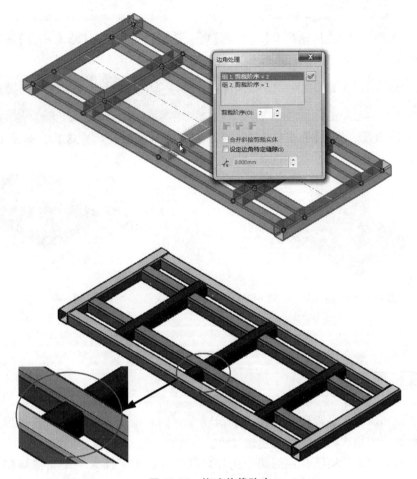

图 17-44　修改剪裁阶序

　　还可为多个组设定相同的裁剪阶序，这会使所有边角构件同时相互剪裁，如图 17-45 所示。

17.5　添加板和孔

　　虽然结构构件通常是焊接模型的主要特征，但是常规的特征类型也可用于创建焊件模型的几何体。带孔的底板将会被焊接到"Conveyor Frame"每个腿的底部。我们将用【拉伸凸台】和【异型孔】两个特征来创建底板。焊件中常用的常规特征可以在【焊件】工具栏找到并方便地使用，这些命令同样可在【特征】工具栏中运行。

图 17-45　相同的裁剪阶序

　　操作步骤

　　步骤 1　打开文件"Conveyor Frame"　这是之前使用过的文件。

　　步骤 2　绘制底平面草图　选择直立支架的底平面，打开【草图绘制】 。绘制一个【矩形】 ，如图 17-46 所示。

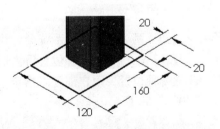

图 17-46　绘制底平面草图

步骤3　拉伸　单击【拉伸凸台】/【基底】。设置终止条件为【给定深度】并把深度设为20mm，向直立支架的下部拉伸，结果如图 17-47 所示。

> 提示　由于该模型被定义为焊件，因此【合并结果】选项被自动清除。这是为了在此零件中，将拉伸特征作为分离的实体生成。

步骤4　添加孔　使用【异型孔向导】添加两个 M20 螺栓的穿通孔，如图 17-48 所示，标注孔的位置。

图 17-47　底板实体

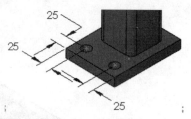

图 17-48　添加孔

17.6　角撑板和顶端盖

焊件中的角撑板和顶端盖是常用的特征，手动建立它们非常烦琐。然而，通过焊件环境的专有工具可以大大简化和加速创建这两个特征的创建过程。

角撑板是一种添加到焊件中已存在的两个构件之间的板。为了插入一个角撑板特征，必须选择夹角在 0°～180°之间且包含这两个角撑板的两个平面。

17.6.1　角撑板的轮廓和厚度

如图 17-49 所示，有两种轮廓类型可供选择，多边形轮廓和三角形轮廓。PropertyManager 中的尺寸与轮廓图标上显示的标注相对应。

多边形轮廓　　三角形轮廓

图 17-49　角撑板轮廓

另外，用户可以向根部拐角添加【倒角】，为焊缝留出间隙。

角撑板的厚度设定与筋特征方法一致。表 17-3 中的图标，黑线表示角撑板的位置，蓝线表示厚度是如何相对黑线位置进行添加。

表 17-3　角撑板的厚度设定

类型	内边	两边	外边
图示	蓝 黑	蓝 黑 蓝	黑 蓝

17.6.2　定位角撑板

当用户选择了两个平面后，系统会计算它们的虚交线，角撑板通过这个虚拟线点来定位，如图 17-50 所示。有图 17-51 所示的 3 种位置可供选择。

不管选择哪种位置，用户都可以指定一个等距距离。当角撑板用于管道或管筒时，它被自动放置于中间，如图 17-52 所示。

> 提示　角撑板并不只限于焊件零件中，用户可以在任何零件中使用它。不管它是不是多实体，角撑板都是作为一个单独的实体来创建的。

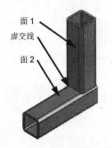

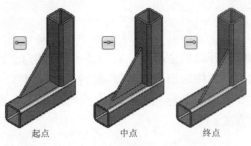

图 17-50　定位角撑板的虚交线　　　　图 17-51　角撑板的三种位置　　　　图 17-52　管道的角撑板

知识卡片	角撑板	● CommandManager:【焊件】/【角撑板】✐。 ● 菜单:【插入】/【焊件】/【角撑板】。

步骤5　插入角撑板　单击【角撑板】✐,单击【多边形轮廓】▦,参数设置如图 17-53 所示。

d1 和 d2 设为 125mm, d3 设为 25mm,【轮廓角度】(a1)设为 45°。添加【倒角】◣,参数设为 d5 = d6 = 25mm。【角撑板厚度】设为 10mm,选择【两边】▤。【位置】设为【中点】▣。选取如图 17-54 所示的两个面。

提示👆　如果使用【选择其他】功能,注意不要误选管筒内的面。

步骤6　查看结果　单击【确定】✔,结果如图 17-55 所示。

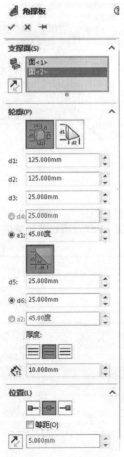

图 17-53　角撑板设置

图 17-54　角撑板所在的两个面

图 17-55　角撑板结果

17.6.3　顶端盖参数

顶端盖是焊接在管筒和管道开口的金属盖。它们通常用于防止管子中进入灰尘、碎屑及其他污物。通过选择所需要封闭的结构构件的终端面来创建顶端盖特征。

顶端盖的大小和形状主要取决于所应用的结构构件的面。顶端盖的 PropertyManager 中有如下几个选项用于控制顶端盖的创建方式。

1.【厚度方向】

1)【向外】：将顶端盖添加到已有结构构件末端，并向外延伸。

2)【向内】：向已有构件的内部延伸顶端盖厚度，此时构件会缩短相应的厚度。

3)【内部】：将顶端盖放于构件内部，额外一栏设置用于定义其到构件末端面的等距距离。

2.【等距】　顶端盖的轮廓取决于结构构件的等距面，如图 17-57 所示。等距可用厚度比率或等距值来定义。创建向内或向外顶端盖时，从管筒或管道的外侧面等距偏移；创建内部盖时，从管的内侧面等距偏移。默认的等距值为壁厚的一半。

3.【边角处理】　使用边角处理选项为顶端盖轮廓的边角指定倒等距角或圆角，如图 17-57 所示。若使用边角处理，一个简单的矩形顶端盖会被创建用于管筒件。

图 17-56　设置顶端盖

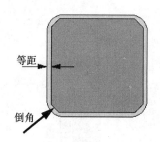

图 17-57　顶端盖的等距与倒角

知识卡片	顶端盖	• CommandManager：【焊件】/【顶端盖】。 • 菜单：【插入】/【焊件】/【顶端盖】。

> **提示** 　　角撑板和顶端盖是其参考结构构件的子特征。删除结构构件的话，其相关联的角撑板和顶端盖也会被删除。

步骤7　插入顶端盖　单击【顶端盖】，按图 17-58 所示设置。

单击【厚度方向】：【向外】。

厚度设为 5mm 。在【等距】选项组中，选择【厚度比率】并把其值设为 0.5 。单击【边角
处理】并选择【倒角】，将【倒角距离】设为 5mm 。选择如图 17-59 所示的管筒并单击【确认】
✔。

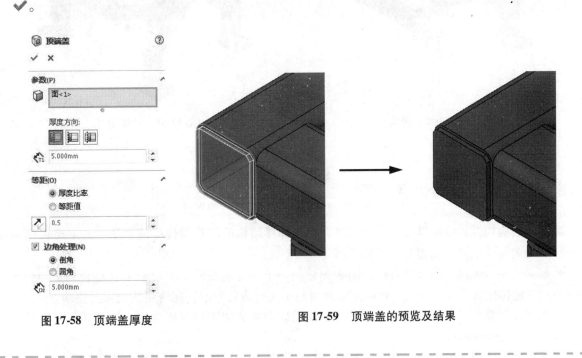

图 17-58 顶端盖厚度   图 17-59 顶端盖的预览及结果

17.7 使用对称

与在其他常规零件中一样，镜像和阵列特征也可在焊件模型中使用。在焊件中使用这两个特征时，
主要的区别为用户会经常阵列单个【实体】而不是【特征】。

步骤 8 **镜像** 单击【镜像】📙，选择右视基准面作为【镜向面/基准面】。选择直立腿、
斜支架、"Plate"、角撑板以及顶端盖作为【要镜向的实体】，如图 17-60 所示。单击【确定】
✔。

步骤 9 **再次镜向** 如图 17-61 所示，以前视基准面为参考镜向前面的实体。
步骤 10 **保存零件**

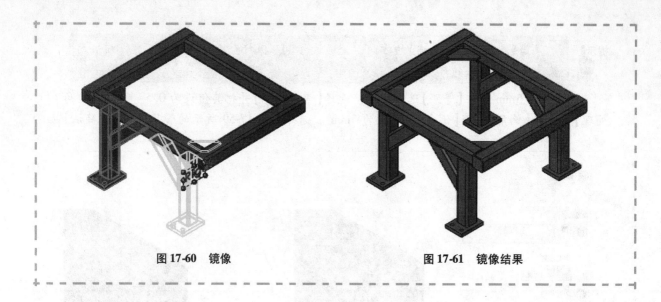

图 17-60　镜像　　　　　　　　　　　　　　图 17-61　镜像结果

17.8　多实体零件的优点

焊件的结构构件和特征提供了一个创建多实体焊接结构的简单而快捷的方法。若考虑将"Conveyor Frame"作为装配体创建，则需要如下要求：

● 如果使用自底向上的设计方法，需要创建每一个独立的块件，然后插入并配合到适当位置；如果需要在装配体完成后作出改变，则需要分别对每个文件进行修改，配合可能也需要更新。

● 如果使用自顶向下的设计方法，在装配体关联中生成的零件可能会自动更新，但复杂的文件关系可能难以管理而且会影响到性能。

当在焊件中使用多实体零件时，以上的限制就不复存在；不需要生成多个文件和建立配合，对于多块件的即时更改也与修改草图布局或特征一样容易。

步骤 11　修改"Conveyor Frame"　改变上框架草图和直立腿草图中的尺寸，如图 17-62 所示。【重建模型】。

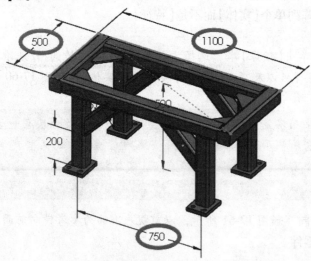

图 17-62　更改草图尺寸

构件的大小和位置被重建以匹配布局，所有的边角状态和轮廓位置维持不变。

步骤 12 撤销改变 改回到原先的尺寸，如图 17-63 所示。

技巧 如果文件之前保存过，用户只需从【文件】菜单中【重装】🖳最后被保存的版本。

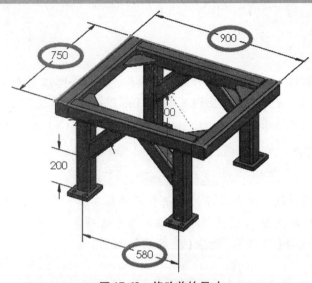

图 17-63 修改前的尺寸

技巧 由于方便修改，焊件模型很容易配置。例如，若想生产几个尺寸相似的"Conveyor Frame"，只需配置模型的尺寸或者结构构件的轮廓来代表不同的框架。

17.9 多实体零件的限制

虽然在多实体零件中创建多个块件有很多的好处，但同样也会存在一些使用上的限制，这些限制只能在装配体中得到解决。主要的限制如下：

• 不便于对部件重新定位，也不便于模拟零件的移动。在零件中的实体可以通过修改草图或者使用【移动/复制】特征进行移动，但不能在绘图区进行动态移动。

• 应对大型模型比装配体的性能慢。装配体有许多优化大型文件的选项，例如轻化装载、使用大型装配体、建立和使用简化的配置，这些都是提高装配体性能的有效方法。但是在零件模型中的选项就相对有限，比如利用【冻结栏】和压缩一些特征来提升零件的性能，但却必须考虑特征的顺序以及父子关系。

• 焊件多实体的详图与焊件零件文件绑定在一起。焊件中的实体虽然可以单独出详图，但需以焊件的零件为参考模型，且必须符合公司的标准。

练习 17-1 展示架

使用 SOLIDWORKS 焊件特征创建一个如图 17-64 所示的展示框架。已经提供包含该布局草图的零件，或者用户也可以选择从绘制草图开始。

该练习将应用下列技术：
• 焊件配置选项。
• 结构构件。
• 组。

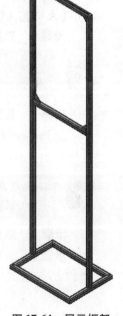

图 17-64 展示框架

- 边角处理选项。
- 轮廓位置设定。
- 角撑板。
- 使用对称。

操作步骤

步骤1　创建新零件　为了从草图开始创建模型，新建一个以毫米为单位的零件。

步骤2　布局草图　使用默认的上视基准面(Top Plane)和前视基准面(Front Plane)来创建一副如图 17-65 所示的草图。

> **提示**　若使用已有的布局草图，从 Lesson17 \ Exercises 文件夹中打开"Sign Holder"。

步骤3　修改配置选项　这个零件的框架在焊接后不需要任何加工，因此不需要自动创建派生配置。在【选项】✿/【文档属性】中，选择【焊件】。清除【生成派生配置】复选框。

> **提示**　由于该设置为【文档属性】，所以更改该设置只会影响文档。可以通过将文档属性设置保存在文档模板中来确立默认设置。

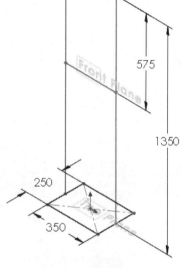

图 17-65　布局草图

步骤4　下载轮廓　根据在前面的说明来下载 ISO 标准轮廓。确保按照说明来【重命名】文件夹并在【选项】中定义【文件夹位置】。

步骤5　添加结构构件　单击【结构构件】🔲。结构构件的轮廓选择如下：

　　【标准】：ISO_Training。

　　【Type 】：Tube(square)。

　　【大小】：20×20×2.0。

步骤6　选择组1　选择上视基准面中的矩形线段为组1。

> **提示**　这些相连的线段具有同样的设置，例如段与段之间的边角处理和轮廓位置，所以这些线段要在同一组中创建。

步骤7　设置组1　在构件之间应用边角处理，并选择【终端斜接】🔲类型。

在 PropertyManager 底部单击【找出轮廓】按钮，为该组的轮廓定位，使构件位于布局的内侧上方，如图 17-66 所示。

> **提示**　轮廓在模型中的位置由第一个选中的草图线段决定。根据用户选择方式，轮廓的位置可能与图 17-66 所示的位置不同。

步骤8　选择组2　单击【新组】按钮，选中组成外框的3条线段作为组2。

步骤9　设置组2　选择【终端斜接】🔲边角处理，并将轮廓定位在布局的内部，如图 17-67所示。

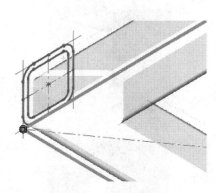

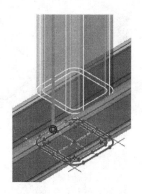

图 17-66　找出轮廓　　　　　　　　图 17-67　设置组 2

步骤 10　选择组 3　单击新组，如图 17-68 所示，选择水平线作为组 3。将轮廓放置在布局的下面，单击【确定】✔。

步骤 11　查看结果　【焊件】特征会自动添加到 FeatureManager 设计树中，8 个独立实体在零件中被创建，如图 17-69 所示。

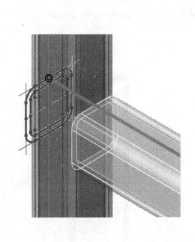

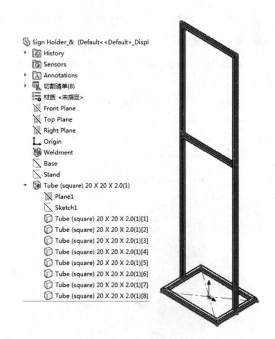

图 17-68　创建组 3　　　　　　　　图 17-69　查看结果

步骤 12　添加切除特征　【隐藏】布局草图，在零件顶部的面上，绘制一个【中心】，其中心位于原点，尺寸为 325mm×2.5mm。添加一个终止条件为【成形到一面】的【拉伸切除】，并选择如图 17-70 所示的构件的顶面为终止面。

步骤 13　添加角撑板　单击【角撑板】，首先选取如图 17-71 所示的竖直框架，然后选择顶部水平构件。

提示　　　先选择切除处后侧面来定义角撑板的位置。

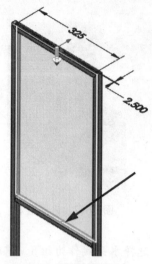

图 17-70　添加切除特征

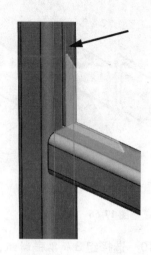

图 17-71　添加角撑板

选择【三角形轮廓】，大小为 35mm×35mm。厚度为 1mm，应用【外边】☰，位置为【轮廓定位于端点】▬■，单击【确定】✔。

步骤 14　添加第二块角撑板　添加第二块角撑板，尺寸同前，位置相似，位于框架的右上角，如图 17-72 所示。

步骤 15　镜像角撑板　关于右视基准面【镜像】▮◨角撑板，为另一侧添加复制特征，如图 17-73 所示。

步骤 16　保存并关闭该零件

图 17-72　添加第二块角撑板

图 17-73　镜像角撑板

练习 17-2　焊接桌

使用结构构件和板来创建如图 17-74 所示的焊接桌，然后通过改变尺寸来修改桌子的大小。

图 17-74　焊接桌

本练习将应用下列技术：
- 结构构件。
- 组。
- 轮廓位置设定。
- 剪裁阶序。
- 添加板和孔。
- 使用对称。

操作步骤

　　步骤 1　打开现有零件　从"Lesson17 \ Exercises"文件夹打开零件"Weld Table"。零件含有一幅 3D 草图，用来定义桌子的框架。

　　步骤 2　添加结构构件　单击【结构构件】，结构构件的轮廓选择如下：

【标准】：ISO_Training。

【Type】：Tube（square）。

【大小】：50×50×5.0。

　　步骤 3　选择组 1　所有框架的构件使用同一个轮廓，所以它们可以在同一个结构构件特征中创建。草图线段需要选取到组里，这些组将决定最合适的剪裁顺序和设置。

　　该框架的直立腿从顶部到底部，别的构件在它们中间，如图 17-75 所示。因此，直立腿被选为第一组，用来剪裁其他的构件。

　　如图 17-76 所示，选中 4 个直立腿线段作为组 1。

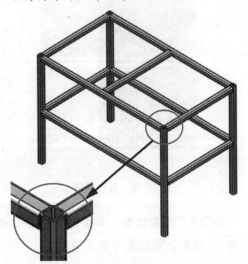

图 17-75　直立腿

361

这些线段平行但不连续并且需要相同的设置，比如轮廓位置，所以它们可以在一个组中创建。

步骤4　选择组2　单击【新组】。如图 17-77 所示，选择 4 个水平的线段作为组2。

> **提示**　由于框架顶部的线段相互连接且轮廓位置相同，所以它们适合在同一组。然而，由于不需要边角处理，分开选择前面和侧面的构件使它们可以被正确地剪裁到组1。

图 17-76　选择组 1

图 17-77　选择组 2

步骤5　找出轮廓　定位轮廓，如图 17-78 所示，所有组内构件共享该位置。

> **提示**　轮廓在模型中的位置由第一条选中的草图线段决定。

步骤6　选择组3　单击【新组】。如图 17-79 所示，选择剩余的平行草图线段构成成组 3。如图 17-80 所示，找出轮廓。

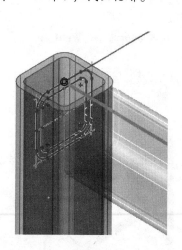

图 17-78　找出轮廓

图 17-79　选择组 3

步骤7　查看结果　单击【确定】 ✔，完成特征。如图 17-81 所示，13 个实体在模型中创建。【隐藏】 ◎ 框架布局草图。

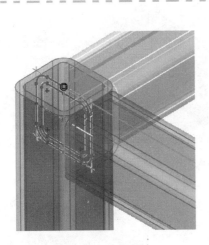

图 17-80 找出轮廓

图 17-81 查看结果

步骤 8　添加板的草图　如图 17-82 所示,为桌子面板和脚垫板绘制草图并拉伸。使用模型中现有的面作为草图平面。

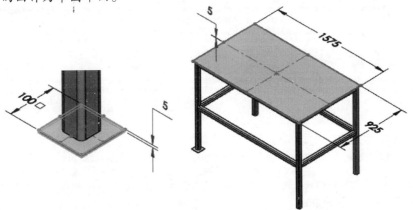

图 17-82 添加板的草图

步骤 9　镜像实体　关于前视基准面和右视基准面【镜像】脚垫板。

步骤 10　添加圆角　为顶部面板的边角添加半径为 10mm 的圆角。

步骤 11　创建槽的布局草图　在横跨支架的底面,创建一副新草图。绘制对称的两条相隔 410mm 的线段,如图 17-83 所示。

步骤 12　添加槽型结构构件　使用以下轮廓为布局添加槽型结构构件:

【标准】:ISO_Training。

【Type】:c 槽。

【大小】:CH140×15。

使用如图 17-84 所示的设定来定位轮廓。

步骤 13　修改布局　焊接桌由 20 个独立的实体块件组成。如图 17-85 所示,修改框架布局的尺寸,然后【重建模型】。所有框架的结构构件将会更新。

步骤 14　保存并退出零件

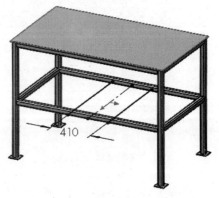

图 17-83 创建槽的布局草图

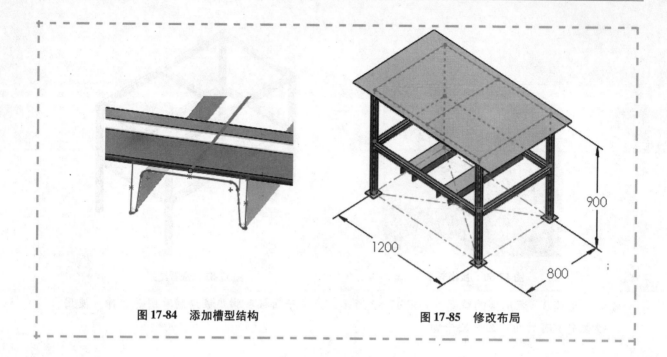

图 17-84　添加槽型结构　　　　　　　　图 17-85　修改布局

第18章 使用焊件

学习目标
- 管理焊件切割清单及其属性
- 使用切割清单属性对话框、焊件特征以及边界框来添加切割清单项目属性
- 手动管理切割清单项目
- 创建和管理子焊件
- 单独给实体添加材质

18.1 管理切割清单

切割清单类似多实体零件的材料明细表。FeatureManager 设计树中的切割清单文件夹用于管理切割清单表中的模型实体，如图 18-1 所示。这通过将相似项目成组地放入切割清单的子文件夹下实现。一个项目清单文件夹代表了切割清单表格中的一行。然后，自定义属性可应用于切割清单项目，为了在表格中交流信息。

切割清单项目名称后的圆括号中显示有数字，这些数字表明了组合这个切割清单项目的实体数量。表 18-1 中的切割清单文件夹图标表明实体是如何在项目中被创建的。

图 18-1 切割清单文件夹

表 18-1 切割清单文件夹图标

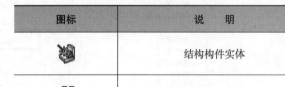

图标	说　明
	结构构件实体
	钣金实体
	标准特征实体

提示 在操作焊件或钣金模型时，切割清单将自动使用。

操作步骤

步骤1 打开"Conveyor Frame" 继续打开第 17 章中创建的模型，或者打开"Lesson18 \ Case Study"文件夹中的"Conveyor Frame_L2"文件，如图 18-2 所示。

步骤2 展开切割清单文件夹 "Conveyor Frame"中的 24 个实体在切割清单中被分成了 7 组。

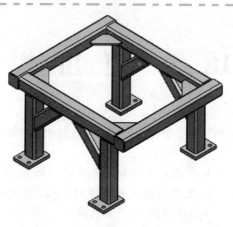

图 18-2　打开"Conveyor Frame_L2"

18.1.1　切割清单项目名称

切割清单项目默认是按序列命名的，对其重新命名有助于模型的规划。切割清单项目名称可在切割清单表格中显示。重命名切割清单项目可以手动或自动进行；或者在 FeatureManager 设计树中，将每个切割清单项目的说明属性作为文件夹名称显示。

【根据说明属性值重新命名切割清文件夹】的选项设置在【文档属性】选项卡里，若勾选该复选框则切割清单文件夹无法手动重命名，如图 18-3 所示。

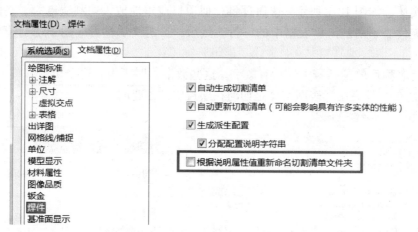

图 18-3　切割清单文件夹设置

提示　　改变【文档属性】只对当前文件生效；【文档属性】设置可在文件模板中被保存，用于确立默认设置。

步骤 3　重命名切割清单项目　默认的切割清单项目名称的描述性不强，表 18-2 作为重命名切割清单项目的参考。重命名使用技巧：对文本缓慢双击或者高亮选中后按 F2 键。

技巧　　在对话框或 FeatureManager 设计树中选中一个切割清单项目文件夹，模型中相应的实体会高亮显示。

表 18-2　切割清单项目

切割清单项目名称	所选实体	切割清单项目名称	所选实体
SIDE TUBES （侧边管筒）		FRONT-REAR TUBES （前、后管筒）	
LEGS（直立腿）		ANGLED BRACES （倾斜支架）	
BASE PLATES （脚垫）		GUSSETS （角撑板）	
END CAPS （顶端盖）			

18.1.2　进入属性

右键单击切割清单项目文件夹并选择菜单中的【属性…】，进入切割清单项目属性。结构构件特征和钣金特征中的切割清单项目，许多属性是自动创建的。

> **步骤 4　进入切割清单项目属性**　右键单击切割清单项目文件夹并单击【属性…】。

18.1.3　切割清单属性对话框

切割清单属性对话框包含 3 个选项卡，用来观察和修改切割清单项目属性。

1. 切割清单摘要　进入左侧窗口的切割清单项目，查看相应的属性。

2. 属性摘要　进入左侧面板中每个现有的属性名称，观察它是如何在各自的切割清单项目中被定义的。

3. 切割清单表格　预览切割清单表格创建时的样式。【表格模板】区域可用于加载不同的切割清单模板来预览。

> 技巧 ⚓　切割清单项目按照实体创建的顺序排列，该顺序可以在对话框或在 FeatureManager 设计树中通过拖动来调整。切割清单表格中的行项目遵循该顺序。

18.2　结构构件属性

所有切割清单项目都与材料和数量属性关联。由结构构件特征所得的切割清单项目会自动捕获额外的信息，这些信息通常显示在切割清单表格并用于生产零件。表18-3 列出了结构构件实体额外生成的属性。

表18-3　结构构件实体额外生成的属性

属性名称	属性说明	属性名称	属性说明
长度（LENGTH）	单个实体长度	总长度（TOTAL LENGTH）	使用该轮廓的实体总长
角度1（ANGLE1）	一个终端的斜接角	说明（Description）	从轮廓设计库中继承
角度2（ANGLE2）	与其他终端的斜接角		

18.3　添加切割清单属性

有以下几种创建切割清单属性的方法：
- 使用【切割清单属性】对话框为每个项目添加属性。
- 通过向焊件特征添加属性，为所有的切割清单项目应用该属性。
- 通过创建一个【边界框】，自动为非结构构件实体创建与属性相关的尺寸。

步骤6　选择顶端盖切割清单项目　使用【切割清单属性】对话框的左侧面板，选择顶端盖的切割清单项目。

步骤7　添加零件号　单击与属性名称相邻的单元格。如图 18-4 所示，使用下拉菜单并选择"零件号（PARTNUMBER）"作为属性名称。单击【数值/文字表达】单元格，输入"EC808005"。单击【确定】关闭对话框。

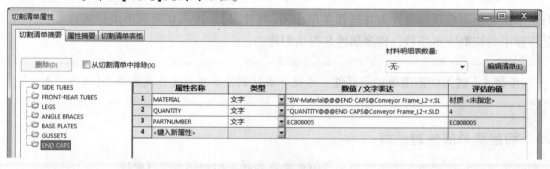

图18-4　添加零件号

技巧　与焊件相关联的属性清单在"weldmentproperties. txt"文件中，位于 \\ Program-Data \ SOLIDWORKS \ SOLIDWORKS 2015 \ lang \ english \ weldments 。

步骤8　为所有切割清单项目添加"重量"属性　右键单击焊件　特征并单击【属性…】。如图 18-5 所示，在【属性名称】单元格下的下拉菜单中添加【重量】属性。使用【数值/文字表达】下的下拉菜单来链接【质量】。单击【确定】关闭对话框，并【重建模型】。

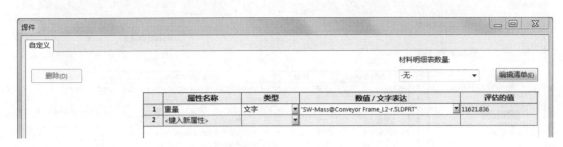

图 18-5　添加"重量"属性

步骤 9　检查切割清单属性　进入【切割清单属性】对话框并单击【属性摘要】选项卡。选择已有的"重量"属性,然后核实每个切割清单项目都有各自的质量值。单击【确定】关闭对话框。

18.4　焊件中的边界框

边界框在焊件中会自动生成一幅 3D 草图来包围一个切割清单项目实体。该 3D 草图代表了实体可以匹配的最小框架。边界框的尺寸信息被自动地转入切割清单项目属性中。边界框草图储存在切割清单项目文件夹中,它可以隐藏或显示。切割清单项目都可以创建边界框,与切割清单项目中的实体类型无关。

知识卡片	创建边界框	● FeatureManager 设计树:右键单击切割清单项目文件夹,单击【创建边界框】。

如果边界框存在于切割清单项目中,选项【编辑边界框】和【删除边界框】可用。通过【编辑边界框】来更改默认的参考平面,这将会调整被捕获属性的方向,比如"厚度"的方向。

知识卡片	编辑边界框	● FeatureManager 设计树:右键单击一个切割清单项目文件夹,单击【编辑边界框】。

步骤 10　为脚垫创建边界框　右键单击脚垫的切割清单项目,单击【创建边界框】。展开切割清单项目文件夹,查看创建的 3D 草图,如图 18-6 所示。

步骤 11　检查切割清单属性　进入【切割清单属性】对话框。一些切割清单属性是根据边界框的尺寸生成的,包括长、宽、厚和体积,如图 18-7 所示。"说明"属性也是依据这些生成的。

步骤 12　为角撑板和顶端盖添加边界框　创建边界框来添加额外的属性,如图 18-8 所示。

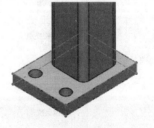

图 18-6　为脚垫创建边界框

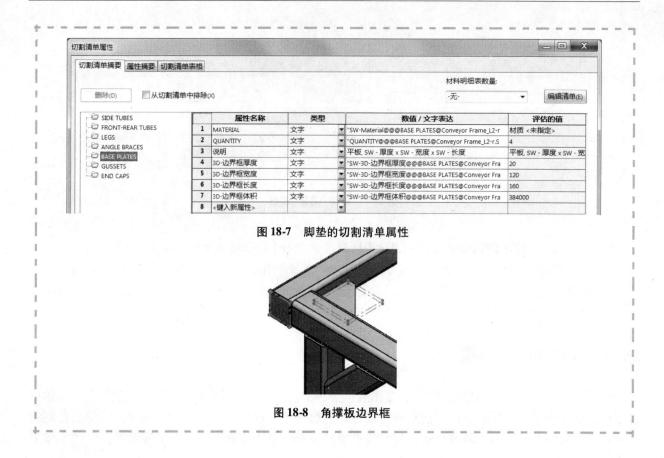

图 18-7　脚垫的切割清单属性

图 18-8　角撑板边界框

18.5　生成切割清单项目

切割清单项目是根据文档属性中的设置生成的。默认情况下，自动生成和更新切割清单开启，这意味着 SOLIDWORKS 会将几何形状一样的实体分组放入切割清单项目文件夹中。如果影响了性能或者是为了手动创建不同的实体，这些选项可以被关闭。这些设置在选项对话框中可见，同样也可通过右键单击切割清单的顶层文件夹进入。

为了允许系统将实体分组形成切割清单项目，【自动生成切割清单】复选框必须勾选，如图 18-9 所示。

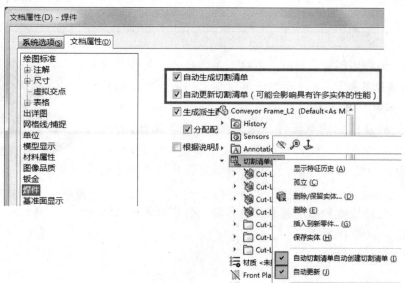

图 18-9　切割清单中有关自动更新的选项

选项【自动更新】允许系统在创建实体时对其分组；若关闭该选项，实体只有在被提示时才会被分组到切割清单项目中。当刷新按钮 出现在切割清单文件夹顶层时，说明需要更新；更新通过右键单击切割清单文件夹，然后单击【更新】。不属于切割清单项目的实体将不会出现在切割清单表格中。

18.5.1 手动管理切割清单项目

当关闭自动生成和更新选项，可以手动创建和管理切割清单项目。手动创建切割清单的步骤。

步骤1：选择【切割清单】文件夹中的实体，使用 Shift 键或 Ctrl 键一次选择多个实体。

步骤2：单击右键，然后选择【生成切割清单项目】。

实体也可被拖动到已有的切割清单项目文件夹中。通过删除切割清单文件夹，可以解散切割清单项目。

18.5.2 创建子焊件

有时需要将大型焊件分解成为多个小的组合，这么做通常为了使运输便利。这些较小的部件叫子焊件，如图 18-10 所示。

子焊件是用户将相关联的实体放入的文件夹。子文件夹又被分组到切割清单项目文件夹中，并将会作为切割清单表格的一行出现。

子焊件中自带切割清单项目；若有需要，它们以被分开保存为多实体零件。之后用户可以为子焊件制作工程图和切割清单表格。创建子焊件的步骤如下：

1）选择要包括子焊件的实体，使用 Shift 键或 Ctrl 键一次选择多个实体。

图 18-10 子焊件文件夹

> **技巧** 为方便在绘图区选择实体，可以使用选择过滤器来【过滤实体】。

2）单击右键然后选择【生成子焊件】。一个包含了所选实体的子焊件文件夹 出现在切割清单文件夹中。

3）如有需要更新切割清单。如果关闭自动更新选项，为了将子焊件分组到切割清单项目中，切割清单可能需要手动更新。如果需要在切割清单项目表格中出现，则必须添加到切割清单项目中。

> **技巧** 子焊件可以通过删除子焊件文件夹来解散。

将子焊件保存为新的多实体零件，需以下步骤：

1）右键单击子焊件文件夹 并选择【插入到新零件】。

2）使用 PropertyManager 中的选项调整设置并指派文件名称和路径，如图 18-11 所示。

通过【插入到新零件】或【保存实体】特征，任何实体都可以保存为新的零件文件。

图 18-11 插入到新零件

18.5.3 链接切割清单属性

当用户创建子焊件或者保存焊件实体到新的零件时，切割清单属性从父零件传递到子焊件或新零件中。在【切割清单属性】对话框中，若【数值/文字表达式】属性显示为"链接到父零件-. sldprt"。此时用户不能编辑切割清单属性，除非断开与父零件的参考。

18.6　使用选择过滤器

在焊件中执行某些操作时，如创建子焊件，在绘图区选择实体会很实用。默认可直接在零件中选择面、边和顶点。可以使用选择过滤器在绘图区域控制选取的内容，一些选择过滤器的默认快捷键见表 18-4。

表 18-4　选择过滤器的默认快捷键

快捷键	功能说明	快捷键	功能说明
F5	切换过滤器工具栏隐藏或可见	E	切换过滤边线 ▮▼ 开关
F6	上一次使用的过滤器开关		
X	切换过滤面 ☐▼ 开关	V	切换过滤顶点 ⁰▼ 开关

选择过滤器也可从【关联】工具栏中进入，通过单击【选择过滤器】▼的弹出按钮。当成功选择一个选择过滤器时，光标显示为 ▷▼。激活实体过滤器🗗后可以在模型中直接选择整个实体，或者也可在 FeatureManager 设计树中的实体或切割清单文件夹中选择实体。

技巧🔑　　如果经常使用实体过滤器，考虑创建一个自定义的快捷键或将其添加到可见的工具栏中；这些操作可在自定义对话框中实现(【工具】/【自定义】)。

18.7　自定义结构构件轮廓

创建的自定义轮廓可以用于结构构件特征。这些轮廓可以通过修改现有的轮廓来创建，或通过绘制新的草图创建，或通过从类似"3DContentCentral"的资源库中下载可用的轮廓。

正如第 17 章提到的，结构构件轮廓是一个包含 2D 闭合轮廓的草图，作为一个库特征零件(*. sldlfp)保存。为了让库特征零件作为结构构件轮廓被使用，轮廓必须保存在焊件轮廓文件夹下，该文件夹的位置在选项中被定义。

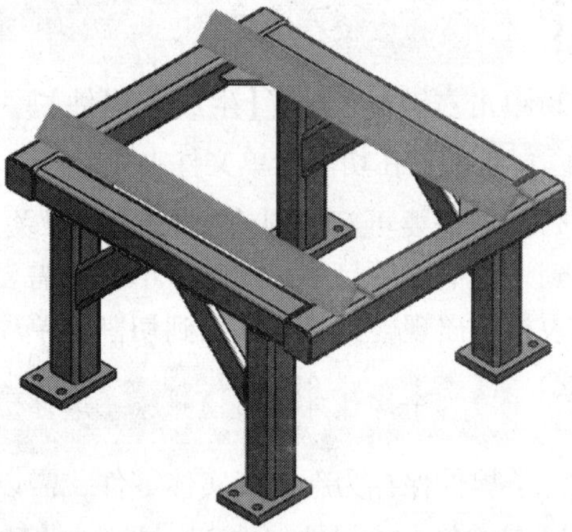

18.7.1　修改轮廓

"Conveyor Frame "模型需要一些额外的结构构件，且需要修改这些结构构件的轮廓，如图 18-12 所示。

图 18-12　"Conveyor Frame"模型的额外构件

步骤13　绘制草图线段　选择一个参考平面并插入一副草图。如图 18-13 所示，在草图中绘制两条线段，使用镜像或草图关系令它们关于原点对称。

步骤14　退出草图

步骤15　插入结构构件　单击【结构构件】🔩。设置如下：

【标准】：ISO_Training。

【Type 】：L Angle (equal)。

【大小】: 75 × 75 × 8。

为组 1 选择这两条线段。

步骤 16　找出轮廓　单击【找出轮廓】。"L Angle" 应位于顶部框架上, 尖端向上, 并且与布局草图中创建的线中心对齐, 如图 18-14 所示。该轮廓不包含一个定位所需的点, 所以需要对其更改。单击【取消】✖关闭 PropertyManager。

步骤 17　打开设计库零件　单击【打开】。设置文件类型为【所有文件】(∗.∗), 然后浏览文件夹 Weldment Profiles \ ANSI inch_Training \ L Angle(equal)。

选择设计库特征零件 75 × 75 × 8.sldlfp, 单击打开。

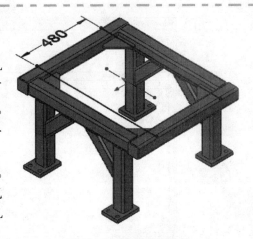

图 18-13　绘制草图线段

> 技巧 Windows 资源管理器也可用于打开设计库特征零件 (∗.sldlfp)。当要打开未与 SOLIDWORKS 的关联的文件类型时, 如 ∗.sldlfp, 可将它们从 Windows 资源管理器中直接拖入 SOLIDWORKS 应用窗口。

步骤 18　编辑草图　绘制一条中心线使它与两个圆弧相切。如图 18-15 所示, 在中心线的终点处插入一个点。退出草图。

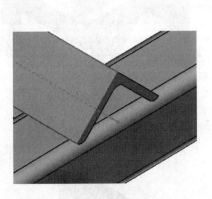

图 18-14　找出轮廓

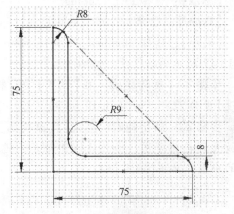

图 18-15　在轮廓草图中添加定位点

18.7.2　自定义轮廓

轮廓库零件应包含一些常用的自定义属性, 这些属性对于轮廓来说都是独有的, 并且应该把这些属性导入到切割清单中。例如, 软件自带的轮廓都有一个 "Description(说明)" 的自定义属性。

步骤 19　自定义属性　单击【属性】, 单击【自定义】选项卡。检查属性名称中的 "Description(说明)", 如图 18-16 所示。

让 "description" 与轮廓相关联是很重要的, 因为自定义属性将会在切割清单生成时被使用。如果草图中的任何尺寸发生了变化, 用户应当更新 "description"。由于这里尺寸没有改变, 所以该 "Description" 仍然有效。单击【确定】关闭对话框。

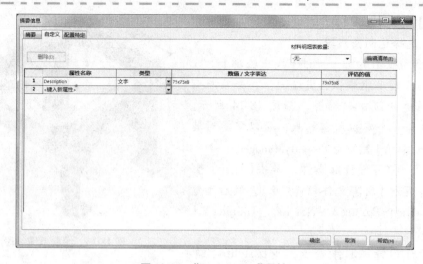

图 18-16　"Description" 属性

步骤 20　另存为库零件　保存修改过的库零件为"Modified_75×75×8. sldlfp "。关闭库零件。

步骤 21　插入结构构件　单击【结构构件】。设置如下：

【标准】：选择 ISO_Training。

【Type】：选择 L Angle（equal）。

【大小】：选择 Modified_75×75×8。选择如图 18-17 所示的路径段。

步骤 22　旋转轮廓　在【设置】中，将【旋转角度】设为 225°，如图 18-18 所示。

步骤 23　找出轮廓　单击【找出轮廓】，系统会放大到轮廓草图。如图 18-19 所示，选择中心线的中点。单击【确定】。

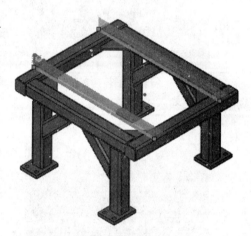

图 18-17　插入结构构件

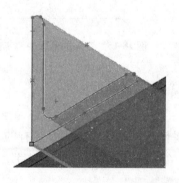

图 18-18　旋转轮廓

步骤 24　重命名切割清单项目　重命名切割清单项目为"RAILS"，完成结果如图 18-20 所示。

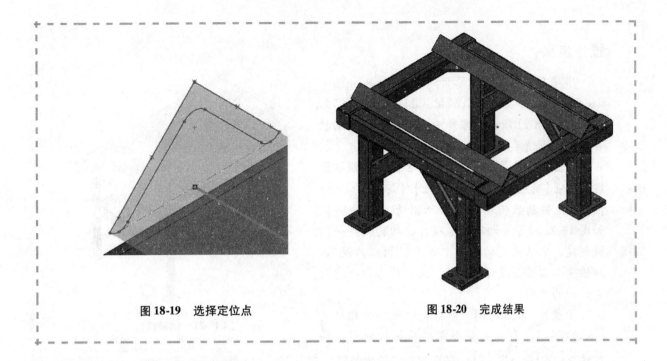

图 18-19　选择定位点　　　　　　　图 18-20　完成结果

18.8　定义材料

并不是所有结构构件都必须使用相同的材料。首先为整个焊件定义总的材料，然后再根据切割清单逐一对实体修改。

> **步骤 25　零件材料**　右键单击 FeatureManager 设计树中的"材质 < 未指定 >"图标，然后单击【普通碳钢】，给整个结构件零件指定材料。
>
> **步骤 26　单个实体的材料**　展开切割清单项目中的"RIALS"。使用 Ctrl 键同时选择两个实体，右键单击并选择【材料】/【编辑材料】。在材料列表中选择【钢】/【AISI 304】。单击【应用】然后【关闭】。现在"rails"的材料被指定为 304 不锈钢。
>
> **步骤 27　检查切割清单属性**　利用【切割清单属性】对话框检查切割清单属性。每个项目的材料(MATERIAL)属性被链接到了实体的材料。
>
> **步骤 28　保存并关闭零件**

练习 18-1　焊接桌切割清单

为焊接桌添加材料和创建切割清单属性。

该练习将应用下列技术：

- 切割清单项目名称。
- 定义材料。
- 进入属性。
- 添加切割清单属性。
- 焊件中的边界框。

操作步骤

步骤1　打开已有零件　打开"Lesson18 \ Exercises"文件夹中的"Weld Table_Cut List"零件，如图18-21所示。零件中的实体已经自动被分组到切割清单项目中。

步骤2　使用切割清单项目名称作为说明属性　单击【选项】✿/【文档属性】/【焊件】，选择【根据说明属性值重新命名切割清单文件夹】，如图18-22所示。切割清单项目随结构构件一同被创建，它从使用的轮廓中继承了相应的说明。其他项目需要创建说明属性，用来作为切割清单文件夹的名称。

步骤3　添加材料　焊接桌的大部分构件是【普通碳钢】，所以对整个零件应用该材料。槽构件为【ASTM A36钢】，为槽实体添加该材料，如图18-23所示。

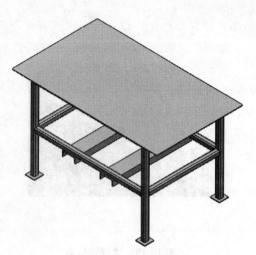

图18-21　焊接桌

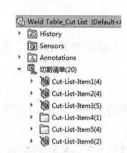

图18-22　切割清单文件夹

图18-23　添加材料

> **技巧**🔑　材料与实体相关联，并且不能用于切割清单项目文件夹。切割清单项目属性将会识别应用到该文件夹内的实体材料。

步骤4　预览切割清单属性　右键单击一个切割清单文件夹，单击【属性】，使用对话框来预览该切割清单项目属性。对话框正确辨认出每个项目的材料属性。脚垫和桌面顶部的切割清单项目目前只有默认的材料（MATERIAL）属性和数量（QUANITY）属性。单击【确定】关闭对话框。

步骤5　为所有项目添加重量属性　右键单击【焊件】特征并单击【属性】。使用下拉菜单添加【重量】属性，并链接到每个项目的【重量】，如图18-24所示。单击【确定】关闭。

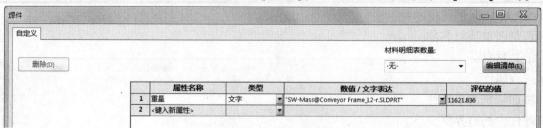

图18-24　添加重量属性

步骤6　使用边界框添加属性　右键单击桌子顶部所在的切割清单项目文件夹。单击【创建边界框】。一幅3D草图和切割清单属性被创建，创建的说明属性使用了切割清单项目名称。为其余包括脚垫的切割清单项目添加边界框。

步骤7　切割清单属性　使用切割清单属性对话框，来评估属性并预览切割清单表格。

步骤8　修改尺寸并重建模型　修改脚垫和框架布局的尺寸，如图18-25所示，然后【重建模型】❽。单击【是】更新边界框。

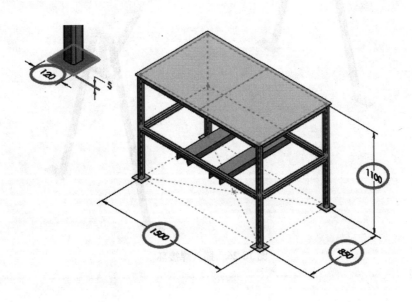

图18-25　修改尺寸

步骤9　更新属性　使用切割清单属性对话框来检查属性。切割清单项目中与尺寸相关的属性会自动更新。

步骤10　保存并关闭所有文件

练习18-2　插入零件

通过插入已有零件模型的方式，为悬架添加焊接环(Welded Ring)，如图18-26所示。
该练习将应用下列技术：
- 创建自定义轮廓。
- 配置轮廓。
- 另存为库零件。
- 添加切割清单属性。
- 焊件中的边界框。

图 18-26　插入焊接环

操作步骤

　　步骤1　打开零件　打开 Lesson18 \ Exercises 文件夹中的"Suspension Frame_Insert"零件，如图 18-27 所示。

　　步骤2　插入零件　单击【插入】/【零件…】。浏览 Lesson18 \ Exercises 文件夹并打开"Welded Ring"零件。在 PropertyManager 中使用以下设定：

　　【转移】：【实体】、【基准面】和【自定义属性】中的【切割列表属性】。

　　【找出零件】：勾选。

　　【链接】：不勾选。

　　在绘图区单击并放置零件，弹出关于测量单位的消息框，如果需要则单击的【是】。

图 18-27　打开零件

　　步骤3　定位零件　为"Welded Ring"添加如下的配合（透明化横梁是为了更清楚地说明）：如图 18-28 所示，焊接环的底面与梁的底面【重合】。

　　如图 18-29 所示，焊接环的右视基准面与悬架的前视基准面【重合】。

　　焊接环前视基准面与悬架右视基准面的【距离】为 609.6mm。单击【确定】，完成对零件的定位。如图 18-30 所示。

　　技巧　如果用户需要在零件创建后修改【找出零件配合】，需展开插入的零件并编辑【实体-移动/复制】。

图 18-28 添加重合配合(1)

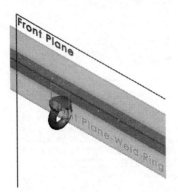

图 18-29 添加重合配合(2)

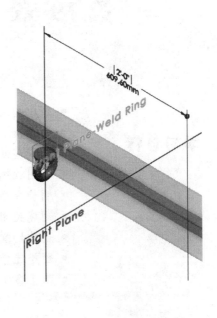

图 18-30 添加配合

步骤4 **镜像实体** 关于右视基准面【镜像】📭💠"Welded Ring"实例。

步骤5 **切割清单属性** 使用切割清单属性对话框查看属性并预览切割清单表格。

步骤6 **添加材料和属性**(选做步骤) 将悬架的材料定义为【ASTM A36 钢】。为切割清单项目中的脚垫,添加额外的链接特征尺寸的属性。

步骤7 **保存并关闭所有文件**

第 19 章　型芯和型腔

学习目标

- 创建型芯和型腔的模具工具
- 通过检测拔模对模型进行分析
- 对模型的面进行拔模
- 利用收缩率调整模型的大小
- 明确分型线和创建分型线曲面
- 创建关闭曲面
- 创建切削分割
- 创建连锁曲面
- 基于多实体零件创建装配体

19.1　型芯和型腔的模具设计

SOLIDWORKS 模具工具被设计成自动从已存在零件模型中创建型芯和型腔。该工具实质上从零件的分型线复制所有的曲面，并缝合进创建型芯和型腔磨具插入的实体块。

如果希望设计一个想要的模具，那么需要按照如下几个步骤来实现。对一个简单的模型来说，自动化工具可以简单地创建需要的曲面。对于更复杂的设计，手动曲面建模技术可能更有用。

使用 SOLIDWORKS 自动化工具创建模具工具的基本流程如下。

1. 诊断并修复转换错误　如果零件是被导入的，它可能存在转换错误。【输入诊断】命令可以用来查找和修复错误，曲面造型技术可能也需要用到。

2. 分析模型　使用分析工具，如【拔模分析】可以用于测定生产中可能导致问题的模型区域。

3. 按需要修改模型　为了保证零件能被生产，被添加到模型和面上的特征可能需要被修改。对于实例而言，附加的拔模可能被添加。

4. 比例缩放塑料零件制品　高热的塑料在成型过程中冷却、变硬的同时还会产生收缩。所以，在创建模具之前，需略微放大塑料制品来补偿塑料的收缩率，如图 19-1 所示。

5. 确定分型线　塑料制品必须确定分型线。分型线是用于创建分型面的塑料制品的边线，是位于型芯和型腔面之间的边界线。

6. 创建关闭曲面　在创建完分型线之后，通过创建曲面来密封塑料制品上的关闭区域。关闭区域是位于模具中凸凹模彼此接触的部分，在塑料制品上呈现为一个孔或者一个开放区域。塑料制品中孔的成型需要一个关闭曲面。但并非所有的塑料制品都需要关闭曲面，如图 19-2 所示。

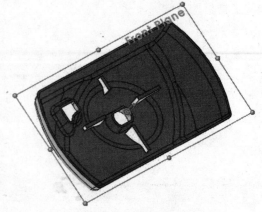

图 19-1　塑料零件

7. 创建分型面　一旦关闭曲面被创建，就可以创建分型面。分型面是通过沿着分型线的周边向外拉伸而创建的。虽然也可以通过其他的方法创建分型面，但其典型的形式是这些曲面都垂直于脱模方向。分型面被用做指定和分割模具的边界，如图 19-3 所示。

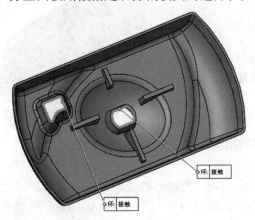

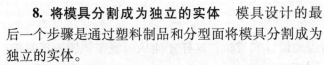

图 19-2　创建关闭曲面

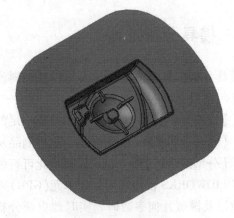

图 19-3　创建分型面

8. 将模具分割成为独立的实体　模具设计的最后一个步骤是通过塑料制品和分型面将模具分割成为独立的实体。

9. 设计另外的模具　除了型芯和型腔之外，一些零件可能需要额外的模具，例如核芯、举升机、核芯针和喷射器别针等。

10. 基于实体创建零件个体和装配体　以上步骤创建了一个多实体零件。每个实体将被保存为一个独立的零件，并组装在一个装配体文件中。

11. 完成模具设计　将模具装配体和模具基体合并起来，并添加其他诸如分流道、浇口、冷却道等特征。

图 19-4 所示为腔体逆转为清晰。

图 19-4　腔体逆转为清晰

19.2　SOLIDWORKS 模具工具

SOLIDWORKS 提供了一套专门的工具和工具栏。工具栏含有完成模具设计工序的所有必要工具，这些工具是按正常的模具设计步骤排列的，所以从左到右地使用工具是常规的设计方法，如图 19-5 所示。

图 19-5　模具工具栏

 提示　与模具设计相关的命令都可以在【插入】下拉菜单中找到。

作为使用模具工具的第一个例子，我们将为照相机创建型芯和型腔模具插入，如图 19-6 所示。该零件是在 SOLIDWORKS 中设计的而不是导入的，因此第一步先分析模型。

19.3 模具分析工具

模具分析工具被模具设计人员以及塑料制品设计人员使用。模具分析工具包括以下内容。

- 【拔模分析】：识别并显示拔摸不足的区域。
- 【底切分析】：识别并显示阻碍制品从模具中拔模的限制区域。
- 【分型线分析】：显示以及优化可行的分型线。

图 19-6 照相机模型

SOLIDWORKS 使用图形处理单元(GPU)来完成这些分析。GPU 为基础的处理，能够在用户改变分析参数以及模型几何参数时，实时地更新分析结果。分析结果在用户关闭"PropertyManager"后仍然可见。

19.4 对模型进行拔模分析

为了创建可以注塑的模具，塑料制品必须被适当地设计和拔模，这样才能从围绕在周围的模具中顶出。要对模型制品进行拔模分析，使用【拔模分析】有助于发现拔模和设计的错误。

19.4.1 拔模的概念

拔模是对模具(见图 19-7)或铸件的面做锥度调整。一个用于成型或铸造的零件必须被正确设计和适当拔模，以便取出模具。拔模角被应用在一个扩展分型线相反的方向，如图 19-8 所示。

图 19-7 模具

拔模角

分型线

图 19-8 拔模角和分型线

如果零件的面没有正确地进行拔模，零件从模具中被顶出时可能会被刮伤，甚至被卡在模具中。

19.4.2 确定拔模方向

在图 19-9 中，通过杯形蛋糕这样一个简单的图例来解释什么是拔模方向。注意到杯形蛋糕的底部已被拔模，按图 19-9 所示方向可以防止杯形蛋糕卡在盘中。相同的想法也被使用在塑料制品中。它们必须被正确地拔模，否则可能会被周围的模具卡住。为了在塑料制品中使用【拔模分析】，需要先确定拔模方向。

拔模方向是塑料件从模具中被顶出的方向。可以简单地把它理解为一个杯形蛋糕远离杯形蛋糕盘的方向。这个盘的顶部平面的方向就是拔模方向。拔模方向也可以比作"最小阻力方向"。贯彻这种

图 19-9 拔模方向

思路，模具设计者能用尽可能少的材料设计出容易顶出塑料制品的模具。这样也有利于降低模具的成本，如图 19-9 所示，箭头表示拔模方向。这个方向既可以是平面、面或表面的法向，也可以是所选的线、边或轴的方向。

提示　　复杂的模型可以有多个拔模方向。

19.5　使用拔模分析工具

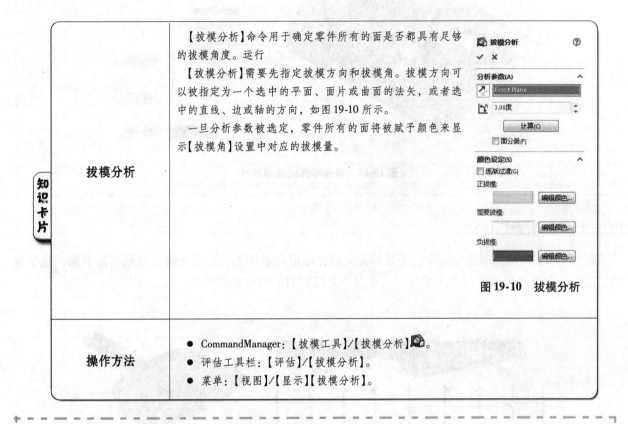

知识卡片	拔模分析	【拔模分析】命令用于确定零件所有的面是否都具有足够的拔模角度。运行 【拔模分析】需要先指定拔模方向和拔模角。拔模方向可以被指定为一个选中的平面、面片或曲面的法矢，或者选中的直线、边或轴的方向，如图 19-10 所示。 一旦分析参数被选定，零件所有的面将被赋予颜色来显示【拔模角】设置中对应的拔模量。 图 19-10　拔模分析
	操作方法	● CommandManager：【拔模工具】/【拔模分析】。 ● 评估工具栏：【评估】/【拔模分析】。 ● 菜单：【视图】/【显示】【拔模分析】。

操作步骤

步骤 1　打开零件　在"Lesson19 \ Case Study"文件夹下打开"Camara Body. SLDPRT"，如图 19-11 所示。

步骤 2　检查零件的拔模属性　单击【拔模分析】，对于拔模方向，选择"Front Plane"。一般来说，绿色的正拔模面表示型腔面，而红色的负拔模面表示型芯面。

设置【拔模角】为 3.00°，如图 19-12 所示。

图 19-11　打开"Camara Body"

383

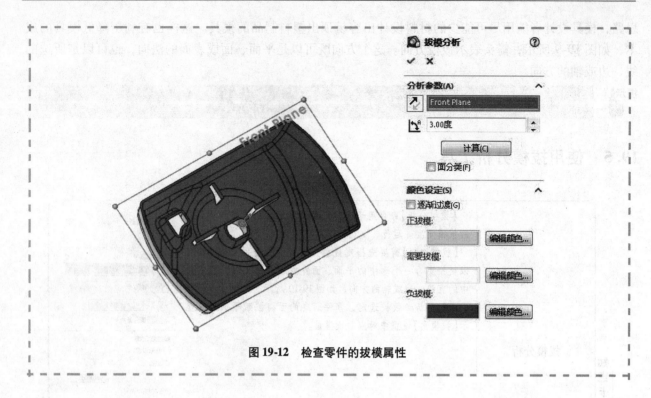

图 19-12　检查零件的拔模属性

19.5.1　正负拔模

如图 19-13 所示，想象一束平行于拔模方向的光照射在零件上。如果光线可以照亮某个面，这个面就是正拔模面，并标识为绿色。相反，没有得到光线照射的面为负拔模面，标识为红色。

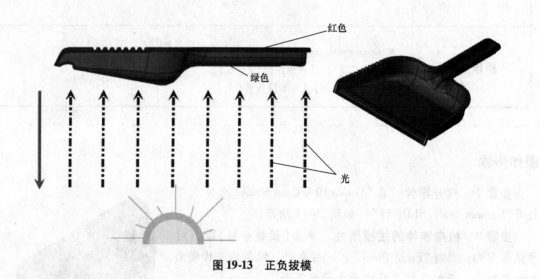

图 19-13　正负拔模

在适当的情况下，绿色标识的正拔模面在分析中表示的是模具的型腔，红色标识的负拔模面表示的是型芯。

19.5.2　需要拔模

当【拔模分析】分析出的某个面所带的拔模角度小于所需时，该面就会被着成黄色并被归类为【需要拔模】。

19.6　拔模分析选项

默认情况下，3 种颜色被用于指定正拔模、负拔模或需要拔模的面。额外的选项可以被用来修改模型上显示的颜色，并指定特殊的面。

19.6.1　逐渐过渡

【逐渐过渡】选项可以被用来显示一系列需要拔模区域的颜色范围，来表示拔模角度值的范围，如图 19-14 所示。

19.6.2　面分类

通过使用【面分类】选项，每个面收到一个指定的颜色，如图 19-15 所示。面颜色的个数可以在属性管理器中识别。此外，【跨立面】也是需要被识别的。【跨立面】是跨越分型线的面。跨立面在使用型芯和型腔工具创建面时必须被分割成两块。分割面可以使用【分割线】命令，或者使用【分型线】命令中的选项。

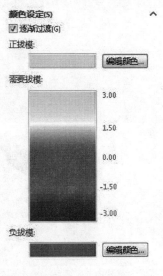

图 19-14　逐渐过渡

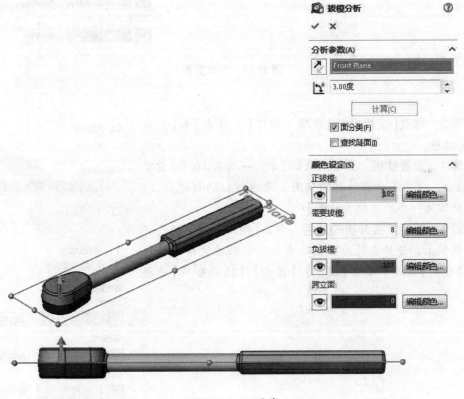

图 19-15　面分类

19.6.3　查找陡面

当【面分类】被打开，陡面也可以被识别成唯一的颜色。陡面包括拔模量不够的面区域，如图 19-16 所示。

【显示/隐藏】按钮可以用于隐藏或显示不同类型的拔模面。有时这些面非常小，当所有面都可视的时候很难被发现。

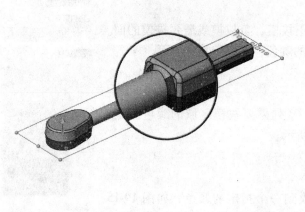

图 19-16　查找陡面

步骤3　修改【拔模分析】选项　勾选【面分类】和【查找陡面】复选框。

步骤4　查看结果　如图 19-17 所示，一共有 16 个【需要拔模】的面，这些是平衡特征的侧面。考虑特征的创建方法，拔模将被作为一个独立的特征添加。

步骤5　保持拔模分析的颜色　单击【确定】✔。颜色将保持在模型上，并且会随着变化而更新。它们通过命令管理器【拔模分析】功能，或者【视图】/【显示】/【拔模分析】被移除。

图 19-17　查看结果

19.7　添加拔模

许多特征允许在创建特征的时候添加拔模，如"拉伸凸台/基体"和"拉伸切除"。而且在有些设计或导入的模型中，拔模被添加为一个独立的特征。有多种类型的拔模可以被创建，包括 DraftXpert 模式允许系统来管理特征的顺序。下面介绍拔模类型，如图 19-18 所示。

1. 中性面　如果有一个表示拖拉方向及拔模角位置的基准面或面可以被应用，那么【中性面】拔模是能够被使用的。

 提示　这是唯一可以被 DraftXpert 创建的拔模类型。DraftXpert 可以随着面的选择，适当地在特征历史中调整拔模特征的顺序。DraftXpert 也可以被用于修改已经存在的拔模特征。

图 19-18　拔模

2. 分型线　当拔模需要应用到非平面上的边时，分型线边可以被选中来定义拔模角的起始。

3. 阶梯拔模　该拔模类型允许在分型线上创建阶梯面。

图 19-19 为 3 种拔模类型的示例效果。

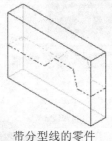 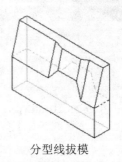 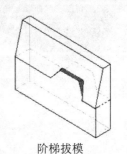

带分型线的零件　　　　分型线拔模　　　　阶梯拔模

图 19-19　拔模类型

平衡特征的拔模会是一种中性面拔模类型。特征顶面会被应用到拔模中，用户将使用 DraftXpert 来选择需要拔模特征的面。

> **步骤6　DraftXpert**　单击【拔模】，选择【DraftXpert】。
>
> 设置【拔模角】为 3.00°。
>
> 如图 19-20 所示，选择平衡特征顶面作为一个中性面。勾选【自动涂刷】，显示拔模分析的颜色。
>
> **步骤7　面选择**　为了帮助选择面，通过【正负拔模】的【隐藏/显示】隐藏那些不需要拔模的面，如图 19-21 所示。
>
> 按 Ctrl + A 快捷键选择当前的面。
>
> 单击【应用】和【确定】。
>
> **步骤8　移动特征**(可选步骤)　移动拔模特征到模型文件夹中。
>
> **步骤9　关闭拔模分析显示**　零件中所有的面都被适当的拔模，如图 19-22 所示。
>
> 关闭【拔模分析】。

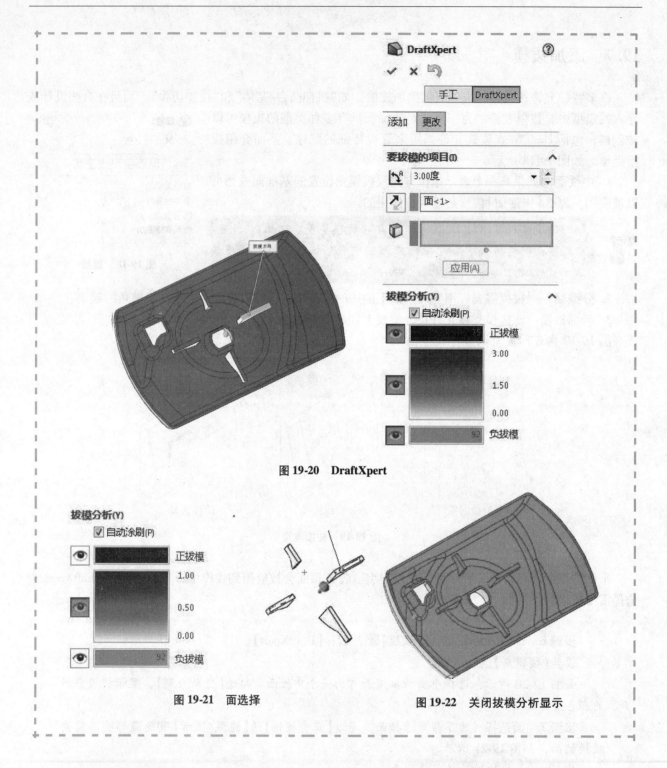

图 19-20　DraftXpert

图 19-21　面选择

图 19-22　关闭拔模分析显示

19.8　比例缩放模型

模具上产品型腔部分的加工要略微比从模具中生产出来的塑料件大一些。这样做是为了补偿高温被顶出的塑料件冷却后的收缩率。不同的塑料、几何体和注射条件都是影响收缩的因素。浇铸件也需要做类似比例的缩放。

使用【比例缩放】命令可以增大或缩小模型的尺寸。下面有 3 个选项会影响到模型的缩放。

1. 重心　缩放模型关于系统计算的重心。

2. 原点　缩放模型关于模型的原点。

3. 坐标系　缩放模型关于用户自定义的坐标系。

【统一比例缩放】选项应用在所有方向上进行相同的缩放。这是一个默认设置，它可以为每个轴指定不同的缩放比例因子。

　　　【比例缩放】命令改变零件的尺寸，但它不改变之前特征的尺寸。

　　　当使用非统一比例缩放一个零件时，圆柱孔洞可能不再是圆柱的。所以用户在创建模具之前，可能需要调整模型来补偿这个变化。

知识卡片	比例缩放	• CommandManager：【模具工具】/【比例缩放】。 • 菜单：【插入】/【模具】/【比例缩放】。 • 菜单：【插入】/【特征】/【比例缩放】。

　　步骤10　比例缩放　单击【比例缩放】，选择【重心】。

【统一比例缩放】为 1.05（增大 5%），单击【确定】。如图 19-23
所示。

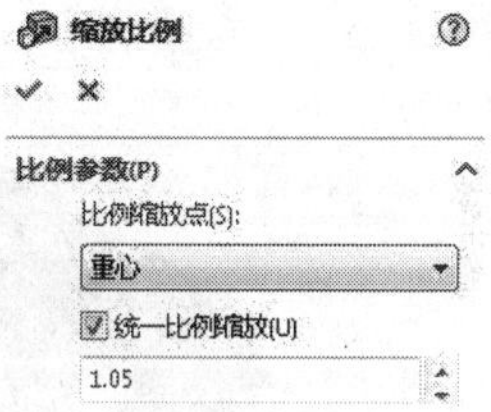

图 19-23　比例缩放

19.9　确定分型线

分型线是注射类塑料制品中型腔与型芯曲面中相互接触的边界。分型线是用来分割型芯和型腔曲面的边界。它们也构成了分型面的内部边界。

【分型线】命令允许设计者自动或者手工创建分型线。而后，分型线特征将用于创建分型面。【拔模分析】命令就被用做【分型线】命令。通常，正负拔模面中间的边被选作分型线。

19.9.1　分型线选项

以下分型线命令中的选项决定了分型线如何被使用。

1.【用于型心/型腔分割】　一个模型可能不止一个分型线特征。【用于型心/型腔分割】选项被用于指定分型线来制造模具。当该选项被选中时，如果分型线特征被完成的话，一系列型心/型腔面将被自动创建。

2. 分割面　没有边的跨立面会形成一条自然的分型线。【分割面】可以被用来从正到负沿着拔模平移的方向分割面。

3. 要分割的实体　当需要强制一条分型线穿过一个平面，可以选择点对或者草图实体。

知识卡片	分型线	• CommandManager：【模具工具栏】/【分型线】。 • 菜单：【插入】/【模具】/【分型线】。

步骤11　**分型线拔模分析**　在【模具工具栏】上单击【分型线】🔶。单击【拔模方向】区域，选择前视平面，如图 19-24 所示。

设置【拔模角度】为 3.00°，勾选【用于型心/型腔分割】复选框，不勾选【分割面】复选框。

单击【拔模分析】。

步骤12　**查看分型线**　当【拔模分析】完成后，所有的被绿色和红色边共用的边被自动选中，并被添加到分型线列表中，如图 19-25 所示。

提示 PropertyManager 中的消息指出型芯和型腔面还不能被创建。关闭曲面被用于封闭零件的开放区域。

图 19-24　建立分型线

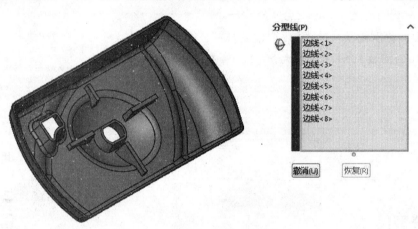

图 19-25　查看分型线

19.9.2　手工选择分型线

在这个例子中，当【分型线】命令运行时，分型线边被自动选中。然而，有时分型线可能会更复杂，以致于软件无法自动搜索到分型线，或者自动选择的分型线需要被修改。

19.10　关闭曲面

在分型线建立后，下一步是决定塑料制品上哪些开放的成型区域需要【关闭曲面】。

当零件自身不是塑料边界时，【关闭曲面】命令用于定义模具中型芯和型腔等分的边界。这些开放的成型区域就是模具型芯和型腔完全吻合形成的孔，如图 19-26 所示。

SOLIDWORKS 将试图自动为关闭边界选择合适的边，或者使用手动选择。一份关闭曲面的备份将自动融合进型芯和型腔曲面，被用于创建实体模块。

拔模过的穿越孔

关闭曲面

图 19-26　关闭曲面

19.10.1　关闭曲面的修补类型

有 3 种不同的修补类型用于关闭曲面：标注用于选择创建的关闭曲面的类型。包括以下几种修补类型

- 全部相切⊕。
- 全部接触●。
- 全部不填充○。

对全局的修补类型进行改变，可以从 FeatureManager【重设所有修补类型】选项中选择。单击图形区域上的弹出框，可以选择不同的修补类型。

表 19-1 所示为不同修补类型的结果。

表 19-1　关闭曲面的修补类型

修补类型	修补前	修补后
【全部相切】修补类型：相切于环的下方面		
【全部相切】修补类型：相切于环的上方面		
【全部接触】修补类型		
【全部不填充】修补类型		

391

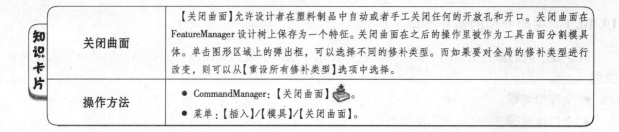

知识卡片	关闭曲面	【关闭曲面】允许设计者在塑料制品中自动或者手工关闭任何的开放孔和开口。关闭曲面在 FeatureManager 设计树上保存为一个特征。关闭曲面在之后的操作里被作为工具曲面分割模具体。单击图形区域上的弹出框，可以选择不同的修补类型。而如果要对全局的修补类型进行改变，则可以从【重设所有修补类型】选项中选择。
	操作方法	● CommandManager：【关闭曲面】。 ● 菜单：【插入】/【模具】/【关闭曲面】。

步骤13 创建关闭曲面 在【模具工具栏】上单击【关闭曲面】，系统会自动选择正负拔模交汇处的开放区域，如图 19-27 所示。【接触】类型也会自动被选中，单击【确定】。

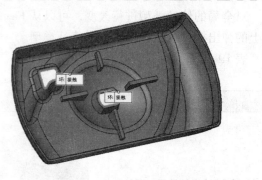

图 19-27 创建关闭曲面

19.10.2 手动创建关闭曲面

在这个例子中，关闭曲面的边很容易被自动选中。然而，有时关闭曲面可能会更复杂，以致于软件无法自动搜索到边，或者需要修改自动选择的边。

19.11 创建分型面

系统现在有模型上要求的所有用于创建型芯和型腔面的曲面信息，如图 19-28 所示。然而，一个另外的曲面需要被创建并定义在模具面的周围。

【分型面】特征被设计为通过自动从分型线拉伸曲面来自动创建。分型面可以拉伸超过模具块的尺寸，除非设计中还包含一个连锁曲面。

【分型面】命令从分型线开始沿着垂直于拔模方向拉伸创建曲面，垂直或相切与相邻模型的表面。如果需要，这里也提供控制曲面平滑度的设置。

这里有 3 种方法来匹配分型面。下面使用一个剖视显示的半球来演示，如图 19-29 所示。

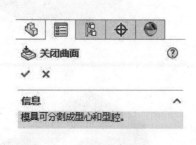

图 19-28 信息

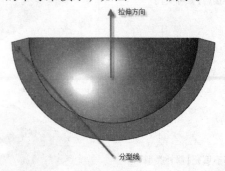

图 19-29 半球

1. 相切于曲面 分型面相切于模型的封闭曲面，并垂直于拔模的拉伸方向。如图 19-30 所示，这是半球的顶面。

2. 正交于曲面 分型面正交于封闭面,并平行于拉伸方向。如图 19-31 所示,这是半球的外面。

图 19-30 相切于曲面

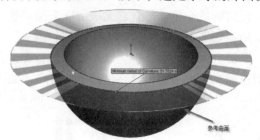

图 19-31 正交于曲面

3. 垂直于拔模 分型面垂直于拉伸方向,如图 19-32 所示,这是最常使用的选项。

4. 角度 这定义了拉伸方向和分型面法矢之间的角度限制。这仅适用于【相切于曲面】和【正交于曲面】选项。如图 19-33 所示,图片显示了分型面相切于参考曲面。

蓝色的线表示正交于分型面。由于参考曲面在与水平面 15°的位置被切,它和拉伸方向有 15°夹角。任何大于或等于 15°的角度在分型面上都是没有效果的。

如图 19-34 所示,角度值被设置为 10°。这限制了分型面与拉伸方向的角度不能超过 10°。

图 19-32 垂直于拔模

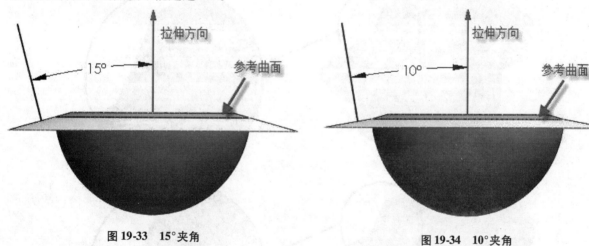

图 19-33 15°夹角

图 19-34 10°夹角

因此,当使用【相切于曲面】选项的角度时,分型面将会与参考曲面相切,除非是和拉伸方向的角度大于其角度值。

19.12 平滑分型面

在创建模具时,模具的加工是以模具的设计为基础的。模具加工包含几个过程,有两种加工方式,分别是数控铣削加工和电火花加工。

数控铣削加工需要用到端部是全圆角的面铣刀(通常称为球头刀)在金属上加工出 3D 形状。当 3D 形状上有紧密和尖锐的过渡时,面铣刀就无法对这些区域进行加工了。当面铣刀无法用于更为复杂的几何过渡的加工时,采用电火花加工方法可以去除那些面铣刀无法去除的材料。但这种加工方法非常耗时,所以在加工过程中减少电火花加工,就意味着模具加工能更快地完成。

为了达到这一点，就要用【分型面】中的【平滑】选项来修整分型线的几何形状，使面铣刀无法加工的尖锐角落最小化。尽管它无法彻底去除尖锐区域，但是可以有效地减少模具制造过程中电火花加工的使用，如图19-35所示。

平滑分型面的另一个优点是去除分型面上的尖锐边。模具上的尖锐边比圆角边磨损得更快，所以平滑边能有效地增加模具在生产中的寿命，如图19-36所示。

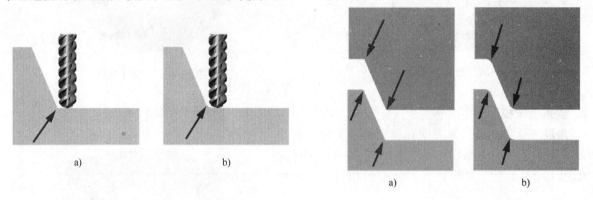

图19-35　面铣刀加工的条件

a）面铣刀不能加工拐角　b）面铣刀可以加工圆角

图19-36　尖锐边与圆角边

a）尖锐边磨损快　b）圆角边寿命长

分型面的平滑选项可以完成分型面的大幅平移。【距离】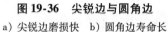设置定义了邻边之间的最大尺寸。这个值越高，分型面就越平滑，如图19-37所示。

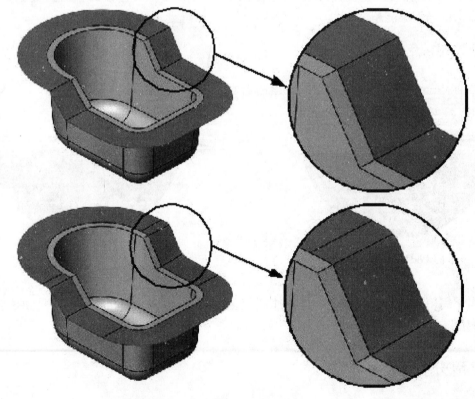

图19-37　平滑效果

分型面 ProperManager 顶部的单选框还包括如下选项。

1. 缝合所有曲面　自动地缝合所有分型面形成一个单一的面实体。如果需要使用手动曲面建模技术，该选项可能被清除。

2. 显示预览　在图形区域显示一个分型面的预览。

3. 手动模式　显示允许分型面能够被手动操作的手柄。

| 知识卡片 | 分型面 | ● CommandManager：【模具工具栏】/【分型面】◆。 |
| | | ● 菜单：【插入】/【模具】/【分型面】。 |

步骤 14　创建分型面　在【模具工具栏】
上单击【分型面】◆，型芯和型腔分割出的分
型线被自动选中，如图 19-38 所示。

单击【垂直于拔模】，设置【距离】为
50mm，单击【确定】。

> 提示👆　模型的分型面是平面，不需要
> 平滑设置。

步骤 15　隐藏分型线　选中分型线并单
击【隐藏】。

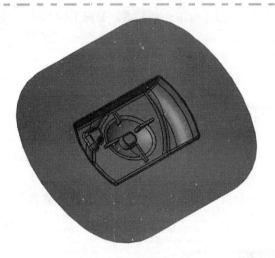

图 19-38　创建分型面

19.13　曲面实体

当成功退出【分型面】、【分型线】或【关闭曲面】命令后，SOLID-
WORKS 将创建 3 个曲面实体文件夹，如图 19-39 所示。

当需要手动方式创建需要的曲面时，这些文件夹也可以使用【插
入模具文件夹】命令添加。

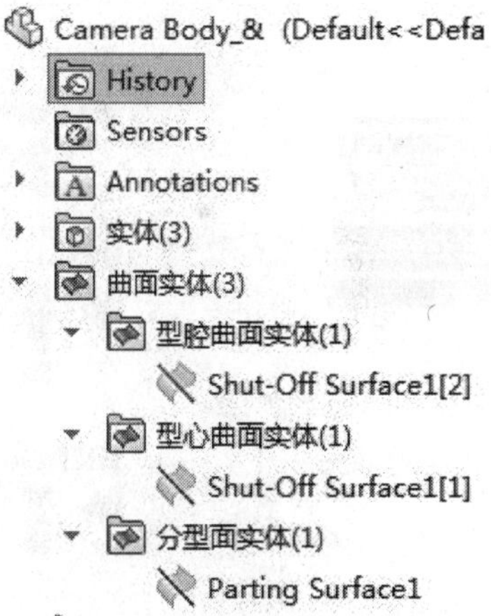

19.14　创建模具工具

所有创建模具所需要的曲面现在都存在于模型中，且被放置在正
确的【曲面实体】文件夹中，此时便可以创建模具了。

19.14.1　切削分割

图 19-39　曲面实体文件夹

【切削分割】命令自动创建属于模具型腔和型芯的实体。

【切削分割】特征要求型芯和型腔分割出插入一个恰当位置和尺寸的草图。该命令使用【曲面实体】
文件夹下的曲面来创建型芯和型腔实体的面。型腔曲面实体和分型面实体被组合，并用于在模具型腔
侧切一个实体块。

同时，一个模具内核通过组合型芯曲面实体和分型面实体来创建。这些曲面实体都是从相同的实
体块中被分割出来的。

| 知识卡片 | 切削分割 | ● CommandManager：【模具工具栏】/【切削分割】◈。 |
| | | ● 菜单：【插入】/【模具】/【切削分割】。 |

步骤 16　草图 在草图平面上选中分型曲面，创建模具的轮廓线，如图 19-40 所示。退出草图。

步骤 17　创建模具 在【模具工具栏】上单击【切削分割】，如图 19-41 所示。

设置【方向 1 深度】为 38mm。

设置【方向 2 深度】为 12.5mm。

提示 模具文件夹中的曲面实体可以在属性管理器中选中。

单击【确定】。

步骤 18　查看结果

切屑分割之后模型中有两个新的实体。

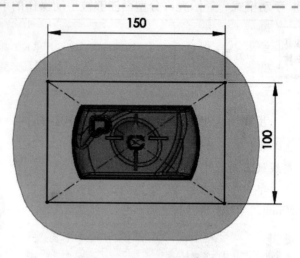

图 19-40　草图上创建轮廓线

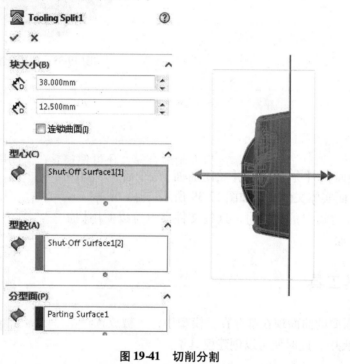

图 19-41　切削分割

19.14.2　查看模具内部

现在有 3 个实体，但是查看单个实体不容易。这里有 3 种方法来查看模型。

1. 隐藏/显示实体 单个实体被显示、隐藏或孤立来保持该实体或感兴趣的实体是可视的。键盘上，按 Tab 键可以用来隐藏一个实体，按 Shift + Tab 键可以用来显示一个隐藏的实体。

2. 移动实体 使用【移动/复制】命令或者创建一个【爆炸视图】可以将单个实体移动到不同位置。

3. 改变实体的外观 透明或者不同透明度外观可以被添加到实体上来帮助区别与其他实体的差异。

步骤19　**隐藏曲面**　选择【曲面实体】文件夹，单击【隐藏】 。

步骤20　**孤立**　右击其中一个模具实体并单击【孤立】，单击【退出孤立】返回之前的显示。孤立部分模具实体可以查看结果，如图 19-42 所示。

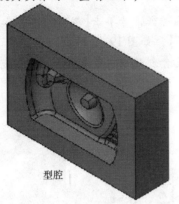
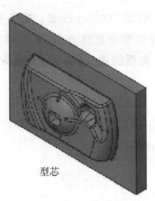

型腔　　　　　　　　　　　　　　　　　型芯

图 19-42　孤立

19.15　连锁模具工具

【切削分割】命令包含一个选项可以自动创建一个【连锁曲面】。连锁曲面从分型面开始拔模，有助于模具更为密封。它们也有助于引导模具更为准确地合模，还可使模具在关闭时保持对齐。这样可以确保模具不发生偏移，且不会制造出不平整、壁厚不可预料的产品。拔模也使得铁块上的曲面开合时不会互相磨伤。

为了展示使用连锁曲面，将在修改一个相机实体的实例中使用该选项。连锁是从分型面延展到分割平面，因此，当创建一个连锁曲面且分型面不能延展之前的模具块尺寸，这时是不需要连锁曲面的。所以对于相机实体来说，创建连锁曲面的第一步是修改分型面的距离。那么模具块草图需要一个新的平面，该平面位于模具块新的分割位置，而连锁曲面将会延展该平面。

步骤21　**回退**　将回退控制条拖动到 Tooling Split1 之上，如图 19-43 所示。

步骤22　**编辑分型面**　选中分型面并在右击，选择【编辑特征】 。修改【距离】为 10mm。单击【确定】。

步骤23　**新建基准面**　单击【基准面】 ，偏移前视基准面 6mm 到零件后面。如图 19-44 所示。

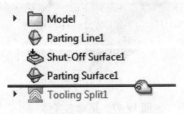
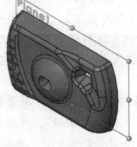

图 19-43　回退　　　　　　　　　　　图 19-44　新建基准面

步骤24　向前回退　*移动回退控制条到特征管理器设计树的末端。*

步骤25　编辑草图平面　*选中切削分割特征的草图，单击【编辑草图平面】，选中Plane1，单击【确定】。*

步骤26　编辑 Tooling Split　*选中切削分割特征，并单击【编辑特征】。勾选【连锁曲面】复选框，并设置角度值为3.00°。单击【确定】，如图19-45所示。*

步骤27　查看结果　*【孤立】独立的实体或者创建一个【爆炸视图】来查看结果，如图19-46所示。*

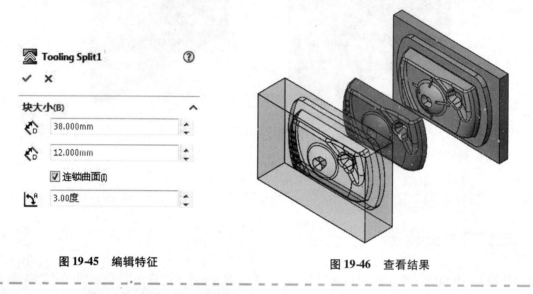

图 19-45　编辑特征　　　　　　　　　　　　　图 19-46　查看结果

19.16　创建零件和装配体文件

　　模型插入的最后一步是将实体保存为独立的零件并在装配体中使用。这些步骤可以在【保存实体】命令中完成。使用该命令创建的零件默认文件名将被用来命名实体。用户也可以通过更改零件的文件名来自动重命名实体。

步骤28　重命名实体　*重命名如下实体，如图19-47所示。*

- *Camera。*
- *Camera Cavity。*
- *Camera Core。*

步骤29　保存实体　*右键单击实体文件夹，并选择【保存实体】，如图19-48所示。为了使用该特性，爆炸视图需要被压缩。选中的3个实体都被保存。清除【消耗切除实体】复选框。*

*　　【生成装配体】选项下，单击【浏览】。命名装配体为"Camera_Mold"，并且保存在"Lesson19/Case_Study"文件夹下。单击【确定】。*

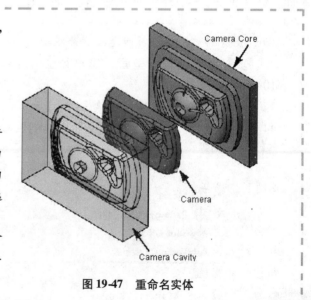

图 19-47　重命名实体

步骤30　查看结果　新的零件和装配体被创建。激活 Camera Mold 文档窗口。装配体中 3 个零件的每一个都有外部引用到 Camera_Body 零件中的实体,如图 19-49 所示。

步骤31　创建爆炸视图(可选步骤)　创建一个爆炸视图来查看单独的零件,如图 19-50 所示。

步骤32　保存 🖫 并关闭文件

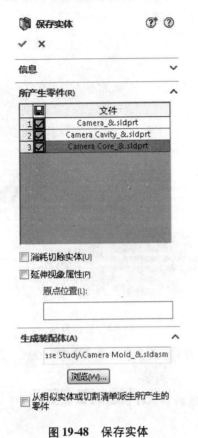

图 19-48　保存实体

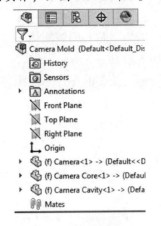

图 19-49　查看结果

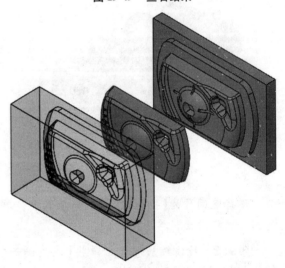

图 19-50　创建爆炸视图

截止目前,模具的两块板模已创建成功,还需基于这两块板模创建剩下的诸如分流道、浇口、冷却道等几何体和放置板模的模具基体。由于完成这些任务只需使用 SOLIDWORKS 的核心功能,本章不再讲述。

练习 19-1　铸件

本练习的任务是为铸件零件创建一个包含平面分型线和分型面的简单模具,如图 19-51 所示。

本练习将应用以下技术:

- 打开或导入一个模型。
- 诊断并修复转换错误。
- 分析模型。
- 修改模型。

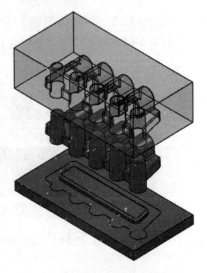

图 19-51　铸件

- 缩放塑料零件。
- 创建分型线。
- 为孔洞创建关闭曲面。
- 创建分型曲面。
- 将模具分离为型芯和型腔实体。
- 设计附加的模具。
- 从实体中创建独立的零件和装配体。
- 完成模具。

操作步骤

    步骤1　打开零件　从文件夹"Lesson19 \ Exercise"打开已有的零件"Casting"，如图19-52所示。

    步骤2　拔模分析　单击【拔模分析】，如图19-53所示。

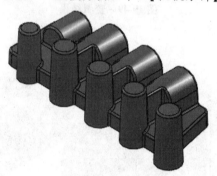

图19-52　打开模型

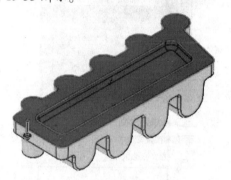

图19-53　拔模分析

    选择底面作为【拔模方向】。如果需要，单击【反向】。设置【拔模角】为1.00°。如果没有需要拔模的面，单击【取消】。

    步骤3　比例缩放零件　单击【比例缩放】，选择【重心】和【统一比例缩放】，设置【比例因子】为1.03，单击【确定】。

    步骤4　创建分型线　单击【分型线】，使用底面和1.00°，拔模角生成如图19-54所示的分型线。如果需要，单击【反向】。单击【确定】。

    步骤5　创建分型面　单击【分型面】，选择【垂直于拔模】，设置【距离】为50mm，如图19-55所示。单击【确定】。

图19-54　创建分型线

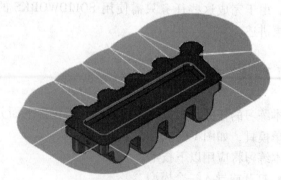

图19-55　创建分型面

步骤6　绘制草图📐　选择分型面作为草图平面，并创建模具的轮廓线，如图 19-56 所示。

单击【退出草图】↳。

步骤7　切削分割　单击【切削分割】🔲，如图 19-57 所示。设置【方向 1 深度】为 65mm，设置【方向 2 深度】为 15mm，单击【确定】。

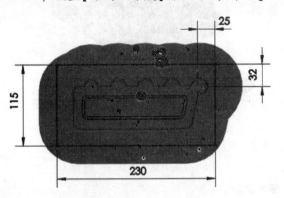

图 19-56　绘制草图

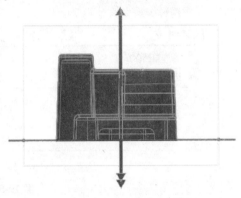

图 19-57　切削分割

步骤8　结果　切削分割之后，目前模型中有两个新的实体。

步骤9　隐藏曲面和分型线　通过选中【曲面实体】文件夹并单击【隐藏】◎，隐藏曲面实体。【隐藏】◎ Parting Line1 特征。

步骤10　重命名实体　重命名实体文件夹中的实体结果为 Engineered Part、Casting Core 和 Casting Cavity，如图 19-58 所示。

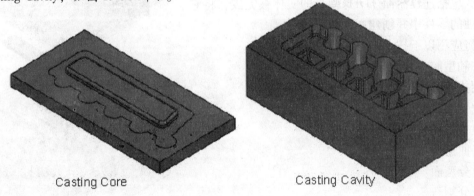

Casting Core　　　　　　　　　　　Casting Cavity

图 19-58　重命名实体

步骤11　爆炸视图　在零件中创建一个【爆炸视图】来查看所有的实体，如图 19-59 所示。

 技巧　　命令搜索通常被用来查找命令，而不是在命令管理器中查找。

提示　　爆炸视图是被储存在配置管理器的动态配置中，获取一个已存在的爆炸视图，可以直接查看爆炸和折叠。

步骤12　保存并关闭零件

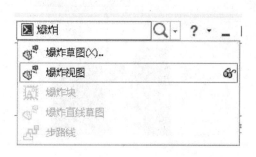

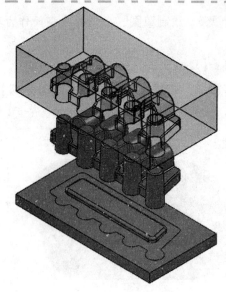

图 19-59　爆炸视图

练习 19-2　簸箕

本练习的任务是使用 SOLIDWORKS 模具设计流程来创建一个簸箕的模具，如图 19-60 所示。导入的零件需要做一个几何修理，包括连锁曲面。一旦模具的实体被完成，将它们保存到单独的零件中并创建一个装配体。

本练习将应用以下技术：
- 型芯和型腔模具设计。
- 使用拔模分析工具。
- 按比例缩放模型。
- 创建分型线。
- 关闭曲面。
- 创建分型面。
- 切削分割。
- 创建零件和装配体文件。

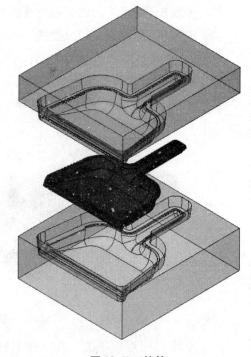

图 19-60　簸箕

操作步骤

步骤 1　导入一个 parasolid 文件　从"Lesson19 \ Exercise"文件夹中打开已有零件"Dustpan_Source. X_T"，如图 19-61 所示。

步骤 2　分析导入的几何　特征管理设计树上显示了导入的模具是一个面实体。当弹出提醒【输入诊断】的对话框时，单击【确定】。

提示 如果该对话框没有出现，也可以在【评估】中或通过右键输入特征都可以找到【输入诊断】功能。

步骤3 检查结果 缺陷面和缝隙的预防会将模型缝合成一个密不透水的实体。

右键单击【错误面】列表中的第一个面，在错误面的快捷菜单中提供了多种选项。

选择【放大所选范围】，如图 19-62 所示。

步骤4 什么错 在【错误面】列表中再次右键单击第一个面，并选择【什么错？】。消息提示框会指出该面有一个一般的几何错误。

图 19-61 导入 parasolid 文件

图 19-62 检查结果

用户可以将鼠标指针停留在列表中的该面上查看问题描述的消息提示。

步骤5 检查缝隙 在【面之间的缝隙】列表中右键单击 Gap <1>，并选择【放大所选范围】。检查模型上的高亮边。如果需要可以放大到近处，说明缝隙的两条边已经连接到一起了，如图 19-63 所示。

步骤6 修复模型 单击【尝试愈合所有】，检查所有的边。面之间的边变得更精确了，缝隙也都被缝合。显然模型现在是一个密封的实体，如图 19-64 所示。单击【确定】。

技巧 使用【尝试愈合所有】按钮能自动地修复导入模型的问题。如果结果不能令人满意，可以尝试单独地修复【错误面】列表或【面之间的缝隙】列表中的问题。

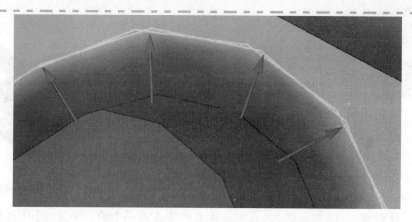

图 19-63　检查缝隙

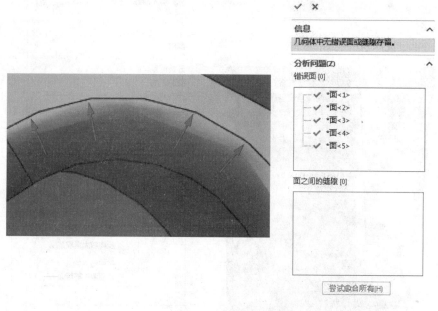

图 19-64　修复模型

步骤 7　保存文件　保存"Dustpan_Source. sldprt"文件到"Lesson19 \ Exercises"目录下。

步骤 8　检查零件的拔模属性　在模具工具条上单击【拔模分析】。选中簸箕的顶部平面为【拔模方向】。单击【反向】，则模具内侧会呈现为红色。设置【拔模角度】为 1.00°。

勾选【面分类】和【查找陡面】复选框，如图 19-65 所示。

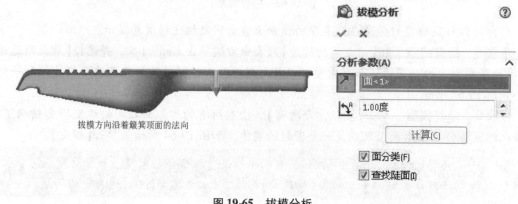

拔模方向沿着簸箕顶面的法向

图 19-65　拔模分析

步骤9　分析零件　检查模型，查找需要拔模的陡面。确定那些小面是可接受的，且不会影响零件的生产。单击【取消】。

步骤10　缩放塑料件　单击【比例缩放】，选择【重心】和【统一比例缩放】。设置【比例因子】为1.05（增大5%）。单击【确定】，如图19-66所示。

步骤11　创建分型线　单击【分型线】。选择顶面为【拔模方向】，并单击【反向】。设置【拔模角度】为1.00°。

图19-66　缩放塑料件

勾选【用于型芯/型腔分割】复选框，清除【分割面】复选框。单击【拔模分析】，结果如图19-67所示。

绿色和红色面之间的所有的边被自动选中，并添加到【分型线】列表中。单击【确定】。

图19-67　创建分型线

步骤12　创建关闭曲面　单击【关闭曲面】，设置【修补类型】为【全部相切】。如果必要，手工拖动图19-68所示的环。属性管理器中会有一条消息指出"模型可分割成型芯和型腔"。单击【确定】。

步骤 13　查看结果　型芯和型腔曲面实体被创建并被归类在【曲面实体】文件夹中，它们是指红色和绿色覆盖到模具的面上，如图 19-69 所示。

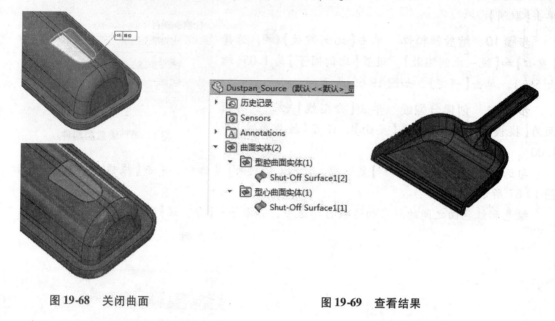

图 19-68　关闭曲面　　　　　　　　　　　图 19-69　查看结果

1. 平滑分型面　为了完成模具需要的曲面，需要定义分型面。因为该模型有非平面的分型线，分型面也将不是一个平面并要求是平滑的。下面将来演示【分型面】命令中【尖锐】和【平滑】选项之间的不同。

步骤 14　创建分型面　单击【分型面】，设置【模具参数】为【垂直于拔模】。设置【距离】为 11mm，设置【平滑】选项为【尖锐】，单击【确定】。

步骤 15　检查尖锐角　在分型面上放大查看尖锐角，如图 19-70 所示。这些区域可能会导致模具机械加工时产生问题。

步骤 16　编辑特征　选中"Parting Surface1"，并单击【编辑特征】。

步骤 17　使用平滑选项　选中【平滑】，如图 19-71 所示。设置【距离】为 5.5mm。单击【确定】。

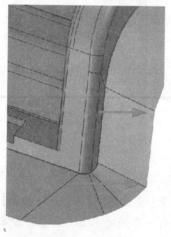

图 19-70　检查尖锐角　　　　　　　　图 19-71　使用平滑选项

步骤18　检查模型　检查模型的相同区域。尖锐角现在已经被倒圆了，如图 19-72 所示。该选项提供了更好的机械加工条件，由此创建的分型面可以在模具生产中保持更长的寿命。单击【确定】。

步骤19　创建偏移平面　选中簸箕的顶面，在上面创建一个偏移量为 25mm 的偏移平面，如图 19-73 所示。

步骤20　创建草图　选中 Plane1 作为草图平面，并创建如图 19-74 所示的轮廓线。单击【退出草图】。

步骤21　切削分割模具　单击【切削分割】，设置【方向 1 深度】为 125mm，【方向 2 深度】为 75mm。

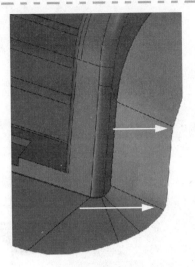

图 19-72　检查模型

图 19-73　创建偏移平面

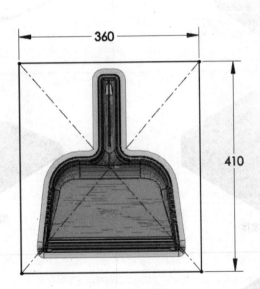

图 19-74　创建草图

勾选【连锁曲面】复选框，设置【拔模角度】为 5°。单击【确定】，如图 19-75 所示。

步骤22　查看结果　在查看模具时，可以使用【孤立】来检查单个的实体和曲面实体，见表 19-2。

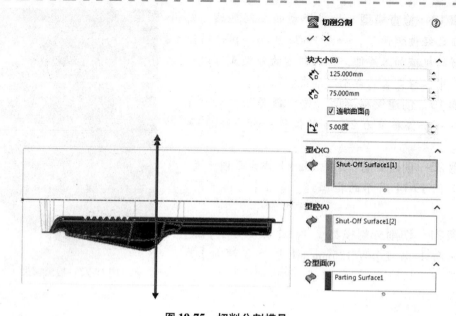

图 19-75 切削分割模具

表 19-2 实体和曲面实体

实体	曲面实体
成型零件	分型面
型腔实体	型腔表面
型芯实体	型芯表面

2. 切削分割结果　　【切削分割】命令做了大量工作。首先基于草图创建块，然后以不同的组合将块分割到 3 个曲面实体文件夹下。

为了创建用于型腔的曲面，簸箕的外表面（蓝色）同关闭曲面和分型面（绿色）缝合在一起。缝合后的曲面又和连锁曲面（黄色）以及基于草图平面的分型面（红色）缝合在一起，最终形成了型腔曲面实体，如图 19-76 所示。

型芯曲面实体也由上述所有曲面组成。唯一的区别在于此时利用的是簸箕的内表面，而不是外表面。

理解每个文件夹应用了哪些曲面是相当重要的。这个实例中的模具相对简单，所有的操作都是自动完成的。有些练习很可能需要手动地创建曲面，并添加到合适的文件夹下。

3. 创建零件和装配体文件　　最后一步是将完成的模具实体创建为新的零件和装配体。在使用【保存实体】命令之前重命名实体，新文档的文件名也会自动更新。

图 19-76　切削分割结果

此外，添加一个【坐标系】特征往往可以用于确认新零件的正确方向。对于创建的新零件，可以让坐标系和模具块一致，而不是像当前的簸箕实体一样来确定方向，如图 19-77 所示。

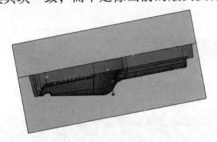　　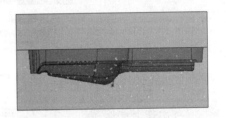

当前Dustpan_Source中的【右视图】　　　期望新零件的【右视图】

图 19-77　创建零件和装配体

步骤23　重命名实体　　在实体文件夹中重命名实体如下：

- Dustpan-part。
- Dustpan-core。
- Dustpan-cavity。

步骤24　添加一个坐标系　　单击【坐标系】，在命令管理器的【特征】选项卡下的【参考几何体】中可以找到【坐标系】特征。对于【坐标系】，选中模具块的右下角。对于【X 轴】，选中如图 19-78 所示的前水平边。对于【Y 轴】，选中如图 19-78 所示的前垂直边。单击【确定】。

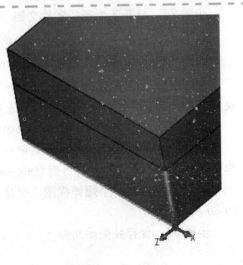

图 19-78　添加坐标系

步骤25 **保存实体** 右键单击实体文件夹，并单击【保存实体】。选中第一个实体在属性管理器中保存。激活【原点位置】选择框，并在属性管理器树视图中选中 "Coordinate System1" 特征，如图 19-79 所示。对于另外两个模型可以重复如上操作。单击【确定】。

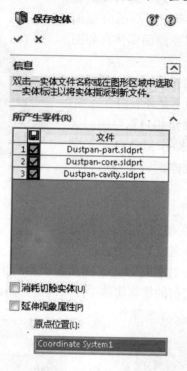

图 19-79 保存实体

> **提示** 对于每个被保存的实体，【原点位置】必须被选中。在表中单击任意实体可以验证其新坐标系是否被选中。

> **提示** 创建独立的装配体而不是通过保存实体命令，这样零件的新坐标系就可以使用了。

步骤26 **打开 3 个新的零件文档（可选步骤）** 打开被创建的新零件，并检查结果。

步骤27 **打开一个新的装配体** 单击【新建】 并选择 "Assembly_MM" 模板。

步骤28 **开始装配** 选中 "Dustpan_part" 并单击【确定】，使模型降低到装配体原点。

步骤29 **插入零部件** 单击【插入零部件】，选中 "Dustpan_cavity" 并单击【确定】，使模型降低到装配体原点。对 "Dustpan_core" 重复如上操作。

步骤30 **保存装配体** 保存装配体 "Dustpan Mold" 到 "Lesson19 \ Exercises" 文件夹下。

步骤31 **评估装配体** 新的装配体在单独的文档窗口中被创建并打开。装配体中 3 个零件的任意一个都有外部引用到 "Dustpan_Source" 零件的实体。

步骤32 **创建一个爆炸视图** 创建一个爆炸视图来查看和修改设计零件的外观，如图 19-80 所示。

步骤33 **保存并关闭文件**

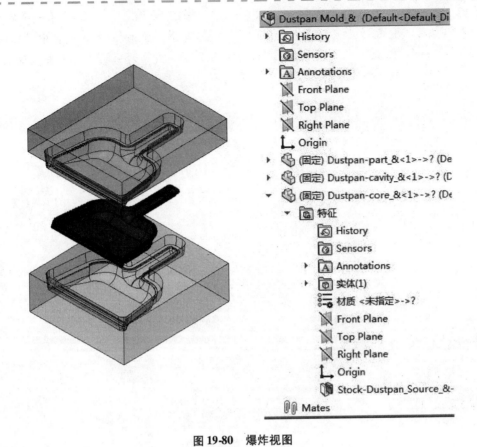

图 19-80　爆炸视图